KCI-B-22-001
KSEA 591-23

콘크리트 건축물 구조설계 예제집

제2판

(사)한국콘크리트학회 · (사)한국건축구조기술사회

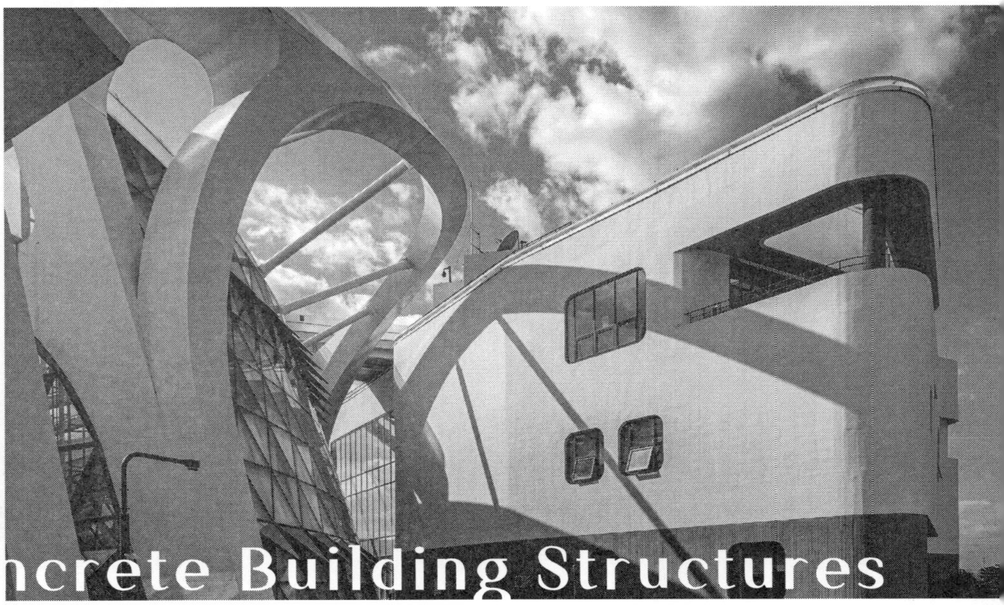

Design of Concrete Building Structures

사단법인 한국콘크리트학회 Korea Concrete Institute

KSEA 사단법인 한국건축구조기술사회 THE KOREAN STRUCTURAL ENGINEERS ASSOCIATION

개 정 판 발 간 사

지난 2010년 한국콘크리트학회와 한국건축구조기술사회가 공동으로 기획, 집필, 발간한 "콘크리트 건축물 구조설계 예제집" 초판에 대한 학계 및 건축구조 실무자들의 큰 호응에 힘입어 최근 개정된 콘크리트구조 설계기준(KDS 14 20 00;2022)에 근거한 개정판을 발간하게 되었습니다.

콘크리트구조 설계기준은 2016년 6월 30일부터 국토교통부 고시 2016-438호에 따라 정부가 법적효력을 부여하는 "건설기준 통합코드"의 설계코드 KDS(Korean Design Standard) 공통기준으로 분류되어 국가건설기준센터가 관리하게 되었습니다. 이후 한국콘크리트학회를 중심으로 2018년, 2021년 및 2022년 개정 과정을 거쳤으며 2022년 콘크리트구조 설계기준의 주요 개정내용은 제1장 개요에 소개하였습니다.

설계코드 공통기준인 콘크리트구조 설계기준은 건축물뿐만 아니라 산업 전반의 콘크리트 시설물의 안전성, 사용성 및 내구성 확보를 위한 기술적인 사항을 종합적으로 규정하고 있습니다. 따라서 건축구조 실무자 및 학생들이 건축물의 구조 설계시 콘크리트구조 설계기준을 정확하게 적용하고 활용하기 위해서는 다양한 예제를 통한 설계기준에 대한 이해가 요구됩니다. 금번 개정 발간되는 "콘크리트 건축물 구조설계 예제집"은 철근콘크리트 건축물의 각 시스템별 하중산정, 구조계획 및 해석, 부재설계와 배근상세도 작성에 이르기까지 콘크리트구조 설계기준을 적용한 콘크리트 건축물의 전반적인 구조설계 과정 및 방법을 이해할 수 있도록 하는 안내서가 될 것이라 확신합니다.

"콘크리트 건축물 구조설계 예제집"은 콘크리트구조에 관련된 학술적인 활동을 전담하고 있는 한국콘크리트학회 정회원으로 구성된 집필진과 건축물의 구조설계 및 안전진단 전문가 집단인 한국건축구조기술사회 정회원으로 구성된 집필진이 함께 협의하고 선별하여 콘크리트 건축물의 구조설계시 실무자가 꼭 숙지해야 하는 내용과 설계기준의 적용시 오류를 범하기 쉬운 내용 등을 중점적으로 포함하여 예제집을 구성하였습니다. 이 예제집이 건축구조 실무자 및 학생들이 콘크리트구조 설계기준의 이해와 적용방법을 숙지하는데 큰 도움이 되길 희망합니다.

끝으로 예제집 집필을 성공적으로 마무리하여 주신 한국콘크리트학회와 한국건축구조기술사회 공동집필 위원장을 비롯한 집필진 여러분들의 지난 2년간 노고에 한국콘크리트학회 모든 회원을 대신해서 진심으로 감사드립니다. 또한 이번 개정판은 2010년 예제집 초판이 발간된 이후 12년이 경과된 시점에서 발간되었지만 향후 두 단체의 보다 유기적이고 활동적인 협력과 교류를 통하여 콘크리트구조 설계기준 개정에 맞추어 지속적으로 보완될 수 있기를 기대합니다.

박홍근
한국콘크리트학회 회장
2022. 12

개 정 판 발 간 사

2010년에 '콘크리트 건축물 구조설계 예제집 '초판이 한국콘크리트학회와 한국건축구조기술사회의 공동 집필로 발간된 이후, 학계에서는 학생들 수업용 교재로 활용을 하였고, 실무에서는 직원들 교육을 위한 자료로 유용하게 활용이 되었습니다. 본 서적의 가장 큰 의미는 학계와 실무를 대표하여 활동하고 있는 두 단체가 하나의 목표를 위하여 도서를 공동 집필하여 학계와 실무에서 유의미한 활용을 하는데 큰 도움이 되었다는 것에 있다고 할 수 있습니다. 그럼에도 불구하고, 기준의 변화와 실무 설계 환경의 변화로 새로운 개정이 필요하다고 판단하여 초판을 크게 개정하는 2판을 발간하게 되었습니다.

초판 발간 시 목표했던 실제 콘크리트 건축구조물을 설계할 수 있도록 체계와 내용이 갖추는 것을 목표를 유지하면서, 학계에서는 학생들 수업을 위한 자료로 활용하여 실무에 대한 간접경험을 할 수 있도록 하였고, 실무에서는 현업에서많이 설계되는대상으로 건축물을 선정하였습니다. 특히, 초판에서는 수계산에 의한 구조해석 등이 강조되었다면, 2판에서는 컴퓨터 구조해석 프로그램 입력 시 오류 등을 방지하기 위해 하중 산정 방법, 해석 조건 및 주요 가정 사항 등을 중점으로 서술하였고 실무적인 설계 프로세스 등을 최대한 상세히 서술하여 큰 도움이 될 수 있도록 하였습니다.

초판 발간 이후 한국콘크리트학회와 한국건축구조기술사의 협력관계는 많은 발전이 이루어졌습니다. 또한 2판 발간 준비를 통해 유대관계를 더욱 튼실히 하는 환경을 구축하였습니다. 이러한 환경 구축은 콘크리트 구조물의 설계에 대한 설계기준의 개정이나 새로운 구조시스템이 소개될 때마다 쉽고 신속하게 반영할 수 있는 환경이 조성되어, 학회가 담당하고 있는 구조설계기준을 개정할 때 동시에 이 예제집을 개정하여 설계기준 개정과 함께 예제집의 개정도 이루어질 수 있도록 하였습니다. 그리하여 교육계와 실무 모두 본 서적이 큰 도움이 될 것으로 기대합니다.

끝으로 두 단체를 대표하는 학회장과 기술사회장으로서 이렇게 의미있는 집필을 담당하여 성공적으로 끝마친 공동집필위원회 위원장이신 윤현도 교수님과 김대호 기술사님을 비롯한 모든 집필위원님들의 노력과 정성에 감사드리며, 앞으로 이 도서의 공동 발간으로 두 단체가 더욱 긴밀하게 유대하고 협력하여 여러 가지 협력 사업이 계속 되기를 바랍니다.

김상식(17대), 고창우(18대)
한국건축구조기술사회 회장
2022. 12

초 판 발 간 사

철근콘크리트 구조설계에 관련한 많은 도서가 출판되었습니다만, 이 '콘크리트 건축물 구조설계 예제집'을 기획, 발간하게 된 것은 다른 어느 도서를 발간하는 것보다도 큰 의의가 있습니다.

첫째, 무엇보다도 이 도서는 이 분야에 있어서 서로 다른 목적을 위해 활동하고 있는 두 단체, 즉 학술활동을 주로 담당하고 있는 한국콘크리트학회와 실제 구조물을 구조설계하는 기술사들의 모임인 한국건축구조기술사회가 공동으로 집필하였다는 것입니다. 잘 알고 계시는 바와 같이 우리나라 실정에서 두 단체가 하나의 목표를 위하여 도서를 공동 집필한다는 것은 그 의미가 한 권의 도서 출판 발간 이상으로 크다고 하겠습니다.

둘째, 두 단체에 의해 공통 집필함으로써 현재까지 출간된 대부분의 도서가 주로 교수들에 의한 대학생 교육용으로 이론과 요소설계에 국한되어 집필된 것에 반하여 이번에 출판된 이 예제집은 실제 콘크리트 건축구조물을 설계할 수 있도록 체계와 내용이 갖추어져 있다는 것입니다. 이렇게 집필됨으로써 학생들에게는 왜 이와 같은 이론과 요소설계를 하여야 하는지에 대한 의미를 알고 배울 수 있게 되었으며, 실무를 처음으로 담당하는 기술자들에게는 전체의 흐름을 쉽게 파악할 수 있게 되었습니다.

셋째, 콘크리트 구조물의 설계에 대한 설계기준의 개정이나 새로운 구조시스템이 소개될 때마다 쉽고 신속하게 반영할 수 있는 시스템이 구축되었다는 것입니다. 학회가 담당하고 있는 구조설계기준을 개정할 때 동시에 이 예제집을 개정하여 설계기준 개정과 함께 예제집의 개정도 이루어질 수 있으며, 또한 새로운 구조시스템 또는 공법이 제시되면 그에 대한 예제를 쉽게 포함시킬 수 있게 되어 학생들과 실무자들에게 시의적절하게 소개할 수 있다는 것도 큰 의미가 있습니다.

끝으로 두 단체를 대표하는 학회장과 기술사회장으로서 이렇게 의미있는 집필을 담당하여 성공적으로 끝마친 공동집필위원회 위원장이신 이차돈 교수님과 최준식 기술사님을 비롯한 모든 집필위원님들의 노력과 정성에 감사드리며, 앞으로 이 도서의 공동 발간으로 두 단체가 더욱 긴밀하게 유대하고 협력하여 여러 가지 협력 사업이 계속 되기를 바랍니다.

김진근, 이문곤

한국콘크리트학회 회장, 한국건축구조기술사회 회장

2010. 12. 27

개정판머리말

정부에서는 2016년 기준 간의 중복 및 상충 부분을 정비하고 개정이 용이하도록 건설기준 코드체계 표준화를 단행하였고 이에 따라 설계기준 및 표준 시방서와 같은 모든 건설기준은 국가건설기준센터(https://www.kcsc.re.kr/)에서 관리하도록 하였습니다. 이러한 정부 정책에 따라 "콘크리트구조 설계기준"은 공통 설계기준으로 철근콘크리트 건축물을 포함한 산업 전반의 콘크리트 시설물의 설계에 적용하도록 규정하고 있습니다. 철근콘크리트 건축물의 구조설계시 기준이 되는 "건축물 콘크리트구조 설계기준(KDS 41 30 00)"은 "콘크리트구조 설계기준(KDS 14 20 00)"을 근간으로 하고 있으나 건축물의 실정에 맞도록 일부 내용은 콘크리트구조 설계기준과 다르게 규정하고 있습니다.

2010년 "콘크리트 건축물 구조설계 예제집" 초판이 발간된 이후 "콘크리트구조 설계기준" 및 "건축물 콘크리트구조 설계기준"은 지속적으로 개정되어져 왔으며 또한 2016년 건축법 개정이후 3-4층 내외의 철근콘크리트 건축물에서 1층 부분을 주차공간으로 상층부를 주거공간으로 하는 필로티 구조가 급격하게 증가되었습니다. 그러나 2017년 발생된 포항지진시 저층 철근콘크리트 필로티 구조 건축물의 1층부분에서 큰 피해가 집중되어 필로티 건축물의 해석 및 설계에 대한 중요성이 인식되기 시작하였습니다.

금번에 발간되는 "콘크리트 건축물 구조설계 예제집" 개정판에서는 2022년 개정된 콘크리트구조 설계기준 및 건축물 콘크리트구조 설계기준에 준하여 소규모 필로티 구조뿐만 아니라 모멘트골조시스템과 무량판 벽식 혼합구조시스템을 갖는 철근콘크리트 건축물의 구조계획, 구조시스템, 구조해석, 주요 부재 설계 및 상세 등의 결정 과정을 상세히 제시하여 건축구조분야 실무자 및 학생들이 건축물 콘크리트구조 설계기준의 적용방법을 이해할 수 있도록 구성하였습니다.

시중에 발간 판매되고 있는 철근콘크리트구조 교재와 한국콘크리트학회에서 발간한 "콘크리트구조 학회기준 예제집"에서는 부재력 또는 부재 단위로 콘크리트구조 설계기준을 적용하여 설계하는 예제가 제시되고 있는 반면 개정판 "콘크리트 건축물 구조설계 예제집"에서는 철근콘크리트 건축물의 구조설계 전과정을 통하여 설계기준의 적용방법과 주요부재에 대한 구조설계 및 배근상세를 구체적으로 제시하여 기존 예제집과 차별화하고자 노력하였습니다.

아무쪼록 예제집 집필과정 동안 많은 시간과 노력을 기울여주신 한국콘크리트학회와 한국건축구조기술사회 모든 집필진 여러분들께 감사드리며 금번 개정된 예제집이 두 단체가 갖고 있는 장점을 서로 공유하고 나눌 수 있는 긴밀한 교류의 통로가 되기를 기원합니다.

한국콘크리트학회/한국건축구조기술사회

공동집필위원장 윤현도/김대호

초 판 머 리 말

최근 건축분야는 4년제 건축공학과와 5년제 건축학과로 분리되어 전공심화가 이루어지고 있습니다. 이에 더하여 건축공학의 경우에는 국제적 추세에 맞추어 공학인증제(ABEEK)를 도입하고 있습니다. 공학인증제는 이론뿐만 아니라 설계과목을 요구하고 있어 각 대학에서는 구조설계와 관련된 다양한 설계과목들을 학생들이 수강하도록 교과과정을 재조정 하였습니다.

한편, 학부나 대학원 과정을 졸업하고 실무에 처음 접하는 구조엔지니어의 경우, 학교에서 습득한 기본 지식과 실무에서 이루어지는 설계 현실과의 괴리감으로 인하여 대부분 당혹스러울 때가 많이 있습니다.

따라서 학부 고학년, 대학원생, 그리고 초보 구조엔지니어를 위한 기초적이고도 체계적인 교재가 필요함에 따라 전공 교수님들과 기술사님들이 함께 이번 도서를 집필하게 되었습니다. 콘크리트 건축물 구조설계 예제집은 기존의 예제집과 다음과 같은 점에서 차별화 되도록 집필되었습니다.

- 2007년도 개정 콘크리트 구조설계기준에 따른 설계
  하중조합과 부재설계가 2007년도 개정된 콘크리트 구조설계기준에 따라 이루어지도록 하였습니다.

- KBC 2009에 따른 설계
  새로 개정된 설계기준 KBC 2009에 따라 설계가 이루어지도록 하였습니다.

- 하중산정부터 부재설계까지 전 과정 상세 설명
  이 책에서 예로 주어진 3 가지 대표적인 구조시스템에 대하여 상세를 제시하고 이를 바탕으로 중력하중, 풍하중이나 지진하중과 같은 횡하중, 그리고 토압 등을 산정하는 방법부터 부재설계까지의 전 과정에 대하여 자세하게 기술함으로써 학부생들 뿐 아니라 초보 실무자에게 실제적인 도움이 되도록 작성하였습니다.

- 다양한 구조시스템 설계 예
  구조엔지니어가 최소한 반드시 습득하여야 할 모멘트골조시스템, 벽식구조시스템, 이중골조시스템에 대한 설계를 제시하였습니다.

- 상용프로그램 위주의 해석 탈피
  상용프로그램 위주의 구조해석에 의존한 내력 산정방식을 탈피하고 구조해석 이론을 적용하여 부재력을 산정하였습니다. 이는 기존 상용프로그램 결과에만 종속되어 있는 독자들에게 이론에 대한 복습 및 실제 구조물에의 적용능력에 도움을 주고자 함에 있습니다.

• 구조해석 모델링에 대한 제시
최근 상용프로그램의 발전으로 인하여 구조엔지니어들은 컴퓨터 앞에서 단순 입력으로 대상 건축구조물에 대한 해석모델링 및 부재력을 산정할 수 있습니다. 이 과정이 되풀이 됨으로써 구조엔지니어가 적합한 모델링에 대한 이해 없이 프로그램에 종속된다는 우려가 있습니다. 이 책은 이런 점을 고려하여 주어진 대상 건축물에 대한 기본적인 모델링 기법을 제시하고 있습니다.

따라서 이 책은 대학교재로서, 그리고 초보 실무자의 구조설계에 대한 입문과정으로서 매우 필요한 내용을 담고 있다고 자부할 수 있습니다.

마지막으로 이 도서를 출판할 수 있도록 물심양면으로 도움을 주신 한국콘크리트학회 김진근 회장님과 한국건축구조기술사회 이문곤 회장님께 진심으로 감사의 마음을 전합니다. 무엇보다도 좋은 내용의 도서가 출판될 수 있도록 훌륭한 집필을 해 주신 저자 여러분들과 간사로서 수고해 주신 노영숙, 이영학 교수님과 최일섭 이사님께 감사의 마음을 전합니다. 출판과정의 행정을 도와주신 학회 및 기술사회 여러분에게도 감사의 마음을 전합니다. 또 양질의 도서출판을 위하여 힘써주신 구미서관 출판사 직원분들께도 감사의 마음을 전합니다.

한국콘크리트학회/한국건축구조기술사회
공동집필위원장 이차돈/최준식

제2판 집필위원 및 검토위원

■ 한국콘크리트학회 집필위원

(가나다 순)

성명	소속	
윤현도	충남대학교 교수	(위원장)
강수민	숭실대학교 교수	(집필간사)
강현구	서울대학교 교수	
김선우	충남대학교 교수	
김승훈	한밭대학교 교수	
김창수	서울과학기술대학교 교수	
박완신	충남대학교 교수	
배백일	한양사이버대학교 교수	
최경규	숭실대학교 교수	
황현종	건국대학교 교수	

■ 한국건축구조기술사회 집필위원

(가나다 순)

성명	소속	
김대호	㈜한울구조안전기술사사무소 대표	(위원장)
정지훈	㈜동양구조 소장	(집필간사)
강두현	진엔지니어링㈜ 대표	
김강호	포스코건설 그룹장	
김세일	빛과울구조컨설팅 대표	
김용남	㈜미래구조엔지니어링 대표	
남승현	㈜한울구조안전기술사사무소 본부장	
류현희	NCS구조엔지니어링 대표	
마은희	다온구조기술사사무소 대표	
이나영	ENA구조기술사사무소 소장	
정석재	㈜쓰리디엔지니어링 대표	
주시나	㈜하나엔지니어링건축사사무소 소장	
함영덕	이상구조기술사사무소 소장	

■ **검토위원**

(가나다 순)

성명	소속
김강수	서울시립대학교 교수
김승원	뉴테크구조기술사사무소 소장
김진근	한국과학기술원(KAIST) 명예교수
박대영	㈜보루 고문
박홍근	서울대학교 교수
천성철	인천대학교 교수
최준식	㈜단이엔씨 대표

초판 집필위원 및 검토위원

한국콘크리트학회

■ 집필위원

(가나다 순)

성명	소속	
이차돈	중앙대학교 교수	공학박사, 구조기술사 (위원장)
노영숙	서울과학기술대학교 교수	공학박사
박홍근	서울대학교 교수	공학박사, 구조기술사
이수권	동양미래대학 교수	공학박사, 구조기술사
이영학	경희대학교 교수	공학박사, 구조기술사
이정윤	성균관대학교 교수	공학박사
이한선	고려대학교 교수	공학박사
임홍철	연세대학교 교수	공학박사
최창식	한양대학교 교수	공학박사, 구조기술사

■ 검토위원

(가나다 순)

성명	소속	
김진근	한국과학기술원 교수	공학박사, 구조기술사
신영수	이화여자대학교 교수	공학박사, 구조기술사
정 란	단국대학교 교수	공학박사
최완철	숭실대학교 교수	공학박사

■ 발간물 심의위원

(가나다 순)

성명	소속	
김 우	전남대학교 교수	공학박사 (위원장)
김상식	인하대학교 교수	공학박사, 구조기술사
양주경	청운대학교 교수	공학박사, 구조기술사
이재훈	영남대학교 교수	공학박사, 구조기술사
정헌수	중앙대학교 교수	공학박사
정하선	콘크리트공학연구소 소장	공학박사

▌한국건축구조기술사회

■ 집필위원

(가나다 순)

성명	소속	
최준식	(주)단이엔씨 대표	구조기술사 (위원장)
박중현	(주)밀레니엄구조 대표	구조기술사
우운택	(주)동양구조안전기술 연구소장	공학박사
윤병익	(주)아이맥스트럭처 대표	구조기술사
이강훈	(주)티섹구조엔지니어링 대표	구조기술사
이원록	(주)센구조연구소 소장	구조기술사
이재훈	(주)도화구조 대표	구조기술사
정석재	(주)쓰리디엔지니어링 소장	구조기술사
최일섭	(주)연우건축구조기술사사무소 대표	구조기술사

■ 검토위원

(가나다 순)

성명	소속	
김석구	(주)쓰리디엔지니어링 대표	구조기술사
김종호	(주)창민우구조컨설턴트 대표	구조기술사
이창남	(주)센구조연구소 대표	구조기술사
정광량	(주)동양구조안전기술 대표	구조기술사

CONTENTS

CHAPTER 03 모멘트골조시스템

CHAPTER 04 소규모필로티구조

CHAPTER 05 무량판 벽식 혼합구조

Chapter 1
개 요

CHAPTER

01 개 요

1.1 철근콘크리트구조

일반적으로 콘크리트는 [그림 1.1.1]과 같이 용적비율로 약 70 %가 잔골재와 굵은골재이며 나머지 약 30 %가 시멘트, 혼화재, 혼화제 및 물이 혼합된 시멘트 페이스트로 구성되어 있다. 시멘트 페이스트는 골재 사이의 간극을 메우고 시멘트 페이스트는 콘크리트에 포함된 굵은골재와 잔골재의 계면에서 윤활작용을 하므로 굳지 않은 콘크리트의 유동성 및 시공성에 주요한 영향을 끼친다. 또한, 시멘트 페이스트를 구성하는 시멘트와 물이 수화반응하면서 응결 및 경화 과정을 거치며 골재와 골재 사이에 형성된 간극을 경화체로 채우고 콘크리트 내부에 분포된 골재를 서로 결합시켜 일체화하는 역할을 한다. 따라서 콘크리트의 굳지 않은 성상 및 경화 이후 역학적 성상은 시멘트 페이스트와 골재의 특성에 따라 결정된다.

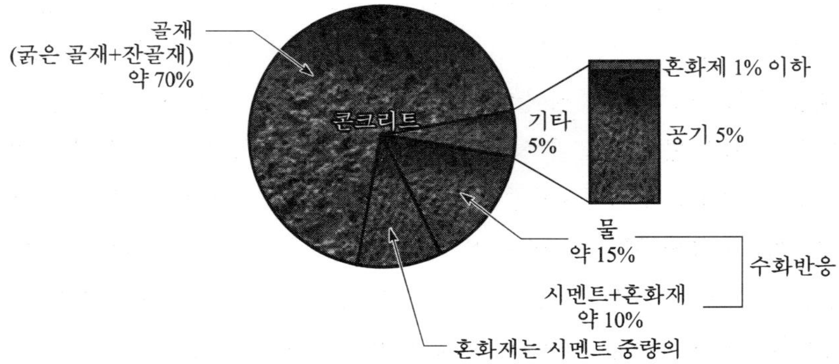

[그림 1.1.1] 콘크리트의 구성재료[1.1)]

콘크리트의 물성을 결정하는 중요한 요소 중 하나인 시멘트의 생산량 및 품질은 건설산업 환경에 따라 크게 좌우되며 국내 시멘트 공업은 1960년대의 경제 개발 정책, 1980년대 서울 올림픽과 사회 간접자본 확충 등의 수요, 건설경기 등의 호조로 1997년 외환위기 이전까지 시멘트 수요는 지속적으로 증가되었다. 한국시멘트협회[1.2]의 보고에 따르면 2021년 현재 국내에서 포틀랜드 시멘트를 생산하는 회사는 10여 개 사 정도이며 2021년도 시멘트 총 생산량은 대략 5,000만 톤에 이른다. 시멘트 산업은 우리나라의 급속한 경제 발전과 더불어 주택, 도로 및 항만 등 사회 간접 자본 건설을 위해 매우 중요한 국가 기반산업으로서 발전하여 현재 세계 7대 시멘트 강국으로 성장하였다. 에너지 대량 소비산업인 시멘트 산업은 원가절감의 관점에서 에너지 효율 향상을 위한 대처를 해오고 있다. 특히 2020년 12월 정부의 2050 탄소중립 추진전략 발표에 따라 시멘트 산업에서도 CO_2배출량이 많은 소성 공정을 개선함으로써 에너지 절약과 함께 온실가스 저감에 노력을 기울이고 있다. 또한 콘크리트표준시방서(KCS 14 20 10 일반콘크리트)에서는 제빙화학제에 노출되는 콘크리트에 대해서는 시멘트와 실리카퓸, 플라이애시 또는 기타 포졸란, 고로 슬래브 미분말과 같은 혼화재 전체에 대한 혼화재의 질량 백분율을 10 %에서 50 %까지 대체할 수 있도록 허용하고 있다.

시멘트와 함께 콘크리트 생산 기술이 발달함에 따라 특정한 용도에 맞도록 여러 형태의 콘크리트가 등장하게 되었고 구조설계 담당자는 설계 대상 건축물의 요구성능을 고려하여 합리적으로 설계하기 위하여 이에 대한 검토도 요구된다. 표준시방서의 콘크리트공사(KCS 14 20 00)에서는 일반콘크리트, 경량골재 콘크리트, 순환골재 콘크리트, 섬유보강 콘크리트, 폴리머시멘트 콘크리트, 팽창 콘크리트, 수밀 콘크리트, 유동화 콘크리트, 고유동 콘크리트, 고강도 콘크리트, 방사선 차폐용 콘크리트, 한중 콘크리트, 수중 콘크리트, 해양 콘크리트, 프리플레이스트 콘크리트, 숏크리트, 프리캐스트 콘크리트, 프리스트레스트 콘크리트, 외장용 노출 콘크리트, 합성구조 콘크리트 등의 일반사항, 사용자재 및 시공에 관한 사항을 규정하고 있다. 이외에도 건축공사표준시방서의 콘크리트공사(KCS 41 30 00)에서는 무근콘크리트, 고내구성 콘크리트, 동결융해작용을 받는 콘크리트, 간이 콘크리트 및 원자력발전소 콘크리트 등의 일반사항, 사용자재 및 시공에 관한 사항을 규정하고 있다. 최신 개정된 표준시방서 및 건축공사표준시방서 전문은 국가건설기준센터(https://www.kcsc.re.kr/)[1.3]에서 확인할 수 있다.

콘크리트 보강용 철근의 종류, 기계적 성질 및 시험방법은 KS D 3504(철근콘크리트용 봉강)[1.4]에 제시되어 있으며 철근의 종류는 일반용, 용접용 및 특수내진용으로 구분된다. 특히 중연성도와 고연성도가 요구되는 구조형식의 건축물에서 모멘트 골조부재, 벽체의 경계요소, 연결보에 사용되는 주철근에 대해서는 특수내진용 철근이 사용되어야 한다(KDS 41 17 00 건축물 내진설계기준).

이와 같이 다양한 콘크리트와 함께 타 건설 재료에 비하여 풍부한 시멘트와 철근, 그리고 상대적으로 단순한 공법들이 개발됨에 따라 전 세계적으로 콘크리트와 철근콘크리트 구조는 건축과 토목 구조물을 주 대상으로 하여 지상 구조물, 지하구조물, 타워, 해양건물 등에 광범위하게 적용되고 있다.

특히 최근에 건물의 초고층화에 따라 철근콘크리트 구조시스템이 강구조를 비롯한 타 구조시스템에 비하여 경제적인 대안으로 고려되고 있다. 특히 주거용 건축물에 있어 소음과 진동에 대한 제어는 매우 중요하다. 초고층 주거 건물의 경우, 엘리베이터나 기계실 등에서 발생하는 소음이나 진동은 야간 주거 환경에 매우 민감한 요소로 작용함에 따라 강구조보다는 철근콘크리트 구조물이 더 선호되고 있다. 최근에 철근콘크리트 구조물은 고강도-고성능 콘크리트의 개발과 구조시스템의 개발로 공기를 매우 단축시켰으며 강구조와는 달리 보가 없는 플랫플레이트 구조가 가능하여 층고를 저감시킬 수 있고 또한 내화성도 우수하다. 일본의 경우 일본대성건설에서 43층 집합 주택에 콘크리트 압축강도 100 MPa의 고강도 콘크리트를 적용하였다. 그 결과 바람에 의한 횡변위의 감소와 함께 주택 내에 기둥이 없는 무주의 넓은 공간을 확보하였다. 무엇보다도 구조체 공사비가 SRC 구조나 충전콘크리트 강관구조(CFT)보다 10 ~ 20 % 정도 절감하는 효과를 가져왔다. 일본건축센터에서 60 m 이상의 건물 233채를 대상으로 1989년부터 1998년까지 10년 동안에 적용된 건축구조재료에 대한 조사 결과에 의하면 철근콘크리트 구조가 66.4 %인데 비하여 SRC 구조는 25.5 %, 강구조는 2.3 %에 불과하였다. 앞에서도 언급한 바와 같이 다양한 콘크리트의 개발 및 강재에 비하여 저렴한 가격에 따른 구조재로서 콘크리트의 적용은 계속 증가할 것으로 예상된다.

콘크리트는 압축에 강하나 인장에 약하다. 따라서 어느 정도 이상의 인장력이 작용할 때, 균열이 발생할 수 있으며, 건조수축과 온도변화에 따른 인장응력이 발생할 때에도 균열이 발생할 수 있다. 이들 균열을 저지하고 콘크리트 구조물의 부재력을 향상시키기 위하여 일반적으로 철근이 사용된다. 이때 철근은 주로 인장력을 담당하도록 설계되며 콘크리트는 압축력에 저항하도록 설계된다.

철근콘크리트 구조가 갖는 장점과 단점을 포함한 그 특성은 다음과 같다.

(1) 경제성

건축구조 시스템을 결정할 때 가장 중요한 요인 중의 하나는 재료비와 인건비가 포함된, 시공할 때 소요되는 총 공사비이다. 일례로 철근콘크리트 건물에서 플랫플레이트 바닥 시스템을 적용할 경우 강구조보다 층고를 낮출 수 있으므로 추가적으로 풍하중 부담면적의 감소와 함께 외장재나 기계시설의 감소를 가져와 시공비를 절감할 수 있다. 총 시공비는 시공기간과도 밀접한 관계가 있으므로 경제성을 확보하기 위하여 가능한 짧은 공기가 요구되는 시스템을 적용할 필요가 있다. 또 계획할 때 가능한 일정한 부재 크기로 설계함으로써 전체적인 시공비의 절감을 실행할 수 있다. 예를 들면 여러 층에 걸쳐 기둥 크기를 동일하게 함으로써 거푸집에 소요되는 공사비를 절감할 수 있으며 층별로 서로 다른 콘크리트를 사용함으로써 공사비를 절감할 수 있다.

(2) 건축 및 구조성능 요구의 만족

철근콘크리트 구조는 건축적인 기능과 함께 구조적인 요구가 동시에 만족되도록 설계될 수 있는 장점을 갖는다. 콘크리트는 소성상태로 타설되어 여러 가지 형태의 공간을 실현할 수 있으며 거푸집 종류에 따라 다양한 마감표면을 표현할 수 있다. 예를 들면, 플랫 슬래브나 또는 기타의 슬래브들이 천장이나 바닥 역할을 하는 동시에 수직하중을 지지하는 역할을 한다. 또한 철근콘크리트 벽체의 경우는 중력 하중, 풍하중, 지진하중에 대하여 저항함과 동시에 건축적으로 공간을 구분하는 역할을 한다.

(3) 내화성

건축구조물은 화재가 발생할 경우, 주거자가 대피하고 진화될 때까지 구조적으로 안전하도록 설계되어야 한다. 철근콘크리트 건물의 경우, 특별한 내화 처리를 하지 않더라도 한 시간에서 세 시간 정도의 내화성을 갖는다. 그러나 강구조나 목재 구조물의 경우에는 철근콘크리트와 유사한 내화력을 갖기 위하여 내화피복 등 추가적인 조치가 필요하다.

(4) 강성

바람에 의하여 건물이 흔들리거나 또는 사람이 걸어갈 때 바닥이 진동할 경우, 주거자는 불편함이나 불안감을 느끼게 된다. 대부분의 철근콘크리트 건물의 경우 큰 자중과 강성으로 인하여 진동은 거의 문제가 되지 않는다.

(5) 유지 · 관리비

일반적으로 철근콘크리트 부재는 강구조나 목구조보다 상대적으로 유지·관리비가 적게 소요된다.

(6) 재료구입의 용이성

콘크리트를 구성하는 모래, 자갈, 물, 시멘트, 그리고 기타 혼화재 등은 쉽게 구입이 가능하며 강재에 비하여 현장으로 이송이 용이하다.

(7) 낮은 인장강도

콘크리트의 인장강도는 개략적으로 압축강도의 1/10에 불과하다. 따라서 균열이 쉽게 발생한다. 과다한 균열이 발생하는 것을 방지하기 위하여 적절한 양의 철근을 배치하여야 한다. 그렇지 않을 경우 외기 및 수분 등의 침투로 인하여 콘크리트의 열화가 발생할 수 있고, 철근의 부식으로 인하여 구조물 전체의 내구성이 저하될 수 있다.

(8) 거푸집과 동바리

현장치기 콘크리트를 이용하여 건축물을 시공할 경우, 강구조나 목구조와는 달리 거푸집의 설치, 거푸집의 해체, 타설된 콘크리트가 적절한 강도를 발현할 때까지 콘크리트의 자중 및 시공 하중을 지지할 동바리를 설치하여야 한다.

(9) 단위 무게에 비하여 상대적으로 낮은 강도

일반적으로 사용되는 콘크리트의 압축강도는 철근에 비하여 약 5~10 % 정도이나 철근의 비중에 비하여 콘크리트의 비중은 약 30 %나 된다. 따라서 강구조에 비하여 동일한 하중을 지지하기 위하여 더 많은 체적 또는 무게의 콘크리트를 사용하여야 한다. 따라서 장경간 구조물의 경우에는 철근콘크리트 구조가 강구조에 비하여 불리하다.

(10) 시간 존속적인 체적 변화

콘크리트나 강재는 선팽창계수가 유사하다. 그러나 콘크리트의 경우 건조수축으로 인하여 시간이 경과함에 따라 체적의 감소를 나타낸다. 만일 콘크리트가 일부 구속되어 있을 경우, 이로 인하여 인장응력이 발생하여 균열이 발생할 수 있다. 뿐만 아니라 지속적인 하중에 의하여 콘크리트에 크리프 현상이 발생하며 이는 건조수축과 함께 장시간에 걸쳐 추가적인 처짐을 발생시킨다.

1.2 콘크리트구조 설계기준

미국의 경우, 1956년에 73쪽 분량의 ACI 318 Code가 발간된 후, 1963년부터 1971년 사이에 점진적으로 허용응력설계법을 대체하는 강도설계법이 소개되었으며 2002년 개정판에서는 이전까지 부록으로 남아있던 허용응력설계법이 완전 삭제되게 되었다. 이 후, 2008년에 이르러는 465쪽의 기준 해설집이 출판되었다. 특히 2002년에 출판된 ACI 318 Code 기준은 1963년 이후의 개정판 내용과 비교할 때 하중계수, 강도감수계수 등 상당한 분량이 개정되었다. 또한 일반 철근콘크리트와 프리스트레스트 구조 부재간의 통합기준, 콘크리트 정착과 스트럿-타이 모델 등에 의한 내용들이 부록에 실리게 되었다.

강도설계법을 적용할 경우, 기둥, 보, 슬래브와 같은 부재의 단면크기가 작아질 뿐 아니라 철근의 양도 감소하는 결과를 가져오며 약 20~25 % 정도의 구조골조 비용의 감소를 실현하게 되었다. 강도설계법에 준한 설계기준을 사용하는 미국과는 달리, 유럽의 경우에는 한계상태설계법(LSD)에 근거한 기준을 사용하고 있다.

우리나라의 경우에는 1988년 12월 대한건축학회에 의하여 "극한강도설계법에 의한 철근콘크리트 구조계산 규준 및 해설"집이 발간되었다. 이어 1992년 6월 "건축물의 구조기준 등에 관한 규칙"중"극한강도설계법에 의한 철근콘크리트 구조기준"이 건설부에 의해 고시되었다. 특히 1999년 5월에 한국콘크리트학회가 주관하여 건축, 토목분야 관련 학회의 공동협력 하에 두 분야가 공통으로 사용하도록 새로 개정된 통합기준 "콘크리트구조설계기준"이 발표되었다. 2003년 4월에 초기 통합설계기준을 개선한 개정판이 발간되었으며 한국콘크리트학회에 의하여 2004년 1월에 새 개정판에 대한 해설집이 출간되었다. 각 학회 및 협회에서 작성하고 국토교통부에서 고시하여 법적효력을 갖는 설계기준(Legal code)은 다양한 기관에서 작성됨에 따라 기준간 내용의 중복 및 상충부분이 다수 발생한다고 지적되어져 왔다. 이러한 문제점을 정비하고 기준 개정이 용이하도록 2016년 6월 국토교통부에서는 기존 건설기준 체계를 표준화하여 "건설기준 코드"를 마련하고 국가건설기준센터가 이를 관리하도록 하였다(국토교통부 고시 2016-438호). 이러한 이유로 한국콘크리트학회에서 2017년 제정 및 개정한 "콘크리트구조설계기준"은 "콘크리트구조 학회기준(2017)[1.5)]"으로 명칭이 변경되고 더이상 법적효력을 갖지 않는 학회에서 관리하는 모델기준(Model code)의 의미를 갖게 되었다. 현재 건설기준 코드에서 콘크리트구조설계기준(Korean Design Standard, KDS 14 20 00 :2021)은 강구조설계기준과 함께 설계기준 공통편의 구조설계기준(KDS 14 00 00)을 구성하고 있으며 콘크리트구조 학회기준(2017)을 대부분 인용하고 있다. 콘크리트구조설계기준(KDS 14 20 00)은 무근콘크리트, 철근콘크리트 및 프리스트레스트콘크리트 구조물의 안전성, 사용성 및 내구성을 확보하기 위한 설계, 시공 및 유지관리 단계에서 필요한 기술적 사항을 규정하고 있다.

2016년 6월 기존 국가건설기준을 통합하여 정비한 건설기준 코드 고시 시점에서 건설기준 코드의 체계와 구성은 [그림 1.2.1]과 같지만 2022년 국가건설기준센터에서 관리하는 건설기준 코드는 공통편 그리고 시설물편과 사업편을 통합한 시설물편으로 분류되어 운영되고 있다. 콘크리트구조설계기준(KDS 14 20 00)은 모든 콘크리트 시설물에 공통으로 적용되는 내용을 포괄적으로 규정하고 있어 공통편에 포함되어 있다. 건축구조기준(KDS 41 00 00)은 건설기준 코드 시설물편에 분류되어 있으며 건축구조기준 일반사항(KDS 41 10 00), 건축물 내진설계기준(KDS 41 17 00), 건축물 기초구조 설계기준(KDS 41 20 00), 건축물 콘크리트구조 설계기준(KDS 41 30 00), 건축물 강구조 설계기준(KDS 41 31 00), 목구조 설계기준(KDS 41 33 00), 조적식구조 설계기준(KDS 41 34 00), 특수건축물 구조설계기준(KDS 41 70 00) 및 소규모건축물 구조설계기준(KDS 41 90 00)으로 구성된다.

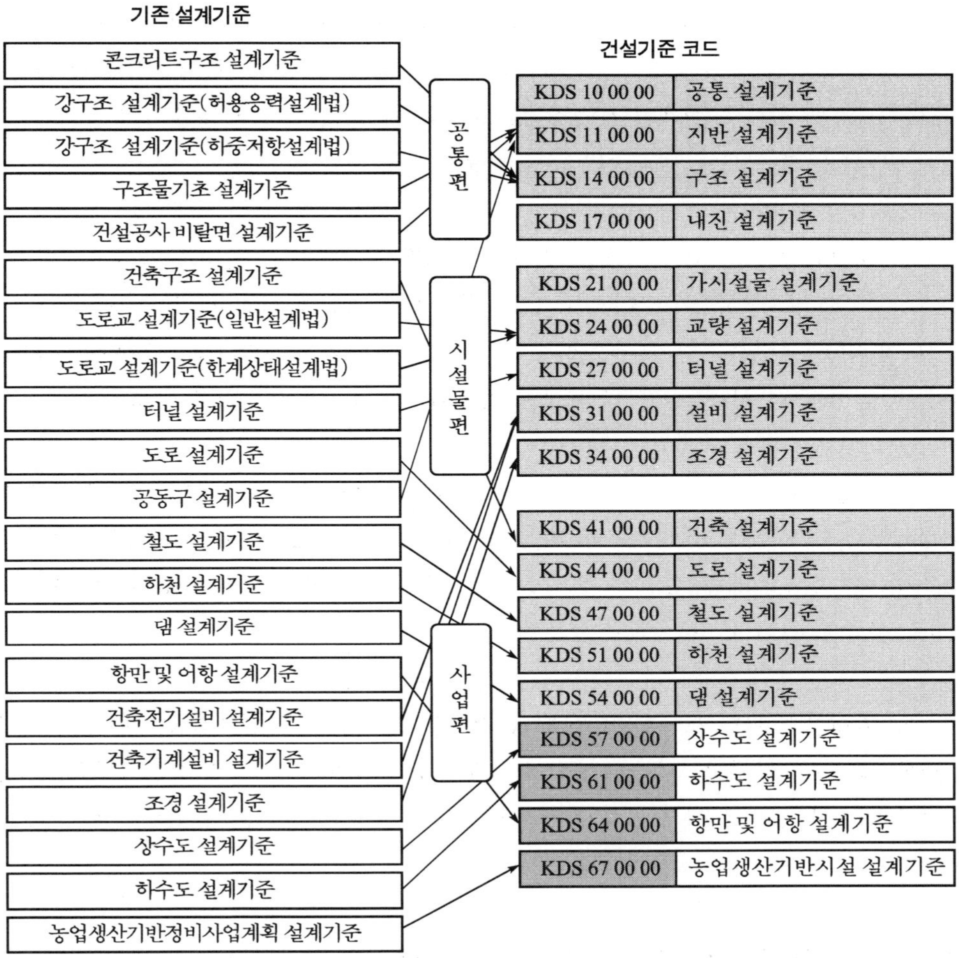

[그림 1.2.1] 건설기준 코드 체계와 구성[1.6)]

건축구조기준 일반사항(KDS 41 10 00)은 건축물의 중요도, 구조설계법, 구조안전 확인사항 및 책임구조기술자의 자격과 책무를 규정하고 있는 건축구조기준 총칙(KDS 41 10 05), 구조재료의 원자재에 대한 적정한 품질확보와 제작물에 대한 성능검증 승인절차에 대하여 규정하고 있는 건축구조기준 구조검사 및 실험(KDS 41 10 10) 및 건축물에 작용하는 각종하중에 대하여 규정하고 있는 건축구조기준 설계하중(KDS 41 10 15)으로 구성된다.

건축물 내진설계기준(KDS 41 17 00)은 건축법과 주택법에 따라 건축하거나 대수선 및 유지·관리하는 건축물 및 건물외구조물의 구조체와 부구조체 및 비구조요소의 내진설계에 관한 사항을 규정하고 있다. 건축물 기초구조 설계기준(KDS 41 20 00)은 건축물의 기초, 지하벽, 옹벽 및 흙막이 설계에 관한 사항을 규정한다. 건축물 콘크리트구조 설계기준(KDS 41 30 00)에서는 콘크리트구조 건축물에 대한 설계, 검사 및 실험, 설계하중, 재료별 설계방법, 재료강도, 제작 및 설치, 시공, 품질관리 등의 기술적 사항을 규정하고 있다. 건축물 강구조 설계기준(KDS 41 31 00)에서는 강재를 사용한 건축물 및 공작물 설계를 위한 재료, 부재 및 접합부의 설계방법을 규정하고 있다.

목구조 설계기준(KDS 41 33 00)은 목구조 일반사항(KDS 41 33 01), 목구조 재료 및 허용응력(KDS 41 33 02), 목구도 설계요구사항(KDS 41 33 03), 목구조 부재설계(KDS 41 33 04), 목구조 접합부의 설계(KDS 41 33 05), 목구조 전통목구조(KDS 41 33 06), 목구조 경골목구조(KDS 41 33 07), 목구조 내구계획 및 공법(KDS 41 33 08) 및 목구조 방화설계(KDS 41 33 09)로 구성된다.

조적식구조 설계기준(KDS 41 34 00)은 조적식구조 일반사항(KDS 41 34 01), 조적식구조 재료의 기준(KDS 41 34 02), 조적식구조 설계일반사항(KDS 41 34 03), 조적식구조 허용응력설계법(KDS 41 34 04), 조적식구조 강도설계법(KDS 41 34 05), 조적식구조 경험적 설계법(KDS 41 34 06) 및 조적식구조 조적조 문화재(KDS 41 34 07)로 구성된다.

특수건축물 구조설계기준(KDS 41 70 00)은 막과 케이블 구조에 관한 설계하중, 재료, 구조해석 및 설계법 등을 규정하고 있는 막과 케이블 구조(KDS 41 70 01)와 정온 수역의 위치에 설치되는 부유식 건축물의 상부 구조와 하부 함체의 해석과 설계 절차에 대한 사항을 규정하는 부유식 구조(KDS 41 70 02)로 구성된다.

소규모건축물 구조설계기준(KDS 41 90 00)은 건축법 등에 따라 건축하거나 대수선 및 유지·관리하는 건축물 중 층수가 2층 이하이면서 「건축법 시행령」 제32조 제2항 제2호부터 제8호까지에 해당하지 않는 건축물의 설계시 적용된다. 이 기준(KDS 41 90 00)은 소규모건축구조기준 일반(KDS 41 90 05), 기초 및 지하구조(KDS 41 90 20), 콘크리트구조(KDS 41 90 30), 강구조(KDS 41 90 31), 소규모건축구조기준 전통목구조(KDS 41 90 32), 소규모건축구조기준 목구조(KDS 41 90 33) 및 소규모건축구조기준 조적식구조(KDS 41 90 34)로 구성된다.

건축물 콘크리트구조 설계기준(KDS 41 30 00)은 공통기준인 콘크리트구조 설계기준(KDS 14 20 00)에서 건축물에 특화된 사항만을 수록하고 있다. 2022년 개정에서는 건축물 콘크리트구조 설계기준의 코드번호가 KDS 41 20 00으로 변경되었고 2021년 개정된 KDS 14 20 00 주요내 용이 반영되어 개정되었다. 2022년 건축물 콘크리트구조 설계기준(KDS 41 30 00)의 주요한 개정사항을 요약하면 다음과 같다.[1,7]

(1) 콘크리트의 시험빈도(3.1)

건축구조기준과 건축공사표준시방서, 콘크리트구조 설계기준, 콘크리트 표준시방서에서 콘크리트 강도 시험용 시료 채취의 빈도를 모두 동일하게 개정하였다. 건축구조기준에서는 공통기준을 인용하고 별도로 기술하지 않았다. 개정 이전에는 기준과 시방서별로 약간씩 상이하였으나, 콘크리트 품질관리라는 동일한 목적을 위한 규정이므로 모든 기준과 시방서에서 다음으로 통일하였다.

- 하루에 1회 이상
- 120 m^3당 1회 이상
- 슬래브나 벽체의 표면적 500 m^2마다 1회 이상
- 배합이 변경될 때마다 1회 이상

그 외 예외 항목에 대한 자세한 사항은 공통기준 KDS 14 20 01(3.1.5)를 참조한다.

(2) 설계하중과 하중조합(4.1)

이전 기준에서 하중조합은 건축구조기준의 하중조합과 공통기준인 KDS 14 20 10의 하중조합을 모두 따르도로 규정하였으나, 건축구조기준과 KDS 14 20 10의 하중조합 중 일부가 상이하여 혼란이 야기되었다. 이번 개정에서는 건축구조기준의 하중조합만 따르도록 개정하여, 중력하중과 풍하중은 KDS 41 12 00, 지진하중은 KDS 41 17 00을 적용한다.

(3) 내구성 설계(4.2.3)

2021년 KDS 14 20 40의 내구성 설계가 개정되어 건축물 설계에도 많은 변화가 요구된다. KDS 41 20 00의 내구성 설계는 KDS 14 20 40을 따르도록 규정하는데, KDS 14 20 40 (4.1.4(1))은 별도의 내구성 설계를 통해 입증된 경우와 성능이 확인된 별도의 보호 조치를 취하는 경우에 KDS 14 20 40(표 4.1-3)에서 규정하는 값보다 낮은 콘크리트 설계기준압축강도 적용을 허용한다. KDS 14 20 40(부록)에 따라 별도의 내구성 설계가 가능하고, 이 부록의 내구성 평가를 위한 설계변수값과 목표 내구수명은 KDS 14 20 00: 2021 콘크리트구조 설계기준 해설[1,8]을 참고할 수 있다. KDS 14 20 40(부록) 외에 KDS 41 10 10 (3.3)에 따라 검증 받은 내구성 설계방법을 적용할 수 있다.

투기계수가 낮은 고성능 방수도료와 차염도료를 콘크리트 표면에 시공하거나 CO_2, Cl^-, H_2O, O_2의 침투를 억제하는 별도의 보호 조치를 취하면 내구성을 향상시킬 수 있다. 별도의 보호 조치는 KDS 41 10 10 (3.3)에 따라 내구성 향상 효과를 검증한 후 적용한다. 별도의 보호 조치 효과가 건축물의 목표 내구수명 이전에 저하되는 경우에는 별도의 보호 조치에 대한 주기적인 보완 계획을 포함한 유지관리 계획을 수립해야 한다.

가설구조물과 단기간 사용하는 특별 용도의 건축물 등 목표 내구수명이 짧은 건축물은 KDS 14 20 40 (부록)에 따른 내구성 평가로 KDS 14 20 40 (표 4.1-3)에서 규정하는 값보다 낮은 콘크리트 설계기준압축강도를 적용할 수 있다.

목표 내구수명을 만족하기 위한 콘크리트 설계기준압축강도 또는 물-결합재비가 콘크리트 부재별로 다른 경우에는 수평부재와 수직부재를, 또는 외부부재와 내부부재를 분리 시공하거나 특수 시공방법으로 부재별 요구되는 품질을 확보할 수 있다.

(4) 압축부재의 횡철근(4.3.1)

압축부재의 횡철근 간격은 다음 값 중 가장 작은 값으로 하되, 200 mm보다 좁을 필요는 없다.

- 띠철근의 수직간격은 축방향 철근지름의 16배
- 띠철근이나 철선지름의 48배
- 기둥 단면의 최소 치수의 1/2 이하

기존 기준에서는 '기둥 단면의 최소 치수'였던 항목이 '기둥 단면의 최소 치수의 1/2 이하'로 개정되었다.

압축부재 횡철근의 최대 간격과 보 횡철근의 최대 간격의 차이로 실무에서 많은 혼선이 발생되고 있다. 특히 전단보강철근에 의한 전단강도가 필요한 경우에는 최대 간격이 d/2임에도 불구하고 현장에서는 최대 간격을 기둥 단면의 최소치수로 인식하는 경우가 많다. 이러한 문제를 해결하기 위하여 띠철근의 최대 수직간격을 기둥 단면 최소 치수의 1/2로 변경하였다. 전단력에 의해 요구되는 전단철근의 최대간격은 KDS 14 20 22 (4.3)에 따른다.

(5) 강섬유 콘크리트 보의 최소 전단철근(4.5.1)

KDS 14 20 22 (4.3.3(1)⑥)에서 규정한, 최소 전단철근을 적용하지 않아도 되는 강섬유 콘크리트보의 콘크리트 압축강도 상한을 40 MPa에서 60 MPa로 변경하였다. 2016년 KDS 14 20 22부터, Parra-Montesinos 연구결과[1.9)]를 바탕으로 일반 콘크리트에 비해 높은 전단강도를 갖는 강섬유보강 콘크리트를 최소전단철근 대용으로 사용할 수 있도록 규정하고 있다. 최근의 연구결과[1.10)]에 의하면, 강섬유 체적비가 0.75% 이상이고 압축강도가 40 MPa 이상인 강섬유 콘크리트에서도 강섬유가 최소 전단철근 대용으로 사용 가능한 것으로 나타났다. 이를 바탕으로 최소 전단철근이 필요하지 않는 강섬유 콘크리트보의 압축강도 상한을 60 MPa로 상향하였다.

(6) 합성콘크리트 부재 설계(4.14.1)

합성부재는 합성이 이뤄지는 과정에서 하중 단계별 설계 검토항목과 부재의 단면 및 지지조건이 달라지는 점을 고려하여 설계해야 한다. 시공과정부터 발생 가능한 모든 사용하중 및 설계하중조건에 대해 합성 또는 비합성 단면을 고려하여 강도와 사용성을 검토하도록 규정하였다.

또한 휨 부재의 댑단부(Dapped end beam)와 같이 단면이 급격히 변하는 경우에는 일반적인 휨, 전단 설계방법으로 안전하지 않으며 스트럿-타이 모델을 적용하여 충분한 철근이 배치되도록 설계해야 한다. 실험 및 해석에 의하여 그 성능을 검증하는 것이 바람직하고, 합성 이전의 시공 중 하중에 대해서도 안전성을 검증하도록 규정을 추가하였다.

(7) 합성콘크리트 휨부재의 수직전단강도(4.14.2)

실험연구결과[1.11),1.12)] 프리스트레스를 가하지 않은 합성 휨부재의 콘크리트에 의한 전단강도 V_c는 부재를 구성하는 각 요소의 V_c를 합산하여 산정할 수 있다. 다만, 전단철근이 없고 휨인장철근비가 0.013 미만으로 작으며, 50 MPa 이상 고강도콘크리트를 사용한 합성 휨부재의 경우 이러한 설계방법이 안전하지 않기 때문에 V_c 설계식의 $\sqrt{f_{ck}}$ 상한을 7.1 MPa로 제한하였다.

또한, 프리스트레스를 가한 합성 휨부재에 대한 실험연구결과[1.13)]를 바탕으로, 합성부재를 구성하는 각 요소의 V_c를 각각 계산하여 단순 합산하는 방법으로 설계할 수 있도록 개정하였다.

전단철근에 의한 최대전단강도는 KDS 14 20 22 (4.3.4(9))에 따라 산정하는데, 이때 f_{ck}는 단면을 구성하는 콘크리트 강도 중에 가장 낮은 강도를 사용해야 한다.

(8) 중간 및 특수 콘크리트 구조 시스템의 철근(4.18.1)

KDS 14 20 80 (4.1.5(2))에서 규정된 특수내진용 S등급 철근을 사용하는 범위는 골조 주철근, 구조벽체 소성영역과 연결보의 주철근이다. 이번 개정에서 구조벽체의 소성영역 주철근을 수직철근으로 확대하였다. 벽체 철근 공사에서 소성영역의 수직철근만 특수내진용 S등급 철근을 사용하는 것은 시공 오류 발생 가능성이 높고 철근 배근 검사가 현실적으로 불가능하기 때문에, 구조벽체 수직철근으로 특수내진용 S등급 적용 범위를 확대하였다.

(9) 내진설계 특별 고려사항 중 연결보(4.18.2)

$l_n/h<2$인 연결보에서 대각선 철근으로 설계되지 않는 경우, 주철근을 적절히 횡구속하지 않으면 경사압축에 의한 취성파괴가 발생하여 충분한 소성 거동을 보일 수 없다. 따라서 150 mm 이하 간격의 횡방향 철근과 수직 및 수평방향으로 각각 200 mm 이하 간격의 연결철근을 배치하도록 규정하였다. 각 연결철근과 횡방향 철근의 정착을 위한 갈고리는 동등 이상의 직경인 축방향 철근을 감싸야 하는데, 기계

적 정착철근을 연결철근으로 사용할 수 있다.

(10) 스트럿-타이 모델과 콘크리트용 앵커 신설

KDS 14 20 24 스트럿-타이 모델과 KDS 14 20 54 콘크리트용 앵커 설계기준을 이번 개정에 도입하였다. 깊은보와 같이 평면 유지의 법칙을 따르지 않는 비정형 부재 설계를 위한 스트럿-타이 모델이 신설되었으며, 강-콘크리트 접합부와 비구조재를 콘크리트 부재에 연결하기 위해 많이 사용하는 콘크리트용 앵커 설계기준이 새로 도입되었다.

참고문헌

1.1 윤현도 외 9인, "철근콘크리트구조", 동화기술, 2022
1.2 한국시멘트협회, http://www.cement.or.kr/
1.3 국가건설기준센터, https://www.kcsc.re.kr/
1.4 국가표준인증 통합정보시스템, https://standard.go.kr/
1.5 한국콘크리트학회, "콘크리트구조 학회기준", 2017
1.6 국토교통부, "분산된 국가건설기준, 7월부터 통합된 코드체계로 전환", http://www.molit.go.kr/
1.7 천성철, 윤현도, "KDS 41 20 00 건축물 콘크리트구조 설계기준", 대한건축학회지 건축, 2022.03
1.8 한국콘크리트학회, "KDS 14 20 00: 2021 콘크리트구조 설계기준 해설<강도설계법>", 2021, 기문당
1.9 Parra-Montesinos G., "Shear Strength of Beams with Deformed Steel Fibers", Concrete International, 2006, pp.57-66.
1.10 Kim, C.-G., Lee, H., Park, H.-G., Hong, G.-H., and Kang, S.-M., "Effect of Steel Fibers on Minimum Shear Reinforcement of High-Strength Concrete Beams", ACI Structural Journal, 114(5), 2017, pp.1109-1119.
1.11 Kim, C.-G., Park, H.-G., Hong, G.-H., and Kang, S.-M., "Shear Strength of Composite Beams with Dual Concrete Strengths", ACI Structural Journal, 113(2), 2016, pp.263-274.
1.12 Kim, C.-G., Park, H.-G., Hong, G.-H., Kang, S.-M., and Lee, H., "Shear Strength of Concrete Composite Beams with Shear Reinforcements", ACI Structural Journal, 114(4), 2017, pp.827-837.
1.13 Kim, C.-G., Park, H.-G., Hong, G.-H., Lee, H., and Suh, J.-I., "Shear Strength of Reinforced Concrete Composite Beams with Prestressed Concrete and Non-prestressed Concrete", ACI Structural Journal, 115(4), 2018, pp.917-930.

Chapter **2**

철근콘크리트 구조시스템

CHAPTER

02 철근콘크리트 구조시스템

건축 구조물의 하중을 지지하기 위하여 매우 다양한 구조시스템이 사용되고 있다. 구조시스템은 하중의 조건, 건물의 형상, 시공성, 경제성 등에 맞추어 구조기술자가 가장 적절한 시스템을 선택해야 한다. 이 책의 내용은 건축구조설계에 익숙하지 않은 초보 기술자를 대상으로 하기 때문에 실무에서 가장 많이 접하는 수직하중저항시스템으로 모멘트골조시스템, 내력벽구조시스템, 플랫플래이트슬래브구조시스템의 3가지에 대하여 설명하였다. 횡력저항시스템으로 모멘트골조시스템, 전단벽시스템, 이중골조시스템 3가지에 대하여 설명하였다.

2.1 수직하중 저항시스템

2.1.1 모멘트골조시스템

모멘트골조구조란 보-기둥 접합부를 견고하게 접합하여, 각 부재가 접합부에서 일체가 되도록 한 구조를 말한다. 모멘트골조구조는 근대 건축물 구조 형식의 기본 구조형식 중의 하나이며, 특히 철근콘크리트구조 및 철골철근콘크리트구조 등과 같은 구조물의 주요한 구조시스템으로 사용되고 있다. 모멘트골조구조를 이루고 있는 부재는 부재 단면력으로서 축력, 전단력, 휨모멘트, 비틀림모멘트 등을 저항하며, 모든 외력은 [그림 2.1.1] 과 같이 보·기둥을 통하여 기초에서 지반으로 전달된다. 모멘트골조구조에서는 기둥을 사용하여 다른 구조형식에 비하여 평면 계획상 자유스러운 배치가 가능하고, 넓은 개구부 및 공간을 얻을 수 있어 현대 고층건축에 널리 채택되고 있다. 모멘트골조 구조는 보와 기둥 부재가 단순하게 얹혀 있는 것이 아니라 보와 기둥이 접합부에서 서로 일체화가 되어 연결(접합)되는 구조이다. 기둥과 보가 절점에서 강하게 연결되어 있으므로 접합부에서 부재들의 상대적인 회전이 불가능하며, 바람이나 지진 등의 수평방향의 힘에 대해서도 더 큰 저항력을 갖는다.

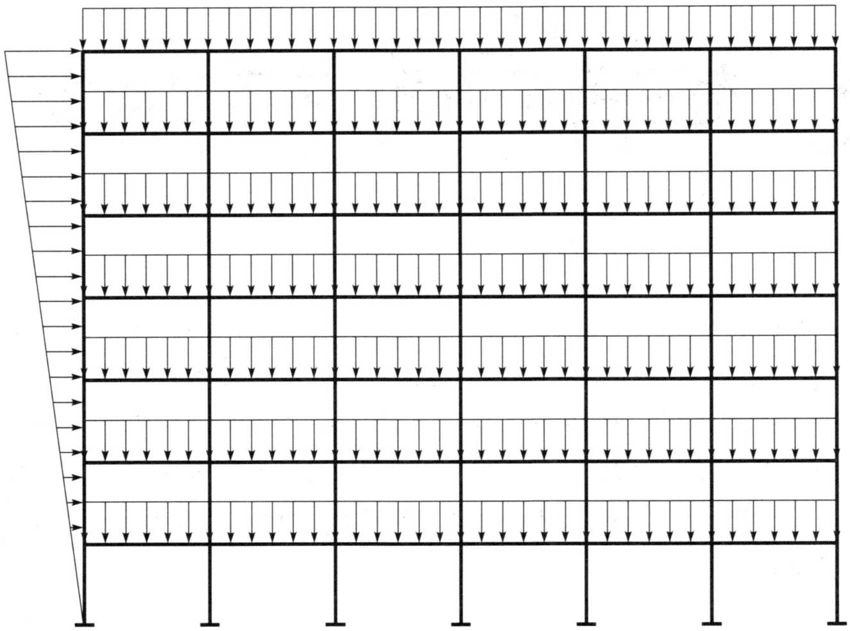

[그림 2.1.1] 모멘트골조시스템

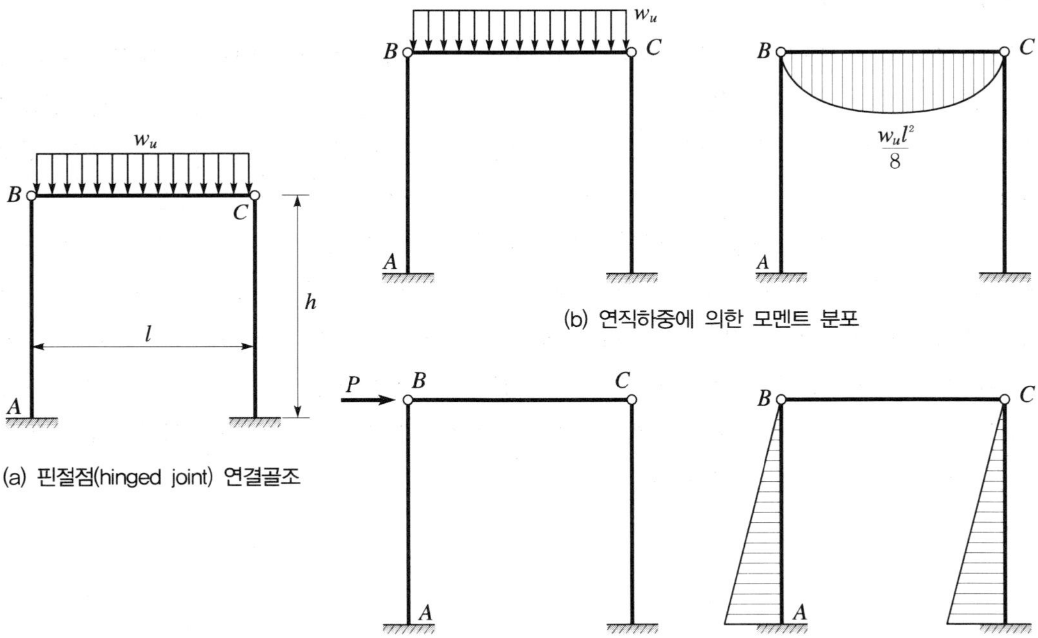

(a) 핀절점(hinged joint) 연결골조

(b) 연직하중에 의한 모멘트 분포

(c) 수평하중에 의한 모멘트 분포

[그림 2.1.3] 핀절점 골조구조의 모멘트 분포

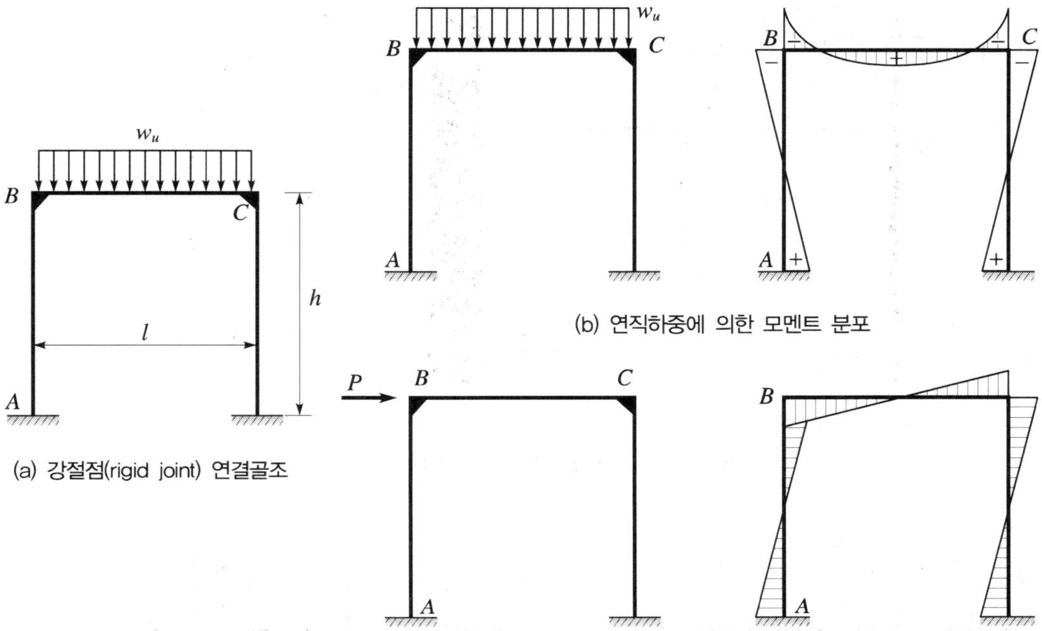

(a) 강절점(rigid joint) 연결골조

(b) 연직하중에 의한 모멘트 분포

(c) 수평하중에 의한 모멘트 분포

[그림 2.1.5] 강절점 골조구조의 모멘트 분포

모멘트골조구조의 힘의 전달 원리를 [그림 2.1.2]와 [그림 2.1.3]으로 설명하면 다음과 같다. [그림 2.1.2]는 기둥 상부에 보가 얹혀 있는 경우이며, [그림 2.1.3]은 기둥과 보가 완전하게 일체화된 경우이다. [그림 2.1.2(b)]와 같이 기둥 상부에 보가 얹혀져 핀으로 연결된 경우에 수직하중이 보에 작용하면 보에는 휨변형이 발생하지만, 기둥은 보의 반력에 해당하는 압축하중만을 지지한다. 따라서 이 경우에 보는 휨모멘트에 저항하도록 설계하고, 기둥은 압축하중에 저항하도록 설계해야 한다. 한편, [그림 2.1.2(c)]와 같이 수평하중이 작용할 경우에 기둥에는 휨모멘트가 발생하지만 보와 기둥의 접합부에 회전이 발생하여 보에 작용하는 모멘트는 없다.

[그림 2.1.3]은 기둥과 보가 완전하게 일체화된 경우이다. 이 경우에는 기둥과 보의 상대적인 강성의 차이에 의하여 부재의 회전이 구속되므로 보(또는 기둥)의 변형이 기둥(또는 보)에 전달된다. 따라서 [그림 2.1.3(b)]와 같이 수직하중이 보에 작용할 경우에 보의 휨변형이 기둥으로 전달된다. 이 경우에 보와기둥은 휨모멘트에 저항하도록 설계하여야 한다. [그림 2.1.3(c)]와 같이 수평하중이 작용할 경우에 보와 기둥의 접합부에 회전이 구속되어 기둥에 발생하는 휨모멘트가 보에 전달된다.

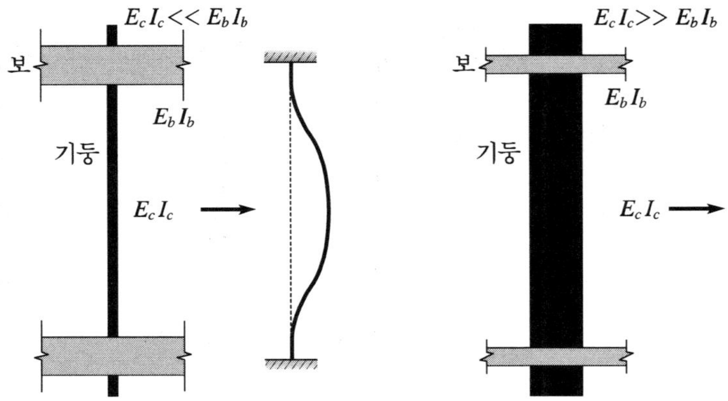

(a) 보의 강성이 큰 경우 (b) 기둥의 강성이 큰 경우

[그림 2.1.7] 기둥과 보의 상대 강성

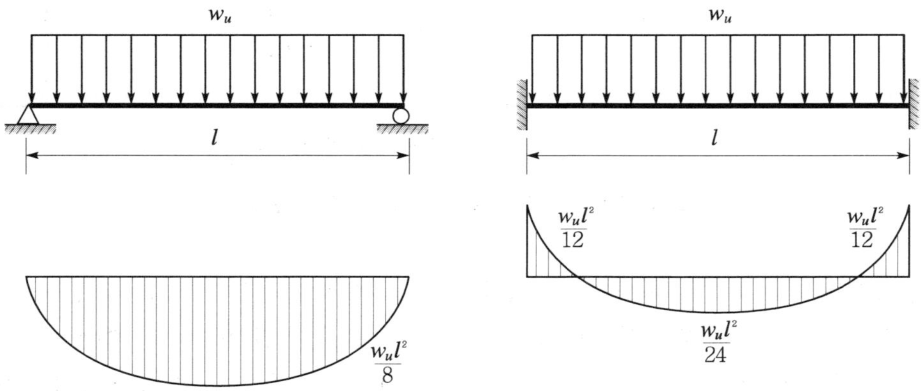

휨모멘트 분포 휨모멘트 분포

(a) 단순보의 경우 (b) 양단 고정단 보의 경우

[그림 2.1.9] 보의 휨모멘트 분포

모멘트골조구조의 인접부재간의 힘의 전달비율은 접합부를 이루고 있는 부재의 상대 강성에 따라서 달라진다. 예를 들어 [그림 2.1.4(a)]와 같이 기둥의 상·하부가 단면이 큰 보에 연결될 경우에 기둥의 상· 하부가 보에 의하여 고정되는 효과가 나타난다. 따라서 이러한 기둥은 양단이 고정인 기둥과 유사한 하중전달효과를 나타낸다. [그림 2.1.4(b)]와 같이 기둥의 상·하부가 단면이 매우 작은 보에 연결될 경우에 보의 구속효과가 작기 때문에 양단이 단순지지인 기둥과 유사한 하중전달효과를 나타낸다.

[그림 2.1.5(a)]와 같이 등분포하중(ω_u)을 받으며, 길이가 l인 보가 양단이 단순지지 되었을 경우 단부의 휨모멘트는 0이며, [그림 2.1.5(b)]와 같이 단부가 완전하게 회전이 구속되었을 경우 단부의 휨모멘트는

$\omega_u l^2/12$이다. 접합부의 회전 구속은 인접한 부재와의 상대 강성에 따라서 달라지므로 단부모멘트는 0에서 $\omega_u l^2/12$까지 변화한다. 한편 [그림 2.1.5(a)]와 같이 단부가 완전하게 회전할 수 있는 경우에는 보 중앙부의 모멘트는 $\omega_u l^2/8$이지만, [그림 2.1.5(b)]와 같이 단부가 완전하게 구속되었을 경우에는 $\omega_u l^2/24$이다. 또한, 접합부의 회전 구속은 인접한 부재와의 상대 강성에 따라서 달라지므로 중앙부의 모멘트는 $\omega_u l^2/24$에서 $\omega_u l^2/8$까지 변화한다.

수직하중을 주로 받는 고층구조물의 하부기둥은 상부층의 연직하중을 모두 지지하여야 하므로 하부층으로 갈수록 기둥단면이 커진다. 그러나 보의 경우는 각층에 분포된 하중만을 받아 기둥에 전달하므로 층수 변화에 큰 영향을 받지 않고 거의 일정하다.

수평하중을 주로 받는 고층구조물의 하부기둥은 상부층에 작용하는 수직하중과 수평하중이 누적되어 작용하므로 하부층 기둥에 큰 전단력과 휨모멘트가 작용한다. 또한, 접합부를 통하여 수직 부재와 수평 부재의 변형이 연결된 상호 부재에 전달되므로 수평하중을 주로 받는 고층 구조물의 보 단면은 하부층일수록 커진다.

2.1.2 내력벽식 구조

내력벽식구조란 수평 및 수직 하중을 수직부재인 벽을 통하여 기초로 전달하는 구조를 말한다. 따라서 내력벽식구조에는 일반적으로 기둥, 보 등과 같은 부재가 없으며 슬래브, 벽, 기초로 이루어진다. 벽식구조는 모멘트골조구조에 비하여 구조물 전체의 자중이 크며, 평면계획상에 벽이 존재하여 여러 제약을 받는다. 내력벽식구조는 주거용 건물과 조립식 건물에 많이 사용되고 있다. 특히, 내력벽벽식구조는 아파트나 호텔 같이 고정된 공간을 분할하며, 차폐성능이 우수하고 차음성이 뛰어난 장점을 지니고 있다.

벽체의 주요한 역할 중의 하나는 상부의 수직하중(중력하중)을 저항하는 것과 지진력이나 바람과 같은 수평하중을 저항하는 것이다. 일반적으로 건물의 설계는 수직하중을 지지하는 부재와 수평하중을 지지하는 부재로 구분되는데 벽체도 종류에 따라서 수직하중을 주로 지지하는 벽체(내력벽)와 수평하중을 주로 지지하는 벽체(전단벽)로 구분된다. 또한 기능상의 측면에서 벽체는 외부 하중을 직접 저항하는 벽체와 공간만을 구분하는 벽체(비내력벽)로 구분된다.

벽식구조의 구조적 거동은 사용되는 재료와 수평 바닥면과 수직 벽면의 상호 연결 상태에 따라 달라질 수 있다. 따라서 벽식구조의 구조적 거동은 벽면의 연속성과 바닥 슬래브와 벽의 접합 상태의 함수로 표시된다. 조적조 건물이나 프리캐스트 콘크리트 구조물의 벽체는 다른 특별한 접합시스템이 사용되지 않는다면 일반적으로 단순접합으로 접합된다. 그러나 현장 타설 콘크리트를 이용한 철근콘크리트 구조물에서는 슬래브와 벽이 강접합으로 연결된다. 이와 같이 접합면의 상태에 따라서 벽체의 해석이 달라지며 단순접합인 경우에는 [그림 2.1.5(a)]와 유사한 방법에 의하여 휨모멘트를 계산하고, 강접합인 경우에는 인접한 부재와의 상대 강성에 따라서 하중의 분포가 달라진다.

벽에 작용하는 압축 응력은 벽의 간격, 건물의 높이와 형태, 그리고 벽 개구부의 크기 및 배치 방법에 따라 달라진다. 벽의 개구부를 교차로 배치하게 되면 지압 응력이 발생하므로 개구부는 수직방향 동일선상으로 배치하는 것이 바람직하다. 또한 벽은 편심을 가지고 벽에 접합되는 바닥판에 의한 휨모멘트를 지지하여야 한다. 압축력이 크게 작용하며 벽의 세장비가 클 경우에는 좌굴저항성능을 검토하여야 한다. 건물에 작용하는 수평력은 다이아프램으로 작용하는 바닥판 구조에 의해 전단벽으로 전달되는데 전단벽은 높은 강성을 가지므로 전단과 전도에 대한 휨을 지지할 수 있다. 수평력에 대한 전단벽의 거동은 전단벽의 평면형태 또는 단면이 갖는 단면이차모멘트의 영향을 받는다. 전단벽에는 대부분 개구부가 있기 때문에 강성이 약해지며, 이러한 개구부의 수, 크기 및 위치는 벽체의 거동에 많은 영향을 미치기 때문에 구조계획을 할 때 이들에 대한 세심한 주의가 필요하다.

2.1.3 플랫플레이트 / 플랫슬래브구조

어떤 종류의 바닥 시스템을 적용하느냐에 따라 건설비는 영향을 받게 된다. 대개의 경우 층수가 높지 않은 건물이나 횡력에 대하여 크게 고려할 필요가 없는 건물의 경우, 바닥판 시스템의 선택은 건물 가격에 큰 영향을 미친다. 일반적으로 슬래브에 작용하는 하중을 양방향으로 전달하는 2방향 슬래브는 힘 전달에 있어 효율적이며 경제적이어서 건물 시스템에 광범위하게 적용된다. 2방향 슬래브는 다양한 형태를 갖는데, 최근에 플랫플레이트와 플랫슬래브가 건물구조에 많이 적용되는데 플랫슬래브나 플랫플레이트는 슬래브에 작용하는 수직하중을 2방향으로 전달한다.

[그림 2.1.6]의 플랫플레이트시스템은 기둥에 직접 지지된 콘크리트 슬래브로서 기둥과 기둥을 연결하는 보가 없으며, 바닥판의 철근은 양방향으로 배근된다. 플랫플레이트는 거푸집 비용이 최소화되고 천장 마감을 평평하게 처리함으로써 경제적 효과를 거둘 수 있다. 뿐만 아니라 층고를 낮추게 됨으로써 설비 시스템 등 건축공사비를 줄일 수 있다.

[그림 2.1.7]의 플랫슬래브는 기둥을 중심으로 지판을 형성하여 장경간에 따른 기둥 주위의 뚫림전단을 방지하고자 한 시스템이다. 일반적으로 지판을 사용함에 따라 거푸집에 소요되는 비용이 증가하지만, 과도한 전단력이 작용하여 플랫플레이트를 적용하기에 무리가 있는 바닥 슬래브에 적절하게 적용할 수 있는

시스템이다. 플랫슬래브 시스템은 북미지역에서 주거 및 사무용 건물에 자주 사용되는 시스템으로서 국내에서는 1996년 삼풍백화점 붕괴 이전까지 병원, 백화점 등의 지하주차장 그리고 아파트와 사무소 등 다양한 건물의 건축에 사용되었다. 플랫슬래브 시스템을 적용한 삼풍백화점의 붕괴사고가 발생한 이후, 거의 건물에 적용되지 못하다가 최근에 고층의 주상복합 건물에 다시 적용되기 시작하고 있다.

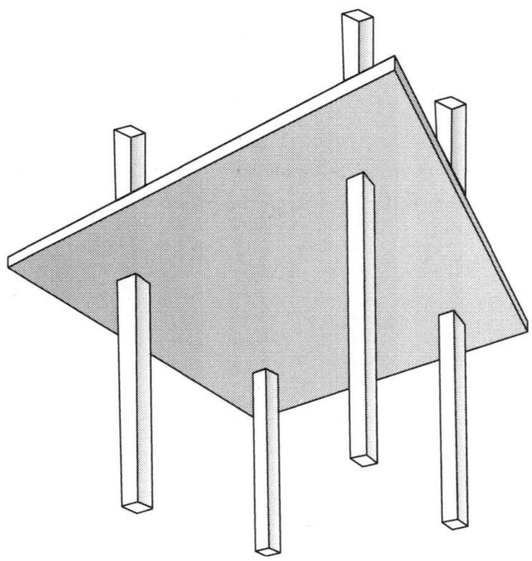

[그림 2.1.6] 플랫플레이트

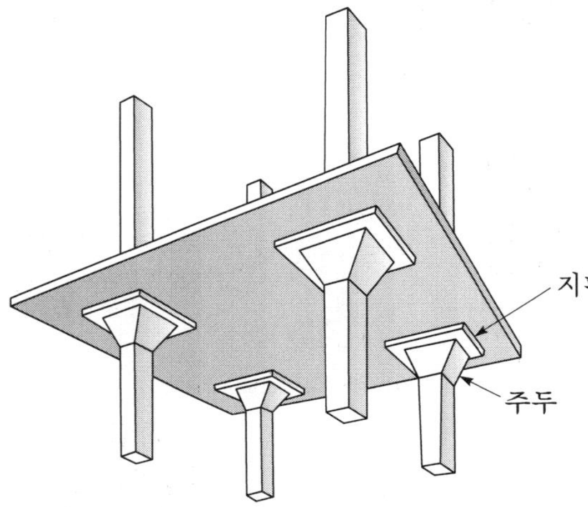

[그림 2.1.7] 플랫슬래브

플랫플레이트 또는 플랫슬래브 두 경우 모두, 슬래브 두께가 적합한지 여부를 결정하기 위해 하중에 따른 1방향과 2방향 전단력 모두에 대해 검토되어야 한다. 2방향 슬래브가 기둥에 의해 직접 지지될 때, 특히 테두리 보가 없는 외부 슬래브/기둥 접합부에서 기둥 주위의 뚫림전단 검토가 매우 중요하다.

플랫슬래브 또는 플랫플레이트구조는 보가 없어 층고를 줄일 수 있는 장점 외에도 거푸집공사의 단순화, 물량감소, 공기단축 등 많은 장점을 가지고 있다. 그러나 슬래브 두께는 사용성에 따른 처짐 한계와 내화조건에 따라 그 두께가 두꺼워지는 단점이 있다. 또한 기둥 주위의 슬래브에 2방향 전단력이 크게 작용하므로 기둥 주변 슬래브의 전단보강에 각별히 주의해야 한다.

2방향 전단에 의한 기둥 주위에 슬래브 전단 손상은 반드시 45°의 전단균열로 발생하는 것은 아니며, 수평면과 30°~60°를 이루거나 심지어는 80° 가까운 각도로 다양하게 전단균열이 발생하는 것이 일반적이다. 이는 플랫슬래브 자체의 불확실성과 복잡한 기하학적 성질에 기인한다. 뿐만 아니라 지진하중과 같은 동적하중이 가해지면, 수직에 가까운 날카로운 균열 현상과 그에 따른 접합면의 파괴 현상이 더욱 심해지는 것을 관찰할 수 있다. 이러한 전단에 의한 슬래브의 파괴를 방지하기 위하여 헤디드 스터드(headed stud), 전단머리(shear head), 전단밴드(shear band), 래티스 전단보강근(lattice shear reinforcement) 등이 적용된다[그림 2.1.8].

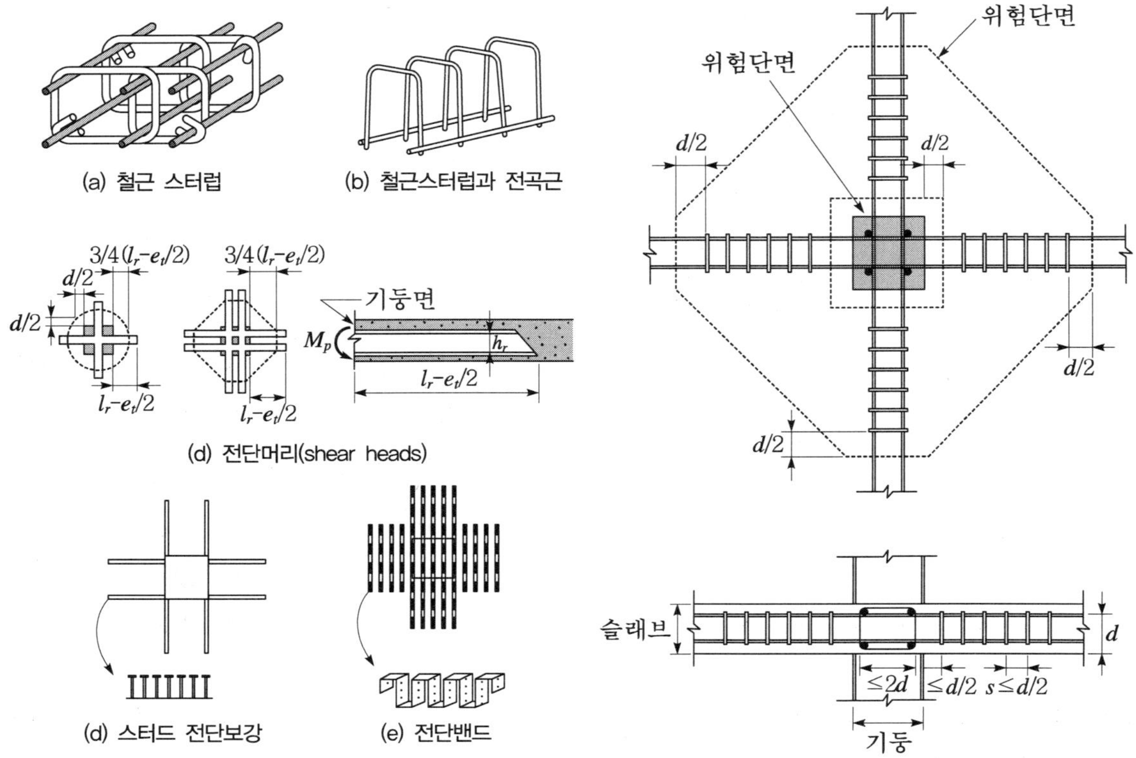

[그림 2.1.13] 플랫플레이트 전단보강 예

과다 처짐 발생, 접합부 설계에 대한 고려, 거푸집 및 동바리 거치기간의 장기화 등은 이들 슬래브 시스템을 설계할 때 유의할 점들이다. 특히 장기처짐을 제한하기 위하여 2방향 슬래브의 두께가 충분할 필요가 있다. 콘크리트를 타설한 후 일정 양생기간에 도달하기 이전의 콘크리트의 낮은 탄성계수 및 부적절한 동바리 계획 등에 의한 시공하중 영향으로 말미암아 발생한 단면 내 균열은 허용값 이상의 순간처짐 및 장기처짐으로 이어질 수 있어 유의하여야 한다.

이들 슬래브의 경우, 기둥 주변에서 발생하는 불균형 휨모멘트를 설계에 반영하여야 한다. 일반적으로 내부기둥의 경우에는 불균형 휨모멘트의 크기는 크지 않지만, 외부기둥의 경우 불균형 휨모멘트에 의해서 발생된 전단응력은 직접전단에 의해서 발생하는 전단응력보다 클 수 있다. 따라서 주열대에 발생하는 모멘트에 대하여 설계를 마친 후에 이들 전단응력에 대하여 검토하여야 하는데, 이 경우 슬래브 두께의

15~20 %정도가 증가할 수 있다. [그림 2.1.9]는 기둥 주변에 나타날 수 있는 불균형 휨모멘트에 의한 전단응력 분포도를 나타낸다.

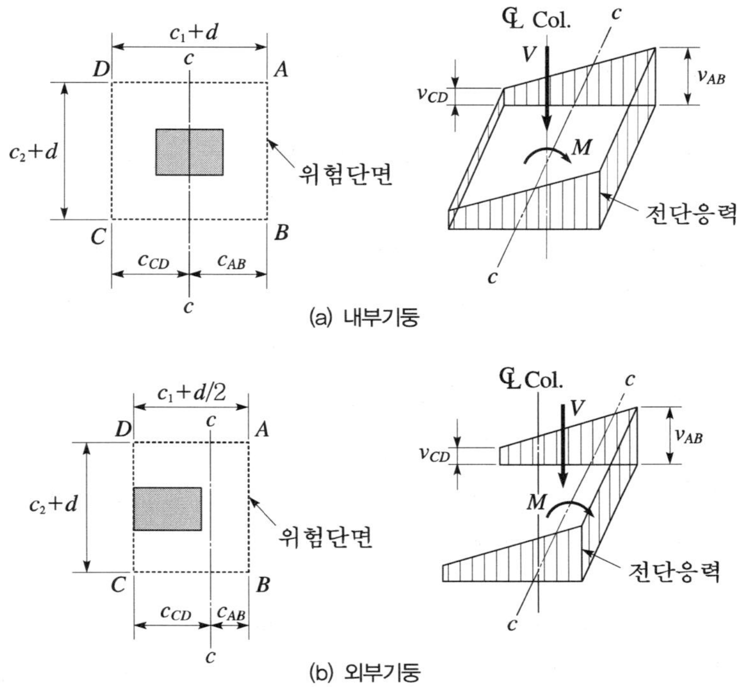

[그림 2.1.15] 플랫플레이트 슬래브-기둥 접합부의 편심전단응력

대부분의 철근콘크리트 건물에서 기둥 간 거리는 9 m 내외이다. 주거건물의 경우, 상업건물과는 달리 대공간을 요구하지 않음으로써 기둥 간 거리는 9 m보다 작은 것이 일반적이다. 플랫플레이트의 경우 기둥 배열이 정방형을 이루고, 그 간격이 6 m일 때 가장 경제적인 것으로 알려져 있다. 기둥 간 경간이 6 m~9 m 사이일 때 플랫플레이트나 플랫슬래브 모두를 적용할 수 있지만 플랫플레이트의 경우 지판이 없어서 뚫림전단에 유의해야 한다.

고층건물의 경우, 플랫슬래브 또는 플랫플레이트구조물은 횡력에 대하여 기둥과 보로 구성된 모멘트골조처럼 거동한다. 슬래브-기둥 골조에서 횡하중의 영향에 저항하는데 있어서 슬래브의 전체 폭 중에서 일부분의 슬래브만이 유효하다고 가정한다. 이 때, 슬래브는 슬래브와 동일한 휨강성을 갖는 등가보로 대체한다. 슬래브와 동일한 두께, 탄성계수 그리고 경간길이를 사용함에 따라 결정해야 할 유일한 변수는 등가보에 대한 유효폭이다. 유효폭 개념은 여러 실험과 해석을 통해 그 유효성이 입증되었는데 해석적인 연구결과에 의하면 내부골조에 대해 기둥과 슬래브에 단면력은 유효폭이 경간의 1/4에서 1/2로 변하더라도 큰 차이가 없다고 알려져 있다.

프리스트레싱 공법을 도입함으로써 플랫플레이트 슬래브 두께에 대한 경간비를 증가시킬 수 있으며 이로 인하여 시공성 및 경제성을 향상시킬 수 있다. 미국의 경우, 포스트텐션 플랫플레이트 시스템은 1960년대 보급된 이후, 현재는 대부분의 대도시에서 플랫플레이트 구조에 포스트텐셔닝 공법을 도입하고 있다. 포스트텐션 건물의 경우, 동일 층수를 가지는 철근콘크리트 건물에 비하여, 구조물중량 감소 및 층고절감효과가 뛰어나고 기초하중을 감소시켜 지진구역에 적합한 구조물이 될 수 있다. 또한 장경간 구현으로 평면 가변성이 뛰어난 장점을 갖고 있다. 플랫플레이트의 경우, 일반적으로 비부착 프리스트레싱 공법을 적용한다. 즉, 비부착 강연선과 철근을 배근한 후 콘크리트를 타설한다. 콘크리트가 소요강도에 도달할 때까지 경화되면 미리 매설된 강연선에 긴장력을 가한 후 단부 정착장치에 정착시킨다. 일반적으로 국내의 주거용 건축물에서는 비교적 작은 경간의 철근콘크리트 플랫플레이트 공법이 활발히 적용되는 반면, 사무용 건물에서는 코어벽식구조나 철골구조의 복합구조가 보편적이다. 철근콘크리트 플랫플레이트 구조의 경우, 경제적인 슬래브 두께 대 경간비의 범위는 대략 20~27 사이이지만 포스트텐션 플랫플레이트의 경우, 40~45 사이로서 이는 강구조보다 경제적일 수 있다.

슬래브 배근량은 유효보폭 모델, 등가골조모델을 이용한 구조해석을 통하여 구한 슬래브의 휨모멘트를 주열대와 중간대에 분배한 후 산정한다. 중력하중 조합의 경우에는 직접설계법의 조건이 맞을 경우, 직접설계법에 의한 휨모멘트를 사용할 수 있다. 온도-수축철근이 충분히 배근되어 있는지 확인하고, 최소철근비나 최대철근간격을 만족하고 있는지 확인하여야 한다. 구조물의 연쇄붕괴를 방지하기 위하여 기둥 주위에 구조 일체용(연속)하부철근을 배근한다. 슬래브 휨철근비는 무량판 내진설계에 있어 슬래브 연성도를 결정하는 하나의 중요한 요인이 되므로 유의하여야 한다. 구조 일체성을 확보하기 위해서는 하부근의 외부 또는 모서리 접합부에서 위로 구부러진 90° 정착은 매우 중요하다. 뿐만 아니라 모든 슬래브에서 철근의 정착 또한 간과해서는 안 되는 사항이다.

2.2 횡력저항시스템

이 절에서는 철근콘크리트 횡력저항시스템 중 일부인 모멘트골조, 전단벽시스템, 그리고 이중골조시스템에 대하여 설명하고자 한다. 이 외에도 철근콘크리트 건물의 횡력저항시스템으로서 다양한 시스템이 개발되어 있으나 이 절에서는 다양한 시스템에 대하여 가장 입문적이고 기본적인 요소를 구성하는 이들 3가지 시스템에 대하여 살펴보고자 한다.

2.2.1 모멘트골조

골조(rigid frame)란 기본적으로 보와 기둥으로 구성된 구조물을 말하며 이 때, 기둥과 보의 접합부는 회전에 대한 충분한 강성을 갖고 있어서 변형할 때 기둥과 보 사이의 원래 각도를 유지한다. 따라서 골조 자체가 횡력에 대하여 저항하는 구조를 모멘트골조라 정의한다. [그림 2.2.1]에서 보는 것과 같이 모멘트골조는 횡력이 작용할 경우, 모멘트골조를 구성하는 보와 기둥 부재 및 접합부에서 전단력과 휨모멘트에 대하여 저항한다. 이를 골조작용(frame action)이라 한다. 모멘트골조구조는 계획측면에서 평면 구성에 대한 어느 정도 유연성을 갖는 장점을 갖는다. 또한 보 양단 고정단에 의하여 수직 하중에 대한 부재 경간 중간에서 정모멘트 크기를 감소시키는 장점도 갖는다. 모멘트골조를 구성하는 보의 깊이는 보 내력 측면보다는 횡력이 작용할 때 층간변위 제약을 만족시키기 위하여 증가되는 경우가 있다. 풍하중이 작용하는 경우에는 횡변위를 건물높이의 1/400~1/500로 제한하는데 이 정도의 횡변위는 풍하중에 의한 비구조 부재 또는 건물 외장재 등의 손상을 방지하는데 안전하다고 여겨지고 있다.

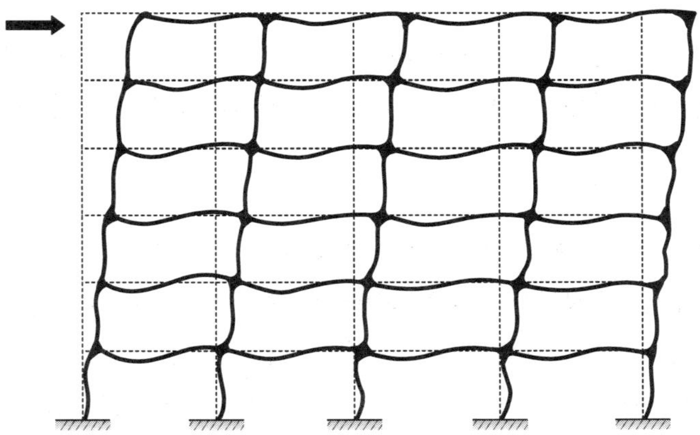

(a) 횡력에 대한 모멘트 저항골조의 변위

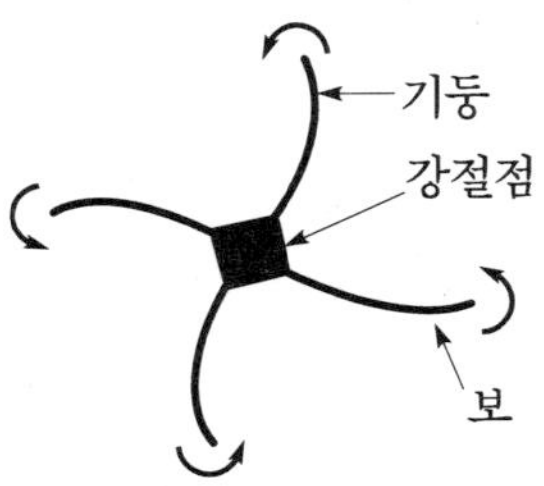

(b) 접합부 휨강성에 의한 보와 기둥의 변형

[그림 2.2.2] 횡력에 대한 모멘트골조의 횡거동

다른 구조시스템과 비교할 때, 모멘트골조시스템은 비교적 유연한 거동을 나타낸다. 따라서 지진하중이 작용할 경우, 과도한 횡변위에 의한 비구조체의 손상을 유발할 수 있다. 일반적으로 지진하중에 의한 횡변위는 풍하중의 경우보다 약 10배 완화된 값을 취하여 건물높이의 1/50 정도로 제한한다. 지진하중을 저항하기 위하여 설계된 모멘트골조의 경우에는 특별히 기둥과 보 접합부의 강도와 연성에 대하여 신중하게 설계하여야 한다.

기둥과 보의 강접합에 의하여 모멘트골조가 횡변위를 일으킬 때 반드시 보와 기둥의 휨이 동반된다. 따라서 모멘트골조 전체의 횡방향 강성은 모멘트골조를 구성하는 부재의 휨강성에 의하여 결정된다. 모멘트골조의 변형은 수직 캔틸레버 기둥의 변위와 비교하여 생각하면 쉽게 이해할 수 있다. 수직 캔틸레버 기둥의 주된 변위는 휨에 의하여 발생하며, 2차적 변위는 전단에 의하여 발생한다. 만일 수직 캔틸레버 기둥의 길이가 상대적으로 짧지 않을 경우, 횡방향 변위에 있어서 전단에 의한 변위 성분은 무시할 수 있다. 그러나 모멘트골조의 경우, 휨 및 전단에 의한 횡변위 요소는 모두 중요하다.

횡력에 의하여 건물에 전도모멘트가 작용하게 되면, 모멘트골조는 양단 기둥에서 압축과 인장이 발생하며, 마치 수직 캔틸레버와 같이 반응하며 저항한다. 이 때 건물의 변형은 캔틸레버 기둥의 휨변형의 경우와 유사하다([그림 2.2.2(a)]).

한편 모멘트골조가 횡방향으로 변위를 일으킬 때 기둥과 보의 강접합에 의하여 기둥과 보 각각에 대하여 휨모멘트와 전단이 발생한다. 특정한 층 상부에 작용하는 모든 횡하중은 그 특정층의 기둥에 발생하는 전단에 의하여 저항된다. 이 기둥에 발생하는 전단은 기둥 중간 부분에서 복곡률을 발생시키며 기둥이 휘도록 한다. 평형조건을 만족하기 위하여 기둥 절점 상하에 작용하는 기둥 휨모멘트의 합은 기둥과 연결된 양 보에 발생한 모멘트의 합과 같아야 한다. 강접합으로 기둥과 연결된 보부재도 복곡률 형태로 휨변형이 발생하여 보경간 중간 부분에서 변곡점이 발생한다([그림 2.2.2(b)]).

일반적으로 모멘트골조의 횡변위의 경우 전체 횡변위의 70 % 정도는 전단변위에 의하여 발생하며, 10~15 %는 보의 휨, 그리고 나머지는 기둥의 휨에 의하여 발생한다. 이는 모멘트골조의 경우 보에 대한 기둥의 휨강성이 크도록 설계되기 때문이다. 높은 층으로 올라갈수록 아래층으로부터 누적된 건물 모멘트 골조의 회전능력으로 인하여 휨에 의한 횡방향 변위는 증가하나, 전단에 의한 횡변위는 거의 변화가 없다. 캔틸레버형 휨에 의한 횡변위는 층고가 높아짐에 따라 그 영향이 전단에 의한 횡변위 영향 을 초과하게 된다. 그러나 일반적으로 형상비(aspect ratio)가 높은 고층의 건물을 제외하고는 전단 횡 변위에 대하여 휨에 의한 횡변위는 최대 20 %를 초과하지 않는다. 따라서 일반적인 모멘트골조의 횡변위는 전단변위 형상을 나타낸다.

일반적으로 건물의 부재는 시공의 편의를 위하여 3~4개 층을 하나로 하여, 동일한 크기를 사용한다. 따라서 상층의 경우 부재 크기는 필요 이상으로 커지게 된다. 모멘트골조는 일반적으로 8층에서 10층 정도의 건물에 적용된다.

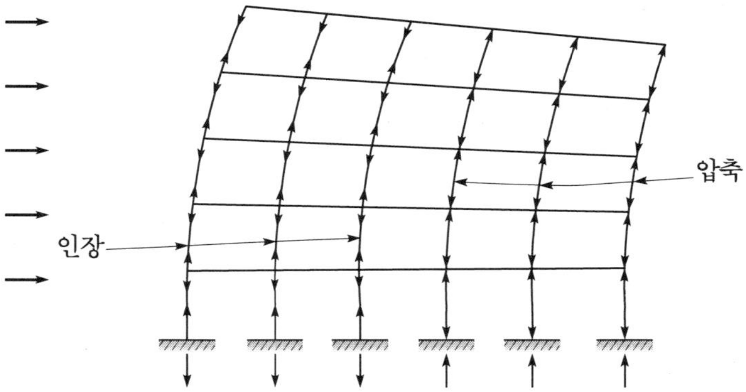

(a) 전도 모멘트에 의한 모멘트골조의 휨변형

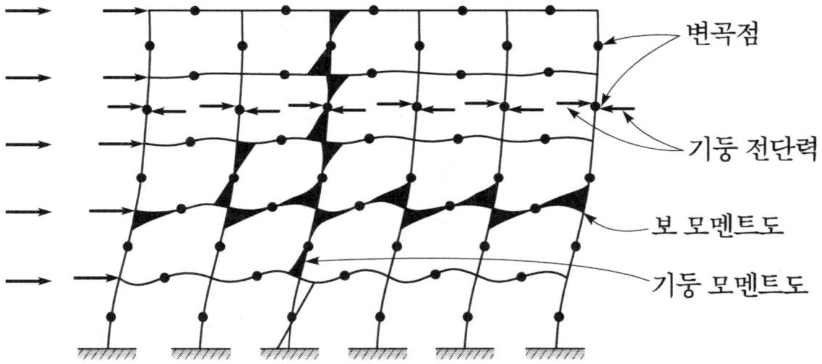

(b) 횡력에 의한 모멘트골조의 전단변형

[그림 2.2.5] 모멘트골조의 변형

모멘트골조의 경우, 보와 기둥에 발생하는 변위 모두가 골조의 횡변위에 기여하게 된다. [그림 2.2.3(a)]와 같은 골조를 구성하는 보와 기둥의 일부를 분리하여 [그림 2.2.3(b)]와 같이 간략히 모델링 한 후, 주어진 횡력 V에 대하여 수평 변위 Δ_{AB}를 구하면 다음과 같다.

$$\Delta_{AB} = \frac{Vh^3}{24E_cI_c} + \frac{Vh^2 l}{24E_bI_b} \tag{2.2.1}$$

여기서 : l = 보 경간, h = 기둥높이, E_bI_b = 보의 휨강성, E_cI_c = 기둥의 휨강성

위 식에서 첫 번째 항은 기둥의 휨에 의한 수평변위 성분을 나타내며, 2번째 항은 보 휨에 의한 수평변위를 나타낸다. 기둥 또는 보 부재 자체의 전단변형은 휨변형에 의한 성분과 비교하여 매우 미미하여 식 (2.2.1)에 포함하지 않았다.

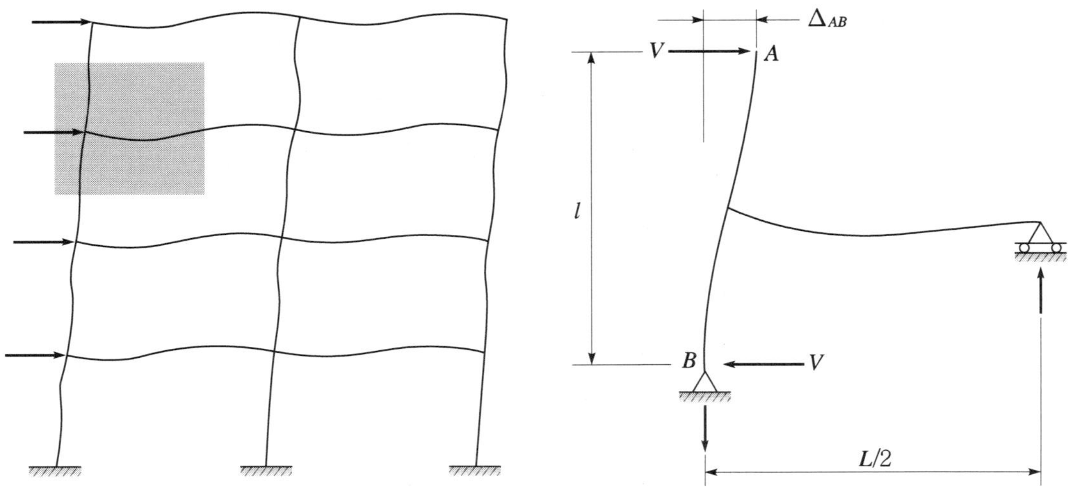

(a) 횡변위가 발생한 골조 (b) 기둥–보 부분골조 간략 모델링

[그림 2.2.8] 골조 구성요소의 휨강성과 횡변위

만일 보 경간 길이가 기둥 길이의 2배이고 $E_cI_c = E_bI_b$이면, 보 휨에 의하여 발생하는 수평변위성분은 전체 수평변위의 2/3를 차지한다. 대개의 고층 모멘트골조 건물에서 과다한 횡변위가 발생하지 않도록 보강성을 계속 증가시키는 것은 거의 불가능하다. 따라서 이런 경우, 벽체 또는 과다한 횡방향 변위를 방지할 수 있는 다른 시스템을 적용해야 한다.

2.2.2 전단벽시스템

전단벽은 벽과 연결된 슬래브로부터 전달되는 수직하중과 함께 벽체 평면과 평행되게 작용하는 풍하중이나 지진하중 같은 횡력에 저항하게 되는 구조적 벽체를 말한다. 일반적으로 단층 또는 2층 정도의 건물에 전단벽을 설치할 경우, 이 벽은 [그림 2.2.4(a)]와 같이 횡력을 대각 압축대를 형성하며 지반에 직접 전달한다. 만일 층이 4층 이상 되는 전단벽체의 경우에는, [그림 2.2.4(b)]와 같이 횡력에 대하여 캔틸레버와 같이 변형하면서 저항하게 된다. 따라서 이들 벽체의 응력 흐름에 주의하여 설계하여야 한다.

벽체 수평 길이에 대한 수직 높이의 비가 2.0 이하일 경우, 수평 전단철근량을 포함한 다양한 요소들에 의하여 횡력에 대한 벽체의 거동이 전단 또는 휨지배 거동으로 나타나게 된다. 전단지배거동은 주로 벽체에

X-형태의 경사 균열을 나타낸다. 만일 적정한 철근량으로 보강이 되지 않았을 경우, 이러한 전단지배벽체는 특별한 경고를 나타내지 않고 취성적인 붕괴에 이를 수 있다. 그러나 휨지배거동을 나타내는 벽체의 경우 주로 수평균열이 나타나며, 이 균열은 하단 지지부에서 주로 발생한다. 이들 벽체는 취성적인 파괴경향을 나타내지 않는다.

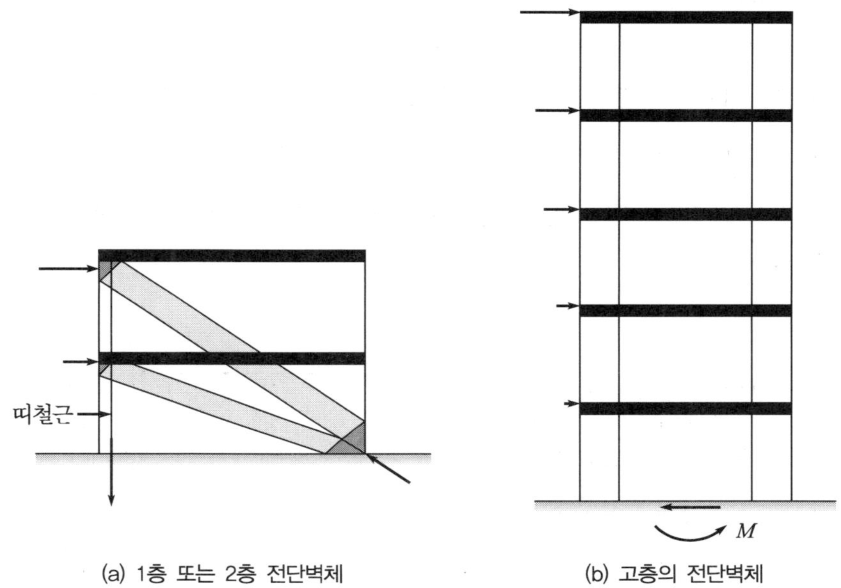

[그림 2.2.10] 벽체 수평길이에 대한 수직높이비에 따른 전단벽 내 힘의 흐름도

[그림 2.2.5]에 나타난 것과 같이 병렬전단벽은 2개 또는 그 이상으로 연결보로 연결되어 횡력에 저항하도록 설계된다. 벽체와 벽체를 연결하는 연결보의 양단 접합부 휨강성의 차이에 따라 벽체 하단부 지지단에 전달되는 반력은 다를 수 있다. 만일 연결보의 양단이 힌지로 연결되어 있을 경우, 각 전단벽체의 받침점에서는 모멘트만 발생하지만 [그림 2.2.5(b)]와 같이 연결보가 어느 정도 휨강성을 가지며 전단벽체와 강접합으로 연결된 경우에는, 연결보를 통하여 전단력이 전달됨으로써 각 벽체 받침부에 휨모멘트뿐 아니라 인장 및 압축력도 반력으로 발생하여 더 효율적으로 횡력에 저항할 수 있다. [그림 2.2.5(a)]에 나타난 전단벽체 받침점에 발생하는 모멘트의 크기는 다음과 같다.

$$M_{w1} = M_o \frac{I_{w1}}{I_{w1} + I_{w2}} \tag{2.2.2}$$

$$M_{w2} = M_o \frac{I_{w2}}{I_{w1} + I_{w2}} \tag{2.2.3}$$

여기서, I_{w1}과 I_{w2}는 각 벽체의 단면2차모멘트이고 M_o는 지점 부분에서 상부 횡력에 의한 외부 휨모멘트이다.

외부 휨모멘트는 각 벽체의 휨모멘트 저항과 평형을 이루어야 한다.

$$M_{w1} + M_{w2} = M_o \tag{2.2.4}$$

[그림 2.2.5(b)]의 병렬전단벽은 횡력에 의하여 연결보의 수직 전단력이 전달된다. 따라서 왼쪽 벽체 하단에 인장력 T_0가 발생하며 오른쪽 벽체 하단에 압축력 C_o가 발생한다. 이들 축력들은 연결보를 통하여 전달되는 수직 전단력에 대하여 평형을 이루기 위한 조건으로 발생한다. 만일 두 벽체의 도심 간 거리를 l이라고 하면 횡력에 의한 외부 휨모멘트 M_o는 다음과 같은 식으로 저항됨을 알 수 있다.

$$M_{w1} + M_{w2} + T_0 \times l = M_o \tag{2.2.5}$$

식 (2.2.4)와 식 (2.2.5)를 비교하여 보면, [그림 2.2.5(b)]의 전단벽시스템이 더 효율적으로 횡력에 대하여 저항함을 알 수 있다.

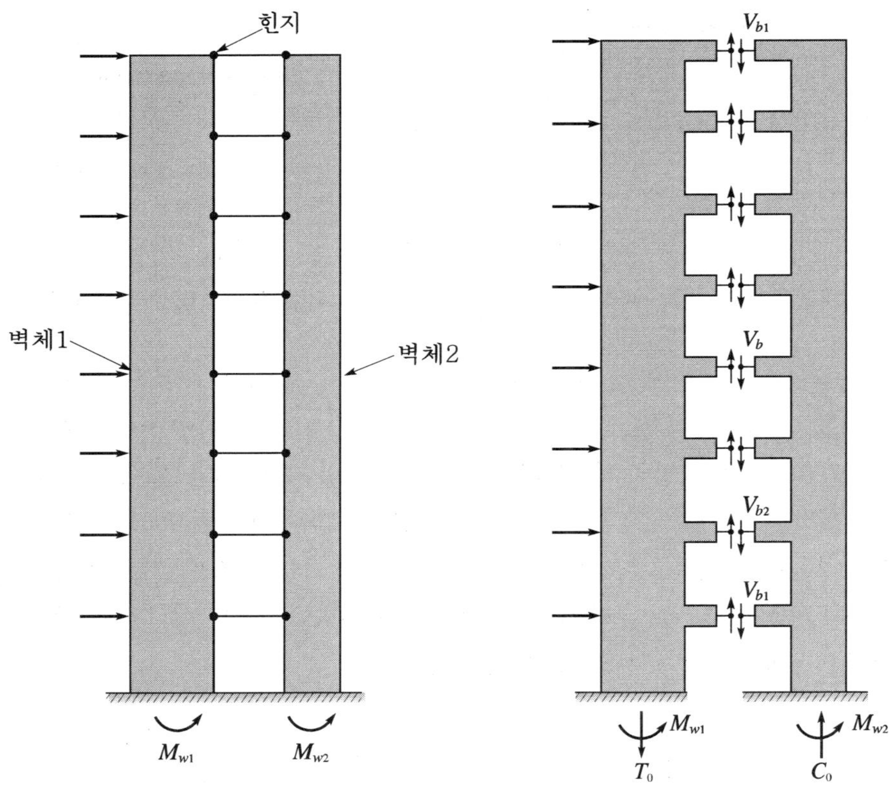

(a) 양단이 힌지로 된 연결보　　(b) 양단이 고정된 연결 보

[그림 2.2.12] 병렬전단벽과 연결보

[그림 2.2.6]은 연결보 길이에 대한 깊이 비(h_b/l_b)의 변화에 따른 각 벽체가 분담하는 휨모멘트의 크기를 나타내고 있다. 이 그림에서 왼쪽 벽체의 휨강성은 오른쪽 벽체의 휨강성의 2배($I_{w1} = 2I_{w2}$)로 가정하였다. 그림에서 나타난 바와 같이 연결보의 양단이 힌지로 연결된 경우($h_b/l_b = 0$), 왼쪽 벽이 외력의 2/3을 감당하여야 하고, 오른쪽 벽이 외력의 1/3을 감당하여야 함을 알 수 있다. 그러나 연결보의 휨강성이 증가함에 따라 각 벽체가 감당하여야 할 휨모멘트의 크기는 감소하게 됨을 나타내는데, 이는 외부 모멘트의 일부가 전단벽체 축력과 각 벽체 도심간 거리를 곱한 $T_o \times l$에 의하여 저항되기 때문이다.

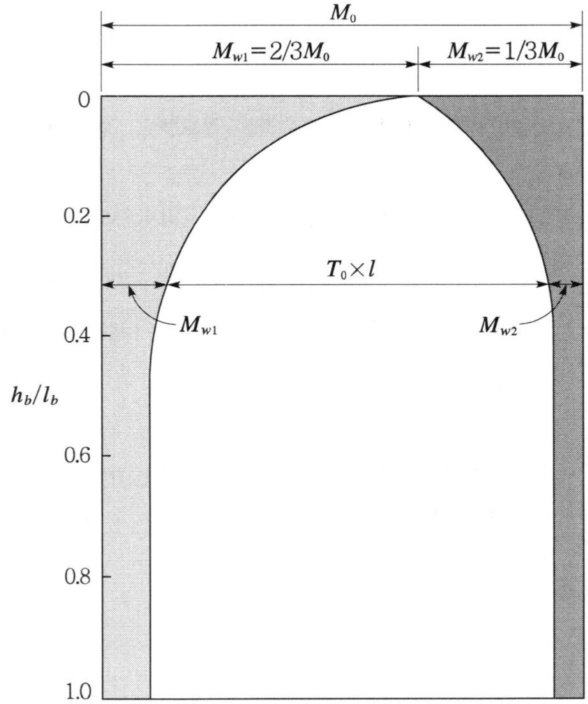

[그림 2.2.13] 연결보 길이에 대한 깊이 비($\frac{h_b}{l_b}$)가 각 벽체의 모멘트 분담에 미치는 영향

[그림 2.2.7]은 중력 하중과 횡력이 쌍을 이루는 전단벽체에 작용할 경우, 각 벽체에 발생하는 휨모멘트, 축력에 의한 우력, 그리고 연결보에 발생하는 전단력을 나타낸다. 여기서 쌍을 이루는 벽체의 휨강성은 동일하게 가정하였다. 일반적으로 연결보의 최대 전단력은 전체 층 높이의 1/3 높이에서 발생한다. 톱니바퀴처럼 발생하는 벽체 휨모멘트는 연결보의 양단에 발생하는 휨모멘트의 영향에 기인한다.

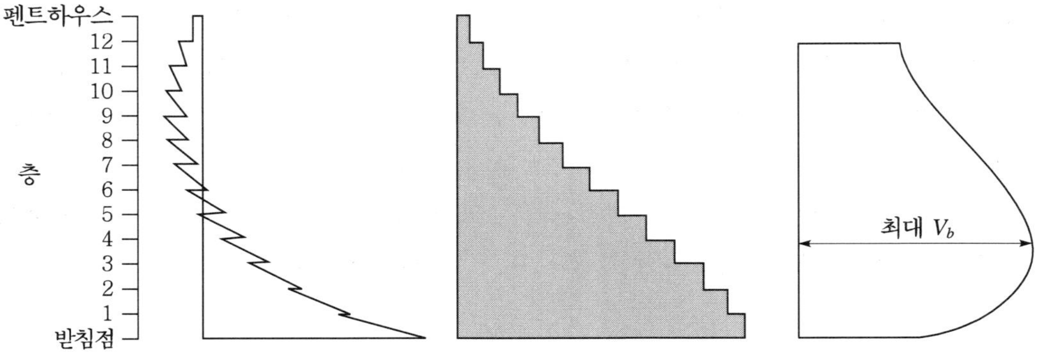

(a) 벽체 내 모멘트 (b) $T_0 \times l$ (c) 연결보 전단력

[그림 2.2.15] 전단벽과 연결보에 발생하는 휨모멘트, 축력 및 전단력

고층건물의 시스템으로써 벽체설계를 할 때에는 다음 사항에 유의하여야 한다.

(1) 사용하중 상태에서 과도한 처짐이나 진동이 발생하지 않도록 충분한 강성을 확보하여야 한다.

(2) 횡력에 의하여 벽체를 지지하는 전도에 대해 기초가 안전하게 설계하여야 한다.

(3) 건물 평면에 대한 수직 축에 대하여 비틀림이 가능한 발생하지 않도록 벽체 위치를 적절하게 정하여야 한다.

(4) 벽체는 휨과 압축력의 조합과 전단에 대하여 충분한 강도를 확보하여야 한다.

(5) 횡력에 대하여 층간변위가 기준값 내에 들 수 있도록 구조 계획을 할 때 벽체의 단면2차모멘트의 총합이 적정하도록 설계하여야 한다.

2.2.3 이중골조시스템

이중골조시스템은 [그림 2.2.8]과 같이 골조와 전단벽이 함께 횡력에 대하여 저항하는 시스템으로 건축구조기준에 따른 정의는 다음과 같다.

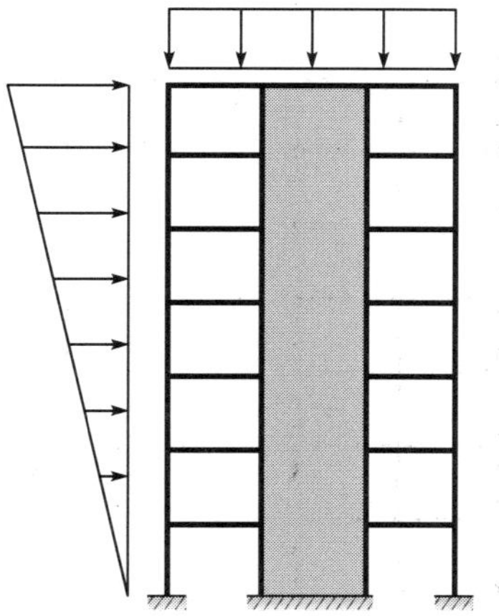

(a) 이중골조 개념

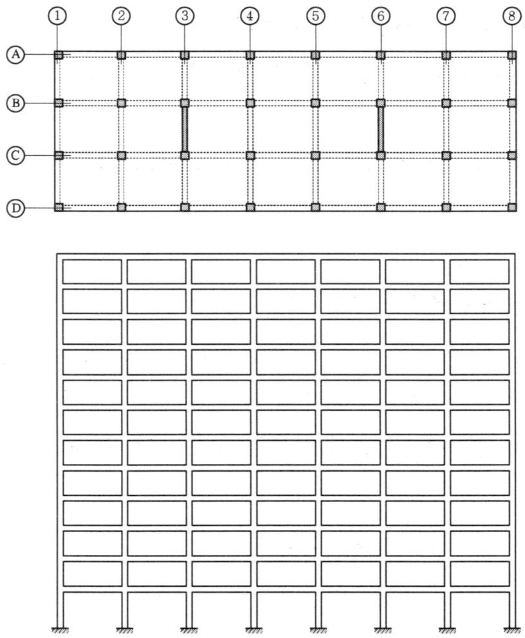

(b) 평면 및 입면 예

[그림 2.2.8] 이중골조시스템

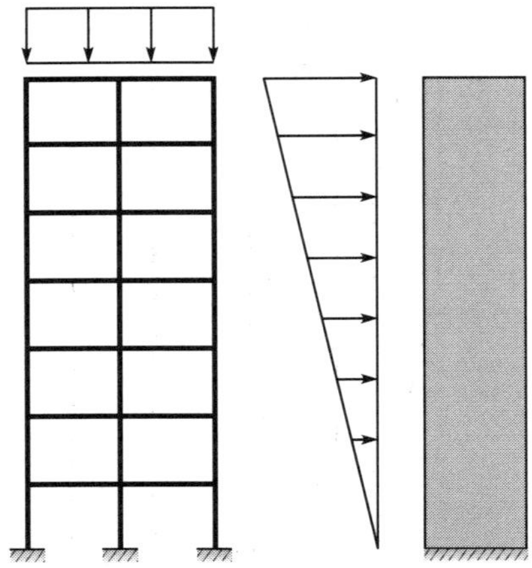

[그림 2.2.9] 건물골조 시스템

(1) 기본적으로 골조는 중력에 대하여 저항하도록 설계한다.
(2) 횡력에 의하여 발생되는 건물의 밑면전단력에 대하여 골조는 최소 25 % 이상을 지지할 수 있도록 설계한다.
(3) 건물을 구성하는 골조와 전단벽은 각자가 갖는 강성의 상대값에 비례하여 밑면전단력이 분배되도록 설계한다.

이중골조시스템이 골조와 전단벽으로 구성되는 것과 동일하게 건물골조시스템(building frame system)도 [그림 2.2.9]와 같이 골조와 전단벽으로 구성된다. 그러나 구조적으로 건물골조시스템은 중력은 주로 골조가 저항하며, 횡력은 전단벽이 저항하도록 독립적으로 설계됨으로 인하여 이중골조시스템과 구분된다. 이 시스템의 경우, 밑면전단력의 25 %를 골조가 저항하여야 할 구조적 요구사항은 적용되지 않는다.

이중골조시스템의 경우, 최근의 발전된 상용프로그램을 이용하여 3차원 해석이 가능하지만 대칭적으로 구조부재들이 설계된 건물의 경우, 개념적으로 [그림 2.2.10]과 같이 골조와 전단벽을 연결보로 연결하여 2차원 해석을 수행할 수 있다. [그림 2.2.10]에서 전단벽과 연결된 골조는 실제 건물에서 전단벽의 방향과 동일한 방향의 모든 골조의 강성 합과 동일하도록 구성하여야 하며 마찬가지로 골조와 연결된 전단벽의 경우 동일 방향의 전단벽의 강성을 나타낼 수 있도록 모델링 어야 한다. 계수하중에 의한 층간변위는 축력의 영향, 부재 길이에 걸쳐있는 균열구역, 하중지속효과를 고려하여 계산된 단면 특성을 이용하여 1계 탄성골조 해석에 의하여 계산되어야 한다. 또는 이 대신에 휨강성 EI를 기준에서 제시한 값으로 감소시켜야 한다.

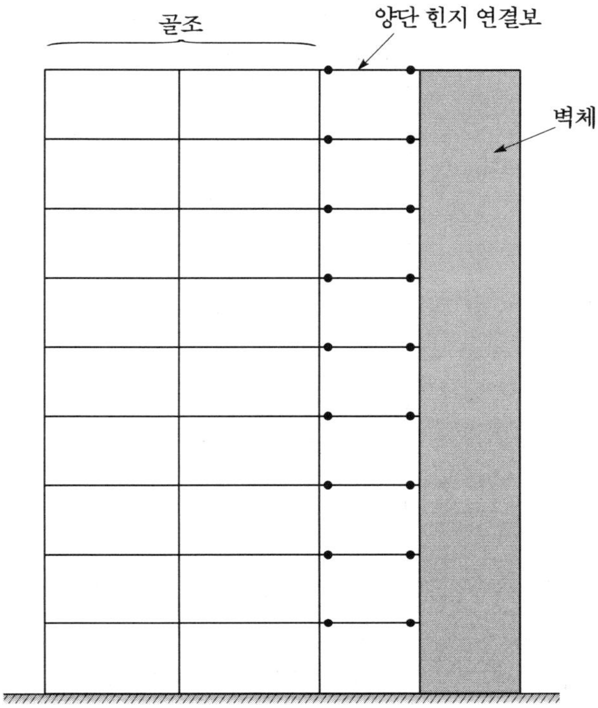

[그림 2.2.10] 이중골조의 2차원 모델링

횡력이 이중골조시스템에 작용할 때, 골조와 전단벽체는 서로 다른 거동을 한다. [그림 2.2.11]과 같이 횡력에 대하여 골조는 전단변형이 지배적으로 발생하며 전단벽체는 캔틸레버보와 같이 휨변형이 지배적으로 발생한다. 두 시스템이 한 개의 시스템으로 서로 연결되어 있으므로 인하여 골조와 전단벽 사이에 상호작용이 발생한다. 저층부의 경우, 전단벽체의 횡변형은 골조의 횡변형에 비하여 상대적으로 작게 발생하는 반면, 고층부의 경우에는 골조의 횡변형이 전단벽체의 횡변형에 비하여 작게 발생한다. 따라서 상호 시스템에 대하여 저층부에는 횡방향으로 인장력이, 그리고 고층부에서는 압축력이 작용하여 두 시스템이 서로 횡변형에 대하여 보완하여 작용하는 장점을 갖는다. 두 시스템의 상대강성에 따라 서로의 보완작용의 정도가 다를 수 있음을 알 수 있다.

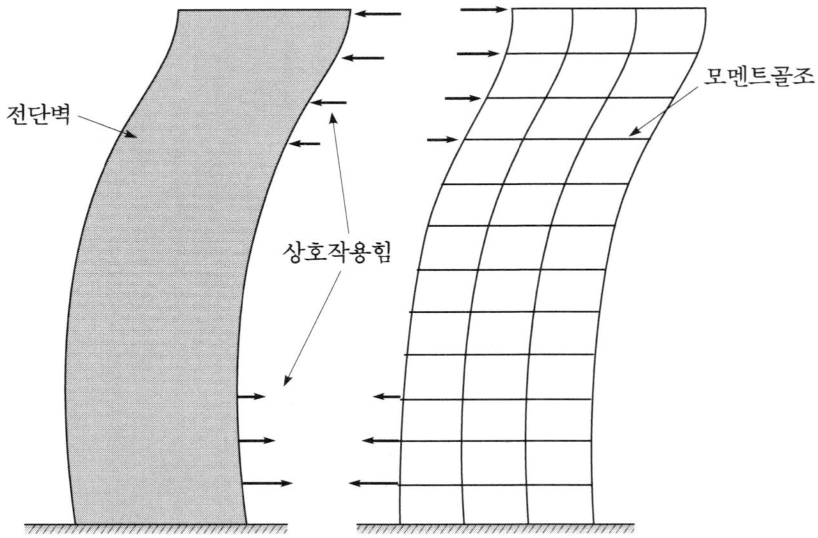

[그림 2.2.11] 이중골조 시스템에서의 횡력에 대한 골조와 전단벽체의 변형에 따른 상호작용

골조와 벽체의 상호작용을 개념적으로 이해하기 위하여 [그림 2.2.12(a)]와 같은 간략한 구조모델을 고려하여 볼 수 있다. 이 모델은 밑면이 고정된 캔틸레버형 벽체에 횡력이 작용하고 횡력에 대한 상단 변위를 제어하기 위하여 벽체 상단에 연결보를 힌지로 연결한 모델이다. 이 연결보는 개념적으로 벽체의 횡변위에 저항하도록 벽체와 이중골조를 구성하는 골조를 상징한다. 벽체에 등분포로 작용하는 횡력의 크기가 w [kN/m] 이고 h_w가 벽체 높이라고 할 때, 만일 골조의 횡강성(여기서는 연결보의 축강성)이 벽체에 비하여 상대적으로 매우 크다면, 상단 연결보 지점에 발생하는 반력은 $3/8wh_w$이다. 이는 한 쪽 받침이 고정되고 타단 받침이 힌지로 지지된 캔틸레버보가 등분포하중을 받을 때의 받침 반력과 같다.

만일 골조의 횡강성(또는 연결보의 축강성)이 벽체의 횡방향에 대한 휨강성에 비하여 상대적으로 작아지게 되면 연결보 지점에서 반력은 감소하게 되고 상대적으로 벽체에 더 많은 횡력에 의한 전단력과 휨모멘트가 발생하게 된다([그림 2.2.12(b)] 및 [그림 2.2.12(c)] 참조). 따라서 이중골조구조를 설계할 때, 이들 상호 작용을 고려하여 최적설계가 이루어지도록 하여야 한다.

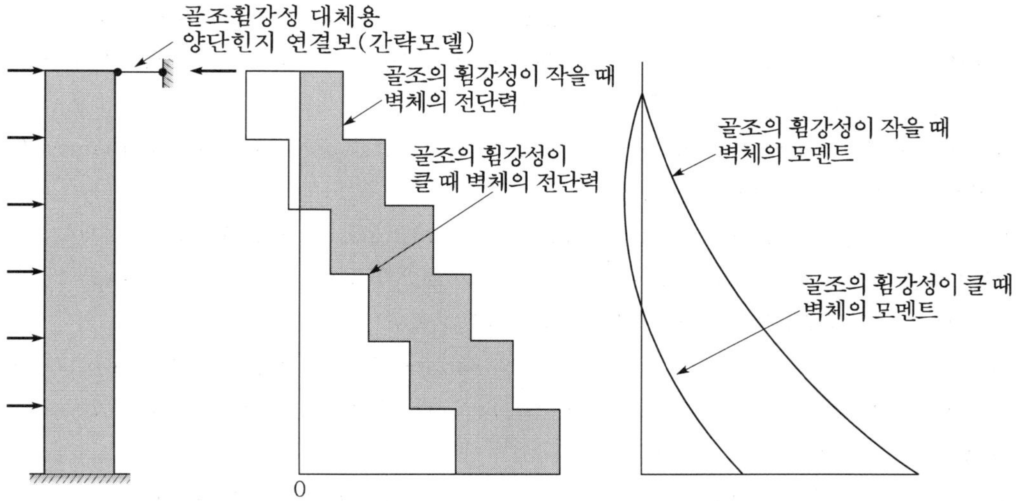

(a) 벽체와 골조의 이상화 (b) 벽체 내 전단력 (c) 벽체 내 모멘트

[그림 2.2.12] 횡력에 대한 이중골조 거동을 이해하기 위한 모델

참고문헌

1.1 강현구, 박홍근, "미국에서의 RC무량판 내진설계기준과 개정 방향", 콘크리트 학회지 제 20권 2호, 2008. 3, pp.25-36.

2.2 송영, 최경륜, "주거용 무량복합구조(FcDW) 시스템 설계와 적용", 콘크리트 학회지 제 20권 2호, 2008.3, pp.37-42.

2.3 이차돈외 3인, "프리스트레스트 콘크리트 구조설계", 2006

2.4 정광량, "포스트텐션 시스템을 이용한 플랫슬래브 바닥 구조 시스템", 건축구조 제 14권 4호, 2007.12, pp.87-95.

2.5 김상식, "철근콘크리트 구조설계", 2008

2.6 KBC 2009 건축구조기준에 따른 내진설계 예제집, 한국건축구조기술사회

2.7 건설교통부 제정, "건축물 하중 기준 및 해설", 대한건축학회, 2000

2.8 건설교통부 제정, "콘크리트 구조설계기준 건축구조물 설계예제집", 대한건축학회, 2004

2.9 건설교통부 고시, "건축구조기준", 대한건축학회, 2009

2.10 "Simplified Design", PCA, 3rd ed., 2004

2.11 J.G.MacGregor, "Reinforced Concrete Mechanics and Design."

2.12 "Seismic and Wind Design of Concrete Buildings", PCA

2.13 "Structural Analysis & Design of Tall Buildings", McGrow−Hill International Editions,1988

2.14 J.G.MacGregor and James K. Wight, "Reinforced Concrete Mechanics and Design", Pearson Prentice Hall, 2005

2.15 Bungale S. Taranath, Marcel Dekker, "Wind and Earthquake Resistant Buildings, Structural Analysis and Design", New York, 2005

2.16 "Minimum Design Loads for Buildings and Other Structures", ASCE/SEI 7−05, 2006

2.17 S.K.Ghosh, David A. Fanella and Xuemei Liang, "Seismic and Wind Design of Concrete Buildings,2003 IBC/ASCE 7−02/ACI 318−02", PCA, 2005

2.18 Michael R. Lindeburg, PE, "Seismic Design of Building Structures, A Professional's Introduction to Earthquake Forces and Design Details, Seventh Edition", Professional Publications, Inc., Belmont, CA, 1996

2.19 "Building Code Requirements for Structural Concrete 318−02 and Commentary−ACI 318-02", American Concrete Institute, Detroit, 2002

Chapter 3

모멘트골조시스템

CHAPTER

03 모멘트골조시스템

3.1 구조계획

구조물의 사용 목적에 맞추어 각종 외력과 하중 및 지반에 대하여 안전하도록 구조체에 대한 3차원공간의 구조형식과 각종 하중에 대한 저항시스템, 기초구조 등을 선정하고 경제성을 고려하여 구조부재의 재료와 형상, 개략적인 크기를 결정하는 과정을 소개한다.

3.1.1 개요

일반적인 철근콘크리트 구조물의 구조설계 절차는 [그림 3.1.1]과 같다. 세부적인 구조설계 이전에, 건축설계사로부터 해당 건물의 건축개요와 건축설계도면을 확인하고 지반조사보고서 등 관련자료를 토목회사로부터 확보한다. 합리적인 구조시스템이 반영될 수 있도록 건축계획 초기 단계부터 건축설계자와 구조설계자 간의 상호 긴밀한 협조가 필요하며, 구조계획을 통해 불합리한 부분이 확인되거나 구조적으로 개선이 필요한 부분은 건축도면에 반영될 수 있도록 한다.

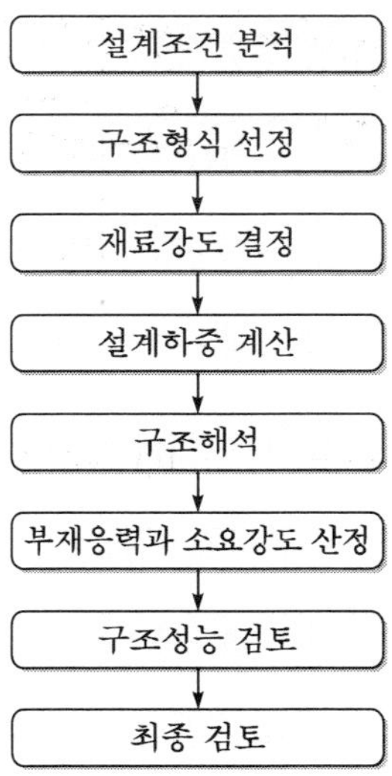

[그림 3.1.1] 철근콘크리트 구조물 구조설계 절차

3.1.2 건물개요

대상 건물은 대전시에 신축되는 판매시설 용도의 건물로서 [그림 3.1.2]와 같이 지상 2층, 지하 1층 규모이다. 층고는 지상 1층의 경우 4.0 m, 지상 2층은 3.6 m, 지하 1층은 4.0 m이다. 지상층 높이는 7.6 m이고 계단실을 제외한 한 층의 바닥면적은 24.0 m×15.0 m이다.
건물 한쪽 측면에 지하층에서 옥상까지 수직이동 통로로 이용되는 계단실이 위치하고 있다.

〈표 3.1.1〉 건축개요

사업명	대전 판매시설 신축공사
대지위치	대전광역시
용도	판매시설
층수	지상 2층, 지하 1층
층고	지하 1층, 지상 1층 4 m / 지상 2층, 계단실지붕층 3.6 m
건물높이	11.2 m(옥상층 포함)

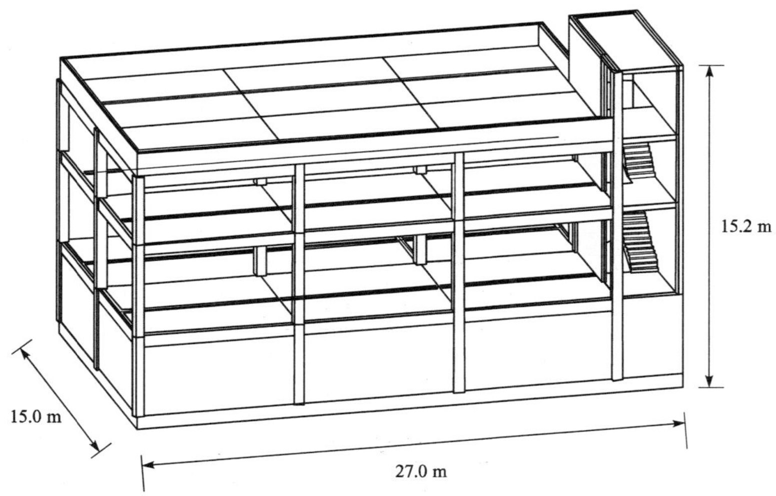

[그림 3.1.2] 3차원 구조 형상

3.1.3 구조시스템 선정

대상 구조물의 기둥 간격은 장변방향 8.0 m, 단변방향 7.5 m로 철근콘크리트 라멘조에 적합한 구조이다. 건물 한쪽 측면에 위치한 계단실은 콘크리트 벽체로 구성되며 건축계획상 계단실 전, 후면부는 전면 창호가 설치된다.

3.1.3.1 계단실 위치와 편심

계단실 등 코아부분을 구조체로 구성하여 활용하면 건물의 구조성능을 현저하게 증대시킬 수 있는데 그 형태와 위치를 어떤 식으로 정하느냐에 따라 효율성이 크게 달라질 수 있다. 해당 구조물은 건축계획상 개방공간을 확보하기 위하여 계단실을 건물 한쪽 측면에 두었는데, 이 경우 구조적으로는 구조물의 강성이 한쪽에 치우치게 되어 강심과 중심간의 편심에 의하여 지진력에 대해 비틀림 거동이 일어나게 된다. 해당 구조물은 층수가 2개층이고 건축면적이 500 m^2 이하로 편심에 의한 비틀림의 영향이 크지 않으나 고층건물이나 면적이 큰 건물의 경우 [그림 3.1.3](c)와 같이 건물 측면에 전단벽을 추가하는 방법 등 편심을 줄일 수 있는 계획이 필요하다.

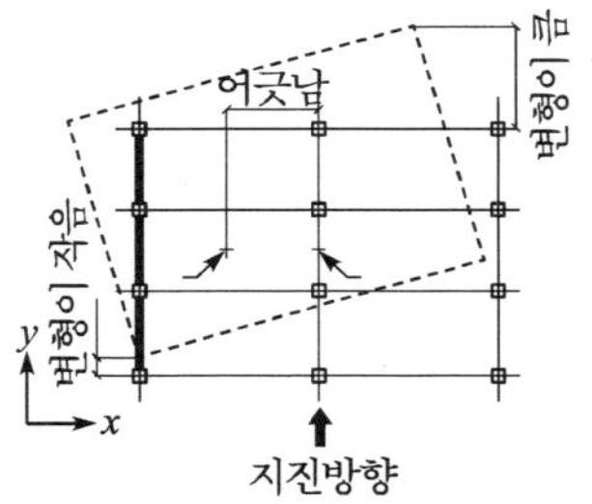

(a) 중심과 강심의 불일치 : 편심 발생

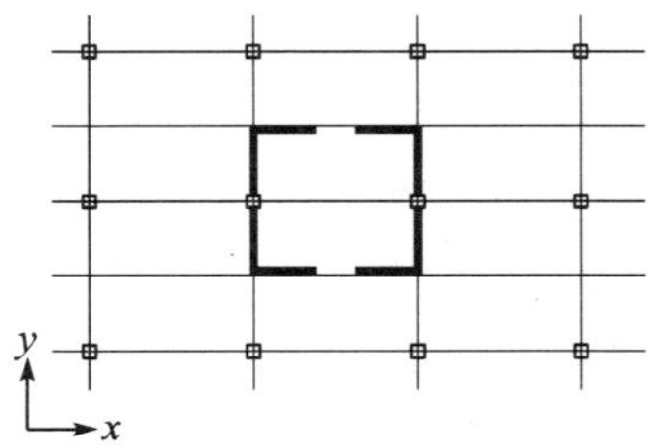

(b) 중앙 코아형 배치 : 편심 최소화

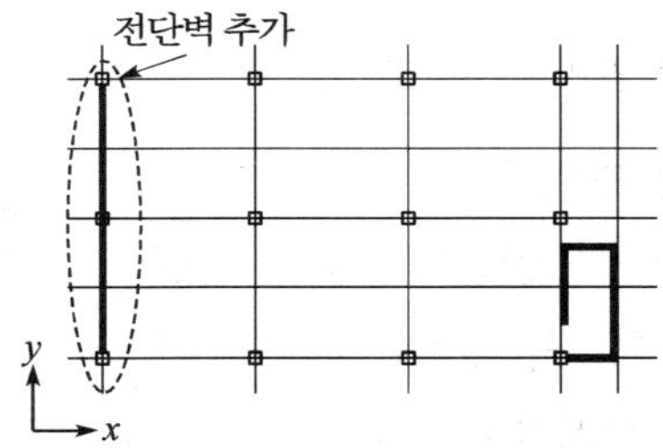

(c) 전단벽 추가 : 편심감소를 위한 조치

[그림 3.1.3] 편심을 줄이는 구조계획

3.1.3.2 보 배치

보 배치는 [그림 3.1.4]와 같이 2가지 대안을 비교 검토하였다. 대안 1은 작은보를 장변과 평행한 방향으로 배치한 것이고, 대안 2는 작은보를 단변과 평행한 방향으로 배치한 것이다. 철근의 연속성 등을 고려하여 3경간 연속보가 가능한 대안 1을 채택하였다.

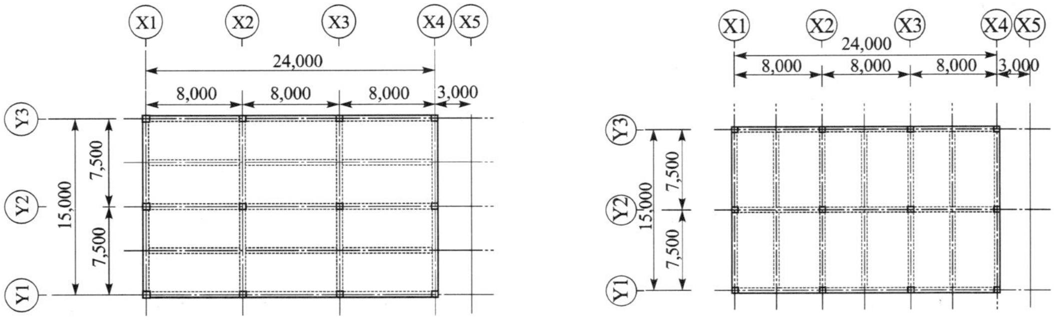

(a) 대안 1 (b) 대안 2

[그림 3.1.4] 보 배치도

3.1.3.3 지진력저항시스템

(1) 장변방향(이하 "X방향")

보-기둥 골조가 지진력에 저항하는 모멘트저항골조시스템을 적용한다. 모멘트저항골조시스템은 구조물의 연성능력에 따라 특수, 중간, 보통모멘트 골조로 구분된다. 각 골조시스템 별로 건축물 콘크리트구조 설계기준 KDS 41 30 00 (4.18)의 내진설계 시 특별 고려사항 및 구조설계기준 KDS 14 20 80을 반영해야 하는데, 보통에서 중간, 중간에서 특수로 갈수록 철근 배근, 이음, 정착, 철근비, 부재 폭 등에 관련된 요구사항이 엄격해진다. 각 모멘트골조시스템에 따라 [그림 3.1.5] 및 [그림 3.1.6]와 같이 기준에서 규정하는 배근 관련 조건을 따라야 한다. (자세한 내용은 "철근콘크리트배근상세" 참조) 해당건물은 지상 2층에 연면적 1,000m^2 이하의 소규모 구조물로 지진하중의 영향은 중력하중에 비해 미미하다. 따라서 중간 이상의 연성능력이 요구되는 중간, 특수모멘트골조 대신 보통 모멘트골조를 적용한다.

(2) 단변방향(이하 "Y방향")

X방향과 동일하게 보-기둥 골조가 지진력에 저항하는 보통 모멘트골조를 적용한다. Y방향은 모멘트골조와 전단벽이 함께 지진력에 저항하는 형태로 〈표 3.1.2〉와 같이 여러 가지 지진력저항시스템을 적용할 수 있지만, 해당건물은 지상2층, 연면적 1,000 m^2 이하의 소규모 구조물로 연직하중에 비해 지진하중의 영향이 작고 높은 연성능력이 요구되지 않으므로 철근콘크리트 보통 전단벽-골조 상호작용 시스

템이나 이중골조시스템을 적용하는 것은 적절하지 않다. 콘크리트기준의 일반규정만을 만족하는 철근콘크리트구조 시스템 또는 보통모멘트골조 시스템은 지진하중의 크기를 결정하는 설계계수 차이가 크지 않으므로 어느 시스템을 선정하여도 큰 차이는 없으나 각 방향 지진력저항시스템의 일관성을 고려하여 X방향 지진력저항시스템과 동일한 보통모멘트골조를 적용한다.

〈표 3.1.2〉 지진력저항시스템 비교

구분		철근콘크리트 보통모멘트 골조	콘크리트기준의 일반규정만을 만족하는 철근 콘크리트구조시스템	철근콘크리트 보통 전단벽-골조 상호작용 시스템	중간 모멘트골조를 가진 이중 골조시스템
시스템 요구사항		-	-	전단벽의 전단강도는 각 층에서 최소한 설계층전단력의 75 % 이상이어야 하고, 골조는 각 층에서 최소한 설계층전단력의 25 %에 대하여 저항할 수 있어야 함	모멘트골조는 적어도 설계지진력(밑면전단력)의 25 %를 저항할 수 있어야 함
설계계수	반응수정계수 R	3	3	4.5	5.5
	시스템초과강도 계수, Ω_0	3	3	2.5	2.5
	변위증폭계수 C_d	2.5	3	4	4.5
시스템제한과 높이제한		내진설계범주 D 경우 30 m	내진설계범주 D 경우 30 m	내진설계범주 D 경우 60 m	내진설계범주 D 경우 60 m

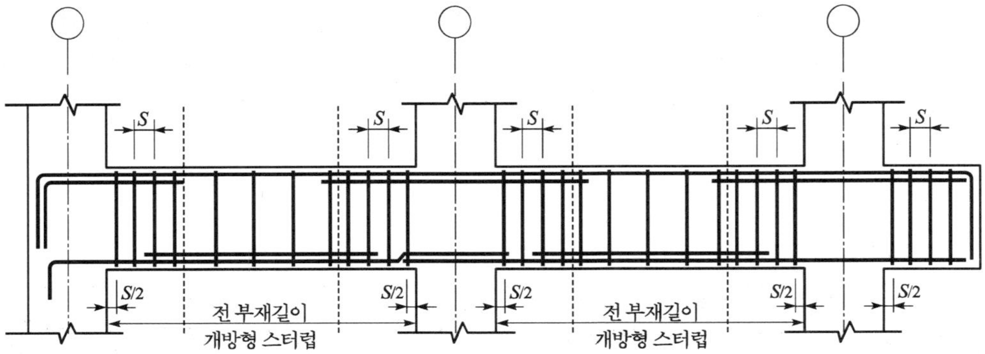

$S \leq \min\ [d/2, 600\text{mm}](V_s \leq \sqrt{f_{ck}}/3)b_w d$ 일 때

$S \leq \min\ [d/4, 300\text{mm}](V_s \leq \sqrt{f_{ck}}/3)b_w d$ 일 때

(a) 보통모멘트골조(폐쇄형스트럽, 개방형스트럽)

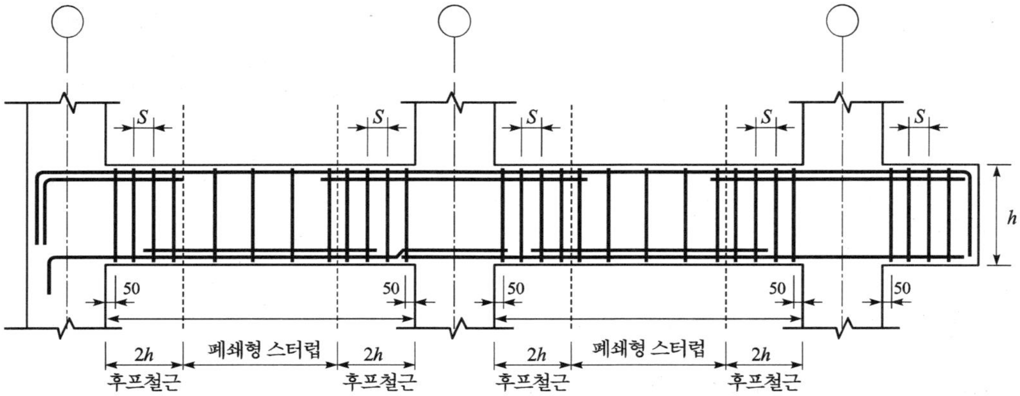

(b) 중간모멘트골조 : 내부보 - 폐쇄스터럽 사용 예

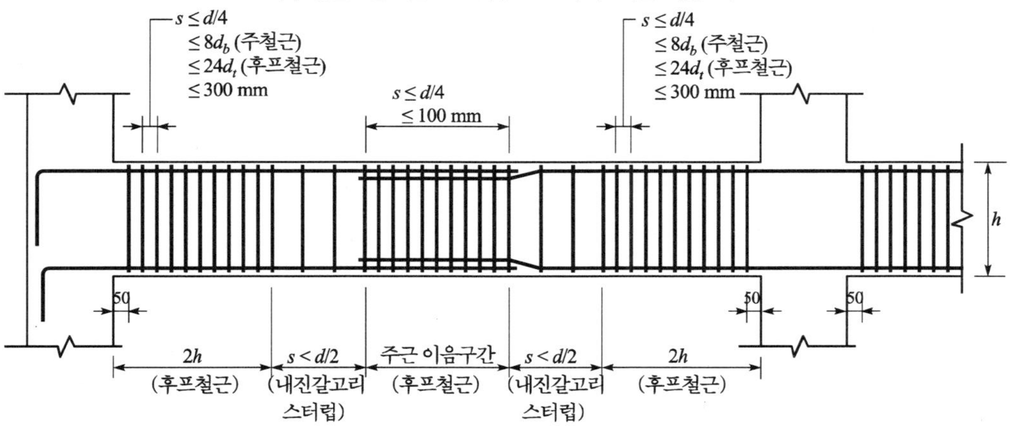

(c) 특수모멘트골조 : 내부보 - 폐쇄스터럽 사용 예

[그림 3.1.5] 보 배근 상세

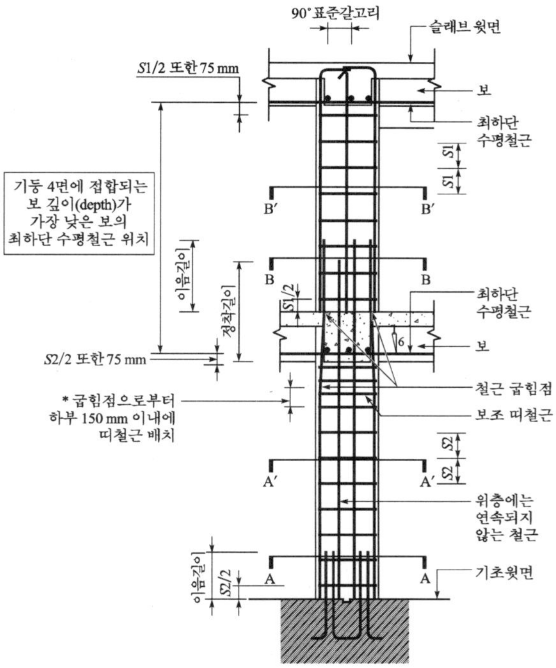

(a) 보통모멘트골조

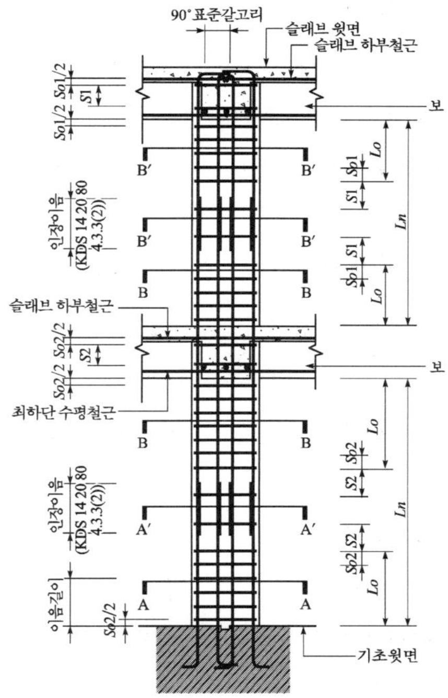

(b) 중간모멘트골조

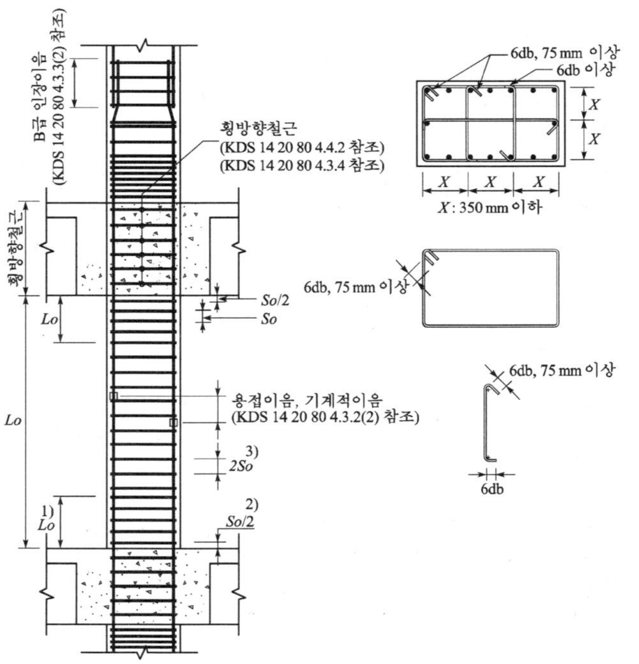

(c) 특수모멘트골조

[그림 3.1.6] 기둥 배근 상세

3.1.4 적용기준

설계기준은 건축구조설계기준(KDS 41 00 00 : 2019) 및 건축물 내진설계기준(KDS 41 17 00 : 2019), 건축구조설계기준 설계하중(KDS 41 10 15 : 2019), 콘크리트구조 설계기준(강도 설계법)(KDS 14 20 00 : 2021)을 적용한다.

3.1.5 재료계획

구조물의 규모, 경제성 및 시공성, 자재 수급 상황 등을 고려하여 적절한 강도(규격)를 선정하여야 한다. 소규모 구조물의 경우 통상 콘크리트 설계기준압축강도(f_{ck})는 21~24 MPa, 철근의 설계기준항복강도(f_y)는 400 MPa를 적용하는 것이 일반적이다.

KDS 14 20 40 콘크리트구조 내구성설계기준에 따르면 해당 구조물의 기초와 지하외벽은 지하수의 영향을 받으므로 각각 EC2, EF1 등급에 해당되어 최소설계기준압축강도 $f_{ck} = 24$ MPa이 요구되고, 외기에 노출되는 계단실 외부 콘크리트는 별도의 보호조치 등을 적용하여 내구성 향상이 입증되었음을 가정하여 최소설계기준압축강도 $f_{ck} = 27$ MPa을 적용한다. 그렇지 않은 경우 EC4 등급을 적용하여 $f_{ck} = 30$ MPa를 적용한다. 내구성 요구 조건에 따라 지하구조물의 강도를 지상구조물보다 작게 사용할 수 있으나 전체 투입되는 콘크리트 물량이 많지 않고 현장 품질 관리의 효율성 등을 고려하여 지상, 지하 구조물 모두 설계압축강도를 $f_{ck} = 27$ MPa로 적용한다.

〈표 3.1.3〉 콘크리트구조 내구성 설계기준 노출범주와 등급 및 최소설계기준 압축강도

범주	등급	f_{ck} (MPa)	조건	예	비고
EC (탄산화)	EC2	24	습윤하고 드물게 건조되는 콘크리트로 탄산화의 위험이 보통인 경우	• 장기간 물과 접하는 콘크리트 표면 • 외기에 노출되는 기초	기초
	EC3	27	보통 정도의 습도에 노출되는 콘크리트로 탄산화 위험이 비교적 높은 경우	• 공기 중 습도가 보통 이상으로 높은 건물 내부의 콘크리트 • 비를 맞지 않는 외부 콘크리트	지상외벽
EF (동결융해)	EF1	24	간혹 수분과 접촉하나 염화물에 노출되지 않고, 동결융해의 반복작용에 노출되는 콘크리트	• 비와 동결에 노출되는 수직 콘크리트 표면	지하외벽

3.1.6 하중계획

해당 건물은 지상 2층, 연면적 200 m^2 이상으로 건축법 제48조(구조내력 등) ①항에 따라 고정하중, 적재하중(활하중), 적설하중, 풍압, 지진, 그 밖의 진동 및 충격 등에 대하여 안전한 구조를 가져야 하며, 동법 시행령 제5장 제32조(구조안전의 확인)에 따라 국토교통부령으로 정하는 구조기준 등에 따라 구조의 안전을 확인해야 한다.

건축 단면도나 재료마감표 등에서 마감에 따른 고정하중(Dead load 또는 D) 조건을 파악하고 각 실의 용도에 따른 활하중(Live load 또는 L) 조건을 확인한다. 이 절에서는 판매시설(지하 1층, 1층, 2층) 및 지붕, 화장실, 계단 하중을 고려하며, 기준에 따라 상가 용도에 따른 활하중을 적용하였다. [그림 3.1.7(b)]와 같이 재료마감표 상의 슬래브 단면상세를 보면 보다 자세한 마감 조건을 확인할 수 있으나 일반적으로 단면도에는 [그림 3.1.7(a)]의 상세에 나타낸 바와 같이 단열재가 표기되지 않음에 유의하여야 한다. 지붕에 작용하는 적설하중의 영향은 지붕의 최소 활하중보다 클 때에는 적설하중을 고려해야 한다. 적설하중이 지붕의 최소 활하중보다 크지 않으므로 하중계획에서 제외한다.

3.1.6.1 고정하중 및 활하중

수직하중은 중력에 의하여 구조물의 부재에 가해지는 하중으로서 고정하중과 활하중, 적설하중 등으로 구성된다. 일반적으로 이들 하중의 크기는 단위 면적(1.0 m^2) 당 하중(kN), 즉 kN/m^2으로 나타낸다.

(1) 고정하중

고정하중은 마감의 종류와 슬래브의 자중에 의하여 결정되며 실의 용도에 따라 마감의 종류와 두께가 다르다.

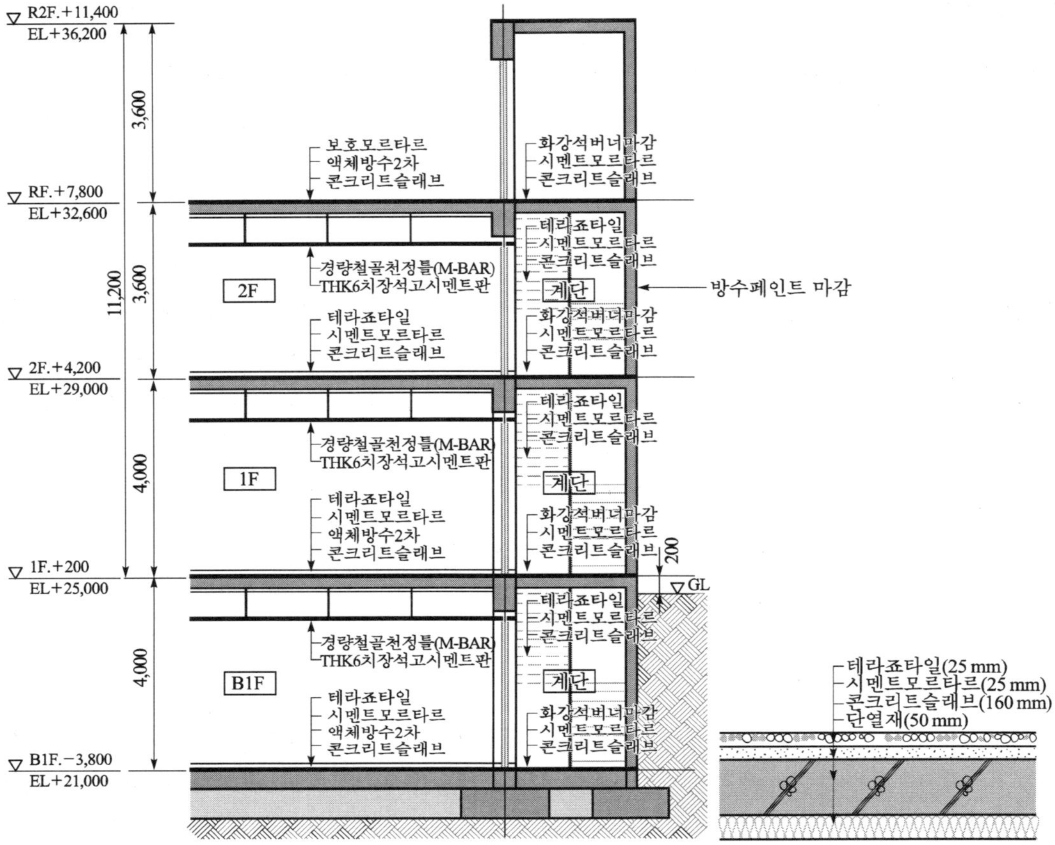

(a) 건축단면상세 (b) 슬래브 단면상세

[그림 3.1.7] 건축 마감 상세

(2) 활하중

고정하중과는 달리 활하중의 크기는 KDS 41 10 15 (3.2)의 규정에 근거하여 건물의 용도에 따라 결정된다. 기준에 규정된 하중은 최소한의 활하중으로 간주되어야 하며 판매시설 용도의 등분포 활하중의 크기는 〈표 3.1.4〉에 나타난 값과 같다. 만일 사무실 또는 유사한 용도의 건물에서 가동성 경량칸막이벽이 설치될 가능성이 있는 경우에는 칸막이벽 하중으로 최소한 1.0 kN/m^2를 기본 등분포활하중에 추가하여야 한다. 다만, 기본 활하중 값이 4.0 kN/m^2 이상일 경우에는 이를 추가하지 않아도 된다. 지붕층 활하중은 3.0 kN/m^2을 적용하며 차량이 지나가는 도로에 대한 활하중은 16.0 kN/m^2으로 토압을 산정할 때 도로의 활하중은 이를 적용한다. 〈표 3.1.5〉에 각 층별, 실별로 사용하중으로서 작용하는 고정하중과 활하중 및 해석과 설계를 위하여 이들 사용하중들에 하중계수를 적용한 조합하중을 나타내었다.

〈표 3.1.4〉 판매시설 활하중(kN/㎡)

판매장	가. 상점, 백화점(1층 부분)	5.0
	나. 상점, 백화점(2층 부분)	4.0

(3) 하중 계산 결과

〈표 3.1.5〉 고정하중과 활하중, 하중조합(kN/㎡)

실	항목	두께 (mm)	단위중량 (kN/m³)	고정하중 (D)	활하중 (L)	하중조합	
						$1.4D$	$1.2D+1.6L$
평지붕	보호모르타르	(t=24)	21.0	0.50	3.00		
	액체방수2차	(t=20)	20.5	0.41			
	콘크리트 슬래브	(t=160)	24.0	3.84			
	단열재	(t=80)	2.00	0.16			
	경량천정			0.20			
				5.11	3.00	7.16	10.9
1,2층 판매시설	테라죠타일	(t=25)	20.0	0.50	5.00		
	시멘트 모르타르	(t=25)	21.0	0.53			
	콘크리트 슬래브	(t=160)	24.0	3.84			
	단열재	(t=50)	2.00	0.10			
	경량천정			0.20			
				5.17	5.00	7.23	14.2
지하층 (단슬래브인 경우)	테라죠타일	(t=25)	20.0	0.50	4.00		
	시멘트 모르타르	(t=25)	21.0	0.53			
	액체방수2차	(t=20)	20.5	0.41			
	콘크리트 슬래브	(t=200)	24.0	4.80			
				6.24	4.00	8.73	13.9
계단 (t=135)	테라죠타일	(t=41)	20.0	0.82	5.00		
	시멘트 모르타르	(t=33)	21.0	0.69			
	콘크리트 슬래브	(t=254)	24.0	6.10			
				7.61	5.00	10.7	17.1
계단참	화강석버너마감	(t=25)	26.0	0.65	5.00		
	시멘트 모르타르	(t=20)	21.0	0.42			
	콘크리트 슬래브	(t=150)	24.0	3.60			
				4.67	5.00	6.54	13.6
화장실	타일+모르타르	(t=10)	21.0	0.21	2.50		
	구배 모르타르	(t=25)	21.0	0.53			
	액체방수2차	(t=20)	21.0	0.42			
	콘크리트 슬래브	(t=160)	24.0	3.84			
				5.00	2.50	6.99	9.99

3.1.6.2 풍하중

풍하중의 산정은 다음과 같이 세 가지로 구분하여 산정하여야 하며 이 장에서는 주골조용 수평풍하중만 고려하였다.

- 주골조용 풍하중(밀폐형 건축물, 부분개방형 건축물, 개방형 건축물 및 기타구조물)
- 지붕골조용 풍하중(밀폐형 건축물 및 부분개방형 건축물, 독립 편지붕)
- 외장재용 풍하중(지붕면 평균높이 20 m 이상 건축물, 20 m 미만 건축물)

풍하중 산정은 개략적으로 다음과 같은 순서를 따른다.

- 기본풍속(V_0) 확인
- 중요도계수(I_w) 확인
- 지표면조도 확인
- 풍속고도분포계수(K_{zr}) 확인
- 지형계수(K_{zt}) 산정
- 설계풍속(V_z) 산정
- 설계속도압(q_H) 산정
- 주골조설계용 풍방향 가스트영향계수 산정
- 주골조설계용 풍압계수 결정(외압계수, 내압계수)
- 설계풍압 산정
- 유효면적 및 풍하중 산정

(1) 주골조용 풍하중 산정을 위한 건축물 분류

밀폐형, 부분개방형, 개방형 건축물에 따라 풍압계수의 고려 여부가 결정되므로 설계하고자 하는 건축물의 분류가 우선적으로 결정되어야 한다. 이 예제의 판매시설인 경우는 밀폐형 건축물로 설계하였다.

밀폐형 건축물의 경우에는 건축물 내부로 공기가 유입되거나 내부로부터 외부로 공기가 유출되지 않기 때문에 실내압이 발생하지 않는다. 따라서 건축물에는 외압만이 가해지고, 풍상벽과 풍하벽에 가해지는 외압의 합력이 건물 전체에 가해지는 풍력이 된다. 밀폐형 건축물의 설계풍압을 산정함에 풍상측은 설계속도압이 높이에 따라 증가하고 풍하측은 설계속도압이 높이에 따른 변화가 없이 일정한 것으로 한다. 또한, 풍하중의 산정은 설계풍압과 유효면적의 곱으로 이루어지며 설계풍압은 속도에 의한 함수로서 기본풍속, 풍속고도분포계수, 지형계수, 건축물의 중요도계수에 영향을 받는다.

(2) 기본풍속(V_0) 및 중요도계수(I_w)

대전지역으로 100년 재현기간에 대한 지역별 기본풍속(V_0)은 KDS 41 10 15 표 5.5-1에 의하여 28 m/s이며 중요도 2등급이므로 KDS 41 10 15 표 5.5-6에 의하여 중요도계수(I_w)는 0.95이다.

(3) 지표면조도 및 풍속고도분포계수(K_{zr})

이 예제의 건물은 높이 3.5 m 정도의 주택과 같은 건축물이 밀집해 있는 지역(중층건물이 산재해 있는 지역)에 위치하는 것으로 가정하면 지표면조도는 KDS 41 10 15 표 5.5-2에 의하여 "B"에 해당되어 대기경계층의 시작높이(Z_b), 기준경도풍 높이(Z_g), 풍속고도분포지수(α) 값들은 〈표 3.1.6〉와 같다. 또 건물 지상층 높이가 11.2 m(지붕층계단실 층고 3.6 m 포함)로서 15 m 이하이므로 풍속고도분포계수(K_{zr})는 KDS 41 10 15 표 5.5-3, 표 5.5-4에 의하여 0.81이 된다(〈표 3.1.7〉참조).

〈표 3.1.6〉 지표면조도(B)에 따른 계수

지표면조도	대기경계층의 시작높이(Z_b)	기준경도풍 높이(Z_g)	풍속고도분포지수(α)
B	15 m	450 m	0.22

〈표 3.1.7〉 지표면조도와 높이에 따른 풍속고도분포계수(K_{zr})

지표면으로부터의 높이 Z(m)	B
$z \leq Z_b$	0.81
$Z_b < z \leq Z_g$	$0.45z^{\alpha}$

(4) 지형계수(K_{zt})

산, 언덕 및 경사지의 영향을 받지 않는 평탄한 지역에 대한 지형계수(K_{zt})는 1.0이다.

(5) 설계풍속(V_z)

건물의 높이가 11.2 m로서 15 m 이하이고 평지붕이므로 높이에 관계없이 지표면에서 임의의 높이 z에 대한 설계풍속 V_z와 지붕면의 평균높이 H에 대한 설계풍속 V_H는 같다.

$$V_z = V_0 K_{zr} K_{zt} I_w = (28)(0.81)(1.0)(0.95) = 21.6 \ \text{m/s}$$

(6) 설계속도압(q_z), (q_H)

속도압은 건축물에 작용하는 풍압력을 산정하는 경우 기본이 되는 양으로써 바람이 지닌 단위체적당 운

동에너지를 말한다. 이 건물은 V_z와 V_H가 같으므로 지표면에서 임의의 높이 z에 대한 설계속도압 q_z와 지붕면의 평균높이 H에 대한 설계속도압 q_H는 같다.

$\rho = 1.22$ (공기밀도, kg/m^3)

$$q_H = \frac{1}{2}\rho V_z^2 = \frac{1}{2}(1.22)(21.6)^2 = 285 \ \mathrm{N/m^2} \text{ (여기서, 공기밀도 } \rho = 1.22 \ \mathrm{kg/m^3})$$

(7) 주골조설계용 풍방향 가스트영향계수(G_f)

이 판매시설의 주기는 약산식에 의하여, $T_a = 0.0466(11.2)^{0.9} = 0.410$ sec이고 고유진동수는 $f = \frac{1}{T} = 2.44$ Hz이므로 1.0 Hz를 초과하여 바람에 의한 공진효과를 무시할 수 있는 강체구조물로 고려할 수 있으며 이에 따른 주골조설계용 풍방향 가스트영향계수G_f를 산정한다.

기준높이에서의 난류스케일 : $L_H = 100\left(\frac{H}{30}\right)^{0.5} = 100\left(\frac{11.2}{30}\right)^{0.5} = 61.1$

기준높이에서의 난류강도 $I_H = 0.1\left(\frac{H}{Z_g}\right)^{-\alpha-0.05} = 0.1\left(\frac{11.2}{450}\right)^{-0.22-0.05} = 0.27$

풍속변동계수 : $\gamma_f = \left(\frac{3+3\alpha}{2+\alpha}\right)I_H = \left[\frac{3+3(0.22)}{2+0.22}\right](0.27) = 0.45$

① X축 : $H = 11.2$ m, $B = 15$ m, $D = 27$ m

비공진계수(건축물의 변동변위의 고유진동수 이외의 진동수 성분을 나타내는 계수) :

$$B_D = 1 - \left[\frac{1}{\left\{1+5.1\left(L_H/\sqrt{HB}\right)^{1.3}(B/H)^k\right\}^{1/3}}\right]$$
$$= 1 - \left[\frac{1}{\left\{1+5.1\left(61.10/\sqrt{(11.2)(15)}\right)^{1.3}(15/11.2)^{-0.33}\right\}^{1/3}}\right] = 0.70$$

여기서 $k = 0.33 : H \geq B$,

$k = -0.33 : H < B$

따라서 $G_D = 1 + 4\gamma_f\sqrt{B_D} = 1 + 4(0.45)(\sqrt{0.70}) = 2.51$

② Y축 : $H=11.2$ m, $B=27$ m, $D=15$ m

$$B_D = 1 - \left[\frac{1}{\left\{1+5.1\left(L_H/\sqrt{HB}\right)^{1.3}(B/H)^k\right\}^{1/3}} \right]$$
$$= 1 - \left[\frac{1}{\left\{1+5.1\left(61.10/\sqrt{(11.2)(27)}\right)^{1.3}(27/11.2)^{-0.33}\right\}^{1/3}} \right] = 0.63$$

따라서 $G_D = 1 + 4\gamma_f\sqrt{B_D} = 1+4(0.45)(\sqrt{0.63}) = 2.43$

(8) 주골조설계용 외압계수(C_{pe})

사각형 평면을 가진 밀폐형 건축물에 대한 주골조설계용 외압계수는 KDS 41 10 15 표 5.7-1에 의하여 다음 〈표 3.1.8〉과 같다.

높이방향 압력분포계수 k_z는 $z \le z_b$이므로 $(z_b/H)^{2\alpha} = (15/11.2)^{2(0.22)} = 1.14$이다.

계단실 지붕층 풍상벽 외압계수(C_{pe1})은 다음과 같다.

① 계단실 지붕층 X축 : $D/B = 0.49$

$$C_{pe1} = 0.8k_z + 0.03(D/B) = 0.8(1.14) + 0.03(0.49) = 0.93$$

② 계단실 지붕층 Y축 : $D/B = 2.03$

$$C_{pe1} = 0.8k_z + 0.03(D/B) = 0.8(1.14) + 0.03(2.03) = 0.97$$

계단실 지붕층 풍하벽 외압계수(C_{pe2})는 다음과 같다.

① 계단실 지붕층 X축 : $D/B = 0.37$

$$C_{pe2} = -0.5$$

② 계단실 지붕층 Y축 : $D/B = 2.37$

$$C_{pe2} = -0.5 + 0.25\ln(D/B)^{0.8} = -0.5 + 0.25\ln(2.37)^{0.8} = -0.31$$

〈표 3.1.8〉 층에 따른 외압계수

해당층	X방향				Y방향			
	h_i(m)	D/B	C_{pe1}	C_{pe2}	h_i(m)	D/B	C_{pe1}	C_{pe2}
계단실지붕층	11.2	0.49	0.93	−0.50	11.2	2.03	0.97	−0.31
지붕층	7.6	1.8	0.97	−0.50	7.6	0.56	0.93	−0.31
2층	4	1.8	0.97	−0.34	4	0.56	0.93	−0.50

(9) 주골조설계용 설계풍압 및 수평풍하중 산정

KDS 41 10 15 (5.2.1)에 의한 밀폐형건축물의 주골조설계용 설계풍압과 수평풍하중은 아래와 같다.

설계풍압 : $p_F = G_D q_H (C_{pe1} - C_{pe2})$

(예시 : X방향 계단실 지붕층$= 2.51 \cdot 285 \cdot (0.93 - (-0.50)) = 1{,}023\ \mathrm{N/m^2}$)

수평풍하중 : $W_D = p_F A$

(예시 : X방향 계단실 지붕층$= (1{,}023/1{,}000) \cdot 22 = 22.5\ \mathrm{kN}$)

각 방향에 따른 주골조 수평풍하중은 다음 〈표 3.1.9〉 및 〈표 3.1.10〉과 같다.

〈표 3.1.9〉 X축 풍하중

X축	h_i(m)	p_F(N/m^2)	풍하중 작용 높이 H(m)	풍하중 작용 폭 B(m)	A_x(m^2)	W_D(kN)
계단실 지붕층	11.2	1,023	3.6	6.1	22.0	22.5
지붕층	7.6	1,052	3.6	15.0	54.0	55.2
2층	4	937	4.0	15.0	60.0	56.2
합계						134

〈표 3.1.10〉 Y축 풍하중

Y축	h_i(m)	p_f(N/m^2)	풍하중 작용 높이 H(m)	풍하중 작용 폭 B(m)	A_y(m^2)	W_f(kN)
계단실 지붕층	11.2	887	3.6	3.0	10.8	9.60
지붕층	7.6	859	3.6	27.0	97.2	83.5
2층	4	990	4.0	27.0	108	107
합계						200

3.1.6.3 지진하중

지진하중 산정은 개략적으로 다음과 같은 순서를 따른다.

- 지진구역 및 지반종류 확인
- 중요도계수 및 내진등급 확인
- 지진력저항시스템 선정(반응수정계수, 변위증폭계수 확인)
- 지반증폭계수 산정(F_a, F_v)
- 단주기, 1초주기 설계스펙트럼 가속도 산정(S_{DS}, S_{D1})
- 주기산정(T_o, T_s)

- 설계스펙트럼 가속도 작성
- 내진설계범주 확인 및 해석법의 결정
- 고유주기 및 지진응답계수 산정
- 유효질량 산정
- 밑면전단력 산정
- 층간변위 산정 및 검토

(1) 지진하중 관련계수

① 유효지반가속도 S : 이 예제의 판매시설은 대전에 신축되는 건물로서 KDS 17 10 00 표 4.2-1, 표 4.2-2에 의하여 지역은 "지진구역 Ⅰ"에 속하므로 이에 해당되는 지진구역계수는 0.11이다. 지진구역계수는 평균재현주기 500년에 해당되므로 표 4.2-3에 따라 평균재현주기 2,400년에 맞는 위험도계수를 적용하여 유효지반가속도는 0.22로 적용하였다.

② 지반종류 : 전단파속도 및 표준관입시험에 따른 지반종류는 지반조사보고서에서 확인한 전단파속도와 표준관입시험타격횟수를 통하여 KDS 17 10 00 표 4.2-1에 따라 S_4로 확인되었다.

(2) 중요도계수 I_E

건축물의 중요도 분류에서 지상2층의 판매시설은 KDS 41 10 05(3.3)에 따라 중요도(특), (1), (3)항에 해당하지 않으므로 중요도(2)로 분류되며 이는 KDS 41 17 00 표 2.2-1에 의하여 내진등급 Ⅱ로서 1.0의 계수 값을 갖는다.

(3) 지진력저항시스템

KDS 41 17 00 표 6.2-1의 "3-j" 항의 철근콘크리트 보통모멘트골조를 선택한다.

① 반응수정계수 R : 3

② 시스템초과강도계수 Ω_0 : 3

③ 변위증폭계수 C_d : 2.5

(4) 지반증폭계수 산정

① 단주기 지반증폭계수, F_a : KDS 41 17 00 표 4.2-1에 따라 아래와 같이 선형보간법을 이용하여 $F_a = 1.36$로 한다([그림 3.1.8] 참조). F_a 산정과정은 다음과 같다.

$$0.3-0.2 : 1.4-1.2 = 0.22-0.2 : x \text{로부터 } x = \frac{(0.2)(0.02)}{0.1} = 0.04$$

따라서 $F_a = 1.4 - x = 1.4 - 0.04 = 1.36$

② 1초주기 지반증폭계수, F_v : KDS 41 17 00 표 4.2-2에 따라 아래와 같이 선형보간법을 이용하여 $F_v = 1.96$로 한다([그림 3.1.8]참조).

$0.3-0.2 : 2.0-1.8 = 0.22-0.2 : x$

$$x = \frac{(0.2)(0.02)}{0.1} = 0.04$$

따라서 $F_v = 2.0 - 0.04 = 1.96$

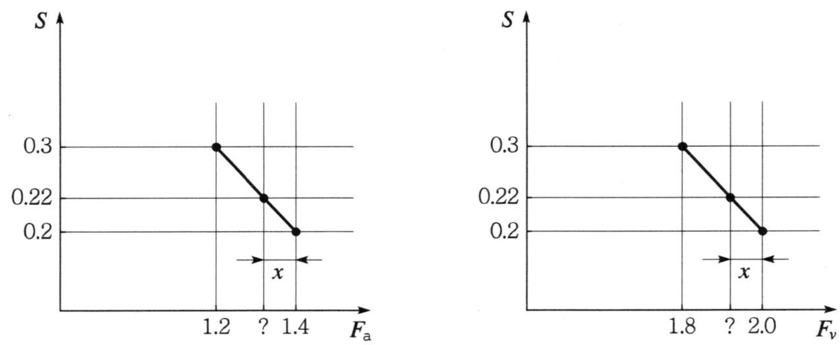

[그림 3.1.8] 선형보간법에 의한 지반증폭계수 F_a, F_v

(5) 단주기, 1초주기 가속도 산정

① 단주기 가속도 $S_{DS} = (S)(2.5)(F_a)(2/3) = (0.22)(2.5)(1.36)(2/3) = 0.499$

② 1초주기 가속도 $S_{D1} = (S)(F_v)(2/3) = (0.22)(1.96)(2/3) = 0.287$

(6) 주기산정

① $T_0 = 0.2 S_{D1}/S_{DS} = 0.115$

② $T_S = S_{D1}/S_{DS} = 0.576$

③ $T_L = 5$초

(7) 설계스펙트럼가속도 작성

① $T \le T_0$, $S_a = 0.6\dfrac{S_{DS}}{T_0}T + 0.4S_{DS}$

② $T_0 \le T \le T_S$, $S_a = S_{DS}$

③ $T_S < T \le T_L$, $S_a = \dfrac{S_{D1}}{T}$

④ $T > T_L$, $S_a = \dfrac{S_{D1}T_L}{T^2}$

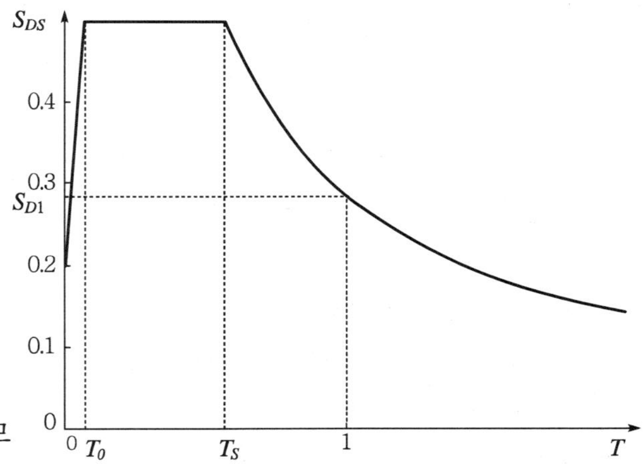

[그림 3.1.9] 설계스펙트럼 가속도

(8) 내진설계범주의 결정

① $0.33 \le S_{DS} < 0.50$이고 "내진등급 Ⅱ"이므로 KDS 41 17 00 표 5.2-1에 의하여 "내진설계범주 C"이다.

② $0.20 \le S_{D1}$이고 "내진등급 Ⅱ"이므로 KDS 41 17 00 표 5.2-2에 의하여 "내진설계범주 D"이다.

③ 단주기와 1초주기 설계스펙트럼가속도에 의한 내진설계범주가 서로 다르므로 이들 중 높은 내진설계범주인 "내진설계범주 D"로 분류한다.

(9) 지진응답계수, C_s 산정

지진응답계수는 $C_s = 0.01 \le 0.044S_{DS}I_E \le \dfrac{S_{D1}}{(R/I_E)T} \le \dfrac{S_{DS}}{R/I_E}$로부터 산정한다.

철근콘크리트모멘트골조의 주기 약산법에 따라 주기는 $T = C_t h_n^{0.9} = 0.0466(11.2)^{0.9} = 0.410$초이다.

이 때, C_t 값은〈표 3.1.11〉에 따라 0.0466의 값을 갖는다.

C_s 값은 주기 $T \le T_L$이므로, $\dfrac{S_{D1}}{\left(\dfrac{R}{I_E}\right)T}$과 $\dfrac{S_{DS}}{\left(\dfrac{R}{I_E}\right)}$을 비교하여 산정한다.

C_s 값은 $\dfrac{S_{D1}}{\left(\dfrac{R}{I_E}\right)T} = \dfrac{0.287}{(\dfrac{3.0}{1.0})(0.410)} = 0.233$이나 $\dfrac{S_{DS}}{\left(\dfrac{R}{I_E}\right)} = \dfrac{0.499}{\left(\dfrac{3.0}{1.0}\right)} = 0.166$의 값을 초과하므로

$C_s = 0.166$을 택한다.

〈표 3.1.11〉 구조시스템에 따른 고유주기의 약산법 관련 계수 C_t

구조시스템	C_t	x
철근콘크리트모멘트골조	0.0466	0.9
철골모멘트골조	0.0724	0.8
철골편심가새골조 및 철골 좌굴방지가새골조	0.0731	0.75
철근콘크리트전단벽구조, 기타골조	0.0488	0.75

(10) 유효중량 및 밑면전단력 산정

밑면전단력은 지상층만 고려하므로 1층, 2층, 지붕층에 대하여 산정하였고 자중과 고정하중을 구분하여 계산하였다. 또한, 콘크리트의 단위중량은 24.0 kN/m^{3}을 적용하였다. 유효중량을 산정 할 때 각 층의 기준에서 상부층의 절반, 하부층의 절반을 고려하여 산정하였다.

① 계단실 지붕층 유효중량

(가) 자중

- 슬래브

  슬래브 폭 3.0 m, 슬래브 길이 6.4 m, 슬래브 두께 0.16 m이므로 슬래브 자중을 산정하기 위한 슬래브 체적은 다음과 같다.

  슬래브 체적: (3.0 m)×(6.4 m)×(0.16 m)=3.07 m^3

- 작은보

  SSB1 : 폭 0.3 m, 깊이 0.5 m, 순경간 2.55 m

  LB1 : 폭 0.2 m, 깊이 0.5 m, 경간 1.5 m 이므로 보의 체적은 다음과 같다.

  작은보의 체적: (0.3 m)×(0.5 m)×(2.55 m)×(2 개)+(0.2 m)×(0.5 m)×(1.5 m)=0.915 m^3

- 기둥

  폭 0.4 m, 깊이 0.4 m, 높이가 3.6 m이나 기둥의 높이 방향 상부 절반만이 지진력에 기여한다고 가정하면 지진하중에 기여하는 기둥의 체적은 다음과 같다.

  기둥의 체적: (0.4 m)×(0.4 m)×(3.6 m/2)=0.288 m^3

- 벽

  벽체 두께 0.2 m, 벽체 2면의 총 길이는 (4.4 m)+(6.4 m)=10.8 m, 지진력에 기여하는 벽체는 높이방향 상부 절반만이 지진력에 기여한다고 가정하여 다음과 같이 산정한다.

  벽체의 체적 : (0.2 m)×(10.8 m)×(3.6 m/2)=3.89 m^3

따라서 계단실 지붕층 자중은 (3.07 m^3+0.915 m^3+0.288 m^3+3.89 m^3)×24.0 kN/m^3=196 kN 이다.

(나) 고정하중

지붕의 고정하중은 〈표 3.1.5〉의 평지붕 하중(5.12 kN/m^2)에서 콘크리트 슬래브 자중(0.16×24 kN/m^2)를 제외한 고정하중으로서 다음과 같이 산정한다.

(3.0 m)×(6.4 m)(5.12 kN/m^2−3.84 kN/m^2)=24.6 kN

(다) 계단실 유효중량

계단실 유효중량은 자중+고정하중이므로 상기의 (가)와 (나)의 계산결과로부터 다음과 같이 산정된다.

계단실 유효중량: 196+24.6=221 kN

② 지붕층 유효중량

(가) 자중

- 슬래브

  계단실을 제외한 건물 전체 길이 24.0 m, 폭 15 m, 슬래브 두께 0.16 m이므로 슬래브 체적은 다음과 같다.

  (24.0 m)×(15.0 m)×(0.16 m)=57.6 m^3

- 큰보

  지붕층 모든 큰보의 크기가 폭 0.4 m, 깊이 0.6 m이므로 큰보와 슬래브, 큰보와 기둥이 중첩되는 부분을 제외한 큰보의 체적은 다음과 같다.

  (0.4 m)×(0.6 m−0.16 m)×{(15.0 m−0.4 m)×(4열)+(24.0 m−0.4 m)×(3열)}=22.7 m^3

- 작은보

  지붕층 작은보의 크기가 모두 폭 0.4 m, 깊이 0.6 m이므로 작은보와 슬래브, 작은보와 큰보가 중첩되는 부분을 제외한 작은보의 체적은 다음과 같다.

  (0.4 m)×(0.6 m−0.16 m)×(24 m−0.4 m×3 개)×(2 열)=8.03 m^3

- 작은보(계단실)

  SSB1 : 폭 0.3 m, 깊이 0.5 m, 순경간 2.55 m

  (0.3 m)×(0.5 m)×(2.55 m)×(2 개)=0.765 m^3

• 기둥

지상2층 기둥의 크기가 모두 폭 0.4 m, 깊이 0.4 m, 높이가 3.6 m이므로 X4열/Y1열 기둥을 제외한 모든 기둥은 높이 방향 상부 절반만이 지진력에 기여하고, X4열/Y1열 기둥은 계단실까지 위치하므로 구분하여 산정하면 지진하중에 기여하는 기둥의 체적은 다음과 같다.

(0.4 m)×(0.4 m)×(3.6 m /2)×(11개)+(0.4 m)×(0.4 m)×(3.6 m)×(1개)=3.74 m^3

• 벽

벽체두께 0.2 m, 벽체 2면의 총 길이는 10.8 m, 지진력에 기여하는 높이는 3.6 m이므로 다음과 같이 산정된다.

(0.2 m)×(10.8 m)×(3.6 m)=7.8 m^3

• 계단

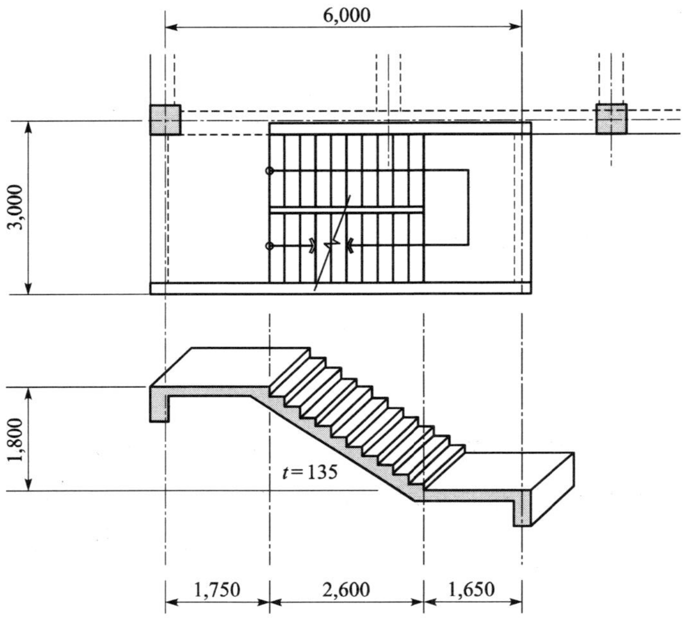

[그림 3.1.10] 계단실 형상

㉠ 계단 개요

층고	계단	계단참	챌판높이	디딤판폭
3.6 m	2.60 m×3.0 m 두께 135 mm	3.0 m×(1.75 m,1.65 m) 두께 150 mm	1,800/10 =180 mm	2,600/10 =260 mm

㉡ 계단 및 계단참 계수하중

계단에 적용되는 하중은 〈표3.1.5〉에 제시하였으며 계단의 하중은 챌판높이와 디딤판폭을 고려한 등가높이(D)로 환산하여 계산한다.

계단 고정하중(w_{s1}) : 7.61 kN/m²

계단참 고정하중(w_{s2}) : 4.67 kN/m²

- 디딤판과 챌판의 테라죠 타일두께 25 mm에 대한 수평투영 등가 두께

  등가두께=(디딤판 테라죠 타일두께 ×폭 챌판 테라죠 타일두께×높이)/ 디딤판폭

$$= \frac{(25.0)(260)+(25.0)(180)}{260} = 42.3\,\mathrm{mm}$$

- 디딤판과 챌판의 시멘트 모르타르 두께 20 mm에 대한 수평투영 등가 두께

  등가두께=(디딤판 모르타르두께 ×폭 챌판 모르타르두께×높이)/ 디딤판폭

$$= \frac{(20.0)(260)+(20.0)(180)}{260} = 33.9\,\mathrm{mm}$$

- 콘크리트 슬래브 135 mm와 삼각형 디딤판 부분에 대한 등가 두께

  슬래브 135mm에 대한 수직높이(h):

$$h = \frac{135}{\cos\theta} = \frac{135}{\dfrac{260}{\sqrt{(260)^2+(180)^2}}} = 135.\frac{\sqrt{(260)^2+(180)^2}}{260} = 164\,\mathrm{mm}$$

- 삼각형 디딤판의 수직높이(h'):

$$(\frac{1}{2})(180)(260) = 260\,h'$$

$$h' = \frac{(\frac{1}{2})(180)(260)}{260} = 90.0\,\mathrm{mm}$$

  따라서 계단의 수평투영 등가 두께, $D = h + h' = 164 + 90.0 = 254$ mm

㉢ 계단

계단의 폭 3.0 m, 수평투영길이 2.60 m, 계단의 수평투영 등가 두께 0.254 m이므로 다음과 같이 자중을 산정할 수 있다.

계단부분의 체적: (2.60 m)×(3.0 m)×(0.254 m)=1.98 m³

㉣ 계단참

계단참의 총 길이는 1.75 m+1.65 m=3.4 m이고 폭이 3.0 m, 그리고 두께 0.15 m이므로 체적은 다음과 같다.

계단참 체적 : (3.4 m)×(3.0 m)×(0.15 m)=2.45 m³

• 파라펫

파라펫 두께 0.2 m, 높이 1.0 m이므로 파라펫 체적은 다음과 같다.

$(0.2 \text{ m})\times(1.0 \text{ m})\times\{15.0 \text{ m}+(15.0 \text{ m}-6.1 \text{ m})+24 \text{ m}+24 \text{ m}\}=14.4 \text{ m}^3$

따라서 지붕층의 자중은

$(57.6 \text{ m}^3+22.7 \text{ m}^3+8.03 \text{ m}^3+0.765 \text{ m}^3+3.74 \text{ m}^3+7.8 \text{ m}^3+1.98 \text{ m}^3+2.45 \text{ m}^3+14.4 \text{ m}^3)$
$\times 24.0 \text{ kN/m}^3=2,867 \text{ kN}$ 이다.

계단실을 제외한 건물 전체 길이 24.0 m, 폭 15 m, 슬래브 두께 0.16 m이므로 슬래브 체적은 다음과 같다.

(나) 고정하중

- 지붕 : $(24.0 \text{ m})\times(15.0 \text{ m})\times(5.12 \text{ kN/m}^2-3.84 \text{ kN/m}^2)=461 \text{ kN}$
- 계단 : $(2.60 \text{ m})\times(3.0 \text{ m})\times(7.61 \text{ kN/m}^2-6.10 \text{ kN/m}^2)=11.8 \text{ kN}$
- 계단참 : $(1.75 \text{ m}+1.65 \text{ m})\times(3.0 \text{ m})\times(4.67 \text{ kN/m}^2-3.60 \text{ kN/m}^2)=10.9 \text{ kN}$

따라서 지붕층의 고정하중은 483 kN이다.

(다) 지붕층 유효중량

유효중량은 자중+고정하중 이므로 2,867+483=3,350 kN이다.

③ 2층 유효중량

(가) 자중

• 슬래브 : 57.6 m^3 (지붕층과 동일)

• 큰보

2G4a 부재(크기 400×850)를 제외한 모든 큰보의 크기가 0.4 m, 깊이 0.6 m이므로 지붕층에서 산정한 큰보의 자중에 2G4a 부재크기 차이부분을 고려하면 다음과 같다.

$22.7 \text{ m}^3+(0.4 \text{ m})\times(0.85 \text{ m}-0.6 \text{ m})\times(7.5 \text{ m}-0.4 \text{ m})=23.4 \text{ m}^3$

• 작은보

2B2a 부재(크기 400×800)를 제외한 모든 작은보의 크기가 0.4 m, 깊이 0.6 m이므로 지붕층에서 산정한 작은보의 자중에 2B2a 부재크기 차이부분을 고려하면 다음과 같다.

$8.03 \text{ m}^3+(0.4 \text{ m})\times(0.8 \text{ m}-0.6 \text{ m})\times(8.0 \text{ m}-0.4 \text{ m})=8.64 \text{ m}^3$

• 작은보(계단실) : 0.765 m^3 (지붕층과 동일)

- 기둥

  지상2층 높이 3.6 m, 지상1층 높이 4.0 m이므로 지진하중에 기여하는 기둥의 체적은 다음과 같다.

  $(0.4\ m)\times(0.4\ m)\times(3.6\ m/2+4.0\ m/2)\times(12개)=7.30\ m^3$

- 벽

  지진하중에 기여하는 벽체의 체적은 다음과 같다.

  $(0.2\ m)\times(10.8\ m)\times(3.6\ m/2+4.0\ m/2)=8.2\ m^3$

- 계단 : $1.98\ m^3$ (지붕층과 동일)

- 계단참 : $2.45\ m^3$ (지붕층과 동일)

  따라서 2층의 자중은

  $(57.6\ m^3+23.4\ m^3+8.64\ m^3+0.765\ m^3+7.30\ m^3+8.2\ m^3+1.98\ m^3+2.45\ m^3)$
  $\times 24.0\ kN/m^3=2,648\ kN$이다.

(나) 고정하중

- 판매시설 : $\{(24.0\ m)\times(15.0\ m)-(4.0\ m)\times(7.5\ m)\}\times(5.17\ kN/m^2-3.84\ kN/m^2)=439\ kN$
- 화장실 : $(4\ m)\times(7.5\ m)\times(5.0\ kN/m^2-3.84\ kN/m^2)=34.8\ kN$
- 계단 : 11.8 kN (지붕층과 동일)
- 계단참 : 10.9 kN (지붕층과 동일)
- 외벽

  외벽하중 $1.0\ kN/m^2$으로 가정하면 외벽 고정하중은

  $(1.0\ kN/m^2)\times(3.6\ m)\times\{15.0\ m+(15.0\ m-6.1\ m)+24\ m+24\ m\}=259\ m^3$

따라서 2층의 고정하중은 755 kN이다.

(다) 2층 유효중량

유효중량은 자중+고정하중 이므로 2,648+755=3,403 kN이다.

④ 건물의 유효중량과 밑면전단력

위의 계산결과에 의하여 건물의 유효중량 W 계단실 지붕층, 지붕층, 2층의 유효중량의 합인 6,974 kN이다. KDS 41 17 00 (식7.2-1)에 의해 건물의 유효중량으로부터 밑면전단력 V 를 산정하면 다음과 같다.

$$V = C_s W = (0.166)(6,974) = 1,158 \text{ kN}$$

〈표 3.1.12〉에 KDS 41 17 00 (식7.2-5)에 따라 각 층에 작용하는 등가지진하중을 산정하여 정리하였다.

〈표 3.1.12〉 유효중량 산정 및 층지진 하중 산정($T \le 0.5$sec 이므로 $k=1$)

해당층	h_i(m)	w_i(kN)	$w_i h_i^k$	$C_{vx} = \frac{w_x h_x^k}{\sum_{i=1}^{n} w_i h_i^k}$	$F_x = C_{vx} V$
계단실지붕층	11.2	221	2,475	0.053	61.4
지붕층	7.6	3,350	25,460	0.613	710
2층	4.0	3,403	13,612	0.328	380

3.1.6.4 토압

토압은 넓은 의미로 지반 내에 작용하는 압력을 말하지만, 건축물에서 토압이란 일반적으로 수평토압을 의미한다. 토압은 흙의 응력-변형관계, 흙과 구조물의 특성 등과 관련되어 매우 복잡하기 때문에 설계에서는 간단한 이론식 및 경험식이 이용된다.

토압은 작용하는 토압에 대한 구조물의 변위에 따라 구분되는데 벽체가 뒤채움으로부터 멀어지는 변위를 일으키면 주동토압, 뒤채움 쪽으로 변위를 일으키면 수동토압, 변위가 매우 적으면 정지토압이 된다. 해당 건물 지하층 외벽은 지하층 바닥판에 의해 횡방향 이동이 구속된 상태로 흙의 압력에 따른 변위가 허용되지 않으므로 정지토압을 적용한다. 또한, 지하층 외벽이 도로에 면할 경우나 상부에 하중이 작용하고 있으면 적절한 상재하중을 고려하여야 한다. 이 경우 토질역학에 근거하여 토층별로 작용하는 토압을 적절하게 평가하여 설계하여야 하므로 중요한 지하층 구조물을 설계 할 때는 토질분야 전문기술자가 제시한 값으로 설계한다. 정지토압계수는 여러 가지 제안식에 의하여 산정할 수 있으며 이 장의 경우, 지반조사보고서에서 확인한 내부마찰각을 이용하여 Jaky의 제안식(1944, 모래 및 자갈 등 점착력이 없는 흙인 경우, $K_0 = 1 - \sin\phi$)을 사용하였다. (1. 오사키 요리히코, 건축기초구조, 세진사)

내부마찰각이란 유효응력으로 구한 전단저항각이며 지반구조물에서 일부 지반이 변형을 하게 되면 변형하려는 부분과 인접지반의 접촉면 사이에 전단저항이 발생하게 된다. 이 전단저항은 변형하려는 지반의 변형을 억제하기 때문에 작용력, 즉 토압이 감소하게 되고 인접한 지반은 토압이 증가하게 된다.

정지토압은 흙의 단위중량에 의한 토압과 상재하중에 의한 토압을 합산하여 구할 수 있는데 이 때 적용하는 상재하중은 도로의 활하중으로 생각할 수 있으며 16.0 kN/m^2으로 가정한다(KDS 41 10 15 표 3.2-1 참조). 또한, 지하수위 아래 흙의 단위중량은 수중단위중량과 물의 단위중량으로 구분하여 계산한다. 이때 지하수위는 홍수위를 고려해야 하는데 조사시점을 감안하여 설계용 지하수위를 결정한다.

해당구조물은 평지에 건설되고, 깊지 않은 1개층의 지하구조를 가지며, 지하층 규모가 크지 않아 KDS 41 17 00 (14) 지하구조물의 내진설계는 생략하였다.

- 설계지하수위=GL−2.3 m
- 상재하중(q)=16.0 kN/m^2
- 내부마찰각(ϕ)=30°
- 정지토압계수 $K_0 = 1 - \sin\phi = 0.5$
- 흙의 높이(H)=4.0−0.2=3.8 m
- 지하수위 상부 흙의 단위중량(γ)=18.0 kN/m^2 [1)]
- 지하수위 하부 흙의 단위중량(γ)=18.0 kN/m^2, (γ'=8.0 kN/m^2, γ_w=10.0 kN/m^2)

(γ'는 흙의 단위중량이고, γ_w는 물의 단위중량이다.)

지하층 벽체에 작용하는 횡토압의 크기는 다음 식에 근거하여 산정한다.

$P_n = K_0 q + K_0 \times \gamma \times H$ (여기서, H는 지표면에서 수직거리이다.)

(1) 지면 $P = (0.5)(16.0) + (0.5)(18.0)(0.0) = 8.0$ kN/m^2

(2) 지하수위면 $P = 8.0 + (0.5)(18.0)(2.3) = 8.0 + 20.7 = 28.7$ kN/m^2

(3) 지하1층바닥

$P = 28.7 + K_0\gamma' H + \gamma_w H = 28.7 + (0.5)(8.0)(1.5) + (10.0)(1.5) = 28.7 + 21 = 49.7$ kN/m^2

위와 같이 계산된 토압은 하중조합에 의한 하중계수를 곱하여 설계에 반영한다.

1) 지반조사 결과값 인용이 원칙임.

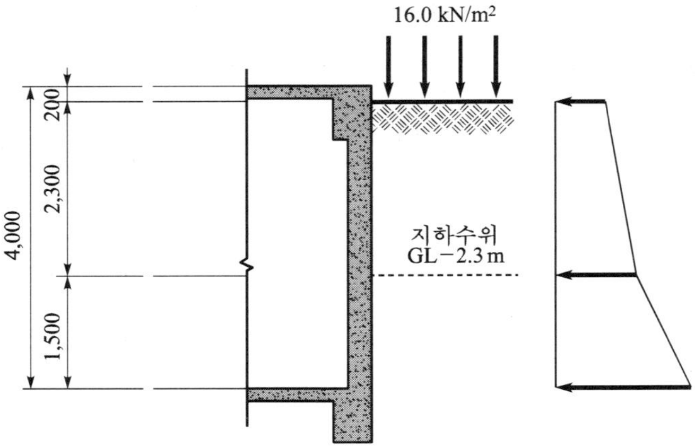

[그림 3.1.11] 지하외벽 토압

3.1.6.5 하중조합

철근콘크리트 구조물을 설계할 때 아래에 제시된 하중계수와 하중조합을 모두 고려하여 해당 구조물에 작용하는 최대 소요강도에 대하여 만족하도록 설계하여야 한다.

이 예제에서는 앞의 3.1.6.1의 고정하중 산정에서 모든 $1.2D+1.6L$이 $1.4D$보다 크므로 $U=1.2D+1.6L$의 하중조합을 구조해석에 반영하였다. 또한 지하외벽의 토압을 계산 할 때 적용하는 하중조합은 흙의 수평하중만 있으므로 $U=1.6L+1.6H_h$를 고려하며 흙에 접하는 최하층 슬래브는 지하수에 의한 부압을 고려하여야 하므로 다음 H_v를 고려하는 세 가지 식 중에서 가장 큰 값을 취하였다.

① 중력하중 하중조합 $U=1.2D+1.6L$
② 토압 하중조합 $U=1.6L+1.6H_h$
③ 수압 하중조합 $U=1.4D+1.4H_v$
$U=1.2D+1.6H_v$
$U=0.9D+1.6H_v$
④ 풍하중 하중조합 $U=1.2D+1.6(L_r$ 또는 S 또는 $R)+1.0L$ 또는 $0.65W)$
$U=1.2D+1.3W+1.0L+0.5(L_r$ 또는 S 또는 $R)$
$U=0.9D+1.3W$
⑤ 지진하중 하중조합 $U=1.2D+1.0E+1.0L+0.2S$
$U=0.9D+1.0E$

3.1.7 단면가정

이 장의 구조시스템은 수직하중과 횡력을 보와 기둥으로 구성된 골조가 저항하는 구조방식인 모멘트골조방식으로 선정하였으며 구체적인 구조해석에 앞서 부재의 단면은 다음과 같이 가정하였다.

KDS 14 20 30 표 4.2-1(아래〈표 3.1.13〉참고)에 의하여 1방향 슬래브와 보의 최소두께를 정할 경우, 큰 처짐에 의하여 손상되기 쉬운 칸막이벽이나 기타 구조물을 지지하지 않는 1방향 구조물의 경우 표 4.2-1에 지정한 최소 두께를 적용하여야 한다. 다만 처짐계산에 의하여 표 4.2-2를 만족하는 경우 표 4.2-1의 최소 두께를 적용할 필요가 없다.

〈표 3.1.13〉 처짐을 계산하지 않아도 되는 1방향 슬래브 및 보의 최소두께

부재	최소두께, h			
	단순 지지	1단 연속	양단 연속	캔틸레버
1방향 슬래브	$\frac{l}{20}$	$\frac{l}{24}$	$\frac{l}{28}$	$\frac{l}{10}$
보, 리브가 있는 1방향 슬래브	$\frac{l}{16}$	$\frac{l}{18.5}$	$\frac{l}{21}$	$\frac{l}{8}$

$$\text{지상층 슬래브 1단 연속 : } \frac{l}{24} = \frac{3,750}{24} = 156 \text{ mm}$$

$$\text{X방향 큰보 1단 연속 : } \frac{l}{18.5} = \frac{8,000}{18.5} = 432 \text{ mm}$$

$$\text{Y방향 큰보 1단 연속 : } \frac{l}{18.5} = \frac{7,500}{18.5} = 405 \text{ mm}$$

따라서 지상층 슬래브 두께는 160 mm, 큰보는 400 mm×600 mm(폭×깊이), 작은보는 400 mm×600 mm(폭×깊이)로 가정하였다. 또한, 지상층의 기둥은 400 mm×400 mm, 지하층 기둥은 500 mm×500 mm, 지하층벽체는 300 mm, 지상층 벽체는 200 mm로 가정하였다. 한편, 지하층 슬래브의 두께는 흙과 접하는 피복두께 및 수압을 고려하여 200 mm로 가정하였으며 지중보의 크기는 400 mm×600 mm로 가정하였다.

3.2 구조도면

건축도면을 참조하여 구조평면도를 작성한다. [그림 3.2.1]부터 [그림 3.2.6]의 구조도면에서 구조부재는 크게 기둥(column), 큰보(girder), 작은보(beam) 슬래브로 구분된다. 각 구조부재는 고유한 부재번호를 갖는다. 부재번호는 그 부재가 몇 층의 몇 번인가를 명시한다. 예를 들어 2층 바닥을 지지하는 큰보로서 3번의 부재번호를 갖는다면 2G3와 같이 표현한다. 각 부재에 번호를 부여할 때에는 작용하중, 부재의 길이, 경계조건이 비슷한 경우에 같은 번호를 사용할 수 있다. 따라서 여러 부재가 이와 같이 유사한 하중을 받는다면 이들 부재들은 같은 그룹으로 가정하고 동일한 부재번호를 부여한다. 이때 부재의 길이, 경계조건은 비슷하나, 화장실에 의해 슬래브 단차 및 하중의 차이로 인한 부재번호는 2G4a와 같이 숫자뒤에 a를 붙여 표현한다. X방향 큰보의 경우 내부보와 한단이 외단인 보의 응력의 차이가 크지 않은 경우 통일한 부재번호를 부여할 수 있다.

3.2.1 구조평면도

구조평면도는 [그림 3.2.1]~[그림 3.2.6]과 같다.

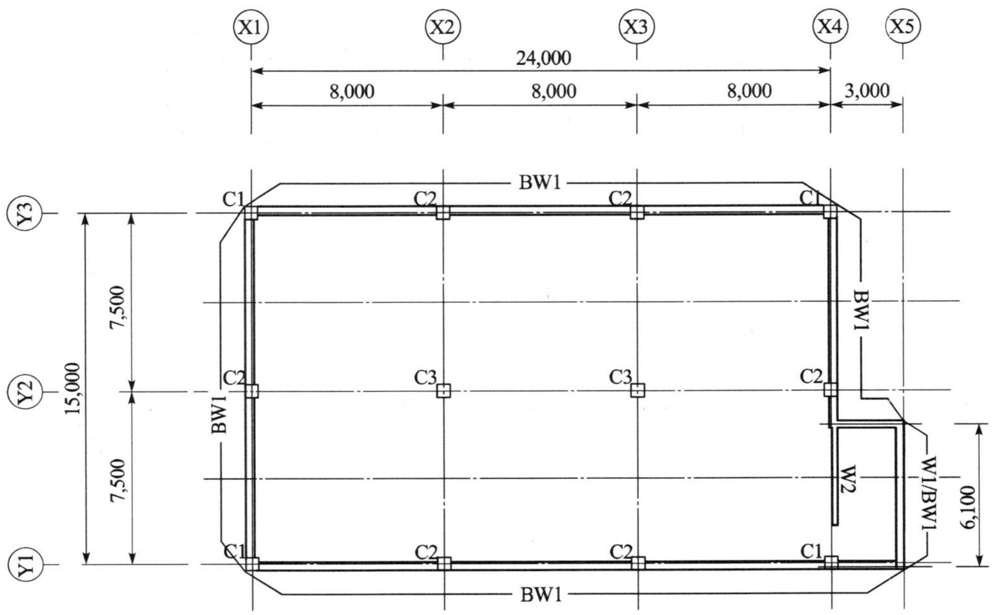

[그림 3.2.1] 주심도

부재명	크기(폭×깊이)	부재명	크기(두께)
−1C1	500×500	(1~RF)W1	THK.200
−1C2	500×500	−1BW1	THK.300
−1C3	500×500	(−1~RF)W2	THK.200
(1~2)C1	400×400		
(1~2)C2	400×400		
(1~2)C3	400×400		

단위 : mm

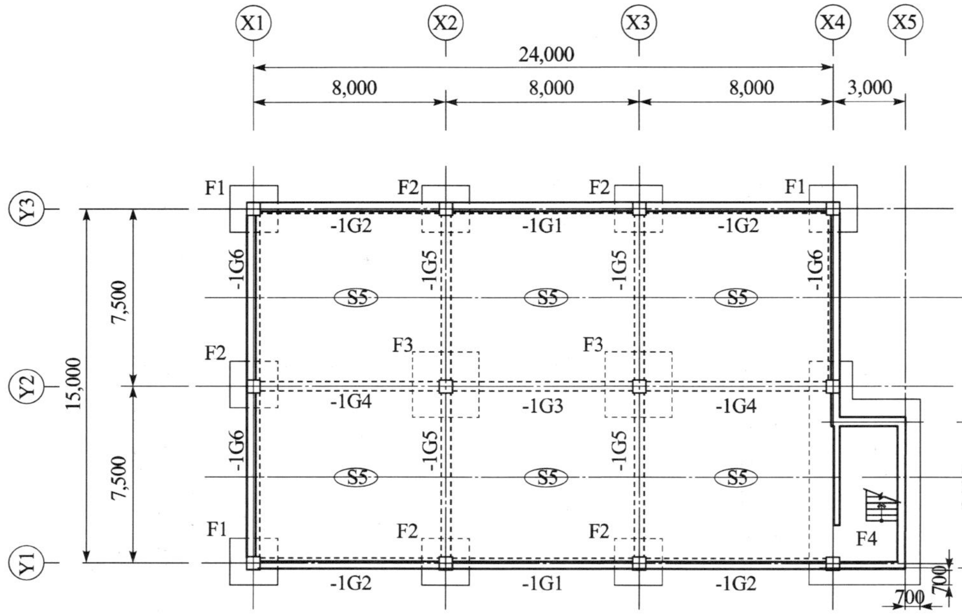

[그림 3.2.2] 지하층 구조평면도

부재명	크기(폭×깊이)	부재명	크기(가로×세로×두께)
−1G1	400×600	F1	2,200×2,200×700
−1G2	400×600	F2	2,200×2,200×700
−1G3	400×600	F3	4,400×4,400×800
−1G4	400×600	F4	THK.700
−1G5	400×600	S5	THK.200
−1G6	400×600		

※ 설계지내력 150 kN/m^2 적용

단위 : mm

※ 실무 시 기초발을 건축한계선에 의해 지하외벽 밖으로 내밀기 어려운 경우 온통기초나 줄기초로 대체할 수 있다.

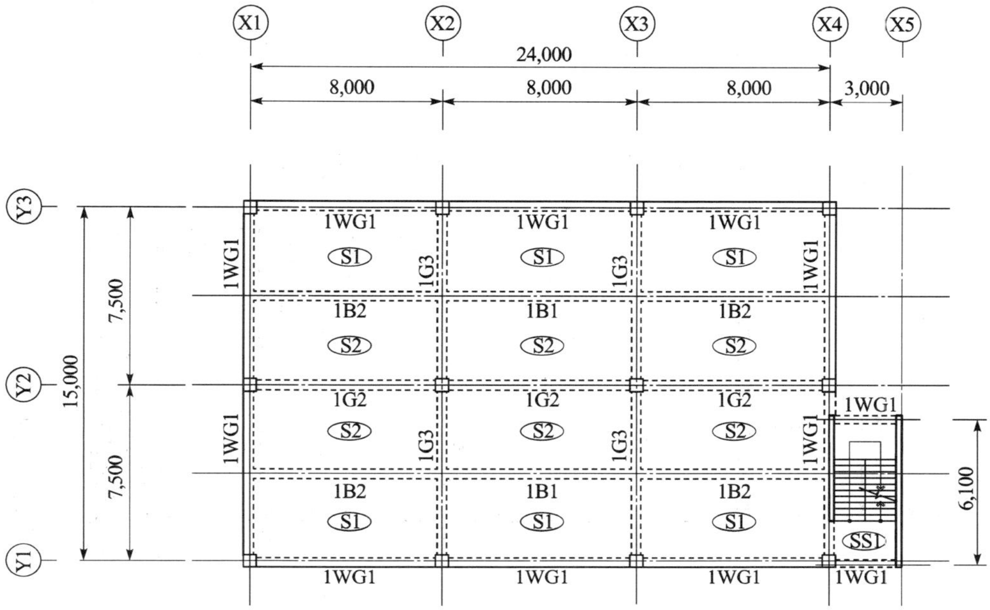

[그림 3.2.3] 1층 구조평면도

부재명	크기(폭×깊이)	부재명	크기(두께)
1WG1	400×600	S1	THK.160
1G2	400×600	S2	THK.160
1G3	400×600	SS1	THK.150
1B1	400×600		
1B2	400×600		

단위 : mm

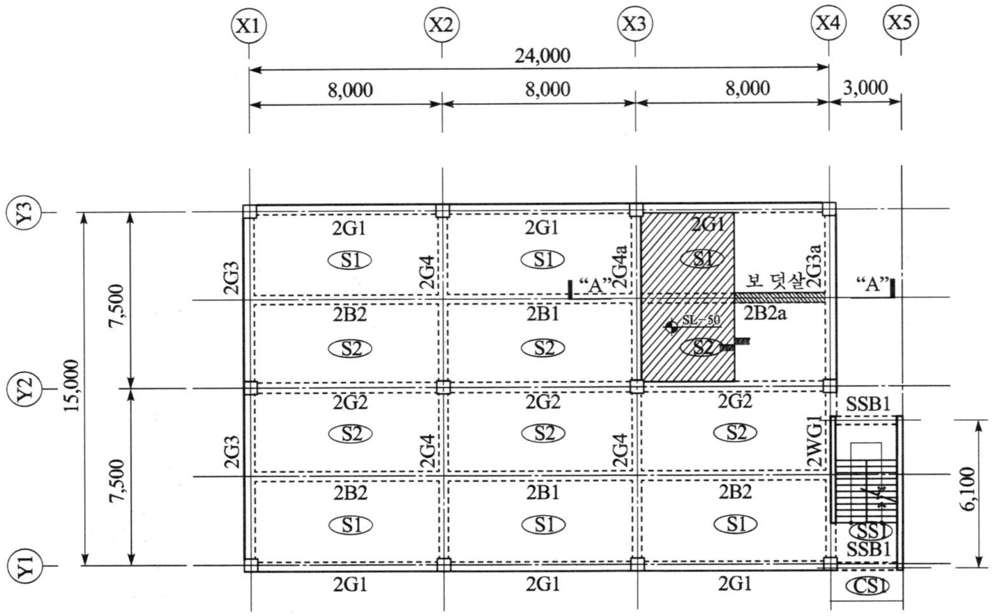

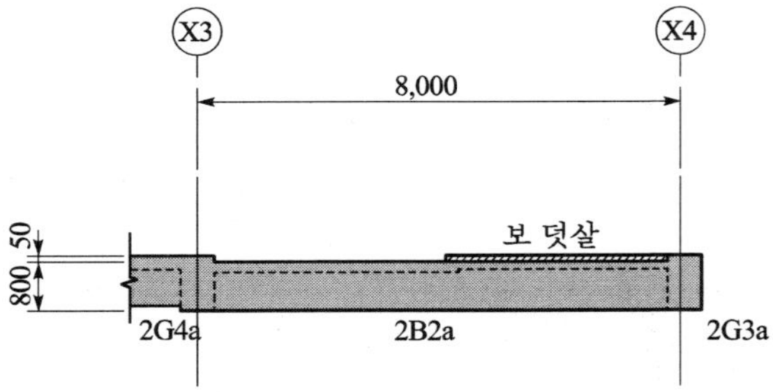

보 덧살 "A-A" 단면도

[그림 3.2.4] 2층 구조평면도

부재명	크기(폭×깊이)	부재명	크기(폭×춤, 두께)
2G1	400×600	2B1	400×600
2G2	400×600	2B2	400×600
2G3	400×600	2B2a	400×800
2G3a	400×850	SSB1	300×500
2G4	400×600	S1	THK.160
2G4a	400×850	S2	THK.160
2WG1	400×600	SS1	THK.150

단위 : mm

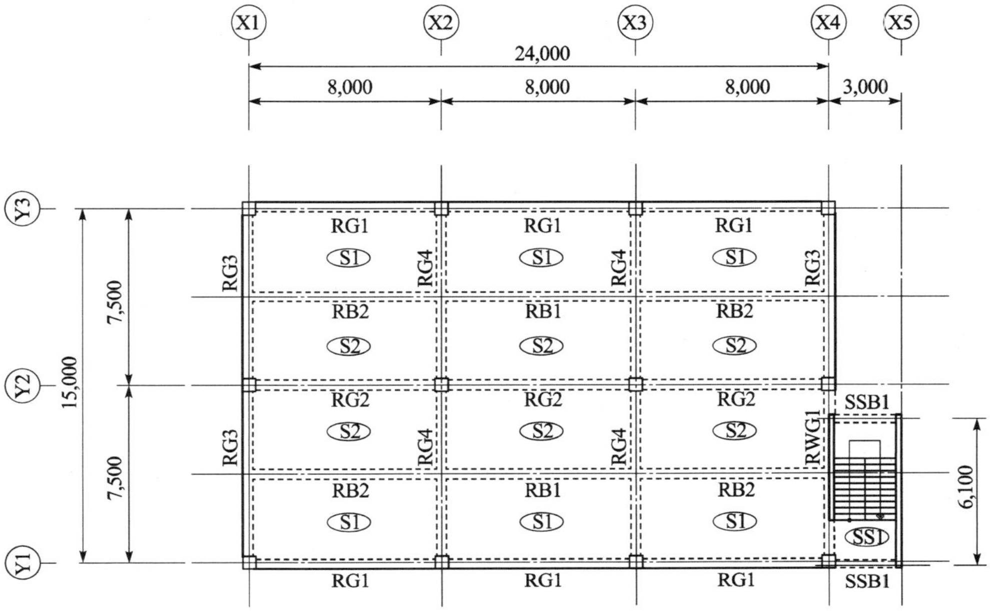

[그림 3.2.5] 지붕층 구조평면도

부재명	크기(폭×깊이)	부재명	크기(폭×춤, 두께)
RG1	400×600	RB2	400×600
RG2	400×600	SSB1	300×500
RG3	400×600	S1	THK.160
RG4	400×600	S2	THK.160
RWG1	400×600	SS1	THK.150
RB1	400×600		

단위 : mm

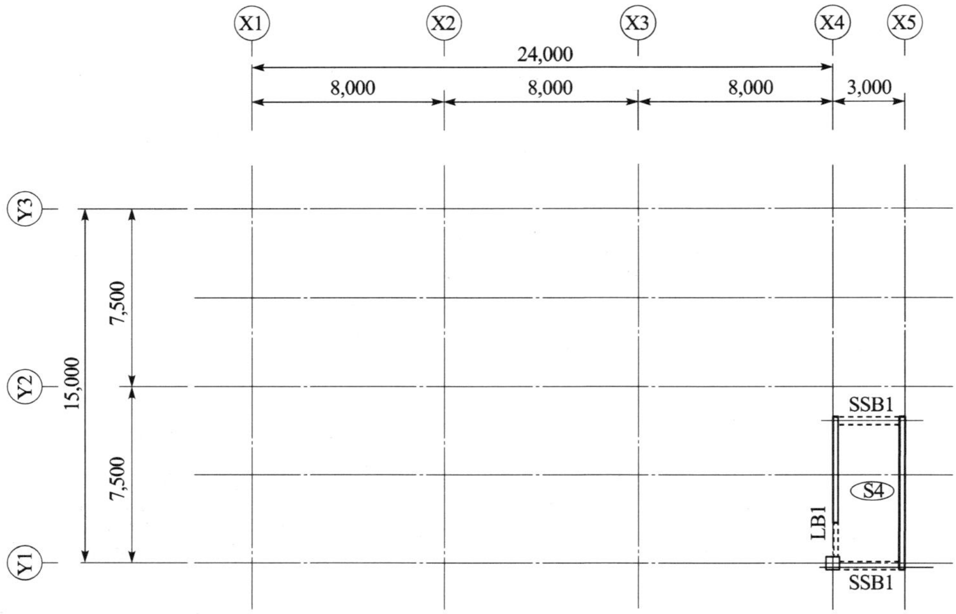

[그림 3.2.6] 계단실 지붕층 구조평면도

부재명	크기(폭×깊이)	부재명	크기(두께)
LB1	200×500	S4	THK.160
SSB1	300×500		

단위 : mm

3.2.2 구조단면도

구조단면도는 [그림 3.2.7]~[그림 3.2.8]과 같다.

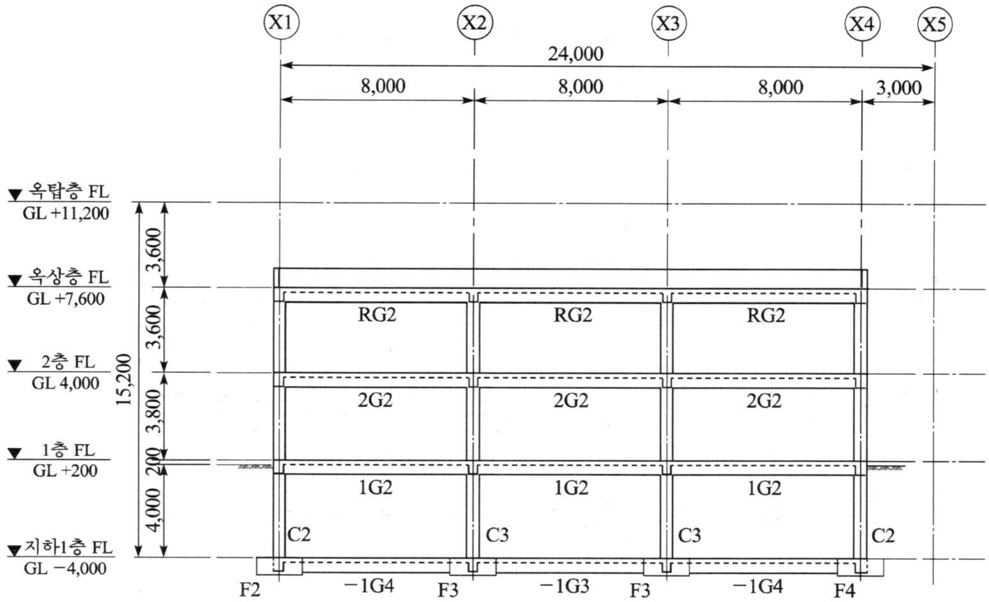

〈 Y2열 〉

[그림 3.2.7] 골조단면도

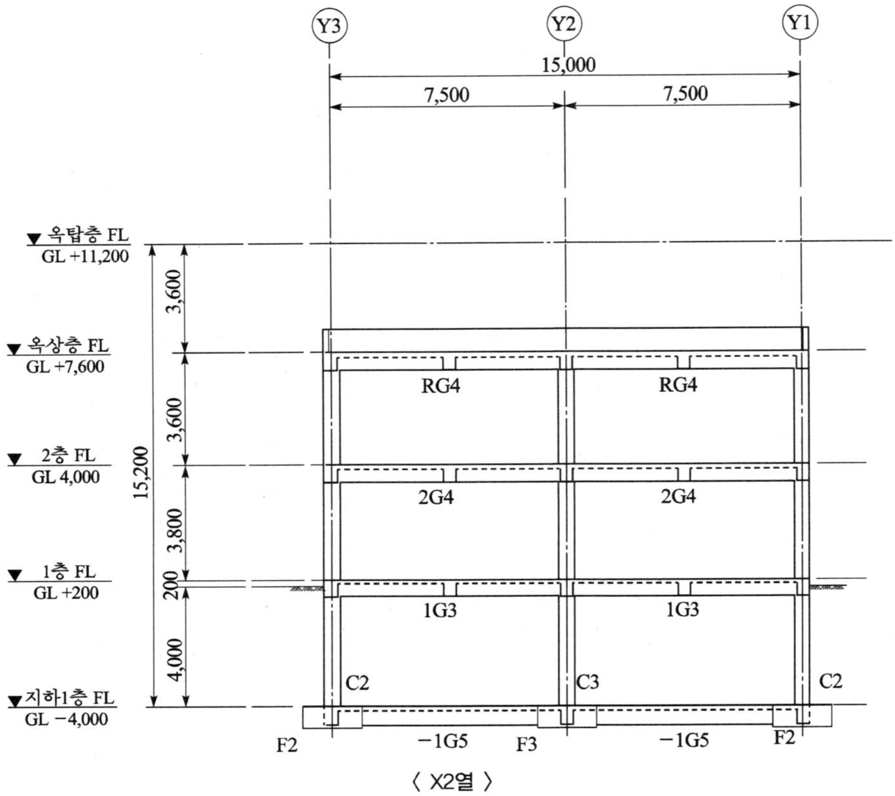
Y3
Y2
Y1
15,000
7,500
7,500
옥탑층 FL
GL +11,200
옥상층 FL
GL +7,600
2층 FL
GL 4,000
1층 FL
GL +200
지하1층 FL
GL −4,000
3,600
3,600
3,800
200
4,000
15,200
RG4
RG4
2G4
2G4
1G3
1G3
C2
C3
C2
F2
−1G5
F3
−1G5
F2
〈 X2열 〉

[그림 3.2.8] 골조단면도

3.3 구조해석

3.3.1 슬래브 해석

1방향 슬래브란 마주보는 2변만이 지지되거나 4변이 지지되고 장변의 길이(l_y)가 단변의 길이(l_x)의 2배 이상 되는 슬래브를 의미하며, 2배 미만인 경우 2방향 슬래브를 의미한다.

해당 예제 슬래브의 장변에 대한 단변의 길이 비(λ)는 다음과 같다.

지상층 슬래브 $l_x = 8.0 - 0.4 = 7.6 \ \text{m}$

지상층 슬래브 $l_y = 3.75 - (0.20 + 0.15) = 3.4 \ \text{m}$

$$\lambda = \frac{l_x}{l_y} = \frac{7.6}{3.4} = 2.24 > 2$$

따라서 지상층 슬래브는 1방향 슬래브이다.

지하층 슬래브 $l_x = 8.0 - 0.4 = 7.4 \ \text{m}$

지하층 슬래브 $l_y = 7.5 - 0.4 = 7.1 \ \text{m}$

$$\lambda = \frac{l_x}{l_y} = \frac{7.4}{7.1} = 1.04 < 2.0$$

따라서 지하층 슬래브는 2방향 슬래브이다.

1방향 슬래브의 근사해법이 사용가능한 조건은 다음과 같다.

- 2경간 이상일 때
- 인접한 2경간의 차이가 짧은 경간의 20 % 이상 차이가 나지 않는 경우
- 등분포 하중이 작용하는 경우
- 활하중이 고정하중의 3배를 초과하지 않는 경우
- 부재의 단면 크기가 일정한 경우

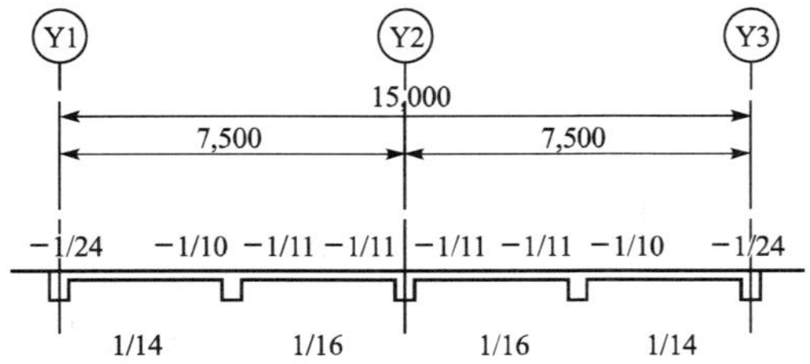

[그림 3.3.1] 일방향 슬래브의 계수휨모멘트(근사해법)

3.3.1.1 지붕층 슬래브 해석

1방향 슬래브의 근사해법 조건을 만족하므로 [그림 3.3.1]의 계수를 적용한 근사해법으로 해석하였다. 이 때, 1방향 슬래브의 휨모멘트는 [그림 3.3.1]의 휨모멘트계수에 $w_u l_n^2$을 곱해야 한다.

- 지붕층 : $w_u = 1.2D + 1.6L = 10.94 \text{ kN/m}^2$
- x축 순경간 $l_n = 3.75 - (0.2 + 0.15) = 3.4 \text{ m}$, y축 순경간 $l_n = 8.0 - 0.4 = 7.6 \text{ m}$

(1) 주축 지붕층 단부경간

외단 : $M_u = w_u l_n^2/24 = -(10.94)(3.4)^2/24 = -5.27 \text{ kN·m/m}$

중앙 : $M_u = w_u l_n^2/14 = (10.94)(3.4)^2/14 = 9.04 \text{ kN·m/m}$

내단 : $M_u = w_u l_n^2/10 = -(10.94)(3.4)^2/10 = -12.65 \text{ kN·m/m}$

(2) 주축 지붕층 내부경간

내단 : $M_u = w_u l_n^2/11 = -(10.94)(3.4)^2/11 = -11.50 \text{ kN·m/m}$

중앙 : $M_u = w_u l_n^2/16 = (10.94)(3.4)^2/16 = 7.91 \text{ kN·m/m}$

(3) 주축 전단력

지지면으로부터 $d = 160 - 20 - 10/2 = 135 \text{ mm}$ 떨어진 곳의 전단력

$V_u = 1.15 w_u (l_n - d)/2 = 1.15(10.94)(3.4 - 0.135)/2 = 20.54 \text{ kN/m}$

3.3.1.2 1, 2층 슬래브 해석

- 1, 2층 : $w_u = 1.2D + 1.6L = 14.2\ \text{kN/m}^2$
- x축 순경간 $l_n = 3.75 - (0.2 + 0.15) = 3.4\ \text{m}$, y축 순경간 $l_n = 8 - 0.4 = 7.6\ \text{m}$

(1) 주축 1, 2층 단부경간

외단 : $M_u = w_u l_n^2/24 = -(14.2)(3.4)^2/24 = -6.84\ \text{kN·m/m}$

중앙 : $M_u = w_u l_n^2/14 = (14.2)(3.4)^2/14 = 11.7\ \text{kN·m/m}$

내단 : $M_u = w_u l_n^2/10 = -(14.2)(3.4)^2/10 = -16.4\ \text{kN·m/m}$

(2) 주축 1, 2층 내부경간

내단 : $M_u = w_u l_n^2/11 = -(14.2)(3.4)^2/11 = -14.9\ \text{kN·m/m}$

중앙 : $M_u = w_u l_n^2/16 = (14.2)(3.4)^2/16 = 10.3\ \text{kN·m/m}$

(3) 주축 전단력

$V_u = 1.15 w_u (l_n - d)/2 = 1.15(14.2)(3.4 - 0.135)/2 = 26.7\ \text{kN/m}$

3.3.1.3 지하층 슬래브 해석

흙에 접하는 바닥 구조체는 최하부 바닥의 전면적에 작용하는 수압에 대해 안전해야 한다. 주상도에 따르면 지하수위는 표고 EL+22.9 m를 기준으로 하여 지하수위면(GWL)은 GL−1.2 m(또는 EL+21.7 m)이고, 해당 건물은 1.9 m 성토하여 1층 바닥의 EL(Elevation)은 22.9+1.9+0.2=25.0 m(EL+25.0 m)이므로 지하수위면은 성토한 상부 표고(GL)인 EL+24.8 m로부터 지하측으로 GL−3.1 m(1.9+1.2=3.1 m 또는 EL+21.7 m)에 위치한다.

1층 바닥판 상부면(EL+25 m)으로부터 지하층 바닥판 두께 0.2 m를 더한 하부면(EL+21.2 m), 지하수위면(EL+21.7 m)로부터 지하층 바닥판 하부면으로부터 지하수위면까지 높이는 다음과 같다.

$$h = 21.7 - 20.8 = 0.9\ \text{m}$$

그러나 시추조사한 시점이 갈수기인 것과 최소 기본수위를 고려하여 h는 1.5 m로 가정하였다.

– 지하층 중력하중 $w_u = 1.2D + 1.6L = 1.2(6.25) + 1.6(4.0) = 13.9\ \ \text{kN/m}^2$

– 지하층 지하수하중 $H_v = (10)(1.5) = 15\ \ \text{kN/m}^2$, $\alpha_H = 1.0(h = 1.5\ \ \text{m} < 2\ \ \text{m})$

$$w_w = 1.4D + 1.4H_v = 1.4(6.25) - 1.4(15) = -12.3\ \ \text{kN/m}^2$$

$$w_w = 1.2D + 1.6H_v = 1.2(6.25) - 1.6(15) = -16.5\ \ \text{kN/m}^2$$

$$w_w = 0.9D + 1.6H_v = 0.9(6.25) - 1.6(15) = -18.4\ \ \text{kN/m}^2$$

따라서 지하층 슬래브는 13.9 kN/m^2 및 −18.4 kN/m^{2}의 설계하중을 적용하고, 각 방향으로 3경간 이상이 되지 못해 직접설계법의 적용이 불가하므로 등가골조법을 사용하여 부재력을 계산하였다. 구조물에 작용하는 수평하중은 독립기초가 지지하는 것으로 가정하였으므로 지하층 슬래브는 연직방향의 하중에 대해서만 지지하는 것으로 계산하였다. 해석 할 때 가정한 기초보의 깊이와 독립기초의 두께가 다르나, 기초보의 단면을 결정할 때 시공의 편의를 고려하여 독립기초의 두께와 일치시키는 것이 합리적이다.

(1) 슬래브 두께(h) 및 등가골조 부재의 강성 검토

① 슬래브 두께 h의 검토

모든 지중보의 크기는 400 mm×600 mm이고 모든 지하층 기둥의 크기는 500 mm×500 mm이다. 보의 슬래브에 대한 강성비(α)를 구하면 다음과 같다. y방향 내부 보에서 구하면 다음과 같다. ([그림 3.3.2] 지하층 내부보 참조)

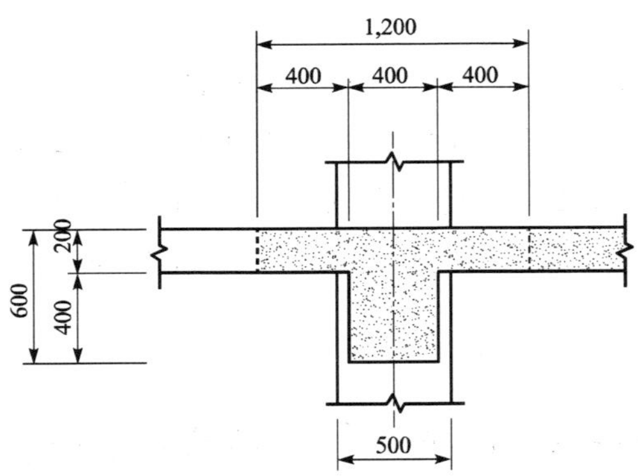

[그림 3.3.2] 지하층 내부보의 I_b 계산용 단면

$$y = \frac{(0.4)(0.6)(0.3)+(0.2)(0.8)(0.5)}{(0.4)(0.6)+(0.2)(0.8)} = 0.380 \text{ m}$$

$$I_b = \frac{(0.4)(0.6^3)}{12} + \frac{(0.8)(0.2^3)}{12} + (0.4)(0.6)(0.3-0.380)^2 + (0.2)(0.8)(0.5-0.380)^2$$
$$= 0.012 \text{ m}^4$$

$$I_s = \frac{(7.5)(0.2^3)}{12} = 0.005 \text{ m}^4$$

$\alpha = \dfrac{E_{cb}I_b}{E_{cs}I_s} = \dfrac{0.012}{0.005} = 2.31 > 2$(내부 보)이고 나머지 보의 $\alpha > 2$이므로, 한 슬래브 주변의 모든 보의 α의 평균값(α_m)은 2.71로 2.0 이상에 해당되어

$$h = \frac{l_n(800 + f_y/1.4)}{36,000 + 9,000\beta} = \frac{7,500(800+400/1.4)}{36,000+9,000(1.07)} = 178 \text{ mm} < 200 \text{ mm}$$

여기서,

$\beta = \dfrac{8-0.5}{7.5-0.5} = 1.07$ (2방향 슬래브에서 단변 방향에 대한 장변 방향의 순경간비)

$l_n = 8.0 - 0.5 = 7.5$ m (2방향 슬래브의 긴 변의 순경간)

따라서 처짐에 대한 검토는 필요하지 않다.

② 등가골조 부재의 강성 계산

등가골조 부재의 강성계수(stiffness factor)와 전달계수(carry over factor)를 유사기둥법에 의해 결정하고, 모멘트 분배법으로 지하층에 대하여 부분골조로 해석한다.

(가) 슬래브의 강성

- 슬래브의 단면2차모멘트(I_s)

$$I_s = \frac{(7.5)(0.2^3)}{12} = 0.005 \text{ m}^4$$

- 보를 포함하는 슬래브-보의 단면2차모멘트(I_{sb})

$$y = \frac{(0.4)(0.6)(0.3)+(0.2)(3.55)(2)(0.5)}{(0.4)(0.6)+(0.2)(3.55)(2)} = 0.471 \text{ m}$$

$$I_{sb} = \frac{(0.4)(0.6^3)}{12} + \frac{(3.55)(2)(0.2^3)}{12} + (0.4)(0.6)(0.471-0.3)^2 +$$

$$(0.2)(3.55)(2)(0.5-0.471)^2 = 0.020 \ \ \mathrm{m}^4$$

- 기둥 중심에서 기둥면 사이의 단면2차모멘트(I_{s3})

$$I_{s3} = \frac{I_{sb}}{(1-\frac{C_2}{L_2})^2} = \frac{0.020}{(1-\frac{0.5}{7.5})^2} = 0.023 \ \ \mathrm{m}^4$$

- 유사기둥의 단면적(A_{an}) 및 단면2차모멘트(I_{an})

$$A_{a1} = \frac{1}{I_{sb}} \times (l_1 - C_1) = \frac{1}{0.020} \times (8.0 - 0.5) = 372 \ \ \mathrm{m}^2$$

$$A_{a3} = \frac{1}{I_{s3}} \times C_1 = \frac{1}{0.023} \times 0.5 = 21.6 \ \ \mathrm{m}^2$$

$$\therefore \ \sum A_{an} = 394 \ \ \mathrm{m}^2$$

$$I_{a1} = (\frac{1}{I_{sb}} - \frac{1}{l_{s3}}) \times \frac{(l_1 - C_1)^3}{12} = (\frac{1}{0.020} - \frac{1}{0.023}) \times \frac{(8.0-0.5)^3}{12} = 225 \ \ \mathrm{m}^4$$

$$I_{a3} = \frac{1}{I_{S3}} \times \frac{{l_1}^3}{12} = \frac{1}{0.023} \times \frac{8.0^3}{12} = 1845 \ \ \mathrm{m}^4$$

$$\therefore \ \sum I_{an} = 2070 \ \ \mathrm{m}^4$$

- 슬래브-보 부재의 강성(K_s)

$$\frac{K_s}{E_c} = \frac{1}{\sum A_{an}} + \frac{1 \times (\frac{l_1}{2})^2}{\sum I_{an}} = \frac{1}{394} + \frac{1 \times (\frac{8.0}{2})^2}{2070} = 0.010$$

(나) 기둥의 강성

- 기둥의 단면2차모멘트(I_c), 유사기둥의 단면적(A_{ac}), 유사기둥의 단면2차모멘트(I_{ac})

$$I_c = \frac{(C_2)(C_1)^3}{12} = \frac{(0.5)(0.5^3)}{12} = 0.005 \ \ \mathrm{m}^4$$

$$A_{ac} = \frac{1}{I_c} \times l_u = \frac{1}{0.005} \times 3.40 = 653 \ \ \mathrm{m}^2$$

$$y_c = \frac{l_u}{2} + t_b = \frac{3.40}{2} + (0.60 - \frac{0.16}{2}) = 2.22 \ \ \mathrm{m}$$

$$I_{ac} = (\frac{1}{I_c})(l_u)^3 \times \frac{1}{12} + A_{ac} \times (\frac{l_c}{2} - y_c)^2$$

$$= (\frac{1}{0.005})(3.40)^3 \times \frac{1}{12} + 653 \times (4.00/2 - 2.22)^2 = 661 \quad \text{m}^4$$

$$K_{ct} = \frac{1}{A_{ac}} + \frac{1 \times (\frac{l_c}{2} - y_c)^2}{I_{ac}} = \frac{1}{653} + \frac{1 \times (4.00/2 - 2.22)^2}{661} = 0.006 \cdot E_c$$

$$K_{cb} = \frac{1}{A_{ac}} + \frac{1 \times (y_c)^2}{I_{ac}} = \frac{1}{653} + \frac{1 \times (2.22)^2}{661} = 0.009 \cdot E_c$$

- 비틀림 부재의 강성(K_t)

내부 기둥에서

$$K_t = \frac{9 \cdot E_{cs} \cdot C}{l_2 \times (1 - \frac{C_2}{l_2})^3} = \frac{9 \cdot E_{cs} \cdot 0.009}{7.50 \times (1 - \frac{0.50}{7.50})^3} = 0.013\,E_c$$

외부 기둥에서

$$K_t = \frac{9 \cdot E_{cs} \cdot C}{l_2 \times (1 - \frac{C_2}{l_2})^3} = \frac{9 \cdot E_{cs} \cdot 0.008}{7.50 \times (1 - \frac{0.50}{7.50})^3} = 0.012E_c$$

여기서, $C = (1 - 0.63\frac{x}{y})\frac{x^3 y}{3}$

내부 기둥에서

$$C = (1 - 0.63\frac{0.40}{0.60})\frac{(0.40)^3(0.60)}{3} + 2 \times (1 - 0.63\frac{0.20}{0.40})\frac{(0.20)^3(0.40)}{3} = 0.009$$

외부 기둥에서

$$C = (1 - 0.63\frac{0.40}{0.60})\frac{(0.40)^3(0.60)}{3} + (1 - 0.63\frac{0.20}{0.40})\frac{(0.20)^3(0.40)}{3} = 0.008$$

휨모멘트 산정 방향과 동일한 보로 인한 비틀림 강성의 증가를 고려하기 위하여 $\frac{I_{sb}}{I_s}$를 K_t에 곱하여 K_{ta}값을 구한다.

$$K_{ta} = K_t \times (\frac{I_{sb}}{I_s}) = K_t \times (\frac{0.020}{0.005}) = 4.029\,K_t$$

내부 기둥에서 비틀림 부재 강성 $K_{ta} = 0.052\,E_c$

외부 기둥에서 비틀림 부재 강성 $K_{ta} = 0.048\,E_c$

• 등가 기둥의 휨강성(K_{ec})

외부 기둥에서

$$K_{ec}=\frac{\sum K_c \times \sum K_{ta}}{\sum K_c + \sum K_{ta}}=\frac{(0.006\,E_c)\times(2\times 0.048\,E_c)}{(0.006\,E_c)+(2\times 0.048\,E_c)}=0.006\,E_c$$

내부 기둥에서

$$K_{ec}=\frac{\sum K_c \times \sum K_{ta}}{\sum K_c + \sum K_{ta}}=\frac{(0.006\,E_c)\times(2\times 0.052\,E_c)}{(0.006\,E_c)+(2\times 0.052\,E_c)}=0.006\,E_c$$

(다) 모멘트 분배계수

• 외부 접합부

$$DF_{slab}=\frac{K_s}{K_s+K_{ec}}=\frac{0.010}{0.010+0.006}=0.625$$

• 내부 접합부

$$DF_{slab}=\frac{K_s}{K_s+K_{ec}}=\frac{0.010}{(0.010\times 2)+0.006}=0.385$$

(라) 모멘트 전달계수

$$COF=\left(\frac{1}{\sum A_{an}}-\frac{1\times(\frac{l_1}{2})^2}{\sum I_{an}}\right)/\left(\frac{1}{\sum A_{an}}+\frac{1\times(\frac{l_1}{2})^2}{\sum I_{an}}\right)$$

$$=\left(\frac{1}{394}-\frac{1\times(\frac{8.0}{2})^2}{2070}\right)/\ \left(\frac{1}{394}+\frac{1\times(\frac{8.0}{2})^2}{2070}\right)=-0.506$$

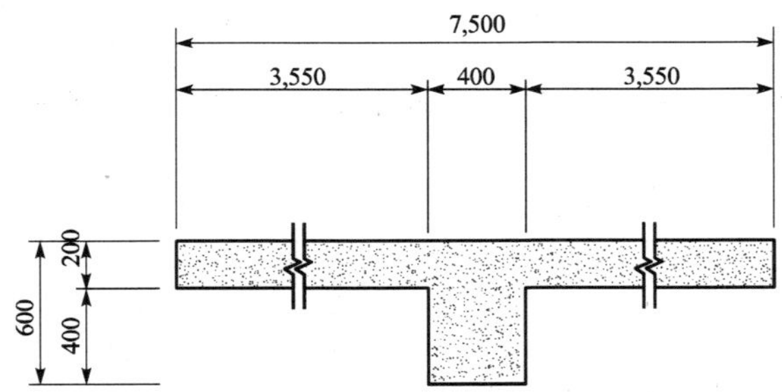

[그림 3.3.3] 지하층 내부 슬래브-보의 I_{sb} 계산용 단면

(2) **중력하중에 의한 휨모멘트 산정(Y2열)**

① 고정단 계수휨모멘트($F.E.M$)

$$F.E.M = \frac{w_u l_2 l_1^2}{12} = \frac{(13.9)(7.5)(8.0)^2}{8} = 556\ \text{kN·m}$$

② 양 단부의 계수휨모멘트 분배

고정하중에 대한 활하중의 비가 3/4 이하이므로 전체 슬래브 시스템에 전체 계수 활하중을 재하할 때 모든 단면에 최대 계수휨모멘트가 발생한다고 가정한다. 슬래브-보의 양단 부모멘트 계산은 모멘트 분배법에 의해 수행되며, 그 과정은 다음 표에 나타나 있다.

〈표 3.3.1〉 Y2열의 중력하중에 의한 모멘트 분배(단위 : kN · m)

COF	0.506	0.506	0.506	0.506	0.506	0.506
DF	0.625	0.385	0.385	0.385	0.385	0.625
F.E.M	−556	556	−556	556	−556	556
D.M	347.5	0	0	0	0	−347.5
C.O.M	0	175.84	0	0	−175.84	0
D.M	0	−67.7	−67.7	67.7	67.7	0
C.O.M	−34.25	0	34.25	−34.25	0	34.25
D.M	21.41	−13.19	−13.19	13.19	13.19	−21.41
Mu	−221.35	650.95	−602.63	602.63	−650.95	221.35
Mu_cri	−134	−537	−501	−501	−537	−134
Mc	412		231		412	

③ 주열대의 계수휨모멘트

- 내부경간

$l_2/l_1 = 7.5/8.0 = 0.938$

주열대 내부 받침부의 분배율$= 75 + 30\dfrac{\alpha_1 l_2}{l_1}\left(1 - \dfrac{l_2}{l_1}\right) = 76.9\ \%$

주열대 중앙부의 분배율$= 75 + 30\dfrac{\alpha_1 l_2}{l_1}\left(1 - \dfrac{l_2}{l_1}\right) = 76.9\ \%$

이때, $\dfrac{\alpha_1 l_2}{l_1} = 2.31 \geq 1$이므로 1로 한다.

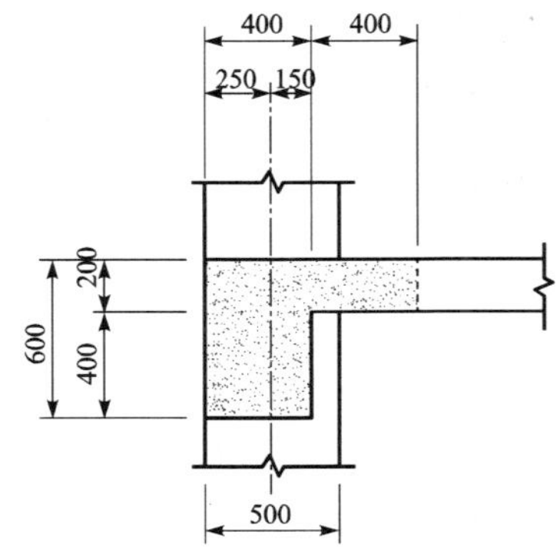

[그림 3.3.4] 지하층 외부보

– 단부경간

$$C=\Sigma\left(1-0.63\frac{x}{y}\right)\frac{x^3y}{3}=\left(1-0.63\frac{0.4}{0.4}\right)\frac{(0.4^3)(0.4)}{3}+\left(1-0.63\frac{0.2}{0.8}\right)\frac{(0.2^3)(0.8)}{3}=0.005$$

$$C=\Sigma\left(1-0.63\frac{x}{y}\right)\frac{x^3y}{3}=\left(1-0.63\frac{0.4}{0.6}\right)\frac{(0.4^3)(0.6)}{3}+\left(1-0.63\frac{0.2}{0.4}\right)\frac{(0.2^3)(0.4)}{3}=0.008$$

$$I_s=\frac{(7.5)(0.2^3)}{12}=0.005\ \ \mathrm{m}^4$$

$$\beta_t=\frac{C}{2I_s}=\frac{0.008}{2(0.005)}=0.82$$

주열대 외부 받침부의 분배율 $=100+(75+\frac{(45-75)}{(2.0-1.0)}\left(\frac{l_2}{l_1}-1\right)-100)\frac{(\beta_t-0)}{(2.5-0)}=92.5\ \%$

따라서 계수휨모멘트의 주열대와 중간대에 대한 배분은 다음 표의 내용과 같다.

〈표 3.3.2〉 Y2열의 중력하중에 의한 주열대와 중간대의 계수휨모멘트(단위: kN · m)

위치		계수휨모멘트	주열대		중간대 휨모멘트
			분배율(%)	모멘트	
단부경간	외부 부모멘트	−134	92.5	−124	−10.1
	중앙부 정모멘트	412	76.9	316	95.2
	내부 부모멘트	−537	76.9	−412	−124
내부경간	내부 부모멘트	−502	76.9	−386	−116
	중앙부 정모멘트	231	76.9	178	53.5

(3) 지하수위 부력에 의한 휨모멘트 산정

지하수위의 부력은 중력하중과 반대 방향으로 작용하므로 정 및 부 계수휨모멘트가 작용하는 방향에 대해 주의가 필요하다.

① 고정단 계수휨모멘트($F.E.M$)

$$F.E.M = \frac{w_u l_2 l_1^2}{12} = \frac{(18.4)(7.5)(8.0)^2}{8} = 735\ \text{kN·m}$$

② 양 단부의 계수휨모멘트 분배

고정하중에 대한 활하중의 비가 3/4을 초과하나 지하수위가 국부적으로 작용하는 것은 현실적으로 불가능하므로 전체 슬래브 시스템에 전체 계수 활하중을 재하할 때 모든 단면에 최대 계수 휨모멘트가 발생한다고 가정한다. 슬래브-보의 양단 부모멘트 계산은 모멘트 분배법에 의해 수행되며, 그 과정은 다음 표에 나타나 있다.

〈표 3.3.3〉 Y2열의 지하수위 부력에 의한 휨모멘트 분배(단위 : kN · m)

COF	0.506	0.506	0.506	0.506	0.506	0.506
DF	0.625	0.385	0.385	0.385	0.385	0.625
F.E.M	736	−736	736	−736	736	−736
D.M	−460	0	0	0	0	460
C.O.M	0	−232.76	0	0	232.76	0
D.M	0	89.61	89.61	−89.61	−89.61	0
C.O.M	45.34	0	−45.34	45.34	0	−45.34
D.M	−28.34	17.46	17.46	−17.46	−17.46	28.34
Mu	293	−861.69	797.73	−797.73	861.69	−293
Mu_cri	177	710	664	664	710	177
Mc	−545		−306		−545	

③ 주열대의 계수휨모멘트

분배율은 중력하중에서 산정한 것과 일치하며 따라서 계수휨모멘트의 주열대와 중간대에 대한 배분은 다음 표의 내용과 같다.

〈표 3.3.4〉 Y2열의 지하수위 부력에 의한 주열대와 중간대의 계수휨모멘트(단위 : kN · m)

위치		계수휨모멘트	주열대		중간대 휨모멘트
			분배율(%)	모멘트	
단부경간	외부 정모멘트	177	-92.5	164	13.4
	중앙부 부모멘트	-545	-76.9	-419	-126
	내부 정모멘트	710	-76.9	546	164
내부경간	내부 정모멘트	664	-76.9	510	154
	중앙부 부모멘트	-306	-76.9	-235	-70.8

3.3.2 3차원 구조해석

3.3.2.1 구조해석 개요

구조해석은 전용구조해석프로그램을 이용하였으며, 사용재질 및 단면정보 등록, 부재요소들 생성 지점조건, 단부조건, 하중입력 순으로 해석이 진행된다. 또한 해석프로그램 특성상 각 층 바닥 슬래브는 하중으로 고려하고 구조모델에서는 제외하고 슬래브의 강막효과(Rigid Diaphragm Effect)를 고려하였다. KDS 41 17 00 건축물 내진설계기준에 따르면 구조물은 내진등급과 지반상태를 고려하여 분류한 내진설계범주 A~D 중 하나에 속하며, 내진설계범주에 따라 구조물에 허용되는 지진력저항시스템, 높이와 비정형성에 대한 제한, 내진설계 대상부재, 구조해석 방법 등을 결정한다. 내진설계범주는 KDS 41 17 00 "2.2장 건축물의 내진등급과 중요도계수"에 따라 결정한 설계스펙트럼 가속도 S_{DS} 및 S_{D1} 에 따라 내진설계 범주를 결정하며, 건물의 비정형성 및 내진설계 범주를 통해 해석법을 결정한다. 설계스펙트럼가속도 확인 및 평면비정형성과 수직비정형성 평가 결과 평면비정형성 검토항목 중 H-1. 비틀림 비정형이 확인되어, 내진설계범주가 D로 분류되었다. 내진설계범주 D에 해당되어, 편심/비정형성 고려를 위해 동적해석법을 적용하였고, 층간변위 검토 후 비틀림증폭계수를 산정하여, 우발비틀림모멘트에 곱하여 추가로 고려하였다. 계단실의 경우 경사슬래브로 인한 불완전한 격막거동이 예상되어 계단실 바닥 슬래브는 격막으로 고려하지 않았다.

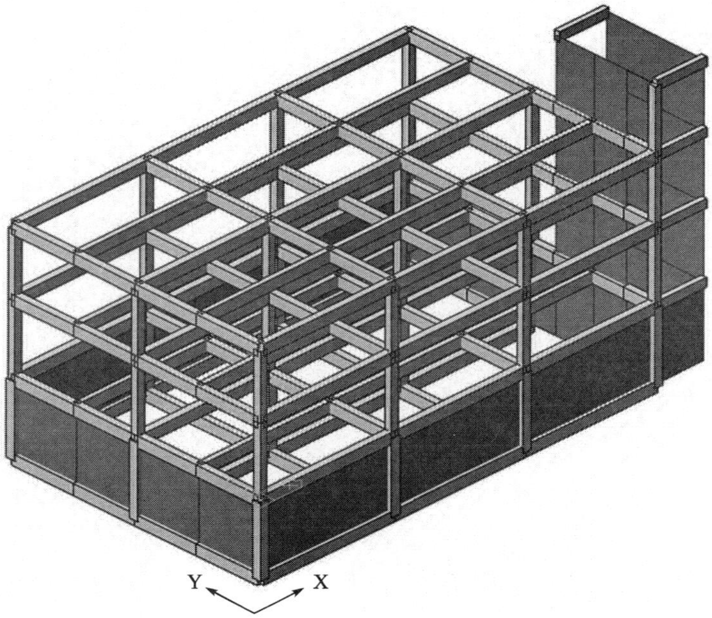

[그림 3.3.5] 3차원 해석모델

3.3.2.2 해석모델

해석모델을 작성할 때 여러 가지 해석 조건들을 설정하여야 한다. 지점조건은 [그림 3.3.6]과 같이 고정단으로 설정하였으며, [그림 3.3.7]과 같이 큰보(girder)와 내부 작은보(beam)의 단부조건은 양단 강접이고, 최외단 작은보의 단부조건은 1단 힌지로 설정하였다.

유효강성은 KDS 14 20 20에 따라 축력의 영향, 부재 길이에 걸쳐있는 균열 구역, 하중지속효과 등을 고려하여 계산된 부재의 단면 특성을 사용하여야 한다. 예제구조물에서는 보 $0.35I_g$, 기둥 $0.70I_g$, 벽체 $0.70I_g$ 를 적용하여 해석하였다.

[그림 3.3.8]는 모델링의 연직하중 분포이고, [그림 3.3.9]는 모델링의 풍하중 분포이다.
해석모델 특성 상 슬래브를 모델링하지 않기 때문에 슬래브 단차가 나는 부분은 하중의 차이로 모델링에 적용한다.

고유치해석결과는 〈표 3.3.5〉와 같다. 이를 통해 비틀림 거동을 확인한 결과 2차 모드에서 Dy방향과 Rz방향의 커플링이 일어나는 것으로 확인되었다. 이는 평면 상 코어벽체가 우측에 편재 되어있는 것에 의한 것으로 판단된다.

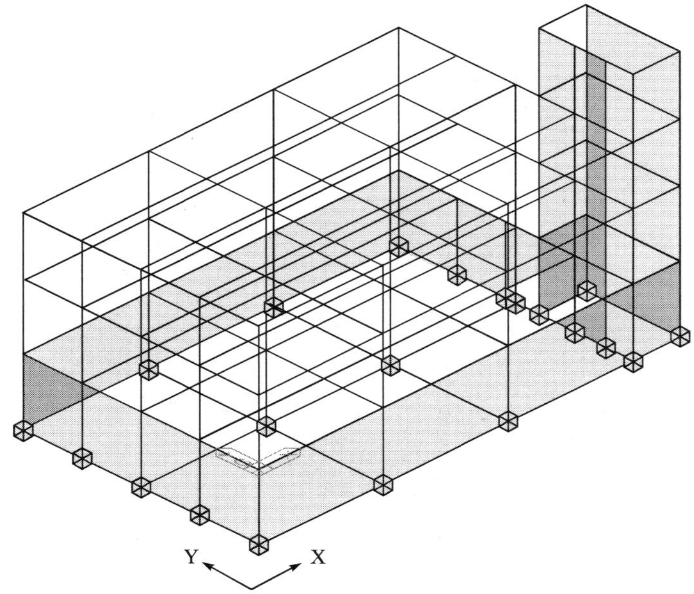

[그림 3.3.6] 지점조건

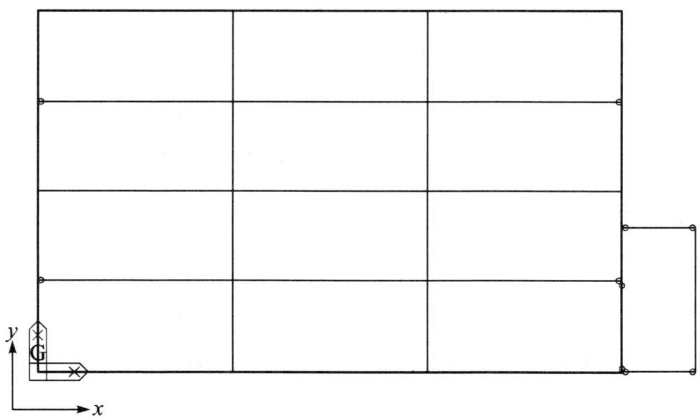

[그림 3.3.7] 단부 조건

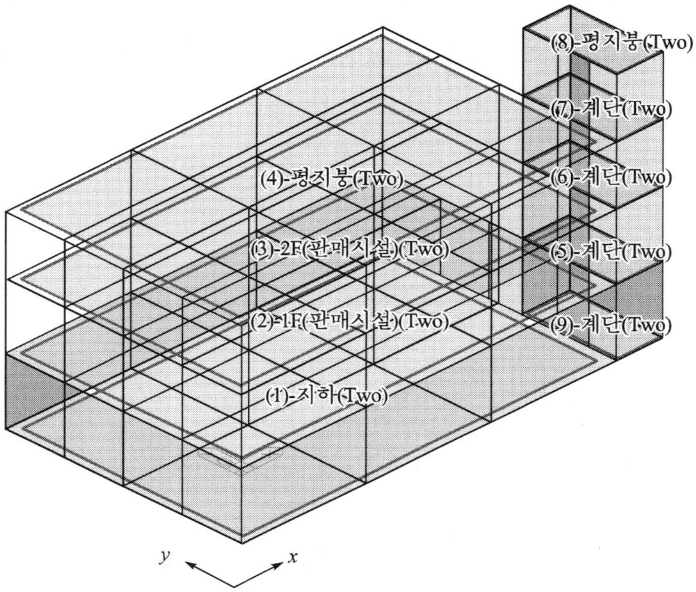

[그림 3.3.8] 연직하중 분포

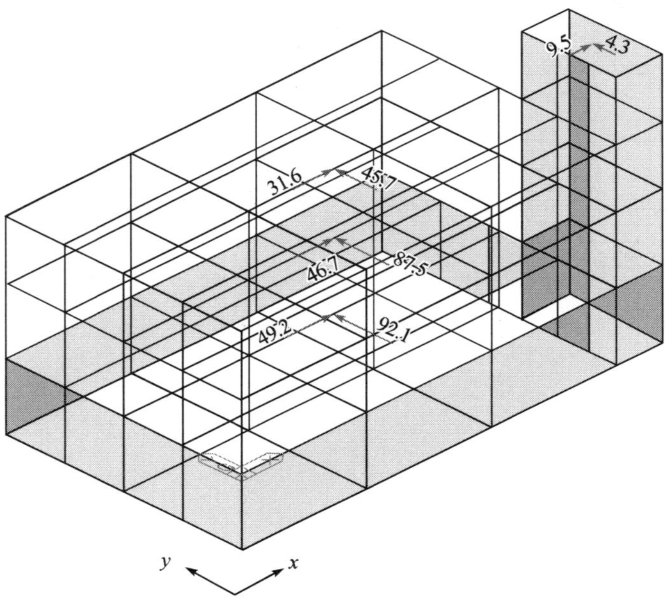

[그림 3.3.9] 풍하중 분포

〈표 3.3.5〉 고유치해석 결과

Mode	주기	Dx		Dy		Rz	
		Mass(%)	SUM(%)	Mass(%)	SUM(%)	Mass(%)	SUM(%)
1	0.8070	49.621	55.0707	0.1728	0.1891	0.1661	0.3368
2	0.6694	0.4755	55.5462	29.801	29.9901	22.4782	22.8150
⋮	-	-	-	-	-	-	-
7	0.1687	0.0003	60.0074	21.9275	54.8318	22.631	47.7306
8	0.0892	0	60.0074	3.7328	58.5646	6.5280	54.2587
9	0.0431	0.0001	60.0075	10.8654	69.4300	4.4395	58.6981
10	0.0269	0.0453	60.0528	27.2429	96.6729	1.2051	59.9032
11	0.0225	0.0001	60.0529	2.1499	98.8227	2.8598	62.7630
12	0.0209	0.7931	60.8460	0.2981	99.1208	1.5062	64.2692
13	0.0206	39.1325	99.9785	0.0703	99.1911	0.0378	64.3070
14	0.0173	0.0049	99.9833	0.2016	99.3927	33.7588	98.0658

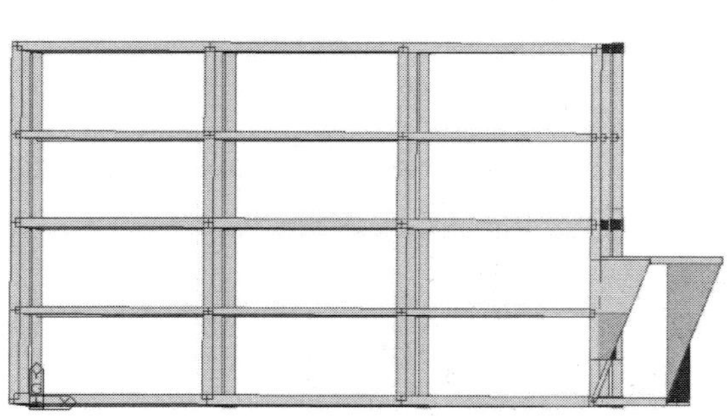

1차모드

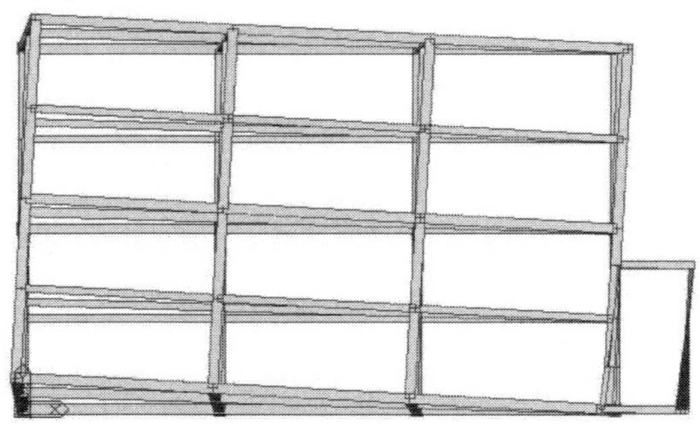

2차모드

[그림 3.3.10] 모드 별 형상

〈표 3.3.6〉 비틀림증폭계수 산정 결과

하중	층	높이 (m)	층고 (m)	각모서리점 변위 평균(m)	최대변위		비틀림증폭계수[1)]
					절점번호	변위(m)	
RX(RS)	PHRF	11.20	0.0	0.0481	128	0.0589	1.043
RX(RS)	RF	7.60	3.60	0.0217	133	0.0222	0.726
RX(RS)	2F	4.0	3.60	0.0122	24	0.0130	0.790
RX(RS)	1F	0.0	4.00	0.0000	130	0.0000	1.731
RY(RS)	PHRF	11.20	0.0	0.0168	146	0.0233	1.043
RY(RS)	RF	7.60	3.60	0.0038	93	0.0051	1.228
RY(RS)	2F	4.0	3.60	0.0072	21	0.0134	2.442
RY(RS)	1F	0.0	4.00	0.0000	2	0.0001	1.224

주기1) 비틀림증폭계수가 3.0을 초과할 필요는 없다.

3.3.2.3 응력도

해석 결과 응력도는 [그림 3.3.11]~[그림 3.3.15]와 같다. 검토 할 때 하중조합은 모든 하중조합 중 가장 불리한 하중조합을 적용하였다.

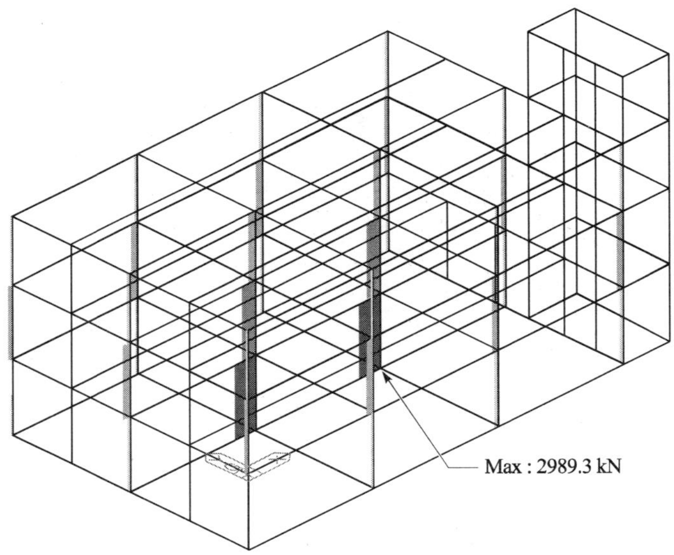

[그림 3.3.11] 축력도

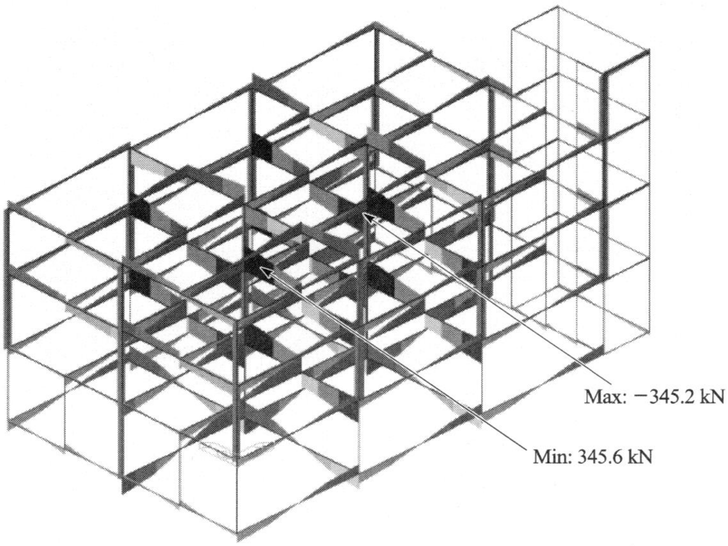

[그림 3.3.12] 전단력도

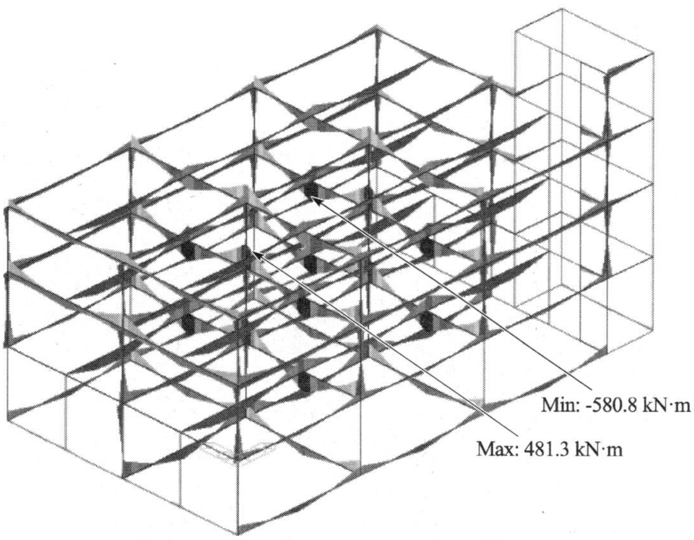

[그림 3.3.13] 휨모멘트도

3.3.2.4 변위도

해석 결과 변형도는 [그림 3.3.14]~[그림 3.3.15]와 같다. 예제 구조물은 중저층에 해당되므로, 풍변위 및 층간변위는 생략하였다.

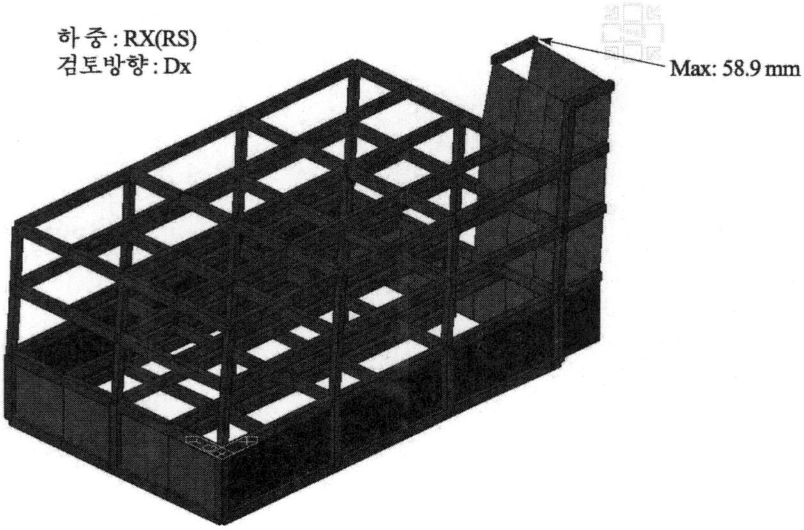

[그림 3.3.14] 변위도(X-dir)

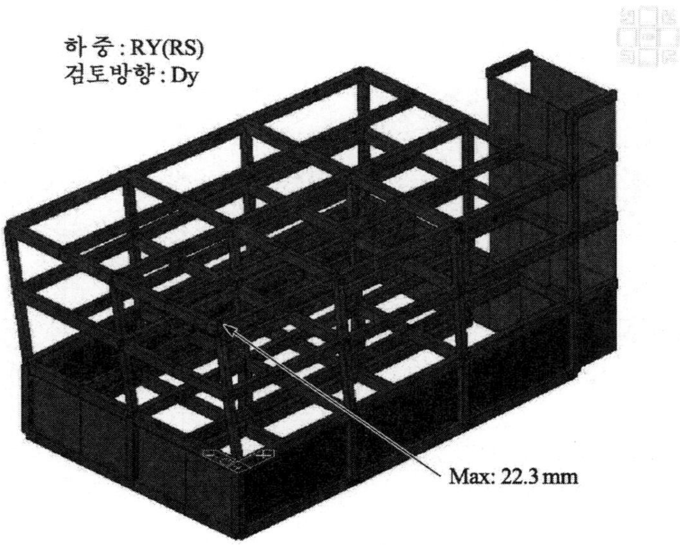

[그림 3.3.15] 변위도(Y-dir)

3.3.2.5 반력도

해석 결과 반력도는 [그림 3.3.16]과 같다.

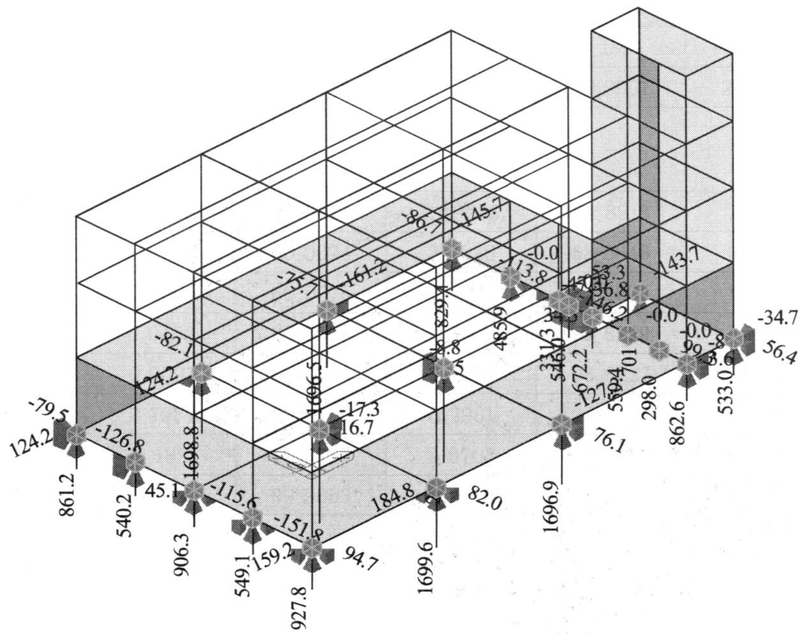

[그림 3.3.16] 반력도

3.4 부재설계

부재설계는 안전하면서도 경제적으로 이루어져야 한다. 부재의 안전성을 확보하기 위하여 여러 가지 하중조합 중 가장 불리한 경우에 대하여 부재설계를 실시하고 이 하중들이 전달되는 각 부위의 구조부재들이 충분한 내력을 갖도록 한다. 이 예제에서도 가장 불리한 하중조합으로 구조해석을 수행하였으며 강도설계법을 따라 부재가 발휘할 수 있는 공칭강도에 강도감소계수(ϕ, strength reduction factor)를 적용하여 얻어지는 설계강도가 가장 불리한 하중조합에 의한 최소한의 부재강도인 소요강도 이상이 되도록 설계하였다. KDS 14 20 10 (4.2.3)에 따른 감소계수는 〈표 3.4.1〉과 같다.

$$\text{설계강도}(\phi M_n,\ \phi P_n)\ \geq\ \text{소요강도}(M_u,\ P_u)$$

〈표 3.4.1〉 강도감소계수

구분	강도감소계수
(1) 인장지배단면	0.85
(2) 압축지배단면	
① 나선철근 규정에 따라 나선철근으로 보강된 철근콘크리트 부재	0.70
② 그 외의 철근콘크리트 부재	0.65
③ 공칭강도에서 최외단 인장철근의 순인장변형률 ε_t가 압축지배와 인장지배 단면 사이일 경우에는 ε_t가 압축지배변형률 한계에서 인장지배변형률 한계로 증가함에 따라 ϕ값을 압축지배 단면에 대한 값에서 0.85까지 증가시킨다.	
(3) 전단력과 비틀림모멘트	0.75
(4) 콘크리트의 지압력(포스트텐션 정착부나 스트럿-타이 모델은 제외)	0.65
(5) 포스트텐션 정착구역	0.85
(6) 스트럿-타이 모델	
① 스트럿, 절점부 및 지압부	0.75
② 타이	0.85
(7) 긴장재 묻힘길이가 정착길이보다 작은 프리텐션 부재의 휨단면	
① 부재의 단부에서 전달길이 단부까지	0.75
② 전달길이 단부에서 정착길이 단부 사이의 ϕ값은 0.75에서 0.85까지 선형적으로 증가시킨다. 다만, 긴장재가 부재 단부까지 부착되지 않은 경우에는 부착력 저하 길이의 끝부터 긴장재가 매입된다고 가정하여야 한다.	
(8) 무근콘크리트의 휨모멘트, 압축력, 전단력, 지압력	0.55

3.4.1 슬래브 설계

슬래브 콘크리트의 유효단면적 산정을 위한 유효깊이(d)는 전체 슬래브 콘크리트 두께에서 피복두께 및 휨저항 방향으로 배근된 종방향 주철근의 반지름을 제외한 값이다. 이 예제의 슬래브는 D13, D10 철근을 사용하는 것을 원칙으로 하며 KDS 14 20 50(4.3.1)에 따른 최소피복두께는 〈표 3.4.2〉와 같다. 또한, 지상층은 1방향 슬래브, 지하층은 2방향 슬래브로 설계하였다.

〈표 3.4.2〉 최소피복두께(프리스트레스하지 않는 부재의 현장치기콘크리트)

(1) 수중에서 치는 콘크리트	100 mm
(2) 흙에 접하여 콘크리트를 친 후 영구히 흙에 묻혀 있는 콘크리트	75 mm
(3) 흙에 접하거나 옥외의 공기에 직접 노출되는 콘크리트	
① D19 이상의 철근	50 mm
② D16 이하의 철근, 지름 16 mm 이하의 철선	40 mm
(4) 옥외의 공기나 흙에 직접 접하지 않는 콘크리트	
① 슬래브, 벽체, 장선	
(가) D35 초과하는 철근	40 mm
(나) D35 이하인 철근	20 mm
② 보, 기둥	40 mm
콘크리트의 설계기준압축강도 f_{ck}가 40 MPa 이상인 경우 규정된 값에서 10 mm 저감시킬 수 있다.	
③ 쉘, 절판부재	20 mm

- 휨설계 이론

인장측만 철근으로 배근된 단철근보 또는 슬래브의 경우, 단면 내 압축력(C)과 철근의 인장력(T)의 단면평형식으로부터 콘크리트 등가응력블록의 깊이(a)를 산정할 수 있다.

$$C = T \text{ 또는 } \eta(0.85)f_{ck}ab = A_s f_y$$

상기 식에서 $a = \dfrac{A_s f_y}{\eta(0.85)f_{ck}b} = \dfrac{\rho d f_y}{\eta(0.85)f_{ck}}$ 가 되고,

$$M_n = A_s f_y d\left(1 - 0.59\rho\frac{f_y}{\eta f_{ck}}\right) = \rho b d f_y\left(d - 0.5\frac{\rho d}{0.85}\frac{f_y}{\eta f_{ck}}\right) \text{이다.}$$

위의 식 양변에 bd^2으로 나눈 값을 공칭휨강도 저항계수 R_n이라 하며, 이 식과 철근비ρ에 대한 식은 다음과 같이 나타낼 수 있다.

$$R_n = \frac{M_n}{bd^2} = \rho f_y\left(1 - 0.5\frac{\rho f_y}{0.85\eta f_{ck}}\right), \qquad \rho = \frac{0.85\eta f_{ck}}{f_y}\left(1 - \sqrt{1 - \frac{2R_n}{0.85\eta f_{ck}}}\right)$$

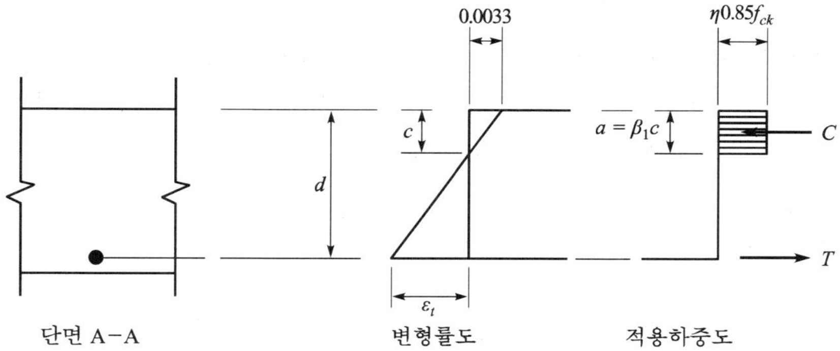

[그림 3.4.1] 단철근직사각형보의 변형률 및 등가응력분포

- 최소철근량 제한

단변방향 휨모멘트에 산정된 철근량은 설계기준에서 요구하는 최소철근량보다 많아야 한다. 두께가 균일한 구조용 슬래브와 기초판에 대하여 단변방향으로 보강되는 인장철근의 최소단면적은 수축·온도철근량의 제한과 같다. 이 때, 철근의 최대간격은 슬래브 또는 기초판 두께의 3배와 450 mm 중 작은 값을 초과하지 않도록 해야 한다. 또 1방향 슬래브의 장변방향 철근으로 수축, 온도철근을 배치하여야 한다.

- 수축, 온도철근으로 배치되는 이형철근은 다음의 철근비 이상으로 하여야 하지만 어떤 경우에도 0.0014 이상이어야 한다. 여기서 수축, 온도철근비는 콘크리트 전체단면적에 대한 수축, 온도철근 단면적의 비로 한다.
- 설계기준항복강도가 400 MPa 이하인 이형철근을 사용한 슬래브 : 0.0020
- 0.0035의 항복변형률에서 측정한 철근의 설계기준항복강도가 400 MPa를 초과한 슬래브 : $0.0020\dfrac{400}{f_y}$
- 다만, 수축, 온도철근비에 전체 콘크리트 단면적을 곱하여 계산한 수축, 온도철근 단면적을 단위 m당 1,800 mm^2보다 크게 취할 필요는 없다.
- 수축, 온도철근의 간격은 슬래브 두께의 5배 이하, 또한 450 mm 이하로 하여야 한다.
- 수축, 온도철근의 설계기준항복강도 f_y를 발휘할 수 있도록 정착되어야 한다.

- 휨균열 제어를 위한 휨 철근 배치 검토

보 또는 1방향으로만 휨응력을 저항하도록 철근이 배치된 1방향슬래브는 휨균열을 제어하기 위하여 휨철근의 배치에 대한 규정을 따라야 한다. 콘크리트 인장연단에 가장 가까이에 배치되는 철근의 중심간격 s는 다음 두 식에 의해 계산된 값 중에서 작은 값 이하로 하여야 한다.

$$s = 375\left(\frac{\kappa_{cr}}{f_s}\right) - 2.5c_c$$

$$s = 300\left(\frac{\kappa_{cr}}{f_s}\right)$$

여기서, κ_{cr}은 KDS 14 20 30(부록) '부록 표 2-1 강재의 부식에 대한 환경조건의 구분'에 정의된 건조환경에 노출되는 경우에는 280이고, 그 외의 환경에 노출되는 경우에는 210이다. c_c는 인장철근이나 긴장재의 표면과 콘크리트 표면사이의 최소두께이다. 철근이 하나만 배치된 경우에는 인장연단의 폭의 s로 한다. f_s는 사용하중상태에서 인장연단에서 가장 가까이에 위치한 철근의 응력으로 사용하중 휨모멘트에 대한 해석으로 결정하여야 하지만, 근사값으로 f_y의 2/3를 사용하여도 좋다.

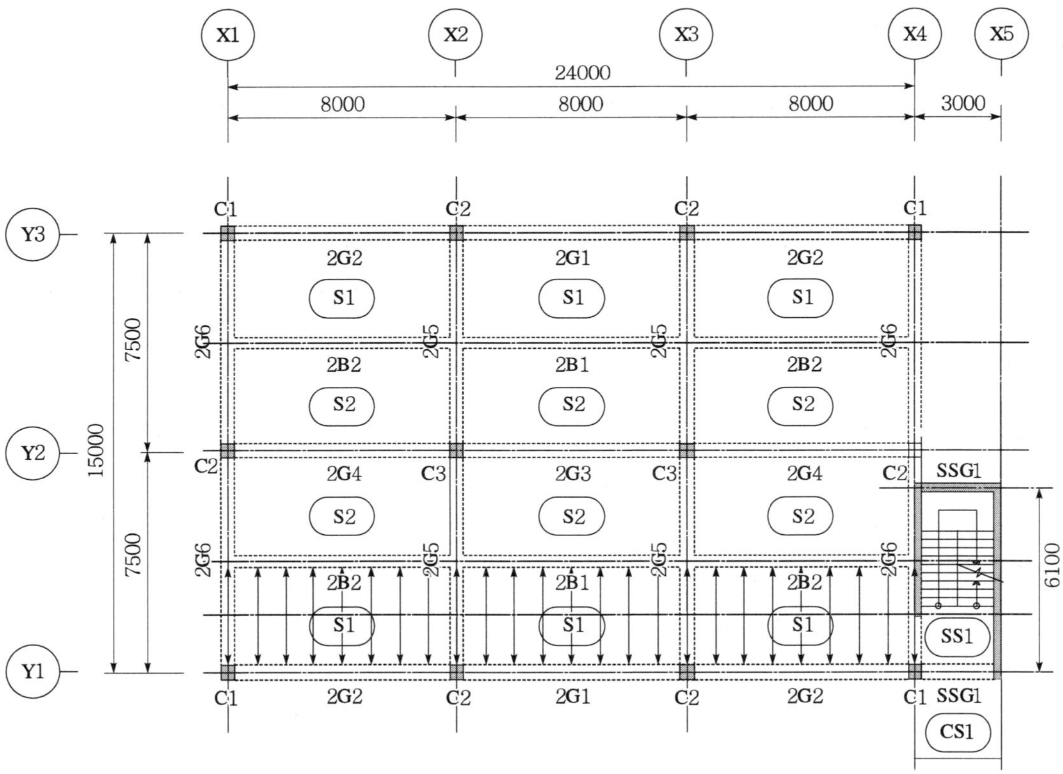

[그림 3.4.2] 1방향 슬래브의 하중 분배

예제3.1) 해당 건물의 지붕층 슬래브를 설계하여라(1방향슬래브)
($f_{ck} = 27$ MPa $f_y = 400$ MPa)

풀이)

(1) 설계강도 > 소요강도 $(\phi R_n > \dfrac{M_u}{bd^2})$

지붕층 슬래브의 경우, 단부경간, 내단에서 최대부모멘트인 12.65 kN·m/m를 갖는다. 이 부모멘트에 대한 철근량 산정 과정은 다음과 같다.

슬래브 유효깊이 $d = 160 - 20 - \dfrac{10}{2} = 135$ mm

공칭휨강도 저항계수 $R_n = \dfrac{M_u}{\phi bd^2} = \dfrac{12.65}{(0.85)(1)(0.135)^2} = 817\ \text{kN/m}^2 = 0.817$ MPa

철근비 $\rho = \dfrac{\eta \times 0.85 f_{ck}}{f_y}\left(1 - \sqrt{1 - \dfrac{2R_n}{\eta \times 0.85 f_{ck}}}\right)$

$= \dfrac{1 \times 0.85(27)}{400}\left(1 - \sqrt{1 - \dfrac{2(0.817)}{1 \times 0.85(27)}}\right) = 0.0021$

철근량 $A_s = \rho bd = (0.0021)(1{,}000)(135) = 281\ \text{mm}^2$

D10의 단면적은 71.3 mm^{2}이므로 배근 간격은 $\dfrac{(71.3)(1{,}000)}{281} = 254$ mm이다.

(2) 최소철근량 및 최대간격 제한

$A_{s,\min} = 0.0020bh = 0.0020(1{,}000)(160) = 320\ \text{mm}^2$

D10의 단면적은 71.3 mm^{2}이므로 최대배근간격은 $\dfrac{(71.3)(1{,}000)(2)}{320} = 446$ mm이다.

(3) 휨균열 제어를 위한 휨 철근 배치 검토

$c_c = 20$

$f_s = \dfrac{2}{3} f_y = 267$ MPa

$s = 375\left(\dfrac{\kappa_{cr}}{f_s}\right) - 2.5c_c = 375\left(\dfrac{210}{267}\right) - 2.5(20) = 245$ mm

$$s = 300\left(\frac{\kappa_{cr}}{f_s}\right) = 300\left(\frac{210}{267}\right) = 236, \text{ 따라서 } s = 236 \text{ mm}$$

여기서, k_{cr}은 KDS 14 20 30(부록) '부록 표 2-1 강재의 부식에 대한 환경조건의 구분'에서 건조환경이 아닌 그 외의 환경에 노출되는 경우인 210으로 가정하였다.

(4) 설계전단강도 > 소요전단강도 ($\phi V_n > V_u$)

$$\phi V_c = (0.75)\left(\frac{1}{6}\right)\sqrt{f_{ck}}\,b_w d = (0.75)\left(\frac{1}{6}\right)\sqrt{27}\,(1{,}000)(135) = 87{,}685 \text{ N} = 87.7 \text{ kN}$$

따라서 콘크리트의 설계전단강도는 3.3.1의 슬래브해석에서 산정한 17.55 kN 보다 크다. 〈예제표 3.1.1〉에 상기의 계산 결과에 근거하여 시공성을 고려한 지붕층 슬래브 소요배근량을 정리하였다.

〈예제표 3.1.1〉 지붕층 슬래브 소요휨강도 및 소요배근량

지점		계수	M_u(kN · m/m)	A_s(mm^2)	간격(mm)
단부경간	외단	−1/24	−5.27	115	D10@200
	중앙	1/14	9.04	200	D10@200
	내단	−1/10	−12.65	281	D10@200
내부경간	내단	−1/11	−11.51	255	D10@200
	중앙	1/16	7.92	175	D10@200

예제3.2) 해당 건물의 지상1,2층 슬래브를 설계하여라(1방향슬래브)
($f_{ck} = 27$ MPa, $f_y = 400$ MPa)

풀이)

(1) 설계강도 > 소요강도 ($\phi R_n > \frac{M_u}{bd^2}$)

2층 슬래브의 경우, 단부경간, 내단에서 최대부모멘트인 16.4 kN·m/m를 갖는다. 이 부모멘트에 대한 철근량 산정 과정은 다음과 같다.

슬래브 유효깊이 $d = 160 - 20 - \frac{10}{2} = 135$ mm

공칭휨강도 저항계수 $R_n = \frac{M_u}{\phi bd^2} = \frac{16.4}{(0.85)(1)(0.135)^2} = 1{,}060\ \text{kN/m}^2 = 1.06\ \text{MPa}$

철근비 $\rho = \frac{\eta \times 0.85 f_{ck}}{f_y}\left(1-\sqrt{1-\frac{2R_n}{\eta \times 0.85 f_{ck}}}\right) = \frac{1 \times 0.85(27)}{400}\left(1-\sqrt{1-\frac{2(1.06)}{1 \times 0.85(27)}}\right) = 0.00271$

철근량 $A_s = \rho bd = (0.00271)(1{,}000)(135) = 366\ \text{mm}^2$

D10의 단면적은 71.3 mm^{2}이므로 배근간격은 $\frac{(71.3)(1{,}000)}{366} = 194\ \text{mm}$이다.

(2) 최소철근량 및 최대간격 제한

$A_{s,\min} = 0.0020bd = 0.0020(1{,}000)(160) = 320\ \text{mm}^2$

따라서 단부경간, 내단의 필요철근량은 366 mm^{2}이다.

D10의 단면적은 71.3 mm^{2}이므로 최대배근간격은 $\frac{(71.3)(1{,}000)(2)}{320} = 446\ \text{mm}$이다.

(3) 휨균열 제어를 위한 휨 철근 배치 검토

$c_c = 20$

$f_s = \frac{2}{3} f_y = 267\ \text{MPa}$

$s = 375\left(\frac{k_{cr}}{f_s}\right) - 2.5c_c = 375\left(\frac{280}{267}\right) - 2.5(20) = 344\ \text{mm}$

$s = 300\left(\frac{k_{cr}}{f_s}\right) = 300\left(\frac{280}{267}\right) = 315$, 따라서 $s = 315\ \text{mm}$

여기서, k_{cr}은 KDS 14 20 30(부록) '부록 표 2-1 강재의 부식에 대한 환경조건의 구분'에서 건조환경에 노출되는 경우인 280으로 가정하였다.

(4) 설계전단강도 > 소요전단강도 ($\phi V_n > V_u$)

$\phi V_c = (0.75)\left(\frac{1}{6}\right)\sqrt{f_{ck}}\, b_w d = 87.7\ \text{kN}$

따라서 콘크리트의 설계전단강도는 3.3.1의 슬래브 해석에서 산정한 26.7 kN보다 크다.
상기 계산에 근거하여 〈에제표 3.2.1〉에 시공성을 고려한 지상 1층 및 2층 슬래브 소요배근량을 정리하였다.

〈예제표 3.2.1〉 지상 1,2층 슬래브 소요휨강도 및 소요배근량

지점		계수	M_u(kN · m/m)	A_s(mm^2)	간격(mm)
단부경간	외단	−1/24	−6.84	151	D10@200
	중앙	1/14	11.7	260	D10@200
	내단	−1/10	−16.4	366	D10@190
내부경간	내단	−1/11	−14.9	333	D10@200
	중앙	1/16	10.3	227	D10@200

예제3.3) 해당 건물의 지하층 슬래브를 설계하여라(2방향슬래브)
($f_{ck} = 27$ MPa, $f_y = 400$ MPa)

풀이)

수압의 영향을 받는 지하층 슬래브 설계는 수압과 중력하중에 대하여 모두 소요강도를 만족하여야 한다. 이 예제에서는 x방향에 대한 설계를 수행하였으며 y방향도 아래와 같은 형식을 따라 설계하면 된다.

(1) 지하층 중력하중에 의한 슬래브설계

① 설계강도 > 소요강도 ($\phi R_n > \frac{M_u}{bd^2}$)

$\alpha_1 l_2 / l_1 > 1.0$이므로 받침부 사이의 보는 주열대 휨모멘트의 85%를 견디도록 설계하여야 하고, 주열대 슬래브는 그 나머지 15%의 휨모멘트를 견디도록 설계하여야 한다. 따라서 최대부모멘트인 단부경간 내단의 주열대 부모멘트 412 kN·m의 15%에 해당하는 62.0 kN·m에 대하여 슬래브를 설계한다. 철근은 D10을 적용한다.

슬래브 유효깊이 산정: $d = 200 - 40 - \frac{10}{2} = 155$ mm

공칭휨강도 저항계수 $R_n = \frac{M_u}{\phi bd^2} = \frac{62.0}{(0.85)(7.5/2)(0.155)^2} = 0.81$ MPa

$$철근비\rho = \frac{\eta \times 0.85 f_{ck}}{f_y}\left(1 - \sqrt{1 - \frac{2R_n}{\eta \times 0.85 f_{ck}}}\right)$$

$$= \frac{1 \times 0.85(27)}{400}\left(1 - \sqrt{1 - \frac{2(0.80)}{1 \times 0.85(27)}}\right) = 0.0021$$

철근량 $A_s = \rho bd = (0.0021)(3{,}750)(155) = 1{,}221$ mm^2

D10의 단면적은 71.3 mm^2이므로 배근간격은 $\dfrac{(71.3)(3,750)}{1,221} = 219$ mm이다.

② 최소철근량 및 최대간격 제한

최소철근량 $A_{s,\min} = 0.0020(3,750)(200) = 1,500 \text{ mm}^2$

D10의 단면적은 71.3 mm^2이므로 최대배근간격은 $\dfrac{(71.3)(3,750)(2)}{1,500} = 357$ mm이다.

③ 설계전단강도 > 소요전단강도 ($\phi V_n > V_u$)

보 : $\alpha_1 l_2 / l_1$이 양방향 모두 1.0보다 크므로 보는 총전단력에 저항하여야 한다.

$$V_u = \frac{1}{4}(13.9)(7.5^2) + 13.9(8-7.5)\left(\frac{7.5}{2}\right) + \frac{1}{2}(0.40)(0.40)(24)(1.4)(8) = 243 \text{ kN}$$

$$\phi V_c = \phi \frac{1}{6}\sqrt{f_{ck}}\, b_w d = (0.75)\frac{1}{6}\sqrt{27}(400)(500)(10^{-3}) = 130 \text{ kN}$$

$V_u > \phi V_c$이므로 보는 전단 보강근이 필요하다.

슬래브의 전단검토 : 보에 지지되는 슬래브의 전단력에 대한 위험단면은 지지되고 있는 보의 면으로부터 슬래브두께 d=155 mm만큼 떨어진 곳에서 검토한다. 설계전단강도는 보수적으로 1방향으로 전달되는 전단력으로 산정한다.

$$V_u = \frac{w_u l_1}{2} = \frac{(13.9)(8)}{2} = 55.6 \text{ kN/m}$$

$$Vu\_critical = 55.6 - 13.9(0.4/2 + 0.20) = 50.0 \text{ kN/m}$$

$$\phi V_c = \phi \frac{1}{6}\sqrt{f_{ck}}\, b_w d = (0.75)\frac{1}{6}\sqrt{27}(1,000)(155)(10^{-3}) = 101 \text{ kN}$$

$Vu_critical < \phi V_c$이므로 슬래브는 전단 보강근이 없어도 된다.

〈예제표 3.3.1〉에 중력하중에 의한 지하층 슬래브 계수모멘트의 크기 및 이에 따른 배근량을 시공성을 고려하여 정리하였다.

〈예제표 3.3.1〉 중력하중에 의한 지하층 슬래브 계수휨모멘트의 분배

지점		휨모멘트(kN · m/m)				간격(mm)	
		주열대①	보②	M_u(①-②)	중간대	주열대	중간대
외부 경간	외단	−124	−105	−19	−10	D10@300	D10@300
	중앙	316	269	47	95	D10@200	D10@100
	내단	−412	−351	−62	−124	D10@200	D10@100
내부 경간	내단	−386	−328	−58	−116	D10@200	D10@100
	중앙	178	151	27	54	D10@300	D10@200

(2) 지하수위 부력에 의한 슬래브 설계

$\alpha_1 l_2 / l_1 > 1.0$이므로 보의 모멘트 분담률은 85 %가 되므로 지하층 슬래브 최대부모멘트인 단부경간 내단의 정모멘트 82 kN·m에 대하여 설계한다. 철근은 D10, D13을 적용한다.

① 설계강도 > 소요강도 ($\phi R_n > \frac{M_u}{bd^2}$)

슬래브 유효깊이 산정: $d = 200 - 40 - \frac{10}{2} = 155$ mm

공칭휨강도 저항계수 $R_n = \frac{M_u}{\phi bd^2} = \frac{82}{(0.85)(7.5/2)(0.155)^2} = 1.07$ MPa

$$\text{철근비}\rho = \frac{\eta \times 0.85 f_{ck}}{f_y}\left(1 - \sqrt{1 - \frac{2R_n}{\eta \times 0.85 f_{ck}}}\right)$$

$$= \frac{1 \times 0.85(27)}{400}\left(1 - \sqrt{1 - \frac{2(1.07)}{1 \times 0.85(27)}}\right) = 0.0027$$

철근량 $A_s' = \rho bd = (0.0027)(3,750)(155) = 1,592$ mm^2

D10의 단면적은 71.3 mm^{2}이므로 배근간격은 $\frac{(71.3)(3,750)}{1,592} = 168$ mm이다.

② 최소철근량 및 최대간격 제한

최소철근량 $A_{s,\min} = 0.0020(3,750)(200) = 1,500$ mm^2

D10의 단면적은 71.3 mm^{2}이므로 최대배근간격은 $\frac{(71.3)(3,750)(2)}{1,500} = 357$ mm이다.

③ 설계전단강도 > 소요전단강도 ($\phi V_n > V_u$)

보의 전단검토 : $\alpha_1 l_2/l_1$이 양방향 모두 1.0보다 크므로 보는 총전단력에 저항하여야 한다.

$$V_u = \frac{1}{4}(18.4)(7.5^2) + 18.4(8-7.5)\left(\frac{7.5}{2}\right) + \frac{1}{2}(0.40)(0.40)(24)(1.4)(8) = 315 \text{ kN}$$

$$V_u = \frac{1}{4}(18.4)(7.5^2) + 18.4(8-7.5)\left(\frac{7.5}{2}\right) = 293 \text{ kN}$$

$$\phi V_c = \phi\frac{1}{6}\sqrt{f_{ck}}\,b_w d = (0.75)\frac{1}{6}\sqrt{27}(400)(500)(10^{-3}) = 130 \text{ kN}$$

$V_u > \phi V_c$이므로 보는 전단 보강근이 필요하다.

슬래브의 전단검토 : 보에 지지되는 슬래브의 전단력에 대한 위험단면은 지지되고 있는 보의 면으로부터 슬래브두께 d=155 mm만큼 떨어진 곳에서 검토한다. 설계전단강도는 보수적으로 1방향으로 전달되는 전단력으로 산정한다.

$$V_u = \frac{w_u l_1}{2} = \frac{(18.38)(8)}{2} = 73.5 \text{ kN/m}$$

$$Vu\_critical = 73.5 - 18.4(0.4/2 + 0.20) = 66.1 \text{ kN/m}$$

$$\phi V_c = \phi\frac{1}{6}\sqrt{f_{ck}}\,b_w d = (0.75)\frac{1}{6}\sqrt{27}(1{,}000)(155)(10^{-3}) = 101 \text{ kN}$$

$Vu_critical < \phi V_c$이므로 슬래브는 전단 보강근이 없어도 된다.

〈예제표 3.3.2〉에 지하수위 부력에 의한 지하층 슬래브 계수모멘트의 크기 및 이에 따른 배근량을 시공성을 고려하여 정리하였다.

〈예제표 3.3.2〉 지하수위 부력에 의한 지하층 슬래브 계수휨모멘트의 분배

지점		휨모멘트(kN · m/m)				간격(mm)	
		주열대①	보②	M_u(①−②)	중간대	주열대	중간대
외부 경간	외단	164	139	25	13	D10@300	D10@300
	중앙	−419	−356	−63	−126	D10@200	D10@100
	내단	546	464	82	164	D10@150	D13@125
내부 경간	내단	510	434	76	154	D10@150	D13@125
	중앙	−235	−200	−35	−71	D10@300	D10@150

(3) 중력하중과 수압에 의한 슬래브 설계

슬래브는 휨부재로써 중력하중에 의한 소요강도를 만족하여야 하므로 (1)에서 산정한 휨모멘트를 저항할 수 있는 철근량(A_s)을 배근하여야 한다. 또한, (2)에서 산정한 지하수위 부력에 의한 휨모멘트를 만족할 수 있는 철근량(A_s')을 만족하여야 한다. 따라서 중력하중에 만족하는 배근을 1차적으로 수행하며 수압에 의한 슬래브 배근량을 검토하고 부족한 철근량은 보강하였다. 상부철근은 D10@200로 하부철근은 D10@200으로 주열대에 배근하면 단부경간 내단과 내부경간 내단에서 하부철근량이 부족하게 된다.

〈예제표 3.3.3〉과 〈예제표 3.3.4〉에 중력하중 및 지하수위 부력에 의한 지하층 슬래브 배근량을 시공성을 고려하여 주열대와 중간대에 대하여 정리하였다. [예제그림 3.3.1]과 [예제그림 3.3.2]에 슬래브 배근도를 나타내었다.

참고로 철근콘크리트배근상세에서 1방향 슬래브의 배근은 제Ⅱ부 철근의 구부림, 가공 및 부재 배근 3.1 1방향 슬래브, 제 Ⅳ부 구조도 작성 예제 [S-5] 1방향 슬래브구조설계도를 이용할 수 있으며, 2방향 슬래브의 배근은 제Ⅱ부 철근의 구부림, 가공 및 부재 배근 3.2 2방향 슬래브를 이용할 수 있다.

〈예제표 3.3.3〉 중력하중 및 지하수위 부력에 의한 지하층 슬래브 배근량(주열대)

지점		상부근 간격(mm)	하부근 간격(mm)	보강근 간격(mm)
외부 경간	외단	D10@300 (T)	D10@300 (B)	-
	중앙	D10@200 (T)	D10@200 (B)	-
	내단	D10@200 (T)	D10@200 (B)	D10@200 (B)
내부 경간	내단	D10@200 (T)	D10@200 (B)	D10@200 (B)
	중앙	D10@300 (T)	D10@300 (B)	-

〈예제표 3.3.4〉 중력하중 및 지하수위 부력에 의한 지하층 슬래브 배근량(중간대)

지점		상부근 간격(mm)	하부근 간격(mm)	보강근 간격(mm)
외부 경간	외단	D10@300 (T)	D10@300 (B)	-
	중앙	D10@100 (T)	D10@100 (B)	-
	내단	D10@100 (T)	D10@100 (B)	D10@100 (B)
내부 경간	내단	D10@100 (T)	D10@100 (B)	D10@100 (B)
	중앙	D10@150 (T)	D10@150 (B)	-

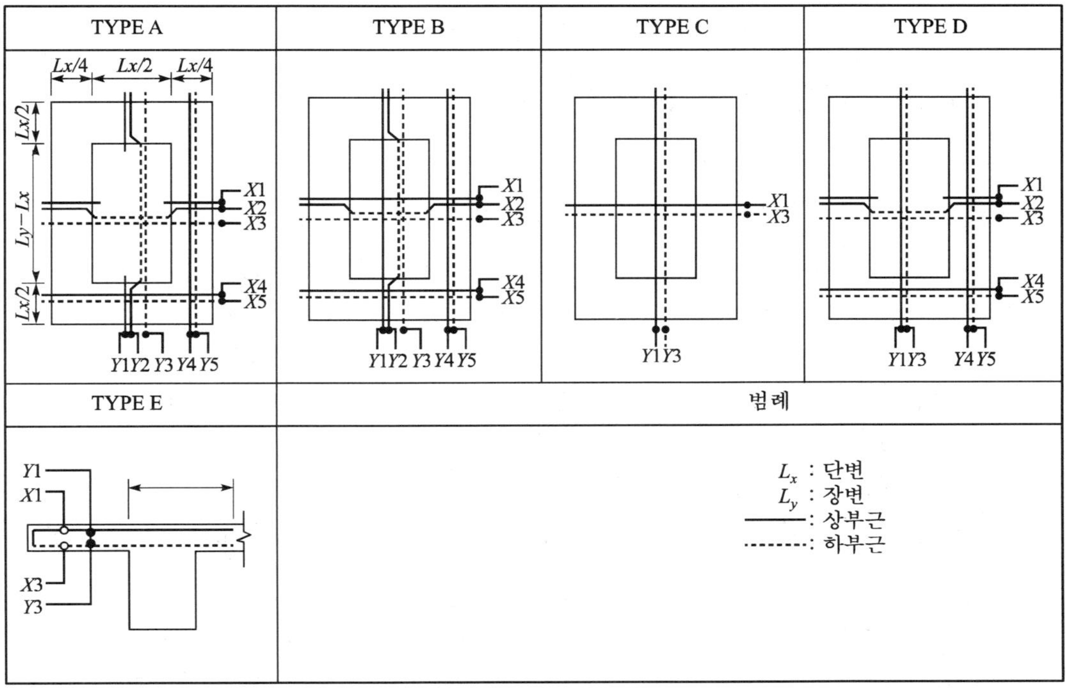

부재명	TYPE	THK. (mm)	단면방향					장변방향					비고
			X1	X2	X3	X4	X5	Y1	Y2	Y3	Y4	Y5	
RS1	C	160	HD10 @200		HD10 @200			HD10 @400		HD10 @400			
1S1, 2S1	D	160	HD13 @400	HD10 @400	HD10 @400	HD10 @400	HD10 @400	HD10 @400		HD10 @400			
1S2, 2S2	D	160	HD10 @400	HD10 @400	HD10 @400	HD10 @400	HD10 @400	HD10 @400		HD10 @400			

[그림 3.4.3] 지상층 슬래브 일람표

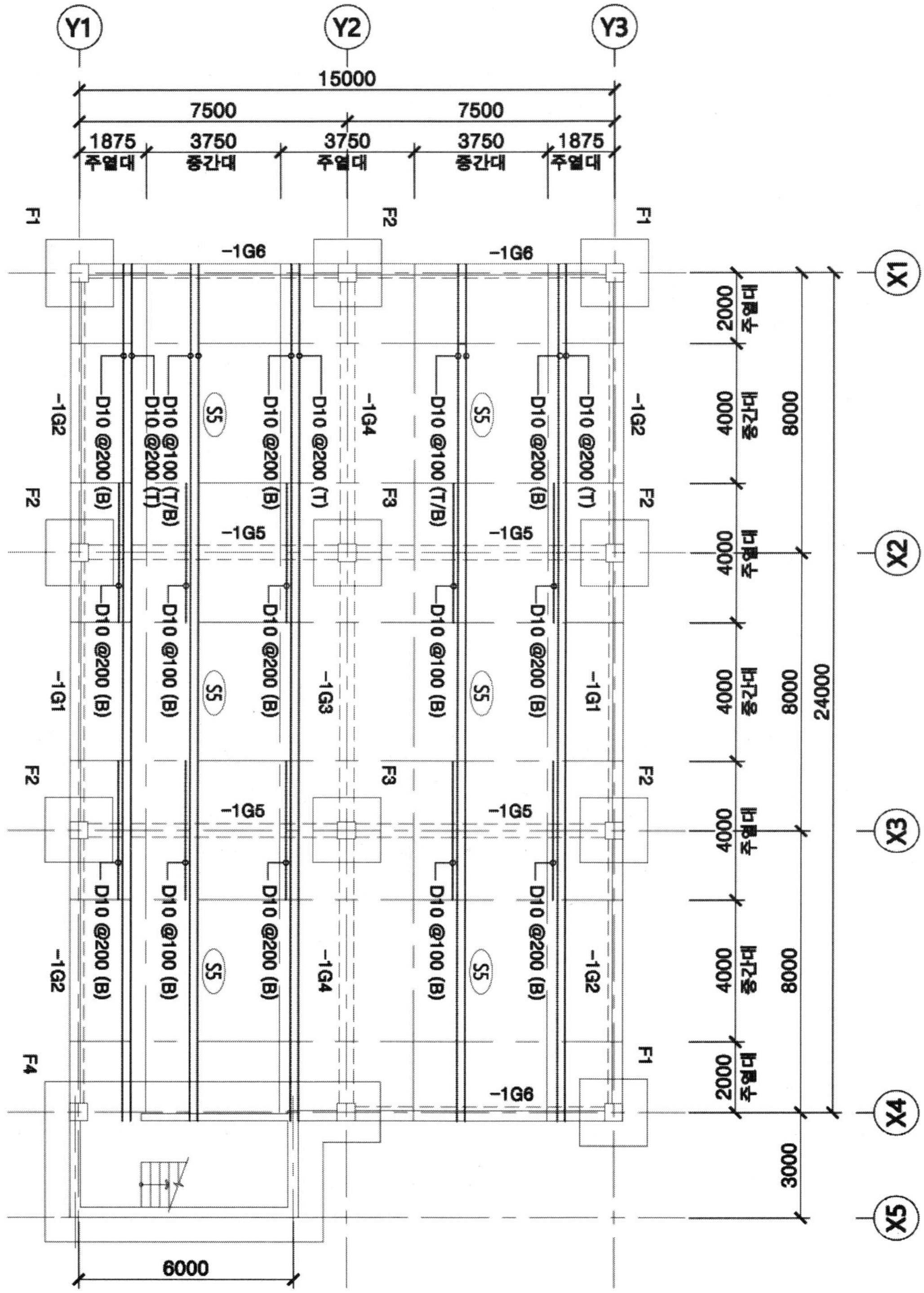

[그림 3.4.4] 지하층 슬래브 배근도 (X방향)

3.4.2 보 설계

철근콘크리트 보-슬래브 구조에서는 시공 시 보와 슬래브가 일체로 타설되어 슬래브가 T형태의 보 플랜지를 형성하게 된다. 정모멘트가 작용할 때 T형보는 플랜지의 추가적인 압축저항으로 인하여 플랜지가 없는 직사각형보에 비하여 더 큰 휨모멘트에 저항할 수 있다. T형보에는 내부 보와 같이 양쪽에 슬래브가 있는 대칭형의 T형보와 외곽보와 같이 한 쪽에만 슬래브가 있는 반 T형보가 있다. T형보와 반 T형보 플랜지의 유효폭은 보의 경간과 슬래브의 두께에 의하여 결정된다.

슬래브와 보를 일체로 친 T형보의 유효폭 b는 다음 중 가장 작은 값으로 결정하여야 한다.

- 양쪽으로 각각 내민 플랜지 두께의 8배씩+b_w
- 양쪽 슬래브의 중심 간 거리
- 보의 경간의 1/4

반 T형보인 경우,

- 한쪽으로 내민 플랜지 두께의 6배+b_w
- 보의 경간의 1/12+b_w
- 인접 보와의 내측 거리의 1/2+b_w

콘크리트 등가압축응력블록의 깊이(a)가 압축 플랜지 두께 내에 위치할 경우에는 보폭이 T형보의 유효폭과 같은 직사각형보로 취급하여 설계하며 공칭휨강도 식은 직사각형보의 휨강도식과 동일하다. 그러나 등가압축응력블록 깊이가 플랜지 두께보다 클 경우의 공칭휨강도는 다음과 같이 산정한다.

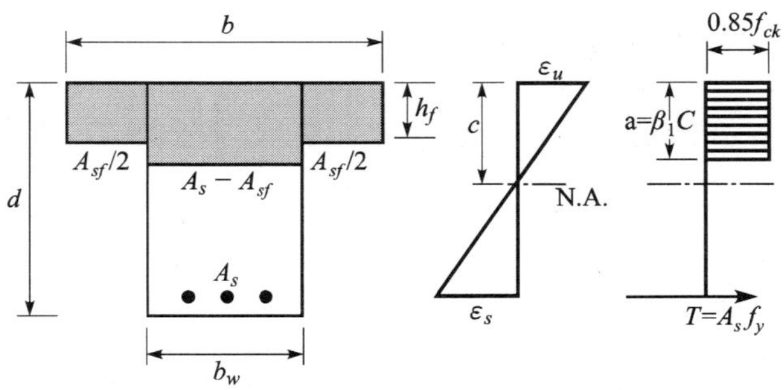

[그림 3.4.5] T형보의 변형률 및 등가응력분포

단배근 T형보의 공칭휨트강도: $M_n = (A_s - A_{sf})f_y(d - a/2) + A_{sf}f_y(d - h_f/2)$

여기서, $a = (A_s - A_{sf})f_y/(0.85f_{ck}b_w)$

$A_{(sf)} = 0.85f_{ck}(b - b_w)h_f/f_y$

b = 플랜지의 유효폭

b_w = 웨브폭

h_f = 플랜지 두께

횡철근은 나선철근이 아닌 일반적 띠철근 형태의 단면에서는 각각 압축지배 단면, 인장지배 단면, 변화구간 단면에 따른 강도감소계수를 적용한다.

〈표 3.4.3〉 지배단면에 따른 강도감소계수

지배단면 구분	순인장변형률 조건	강도감소계수
압축지배 단면	ε_y 이하	0.65
변화구간 단면	ε_y~0.005 (또는 $2.5\varepsilon_y$)	0.65~0.85
인장지배 단면	0.005 이상 ($f_y >$ 400MPa인 경우 $2.5\varepsilon_y$ 이상)	0.85

철근의 설계기준항복강도에 따른 각 지배단면의 변형률 한계와 휨부재에 대한 인장지배 한계단면을 균형철근비(ρ_b)에 대한 비율로 표시하였다. 표의 값보다 큰 인장철근비를 갖는 휨부재는 변화구간 단면으로서 0.85보다 작은 강도감소계수를 적용한다.

〈표 3.4.4〉 지배단면 변형률 한계 및 해당 철근비

철근의 항복강도	압축지배 변형률 한계 ε_y	인장지배	
		변형률 한계	해당 철근비
300 MPa	0.0015	0.005	$0.563\rho_b$
350 MPa	0.00175	0.005	$0.594\rho_b$
400 MPa	0.002	0.005	$0.625\rho_b$
500 MPa	0.0025	0.00625 ($2.5\varepsilon_y$)	$0.595\rho_b$

예제3.4) 작은보 2B2a에 대하여 T형보로 휨 및 전단에 대하여 설계하고 처짐(즉시, 장기)에 대하여 검토하여라($f_{ck}=27$ MPa, $f_y=400$ MPa)

〈예제표 3.4.1〉 2B2a의 부재력

부재명	단면 크기	설계방법	부재력	
			단부	중앙부
			V_u(kN)	M_u(kN · m)
2B2a	400×600	T 형보	184	436

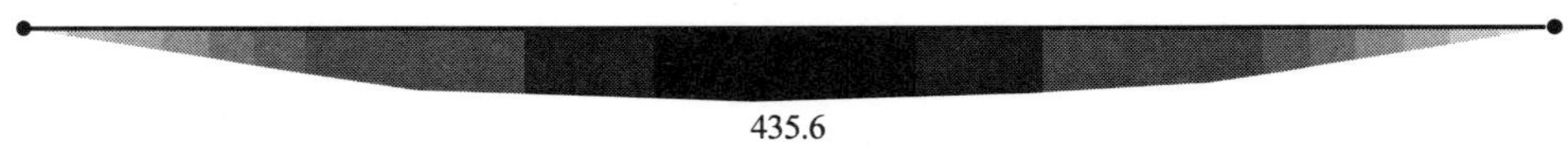

[예제그림 3.4.1] 2B2a 휨모멘트도($M_{max}=436$ kN.m)

[예제그림 3.4.2] 2B2a 전단력도($V_{max}=184$ kN)

[예제그림 3.4.3] 2B2a 휨모멘트도(DL)($M_{max} = 178$ kN.m)

[예제그림 3.4.4] 2B2a 휨모멘트도(LL)($M_{max} = 139$ kN.m)

풀이)

(1) 휨응력 설계(중앙부)

① T형보의 유효폭산정

(가) 양쪽으로 각각 내민플랜지 두께의 8배씩 $+b_w = (160)(8) \times 2 + 400 = 2,960$ mm

(나) 보의 경간의 1/4 $= 8,000/4 = 2,000$ mm

(다) 양측 슬래브의 중심간 거리 $= 7,500/2 = 3,750$ mm

가장 작은 값을 취하여야 하므로 유효폭 $b = 2,000$ mm이고 이 값은 유효폭의 제한값에 만족한다.

② 설계휨강도 〉 소요휨강도 ($\phi R_n > \dfrac{M_u}{bd^2}$)

D19철근이 1단으로 배근되었다고 가정하면, $d = 600 - (40 + 10 + 19/2) = 541$ mm이고 응력블록의 깊이가 플랜지 내에 있다고 가정하여 장방형보와 같이 a값을 산정하면 다음과 같다.

$$R_n = \frac{M_u}{\phi bd^2} = \frac{(436 \times 10^6)}{(0.85)(2,000)(541)^2} = 0.876$$

$$\rho = \frac{0.85 f_{ck}}{f_y}\left(1 - \sqrt{1 - \frac{2R_n}{0.85 f_{ck}}}\right) = \frac{0.85(27)}{400}\left(1 - \sqrt{1 - \frac{2(0.876)}{0.85(27)}}\right) = 0.00223$$

$$a = \frac{A_s f_y}{0.85 f_{ck} b} = \frac{\rho d f_y}{0.85 f_{ck}} = \frac{(0.00223)(541)(400)}{0.85(27)} = 21.0 \text{ mm}$$

따라서 압축응력블록 a(=21.0 mm)가 압축 플랜지 두께 h_f(=160 mm) 내에 있으므로 보폭은 T형 보의 유효폭과 같은 직사각형보로 취급하여 설계하였다.

따라서 $A_s = \rho bd = (0.00223)(2{,}000)(541) = 2{,}413\ \ \mathrm{mm}^2$

D19의 단면적은 287 mm^2 필요철근의 개수는 $\dfrac{2{,}413}{287} = 8.41\,\mathrm{ea}$ 따라서 D19 9ea를 배근.

③ 강도감소계수 검토

중립축의 위치 $c = \dfrac{a}{\beta_1} = \dfrac{21.0}{0.8} = 26.25\ \ \mathrm{mm}$

압축콘크리트의 극한 변형률인 0.0033에 도달할 때 변형률의 비례식에서

$$\varepsilon_t = 0.0033\left(\frac{d_t}{c} - 1\right) = 0.0033\left(\frac{541}{26.25} - 1\right) = 0.065 \geq 0.005$$

따라서 인장지배단면으로 강도감소계수는 0.85이다.

④ 최소철근량 제한

인장철근을 매우 적게 배근한 철근콘크리트 단면의 휨강도는 콘크리트 휨인장강도를 이용하여 계산한 무근콘크리트 단면의 휨강도(균열 휨강도)보다 낮을 수도 있다. 이러한 경우 급작스러운 파괴가 일어날 수 있으므로 이를 방지하기 위하여 제한값이 필요하며 정모멘트 부분과 부모멘트 부분에 모두 필요하다. 이 때 설계 휨강도가 $\phi M_n \geq 1.2 M_{cr}$을 만족하도록 인장철근을 배치하여야 한다.

$$M_{cr} = \frac{f_r}{y_b} I_g = \frac{3.27}{413.5}(1.37 \times 10^{10})(10^{-6}) = 108.3\ \ \mathrm{kN \cdot m}$$

ϕM_n 검토

$$\phi M_n = \phi A_s f_y \left(d - \frac{a}{2}\right) = (0.85)(9)(287)(400)\left(541 - \frac{21.0}{2}\right)(10^{-6}) = 465.9\ \ \mathrm{kN \cdot m}$$

$\phi M_n = 465.9\ \ \mathrm{kN \cdot m} \geq 1.2\mathrm{M_{cr}} = 1.2 \times 108.3 = 130.0\ \ \mathrm{kN \cdot m}$

$\phi M_n \geq 1.2 M_{cr}$를 만족하므로 $A_s = 2{,}583\ \ \mathrm{mm}^2$을 적용한다.

⑤ 철근배근

9-D19를 배근시 소요 최소보폭을 검토하면,

b = 2(피복두께)+2(스터럽직경)+주철근 직경의 합+최소 주철근간격의 합(주철근의 반수 이음 고려)

$= 2(40) + 2(10) + (5 \times 1.5)(19) + 4(25) = 343\ \ \mathrm{mm} < 400\ \ \mathrm{mm}$

2단으로 5-D19, 4-D19 배근시. 보 폭 400 mm를 만족한다.

⑥ 휨균열 제어를 위한 인장철근 간격제한 검토

$c_c = 40 + 10 = 50$

$f_s = \dfrac{2}{3} f_y = 267$ MPa

$s = 375\left(\dfrac{210}{f_s}\right) - 2.5c_c = 375\left(\dfrac{210}{267}\right) - 2.5(50) = 170$ mm

$s = 300\left(\dfrac{210}{f_s}\right) = 300\left(\dfrac{210}{267}\right) = 236$ mm

인장연단 배근간격 검토

$\dfrac{1}{4}\left\{400 - 2\left(40 + 10 + \dfrac{19}{2}\right)\right\} = 70.3$ mm 〈 170 mm

(2) 전단응력 설계(단부)

① 설계전단강도 〉 소요전단강도 (ϕV_n 〉 V_u)

계수전단력 V_u가 설계전단강도 ϕV_c를 초과하는 곳에는 전단철근을 배치하여 설계할 수 있으며 이때 부재의 전단강도 $V_n = V_c + V_s$로 산정할 수 있다.

$\phi V_c = (0.75)\left(\dfrac{1}{6}\right)\sqrt{f_{ck}}\, b_w d = (0.75)\left(\dfrac{1}{6}\right)\sqrt{27}(400)(541) = 140{,}556\text{N} = 140$ kN

$V_s = \dfrac{V_u - \phi V_c}{\phi} = \dfrac{184 - 140}{0.75} = 58.7 \le 0.2(1 - 27/250)(27)(400)(541) = 1{,}042$ kN

전단철근 간격 산정(전단철근은 D10($A_s = 71$ mm^2)로 가정함)

$s = \dfrac{\phi A_s f_{yt} d}{V_u - \phi V_c} = \dfrac{(0.75)(71 \times 2)(400)(541)}{(184 - 140)1000} = 523$ mm

$V_u \le \phi V_c + \phi V_s$ ∴ 적합

전단 철근 간격 검토

$V_s \le \dfrac{1}{3}\lambda\sqrt{f_{ck}}\, b_w d$ 일 때 전단 철근 간격은 min [$d/2$, 600 mm] 이하

$\dfrac{1}{3}\lambda\sqrt{f_{ck}}\, b_w d < V_s \le 0.2(1 - f_{ck}/250) f_{ck} b_w d$ 일 때 전단 철근 간격은 min [$d/4$, 300 mm]이하

최대 전단철근 간격 산정

$V_s = 58.7$ kN

$\frac{1}{3}\lambda\sqrt{f_{ck}}b_w d = \frac{1}{3}(1.0)\sqrt{27}(400)(541) = 374{,}816\text{N} = 374\ \text{kN}$

$0.2(1 - f_{ck}/250)f_{ck}b_w d = 0.2(1 - 27/250)(27)(400)(541) = 1042{,}355\text{N} = 1{,}042\ \text{kN}$

$V_s \le \frac{1}{3}\lambda\sqrt{f_{ck}}b_w d$ 이므로 전단철근 간격은 [523 mm, $d/2 = 270$ mm, 600 mm] 중 최소값인 270.5 mm 시공성을 위하여 단부 전단철근의 배치 간격은 250 mm 배근한다.

부재명	단부	중앙부
2B2a 단 면 (B×H = 400×600)	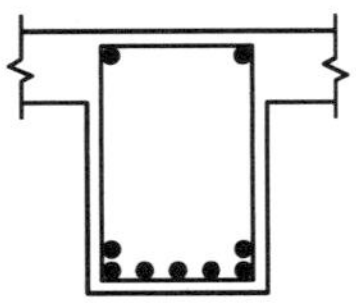	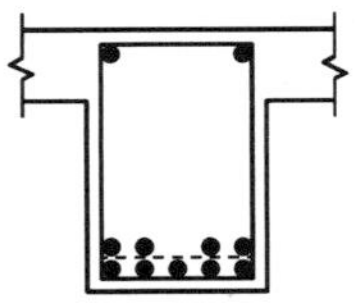
상부근	2-D19	2-D19
하부근	7-D19	9-D19
스터럽	D10@250	D10@250

[그림 3.4.5] 2B2a 배근도

(3) 처짐 검토

$d = 600 - 40 - 10 - 19 - 25/2 = 519.5\ \text{mm}$

$d' = 40 + 10 + 19/2 = 59.5\ \text{mm}$

지속하중의 재하 기간 : 60개월 이상

활하중의 50%를 지속하중으로 고려한다.

① 균열 발생 여부 검토

도심 $\bar{y} = \frac{(400)(600)(300) + (1600)(160)(600 - 160/2)}{(400)(600) + (1600)(160)} = 413.5\ \text{mm}$

전단면 2차모멘트(I_g)

$$I_g = \frac{(400)(600)^3}{12} + (400)(600)(413.5 - 300)^2 + \frac{(1600)(160)^3}{12} + (1600)(160)(600 - 413.5 - 160/2)^2$$
$$= 1.37 \times 10^{10}\ \text{mm}^4$$

균열휨모멘트(M_{cr}) 산정

$f_r = 0.63\lambda\sqrt{f_{ck}} = (0.63)(1.0)\sqrt{27} = 3.27$ MPa

중앙부 균열휨모멘트

$$M_{cr} = \frac{f_r}{y_b} I_g = \frac{3.27}{413.5}(1.37\times 10^{10})(10^{-6}) = 108.3 \text{ kN}\cdot\text{m}$$

$M_D = 178$ kN·m $>$ M_{cr} 이므로 균열 발생

② 균열단면2차모멘트 산정(I_{cr})

탄성계수비 $n = \dfrac{E_s}{E_c} = \dfrac{2.0\times 10^5}{8{,}500\sqrt[3]{27+4}} = 7.49$

중립축(c) 위치 산정

중립축이 플랜지 아래쪽에 있는 것으로 가정

$$\frac{bc^2}{2} + (b_f - b)(t_f)(c - t_f/2) + (n-1)(A_s')(c-d') = nA_s(d-c)$$

$$\frac{400c^2}{2} + (2{,}000-400)(160)(c-160/2) + (7.49-1)(2)(287)(c-59.5)$$

$$= (7.49)(9)(287)(519.5-c)$$

$\therefore c = 102.6 \quad \leq \quad 150$ mm 중립축이 플랜지 내에 위치함

중립축(c) 위치 재산정

$$\frac{(b_f)c^2}{2} + (n-1)(A_s')(c-d') = nA_s(d-c)$$

$$\frac{(2{,}000)c^2}{2} + (7.49-1)(2)(287)(c-59.5) = (7.49)(9)(287)(519-c)$$

$\therefore c = 90.9 \quad \leq \quad 150$ mm $\therefore$ 적합

③ 균열단면2차모멘트

$$\begin{aligned} I_{cr} &= \frac{b_f c^3}{3} + (n-1)A_s'(c-d')^2 + nA_s(d-c)^2 \\ &= \frac{(2{,}000)(90.9)^3}{3} + (7.49-1)(2)(287)(90.9-59.5)^2 + (7.49)(9)(287)(518-90.9)^2 \\ &= 4.05\times 10^9 \text{ mm}^4 \end{aligned}$$

④ 유효 단면2차모멘트 산정

$$I_e = (\frac{M_{cr}}{M_a})^3 \times I_g + [1 - (\frac{M_{cr}}{M_a})^3] \times I_{cr} \quad \le I_g$$

$$I_{e(D)} = (\frac{M_{cr}}{M_D})^3 \times I_g + [1 - (\frac{M_{cr}}{M_D})^3] \times I_{cr} \quad \le I_g$$

$$= (\frac{108.3}{178})^3 \times 1.37 \times 10^{10} + [1 - (\frac{108.3}{178})^3] \times 4.05 \times 10^9 = 6.22 \times 10^9 \le 1.07 \times 10^{10}$$

$$I_{e(D+L)} = (\frac{M_{cr}}{M_{D+L}})^3 \times I_g + [1 - (\frac{M_{cr}}{M_{D+L}})^3] \times I_{cr} \quad \le I_g$$

$$= (\frac{108.3}{178+139})^3 \times 1.37 \times 10^{10} + [1 - (\frac{108.3}{178+139})^3] \times 4.05 \times 10^9 = 4.43 \times 10^9$$

$$\le 1.07 \times 10^{10}$$

$$I_{e(sus)} = (\frac{M_{cr}}{M_{sus}})^3 \times I_g + [1 - (\frac{M_{cr}}{M_{sus}})^3] \times I_{cr} \quad \le I_g$$

$$= (\frac{108.3}{178+139/2})^3 \times 1.37 \times 10^{10} + [1 - (\frac{108.3}{178+139/2})^3] \times 4.05 \times 10^9$$

$$= 4.86 \times 10^9 \le 1.07 \times 10^{10}$$

⑤ 단기 처짐(즉시처짐)

$$\delta_{D+L} = \frac{5Wl^4}{384EI_{e(D+L)}} = \frac{5Ml^2}{48EI_{e(D+L)}} = \frac{5(178+139)(10^6)(8{,}000^2)}{(48)(26{,}412)(4.43 \times 10^9)} = 18.9 \text{ mm}$$

$$\delta_D = \frac{5Wl^4}{384EI_{e(D)}} = \frac{5Ml^2}{48EI_{e(D)}} = \frac{5(178)(10^6)(8{,}000^2)}{(48)(26{,}412)(6.22 \times 10^9)} = 7.22 \text{ mm}$$

$$\delta_L = \delta_{(D+L)} - \delta_{(D)} = 18.1 - 7.22 = 10.9 \text{ mm}$$

단기 처짐 제한 : $\frac{l}{180} = \frac{8{,}000}{180} = 44.4 \text{ mm} \quad \ge \delta_{(L)} = 10.9 \text{ mm}$ ∴ 적합

⑥ 장기 처짐

지속하중의 시간경과 계수(ξ) : 2.0

$$\delta_{sus} = \frac{5Wl^4}{384EI_{e(sus)}} = \frac{5Ml^2}{48EI_{e(sus)}} = \frac{5(178+139/2)(10^6)(8{,}000^2)}{48(26{,}412)(4.85 \times 10^9)} = 12.9 \text{ mm}$$

$$\rho' = \frac{A_s{}'}{b_f d} = \frac{(2)(287)}{(2{,}000)(518.5)} = 0.00055$$

$$\lambda = \frac{\xi}{1+50\rho'} = \frac{2.0}{1+(50)(0.00055)} = 1.95$$

$$\delta_{cp+sh} = \lambda \cdot \delta_{sus} = (1.95)(12.9) = 25.2\,\text{mm}$$

$$\delta_L + \delta_{cp+sh} = 10.6 + 25.2 = 35.8\ \text{mm}$$

장기 처짐 : $\dfrac{l}{240} = \dfrac{8,000}{240} = 33.3\ \text{mm} \quad \leq \quad 35.8\ \text{mm} \quad \therefore$ 부적합

장기처짐 불만족, 해결 방법은 크게 단면의 확대, 철근량의 증가, 작은보 추가 등의 방법이 있음.

① 단면의 확대 :

보 폭의 확대 - 인장 및 압축 철근을 추가하여 처짐을 제어 그러나 보 단면 증가는 M_D가 증가하여 효과를 보기는 어려움.

보 깊이의 확대 - 유효깊이의 증가로 가장 큰 효과를 나타냄.

② 보폭의 확대 없이 철근량 증가 : 인장 및 압축철근 추가, 제어량이 극히 미미함

③ 작은보 설치 : 작은보를 추가하여 하중분담면적을 감소 시켜는 방법, 배관 설비가 집중적인 곳에서는 건축 계획에 많은 영향을 받음.

단면 확대 후 재검토

	변경 전	변경 후
$b_w \times h$	400×600	400×800

$$\delta_L + \delta_{cp+sh} = 3.40 + 5.32 = 8.72\ \text{mm}$$

장기 처짐 : $\dfrac{l}{240} = \dfrac{8,000}{240} = 33.3\ \text{mm} \quad \geq \quad 8.72\ \text{mm} \quad \therefore$ 적합

부재명	단부	중앙부
2B2a 단 면 (B×H = 400×800)	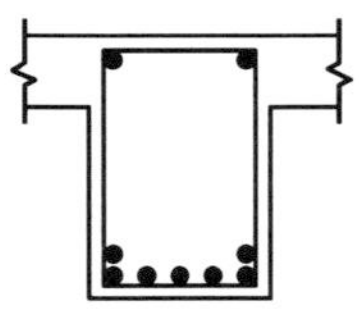	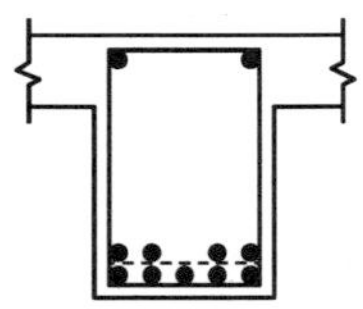
상부근	2-D19	2-D19
하부근	7-D19	9-D19
스터럽	D10@250	D10@250

[그림 3.4.6] 2B2a 배근도 (변경)

(4) 균열폭 검토

① 허용 균열폭

〈예제표 3.4.2〉 KDS 14 20 30 부록 표 4.1-1 철근콘크리트 구조물의 허용균열폭 w_a(mm)

강재의 종류	강재의 부식에 대한 환경 조건			
	건조 환경	습윤 환경	부식성 환경	고부식성 환경
철근	0.4mm와 $0.006c_c$중 큰 값	0.3mm와 $0.005c_c$중 큰 값	0.3mm와 $0.004c_c$중 큰 값	0.4mm와 $0.0035c_c$중 큰 값
긴장재	0.2mm와 $0.005c_c$중 큰 값	0.2mm와 $0.004c_c$중 큰 값		

여기서 c_c는 최외단 주철근의 표면과 콘크리트 표면 사이의 콘크리트 최소 피복두께(mm)

화장실이라는 장소의 특성상 방수 공사가 이루어지므로 건조환경 조건을 적용하는 것도 가능하겠지만 이 예제의 경우 보수적으로 습윤 환경 조건으로 검토하도록 한다.

$w_a = [0.3\ \text{mm},\ 0.005 \times (40+10)]_{max} = 0.25\ \text{mm}$

② 균열폭의 계산

- 균열 단면의 철근 응력(f_{so})

  2B2a 폭 2,000 mm의 T형 단면보로 검토

- 도심 $\bar{y} = \dfrac{(400)(800)(400)+(1600)(160)(800-160/2)}{(400)(800)+(1600)(160)} = 542.2\ \text{mm}$

- 전단면 2차모멘트(I_g)

$$I_g = \frac{(400)(800)^3}{12} + (400)(800)(542.2-400)^2 + \frac{(1600)(160)^3}{12} + (1600)(160)(800-542.2-160/2)^2 = 3.22 \times 10^{10}\ \text{mm}^4$$

- 균열휨모멘트(M_{cr}) 산정

$f_r = 0.63\lambda\sqrt{f_{ck}} = (0.63)(1.0)\sqrt{27} = 3.27\ \text{Mpa}$

- 중앙부 균열 검토

$$M_{cr}=\frac{f_r}{y_b}I_g=\frac{3.27}{542.2}(3.22\times10^{10})(10^{-6})=194.2\ \text{kN}\cdot\text{m}$$

$M_D=178$ kN·m $<$ M_{cr} 이므로 균열 발생하지 않음.

$M_{D+L}=317$ kN·m $>$ M_{cr} 이므로 균열 발생.

- 중립축(c) 위치 산정

탄성계수비 $n=\frac{E_s}{E_c}=\frac{2.0\times10^5}{8{,}500\sqrt[3]{27+4}}=7.49$

중립축(c)이 플랜지내에 위치한다고 가정함

$$\frac{(b_f)c^2}{2}+(n-1)(A_s{}')(c-d')=nA_s(d-c)$$

$$\frac{(2{,}000)c^2}{2}+(7.49-1)(2)(287)(c-59.5)=(7.49)(9)(287)(718-c)$$

$\therefore c=107.8$ mm (플랜지내에 중립축 위치함)

- 균열 단면2차모멘트(I_{cr})

$$\begin{aligned}I_{cr}&=\frac{b_fc^3}{3}+(n-1)A_s{}'(c-d')^2+nA_s(d-c)^2\\&=\frac{(2{,}000)(107.8)^3}{3}+(7.49-1)(2)(287)(107.8-59.5)^2+(7.49)(9)(287)(718-107.8)^2\\&=8.05\times10^9\ \text{mm}^4\end{aligned}$$

- 균열 단면의 철근 응력(f_{so})

$$f_{so}=\frac{M}{I_{cr}}(d_t-c)n=\frac{317(10)^6}{8.05(10)^9}(750-107.8)7.49=189.4\ \text{MPa}$$

- 콘크리트의 유효인장강도(f_{ctm})

$$f_{ctm}=0.30(f_m)^{\frac{2}{3}}=0.30(f_{ck}+\Delta f)^{\frac{2}{3}}=0.3(27+4)^{\frac{2}{3}}=2.96\ \text{MPa}$$

- 콘크리트 유효인장 면적(A_{cte})

$d_{cte}=\min[2.5(h-d),\ (h-d)/3]=27$ mm

$2.5(h-d)=2.5(800-718)=205$ mm

$$(h-d)/3 = (800-718)/3 = 27 \text{ mm}$$

$$A_{cte} = b\,d_{cte} = 400(27) = 10,800 \text{ mm}^2$$

- 평균 변형률$(\epsilon_{sm} - \epsilon_{cm})$

$$\rho_e = \frac{A_s}{A_{cte}} = \frac{9(287)}{10,800} = 0.24$$

$$\epsilon_{sm} - \epsilon_{cm} = \frac{f_{so}}{E_s} - 0.4\frac{f_{cte}}{E_s\rho_e}(1+n\rho_e) \geq 0.6\frac{f_{so}}{E_s}$$

$$\epsilon_{sm} - \epsilon_{cm} = \frac{f_{so}}{E_s} - 0.4\frac{f_{ctm}}{E_s\rho_e}(1+n\rho_e) = \frac{189.4}{2\times10^5} - 0.4\frac{2.96}{2\times10^5(0.24)}(1+7.49(0.24)) = 0.00088$$

$$0.6\frac{f_{so}}{E_s} = 0.6\frac{206.4}{2\times10^5} = 0.00062 \leq 0.00088 \quad \therefore \text{ 적합}$$

- 평균 균열 간격(l_s)

주철근의 중심 간격 $\dfrac{400-2(10)-19}{4} = 90.3 \text{ mm}$

$5(c_c + d_b/2) = 5(50+19/2) = 298 \text{ mm} \geq 90.3 \text{ mm}$ 이므로

$$l_s = 2c_c + \frac{0.25k_1k_2d_b}{\rho_e} = 2(50) + \frac{0.25(0.8)(0.5)(19)}{0.24} = 108 \text{ mm}$$

-설계 균열폭(w_d)

$$w_d = k_{st}w_m = k_{st}l_s(\epsilon_{sm} - \epsilon_{cm}) = 1.0(108)(0.00088) = 0.095 \text{ mm}$$

$$w_a = \max[0.3 \text{ mm},\ 0.005\times(40+10)] = 0.25 \text{ mm}$$

$w_a \geq w_d \quad \therefore$ 적합

균열폭은 허용균열폭 이하로 기준에 만족함

화장실은 마감(방수)으로 인해 단차가 발생, 단차에 대한 상세는 철근콘크리트배근상세 제Ⅱ부 철근의 구부림, 가공 및 부재 배근 4.10 단차이가 있는 보의 배근을 참조할 수 있다.

예제3.5) 작은보 2B1~2B2에 대하여 장방형 보로 휨에 대하여 설계하고 철근의 정착 및 이음에 대하여 검토하여라.($f_{ck}=27$ MPa, $f_y=400$ MPa)

〈예제표 3.5.1〉

부재명	단면 크기	설계 방법	부재력			
			단부		중앙부	
			M_u(kN · m)	V_u(kN)	M_u(kN · m)	V_u(kN)
2B1	400×600	복철근 보	302	186	145	0
2B2	400×600	복철근 보	311(내단)	209	226	0

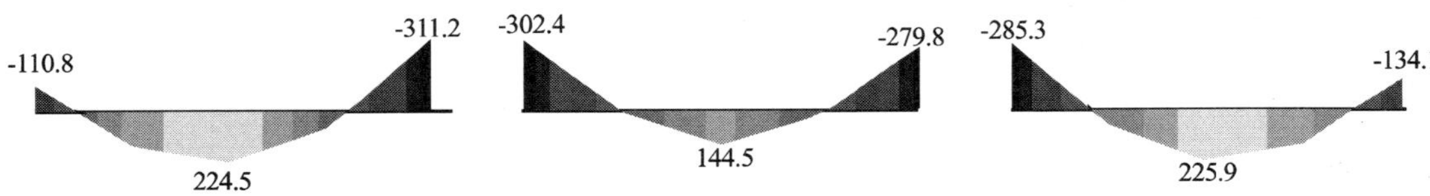

[예제그림 3.5.1] 2B1~2B2 휨모멘트도(1.2DL+1.6LL)

2B1과 2B2는 연속보로 철근을 연속으로 배근하여 지점에서 발생하는 불균형 모멘트에 대하여 저항할 수 있어야 하며, 시공의 편의성을 위하여 2B1의 단부와 2B2의 접합부는 $M_u=311$ kN·m로 설계하며, 2B1의 중앙부는 $M_u=145$ kN·m, 2B2의 중앙부는 $M_u=226$ kN·m으로 설계한다.

풀이)

(1) 휨 설계(2B1의 단부)

① 단철근 설계휨강도(ϕM_n) 산정

$$R_n=\frac{M_u}{\phi bd^2}=\frac{(311\times10^6)}{(0.85)(400)(541)^2}=3.13$$

$$\rho=\frac{0.85f_{ck}}{f_y}\left(1-\sqrt{1-\frac{2R_n}{0.85f_{ck}}}\right)=\frac{0.85(27)}{400}\left(1-\sqrt{1-\frac{2(3.13)}{0.85(27)}}\right)=0.00845$$

$$a=\frac{A_sf_y}{0.85f_{ck}b}=\frac{\rho df_y}{0.85f_{ck}}=\frac{(0.00845)(541)(400)}{0.85(27)}=79.7\ \text{mm}$$

따라서 $A_s = \rho bd = (0.00845)(400)(541) = 1{,}828\ \ \mathrm{mm}^2$

$1{,}828/287 = 6.37$ 따라서 7-D19 적용

압축철근 3-D19 적용하여 장방형 복철근콘크리트보로 설계한다.

② 압축철근 항복 검토

$$a = \frac{(A_s - A_s')f_y}{0.85 f_{ck} b} = \frac{(7-3)(287)(400)}{0.85(27)(400)} = 50.0\ \ \mathrm{mm}$$

$$c = \frac{a}{\beta_1} = \frac{50.0}{0.8} = 62.5\ \ \mathrm{mm}$$

중립축이 압축근 상부에 위치함, 압축철근 항복하지 않음. c 재산정

③ c 재산정

$$C_s + C_c = T$$

$$C_c = 0.85 f_{ck}(\beta_1)(c)b = (0.85)(27)(0.8)c(400) = 7{,}344c$$

$$C_s = A_s' f_s' = A_s' \epsilon_s' E_s = A_s' E_s \frac{c-d_t}{c} 0.003$$

$$= (3)(287)(2\times 10^5)\frac{c-59.5}{c}(0.003) = \frac{516{,}600(c-59.5)}{c}$$

$$T = A_s f_y = (7)(287)(400) = 803{,}600$$

식을 연립하면 $c = 87.12$ mm

④ ϵ_t 검토 및 ϕ산정

$$\epsilon_t = (\frac{d_t}{c} - 1)0.003 = (\frac{541}{87.12} - 1)0.003 = 0.01563 \ \ \geq\ [2.0\epsilon_y, 0.004]$$

$\epsilon_t = 0.016352 \geq\ [2.5\epsilon_y, 0.005]$ 이므로 $\phi = 0.85$

⑤ ϕM_n 검토

$$\phi M_n = \phi[(A_s - A_s')f_y(d - \frac{a}{2}) + A_s' f_y(d - d')]$$

$$= (0.85)[(7-3)(287)(400)(541 - \frac{50.7}{2}) + (3)(287)(400)(541 - 59.5)](10^{-6}) = 342\ \ \mathrm{kN{\cdot}m}$$

⑥ 철근량 검토 및 인장철근의 배근 간격, 전단배근 계산은 3.4.2.1 참조

(2) 휨 설계(2B1의 중앙부)

$$R_n = \frac{M_u}{\phi b d^2} = \frac{(145 \times 10^6)}{(0.85)(400)(541)^2} = 1.46$$

$$\rho = \frac{0.85 f_{ck}}{f_y}\left(1 - \sqrt{1 - \frac{2R_n}{0.85 f_{ck}}}\right) = \frac{0.85(27)}{400}\left(1 - \sqrt{1 - \frac{2(1.46)}{0.85(27)}}\right) = 0.00376$$

따라서 $A_s = \rho b d = (0.00376)(400)(541) = 813.1\ \text{mm}^2$

$\frac{813.1}{287} = 2.83$이므로 3−D19

① a산정

$$a = \frac{A_s f_y}{0.85 f_{ck} b} = \frac{(3)(287)(400)}{(0.85)(27)(400)} = 37.5\ \text{mm}$$

② c 산정

$$c = \frac{a}{\beta_1} = \frac{37.5}{0.8} = 46.9\ \text{mm}$$

③ ϵ_t 검토

$$\epsilon_t = (\frac{d_t}{c} - 1)0.003 = (\frac{541}{46.9} - 1)0.003 = 0.0316\ \geq\ [0.004, 2\epsilon_y]$$

④ ϕM_n 검토

$$\phi M_n = \phi A_s f_y (d - \frac{a}{2})$$
$$= (0.85)(3)(287)(400)(541 - \frac{37.5}{2})(10^{-6}) = 153\ \text{kN·m}$$

(3) 배근

부재명	단부(내단)	중앙부	단부(외단)
2B1 단 면 (B×H = 400×600)	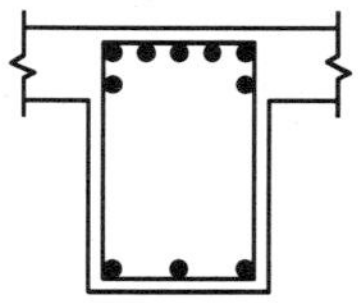	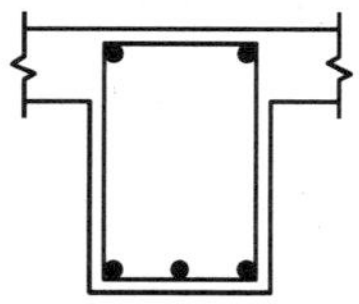	
상부근	7-D19	2-D19	
하부근	3-D19	3-D19	
스터럽	D10@200	D10@250	
부재명	단부(내단)	중앙부	단부(외단)
2B2 단 면 (B×H = 400×600)	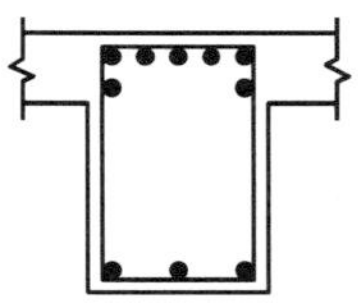 B1 측	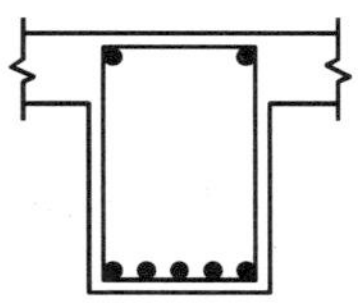	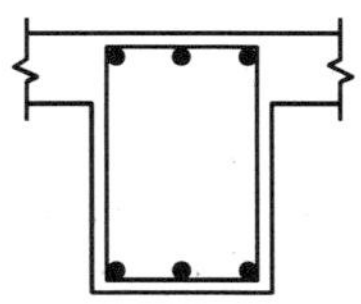
상부근	7-D19	2-D19	3-D19
하부근	3-D19	5-D19	3-D19
스터럽	D10@200	D10@250	D10@200

[그림 3.5.2] 2B1~2B2 배근도

(4) 인장 정착길이(l_{dh}) 산정

$$l_{dh} = \frac{0.24\beta d_b f_y}{\lambda\sqrt{f_{ck}}} \times \text{보정계수} \geq \max[8d_b, 150\text{ mm}]$$

β : 도막계수

보정계수

① 0.7

- D35 이하 철근에서 갈고리 평면에 수직방향인 측면 피복두께가 70 mm 이상
- 90° 갈고리에 대해서 갈고리를 넘어선 부분의 철근피복두께가 50 mm 이상

② 0.8

- D35 이하 90° 갈고리 철근에서 정착길이 l_{dh}구간을 $3d_b$ 이하 간격으로 띠철근 또는 스터럽이 정착되는 철근을 수직으로 둘러싼 경우 또는 갈고리 끝 연장부와 구부림의 전 구간을 $3d_b$ 이하 간격으로 띠철근 또는 스터럽이 정착되는 철근을 평하게 둘러싼 경우
- D35 이하 180° 갈고리 철근에서 정착길이 l_{dh}구간을 $3d_b$ 이하 간격으로 띠철근 또는 스터럽이 정착되는 철근을 수직으로 둘러싼 경우

$$l_{dh} = \frac{0.24\beta d_b f_y}{\lambda\sqrt{f_{ck}}} = \frac{(0.24)(1.0)(19)(400)}{(1.0)\sqrt{27}} = 351 \text{ mm}$$

보정계수 0.7 적용

$351 \times 0.7 = 246$ mm

보폭 검토 $246 + 50 = 396$ mm $\leq$ 400 mm ∴ 적합

(5) 인장 이음 산정

B급 이음 : $1.3l_d$

약산식 : $l_d = \dfrac{0.6d_b f_y}{\lambda\sqrt{f_{ck}}} \geq 300$ mm 를 적용할 수 있다.

$$l_d = \frac{0.6d_b f_y}{\lambda\sqrt{f_{ck}}} = \frac{0.6(19)(400)}{1.0\sqrt{27}} = 878 \geq 300 \text{ mm}$$

$1.3l_d = 1.3(878) = 1{,}141 \geq 300$ mm

이음길이는 1,150 mm 시공한다.

철근콘크리트 배근 상세 철근콘크리트배근상세 제Ⅱ부 2.8 철근의 정착, 철근 정착의 상세는 [그림 4.6.2] 큰보에서 작은보의 정착 상세를 참조할 수 있다.

철근 이음의 일반사항은 철근콘크리트 배근 상세 철근콘크리트배근상세 제Ⅱ부 2.9 철근의 이음, 이음위치는 철근콘크리트 배근 상세 [그림 4.7.1] 일반보 상세를 참조할 수 있다.

예제3.6) 2G1에 대하여 직사각형보로 휨에 대하여 중앙부 휨모멘트, 단부 전단력에 대하여 설계하여라.($f_{ck}=27$ MPa, $f_y=400$ MPa)

〈예제표 3.6.1〉 2G1 부재력

부재명	단면 크기	설계 방법	부재력			
			단부		중앙부	
			M_u(kN · m)	V_u(kN)	M_u(kN · m)	V_u(kN)
2G1	400×600	복철근보	180	113	87.9	0

풀이)

(1) 단부 설계(중앙부 생략)

① 설계휨강도 > 소요휨강도 ($\phi R_n > \dfrac{M_u}{bd^2}$)

단부에서는 플랜지가 인장을 받으므로 직사각형보폭을 사용하여 설계하였다.

$$R_n=\frac{M_u}{\phi bd^2}=\frac{(180\times 10^6)}{(0.85)(400)(541)^2}=1.81$$

$$\rho=\frac{0.85f_{ck}}{f_y}\left(1-\sqrt{1-\frac{2R_n}{0.85f_{ck}}}\right)=\frac{0.85(27)}{400}\left(1-\sqrt{1-\frac{2(1.81)}{0.85(27)}}\right)=0.00472$$

따라서 $A_s=\rho bd=(0.00472)(400)(541)=1{,}021\ \text{mm}^2$

② 강도감소계수 검토

$$a=\frac{A_sf_y}{0.85f_{ck}b}=\frac{\rho df_y}{0.85f_{ck}}=\frac{(0.004719)(541)(400)}{0.85(27)}=44.5\ \text{mm}$$

$$c=\frac{a}{\beta_1}=\frac{44.5}{0.8}=55.6\ \text{mm}$$

$$\varepsilon_t=0.003\left(\frac{d_t}{c}-1\right)=0.003\left(\frac{541}{55.6}-1\right)=0.0262\geq 0.005$$

따라서 인장지배단면으로 강도감소계수는 0.85이다.

③ 최소철근량 제한

예제 3.4의 최소철근량 제한 검토 과정과 동일하며, 검토 결과 최소철근량을 만족한다.

④ 철근배근

D19의 단면적은 287 mm^2이므로 필요철근의 개수는 $\dfrac{1,021}{287} = 3.55$

따라서 4-D19를 사용하여 배근하였다.

이때 소요최소보폭을 검토하면,

b = 2(피복두께)+2(스터럽직경)+주철근 직경의 합+최소 주철근간격의 합

$$= 2(40) + 2(10) + 4(1.5)(19) + 3(\frac{4}{3} \times 25) = 314 \text{ mm} < 400 \text{ mm}$$

따라서 사용보의 폭 400 mm를 만족한다.

⑤ 휨균열 제어를 위한 인장철근 간격 제한 검토

인장연단 배근간격= $\dfrac{1}{3}\left\{400 - 2\left(40 + 10 + \dfrac{19}{2}\right)\right\} = 93.7 \text{ mm}$

따라서 간격제한에 만족한다.

⑥ 설계전단강도 > 소요전단강도 ($\phi V_n > V_u$)

계수전단력 V_u가 설계전단강도 ϕV_c를 초과하는 곳에는 전단철근을 배치하여 설계할 수 있으며 이때 부재의 전단강도 $V_n = V_c + V_s$로 산정할 수 있다.

$$\phi V_c = (0.75)\left(\frac{1}{6}\right)\sqrt{f_{ck}}\, b_w d = (0.75)\left(\frac{1}{6}\right)\sqrt{27}(400)(541) = 140,426 \text{ N} = 140 \text{ kN}$$

따라서 $V_u \geq \dfrac{1}{2}\phi V_c$인 곳에 최소 전단철근 철근을 배치한다. 예제 3.4참조

부재명	중앙부	단부(양단)
2G1 단 면 (B×H = 400×600)	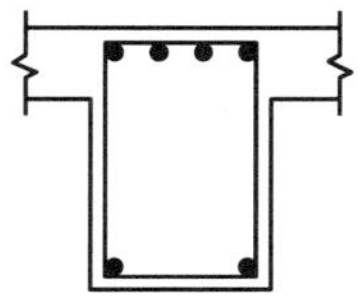	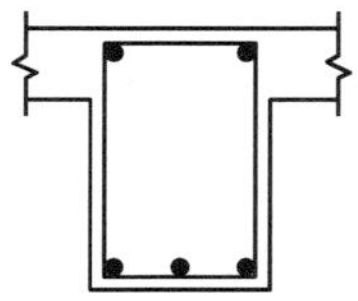
상부근	4-D19	2-D19
하부근	2-D19	3-D19
스터럽	D10@200	D10@250

[그림 3.6.1] 2G1 배근도

테두리보의 배근 상세는 철근콘크리트 배근 상세 제Ⅱ부 [그림 4.1.3] 테두리보-폐쇄형스럽 사용 상세를 참조할 수 있다.

예제3.7) 내부보인 2G4를 T형 단면보로 설계하여라.($f_{ck} = 27$ MPa, $f_y = 400$ MPa)

〈예제표 3.7.1〉 2G4 부재력

부재명	단면 크기	부재력	부재력					
			단부(Y2열)		중앙부		단부(Y1열)	
			M_u(kN · m)	V_u(kN)	M_u(kN · m)	V_u(kN)	M_u(kN · m)	V_u(kN)
2G4	400×600	591	351	493	226	375	294	0

풀이)

2G4 보는 단부 중앙부 모두 T형 단면보로 설계하였다. 일반적으로 플랜지에 인장이 작용하게 되면 T형 단면보로 설계하지는 않지만 보 폭내에 주근의 배치가 불가능할 경우 기준에서 제시하고 있는 방법으로 가능하다.

(1) 단부 설계

KDS 14 20 20 (4.2.3.(5)) T형보의 플랜지가 인장을 받는 경우에는 휨인장철근을 KDS 14 20 10 (4.3.10) 에서 정의된 유효플랜지폭이나 경간의 1/10의 폭 중에서 작은 폭에 걸쳐서 분포시켜야 한다. 만일 유효플랜지폭이 경간의 1/10을 넘는 경우에는 종방향 철근을 플랜지 바깥부분에 추가로 배치하여야 한다.

① T형보의 유효폭(b)산정

(가) 한쪽으로 내민 플랜지 두께의 6배+b_w $=(150)(6)+400=1,300$ mm

(나) 보의 경간의 1/12+$b_w=(7,500/12)+400=1,025$ mm

(다) 인접 보와의 내측 거리의 1/2+b_w $=(8,000/2)+400=4,400$ mm

경간의 1/10=7,500/10=750 mm

따라서 단부 주철근은 750 mm 이내 배치한다.

① 설계휨강도 > 소요휨강도 $(\phi R_n > \dfrac{M_u}{bd^2})$

$$R_n=\frac{M_u}{\phi bd^2}=\frac{(591\times10^6)}{(0.85)(400)(541)^2}=5.95$$

$$\rho=\frac{0.85f_{ck}}{f_y}\left(1-\sqrt{1-\frac{2R_n}{0.85f_{ck}}}\right)=\frac{0.85(27)}{400}\left(1-\sqrt{1-\frac{2(5.95)}{0.85(27)}}\right)=0.01756$$

따라서 $A_s=\rho bd=(0.01756)(400)(541)=3,796\ \text{mm}^2$

② 강도감소계수 검토

$$a=\frac{A_sf_y}{0.85f_{ck}b}=\frac{\rho df_y}{0.85f_{ck}}=\frac{(0.01756)(541)(400)}{0.85(27)}=165\ \text{mm}$$

$$c=\frac{a}{\beta_1}=\frac{165}{0.8}=206.3\ \text{mm}$$

$$\varepsilon_t=0.0033\left(\frac{d_t}{c}-1\right)=0.0033\left(\frac{541}{206.3}-1\right)=0.0054>0.005$$

③ 철근배근

D19의 단면적은 287 mm^2이므로 필요철근의 개수는 $\dfrac{3,848}{287}=13.4$

따라서 14-D19를 사용하여 배근하였다.

이때 소요최소보폭을 검토하면,

b = 2(피복두께)+2(스터럽직경)+주철근 직경의 합+최소 주철근간격의 합

플랜지 폭 700 mm 내에 주근 배치 가능 수량 산정

$2(40)+2(10)+x(1.5)(19)+x(25)=700$ mm

따라서 $x=11.21$ea 상부 1단 최대배근량은 11−D19

주철근을 플랜지내에 배치할 때 보의 폭 400 mm를 증가 시키지 않아도 된다.

주철근은 1열, 2열 7−D19로 배근한다.

부재명	단부(양단)
2G4 단 면 (B×H = 400×600)	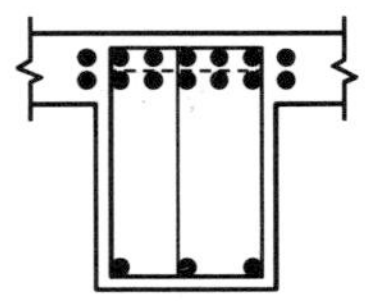
상부근	14-D19
하부근	3-D19
스터럽	3-D10@100

[그림 3.7.1] 2G4 배근도

내부보의 배근 상세는 철근콘크리트 배근 상세 제Ⅱ부 [그림 4.1.2] 내부보−개방형스터럽 사용 상세를 참조할 수 있다.

3.4.3 기둥 설계

예제3.8) 지상1층 사각형 기둥(1C2)를 설계하여라.($f_{ck}=27$ MPa, $f_y=400$ MPa)

		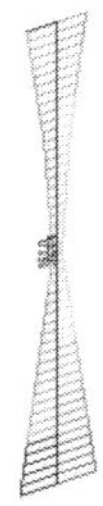	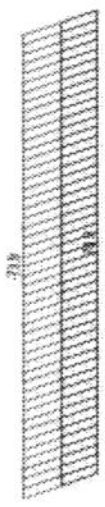	
P_u:−951 kN	M_x:207 kN·m	M_y:−164 kN·m	V_x:−74 kN	V_y:100 kN
해석모델 결과 :F_x	해석모델 결과 : M_z	해석모델 결과 : M_y	해석모델 결과 : F_z	해석모델 결과 : F_y

[예제그림 3.8.1] 1C2 기둥 부재력

풀이)

〈설계 절차〉

1) 해석 모델의 1C2기둥의 부재력 확인
2) 2축 휨을 받는 정사각형 기둥을 PCA등하중선법을 이용하여 등가 1축 휨부재로 환산
3) 단면 및 철근량 산정
4) 1축 휨을 받는 기둥단면 검토
5) 전단보강근 산정
6) 정착 및 이음길이 산정

(1) 해석모델의 1C2 기둥의 부재력 확인

부재 설계용 부재력은 설계기준에서 제시하는 하중조합 중 가장 불리한 값을 적용하여야 하므로, 각 부재의 하중조합 중 가장 불리한 하중조합의 부재력으로 설계하여야 하지만, 이 예제에서는 편의상 축력, 휨모멘트, 전단력 각각의 최대값을 대상으로 설계한다.

해석모델에서 기둥부재의 부재력은 Local축에 따라 부재의 길이방향 축이 x축, 단면상의 축은 y, z축을 적용한다. 이때 부재의 y, z축은 단면치수를 입력할 때 적용되는 축이므로 해석 모델의 부재력을 읽을 때 축력은 F_x, 축력방향의 모멘트인 비틀림모멘트가 M_x이고 단면상의 주축은 해석모델의 Local축을 확인하여야 한다.

(2) 2축 휨을 받는 정사각형기둥을 PCA등하중선법을 이용하여 등가 1축 휨부재로 환산

① 압축지배거동으로 가정하여 소요 공칭강도 산정

$$P_n = \frac{P_u}{\phi} = \frac{951}{0.65} = 1{,}463 \ \text{kN}$$

$$M_{nx} = \frac{M_{ux}}{\phi} = \frac{207}{0.65} = 319 \ \text{kN·m}$$

$$M_{ny} = \frac{M_{uy}}{\phi} = \frac{164}{0.65} = 252 \ \text{kN·m}$$

② 등가1축 휨강도 결정

$$\frac{M_{ny}}{M_{nx}} = \frac{252}{319} = 0.79 \le \frac{b}{h} = \frac{400}{400} = 1$$

따라서, 등가 1축 휨강도 M_{nox} 산정, $\beta = 0.65$로 가정함.

$$M_{nox} = M_{nx} + M_{ny}\left(\frac{b}{h}\right)\left(\frac{1-\beta}{\beta}\right) = 319 + 136 = 455 \ \text{kN·m}$$

(3) 단면 및 철근량 산정

〈예제표 3.8.1〉

요구설계축강도	요구 설계1축휨강도	콘크리트 설계기준압축강도	철근 설계기준항복강도
P_n=1,463 kN	M_{nox}=455 kN·m	27 MPa	400 MPa

주철근(공칭지름:mm)	띠철근(공칭지름:mm)	피복두께 mm	단면치수 mm
HD 25(25.4)	HD10(9.53)	40	b×h=400×400

① 축방향 철근량 결정 및 철근 배치

- 축방향 철근 중심에서 표면까지의 거리 d´ 산정 :
  d´=40+9.53+0.5×(25.4)=62.2 mm

- 압축철근과 인장철근의 중심거리 d−d´ 산정 :
  d−d´=400−(62.2×2)=276 mm

■ $\gamma = \dfrac{d-d'}{h} = \dfrac{276}{400} = 0.69$ → 축력-휨모멘트 설계강도 chart NO7에 따름

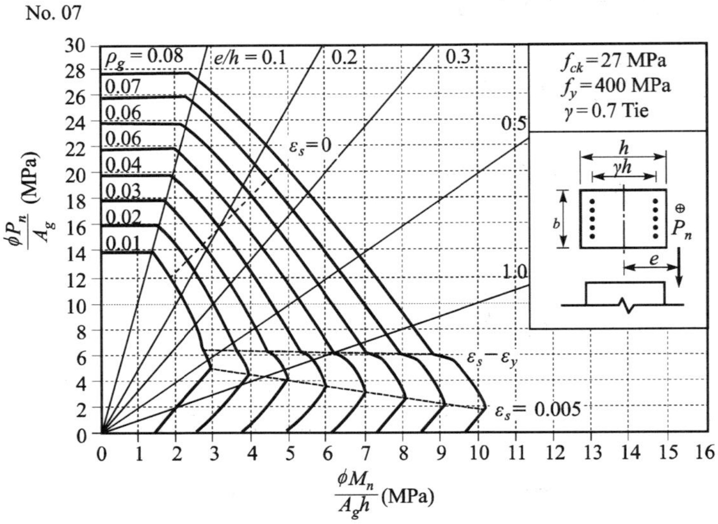

[예제그림 3.8.2] 축력-휨모멘트 설계강도 chart NO7

$$\frac{\phi P_n}{(A_g)} = \frac{0.65 \times 1,463 \times 10^3}{400 \times 400} = 5.94 \ \text{MPa}$$

$$\frac{\phi M_n}{(A_g \cdot h)} = \frac{0.65 \times 455 \times 10^6}{400 \times 400^2} = 4.62 \ \text{MPa}$$

■ 설계강도 chart에 따라

$req'd\,\rho_g = 0.03$

$req'd\,A_{st} = 0.03 \times 400 \times 400 = 4,800 \ \text{mm}^2$

■ 10-HD25 배치 시 $A_{st} = 10 \times 506.7 = 5,067 \ \text{mm}^2$ ($\rho_g = 0.032$)

■ 12-HD25 배치 시 $A_{st} = 12 \times 506.7 = 6,080 \ \text{mm}^2$ ($\rho_g = 0.038$)

(KDS 14 20 20 (4.3.2)에 따라 주철근이 겹침이음이 되는 곳에서 철근비가 $\rho_g = 0.04$를 넘지 않는 수준이 되어야 하므로 시공성을 고려하여 400×400 mm 단면은 철근비를 고려하여 500×500 mm로 키워서 다시 검토한다.)

재검토

〈예제표 3.8.2〉

요구설계축강도	요구 설계1축휨강도	콘크리트 설계기준압축강도	철근 설계기준항복강도
P_n=1,463 kN	M_{nox}=455 kN·m	27 MPa	400 MPa

주철근(공칭지름:mm)	띠철근(공칭지름:mm)	피복두께 mm	단면치수 mm
HD25(25.4)	HD10 (9.53)	40	b×h=500×500

② 축방향 철근량 결정 및 철근배치

- 축방향 철근 중심에서 콘크리트 표면까지 거리 d´ 산정 :

  d´=40+9.53+0.5×(25.4)=62.2 mm

- 압축철근과 인장철근의 중심거리 d−d´ 산정 :

  d−d´=500−(62.2×2)=376 mm

- $\gamma=\dfrac{d-d'}{h}=\dfrac{376}{500}=0.75$ → 축력-휨모멘트 설계강도 chart NO8에 따름

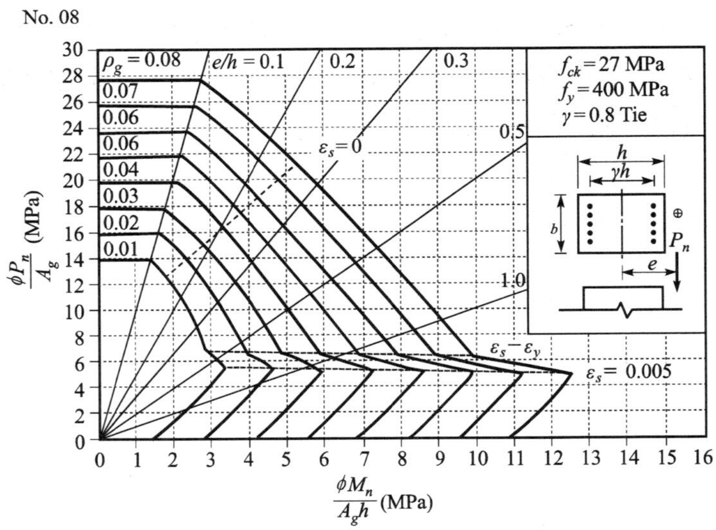

[예제그림 3.8.3] 축력-휨모멘트 설계강도 chart NO8

$$\frac{\phi P_n}{(A_g)} = \frac{0.65 \times 1,463 \times 10^3}{500 \times 500} = 3.80 \text{ MPa}$$

$$\frac{\phi M_n}{(A_g \cdot h)} = \frac{0.65 \times 455 \times 10^6}{500 \times 500^2} = 2.37 \text{ MPa}$$

- 설계강도 chart에 따라

  $req'd\,\rho_g = 0.01$

  $req'd\,A_{st} = 0.01 \times 500 \times 500 = 2,500 \text{ mm}^2$

- 8–HD25 배치 시 $A_{st} = 8 \times 506.7 = 4,054 \text{ mm}^2$ ($\rho_g = 0.0162$)

(4) 1축 휨을 받는 기둥 단면 검토

① 부재력 및 편심거리 산정

$P_u = 951 \text{ kN}$

$M_{uox} = \phi M_{nox} = 0.65 \times 455 = 296 \text{ kN·m}$

$$e = \frac{M_u \times 10^3}{P_u} = 311 \text{ mm}$$

② Chart No.8의 소요철근량의 위치는 인장철근이 항복하는 경우이므로

가정] 압축철근 A_{s1} 은 항복 상태, 인장철근 A_{s2}는 항복하지 않은 상태, 인장철근 A_{s3}는 항복 상태

검토 조건] $f_{ck} = 27 \text{ MPa} < f_{ck} = 40 \text{ MPa}$ ($\eta = 1.0$, $\beta_1 = 0.8$ 적용)

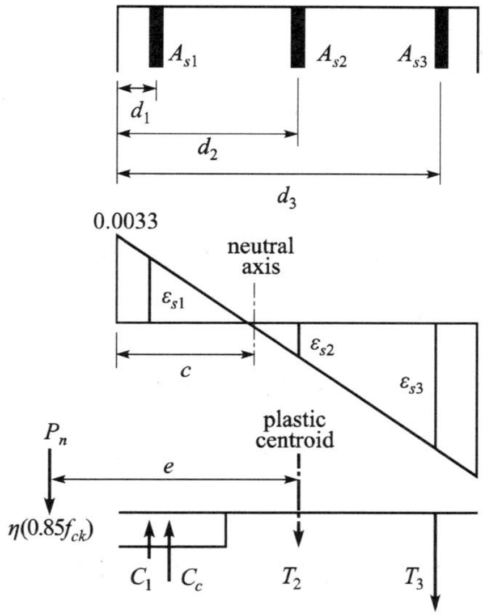

[예제 그림 3.8.4] 철근단면적, 유효깊이, 변형률분포, 응력 및 힘 분포

③ 철근의 단면적, 콘크리트 표면에서 거리 산정

$A_{s1} = 3 \times 506.7 = 1,520 \text{ mm}^2,$ $\quad$ $\text{d}_1 = 62.2 \text{ mm}$

$A_{s2} = 2 \times 506.7 = 1,013 \text{ mm}^2,$ $\quad$ $\text{d}_2 = 250 \text{ mm}$

$A_{s3} = 3 \times 506.7 = 1,520 \text{ mm}^2,$ $\quad$ $\text{d}_3 = 438 \text{ mm}$

④ 중립축 산정을 위한 힘 산정

$$C_c = \eta(0.85f_{ck})\beta_1 cb = 9,180c \text{ N}$$

$$C_1 = A_{s1}(f_y - 0.85f_{ck}) = 573,116 \text{ N}$$

$$T_2 = A_{s2}(E_s\epsilon_{s2}) = 1,013 \times (200,000)(0.0033)\left(\frac{250-c}{c}\right) = 167,145,000/c - 668,580 \text{ N}$$

$$T_3 = A_{s3}f_y = 608,000 \text{ N}$$

⑤ P_n의 위치와 각 힘의 거리 산정

$$Z_c = e - \frac{h}{2} + \beta_1\frac{c}{2} = 311 - 250 + 0.8 \times \frac{c}{2} = 61 + 0.4c \text{ mm}$$

$$Z_1 = e - \frac{h}{2} + d_1 = 123 \text{ mm}$$

$$Z_2 = e - \frac{h}{2} + d_2 = 311 \text{ mm}$$

$$Z_3 = e - \frac{h}{2} + d_3 = 499 \text{ mm}$$

⑥ P_n의 위치를 중심으로 모멘트의 합력이 0이 되는 중립축 거리 c 산정

$C_c Z_c + C_1 Z_1 - T_2 Z_2 - T_3 Z_3 = 0$을 풀이하면

$c^3 + 153c^2 - 6{,}800c - 14{,}156{,}318 = 0$의 해를 구하면

$c = 208 \text{ mm}$

⑦ 가정사항 검토(압축철근 A_{s1}:항복, 인장철근 A_{s2}:항복에 이르지 않은 상태, 인장철근 A_{s3}:항복)

$$\epsilon_{s1} = 0.0033\frac{c - d_1}{c} = 0.0023 \quad > \ \epsilon_y = 0.002(\text{압축철근 항복})$$

$$\epsilon_{s2} = 0.0033\frac{c - d_2}{c} = -0.00067 \quad < \ \epsilon_y = 0.002(\text{인장철근 : 탄성상태})$$

$$\epsilon_{s3} = 0.0033\frac{c - d_3}{c} = -0.00365 \quad > \ \epsilon_y = 0.002(\text{인장철근 항복: 강도감소계수 변화구간 적용})$$

- KDS 14 20 20 (4.1.2 (4))에 따른 변화구간 단면에 대한 강도감소계수 산정

$$\phi = \phi + \frac{\phi_f - \phi_c}{0.005 - \epsilon_y}(\epsilon_t - \epsilon_y) = 0.65 + 0.11 = 0.76$$

⑧ 설계강도 검토

$C_c = \eta(0.85 f_{ck})\beta_1 cb = 9{,}180c \text{ N} = 1{,}909 \text{ kN}$

$C_1 = A_{s1}(f_y - 0.85 f_{ck}) = 573 \text{ kN}$

$T_2 = A_{s2}(E_s \epsilon_{s2}) = 1{,}013(200{,}000)(0.0033)(\frac{250 - c}{c}) = 167{,}145{,}000/c - 668{,}580 = 135 \text{ kN}$

$T_3 = A_{s3} f_y = 608 \text{ kN}$

$P_n = C_c + C_1 - T_2 - T_3 = 1{,}739 \text{ kN}$

$M_n = P_n \times e = 541 \text{ kN·m}$

$\phi P_n = 0.76 \times 1,739 = 1322$ kN $> P_u = 951$ kN ∴ 적합

$\phi M_n = 0.76 \times 541 = 411$ kN·m $> M_u = 296$ kN·m ∴ 적합

(5) 전단보강근 산정

① 골조시스템에 따른 띠철근 수직간격 제한(최소 배근)

: 보통모멘트 골조적용 : 후프철근 상세 미적용

: KDS 14 20 50 (4.4.2) 압축부재의 횡철근 (3) 띠철근의 수직간격

$16d_{b,long} = 16(25.4) = 406$ mm

$48d_{b,tie} = 48(9.53) = 457$ mm

최소단면치수 $= 500$ mm

min[406, 457, 500]이므로 350 mm 이내 간격으로 배치함

② 축방향 철근 순간격에 따른 띠철근 배치 검토

$c_s = d_2 - d_1 - d_b = 250 - 62.2 - 25.4 = 162$ mm > 150 mm (매 주철근 마다 횡방향철근을 배치함)

③ 콘크리트에 의한 전단강도 검토

$d = 500 - 62.2 = 438$ mm

$$V_c = \frac{1}{6}\left(1 + \frac{N_u}{14A_g}\right)\sqrt{f_{ck}} \times b_w \times d = 241 \text{ kN}$$

$$\phi V_c = 0.75 \times 241 = 181 \text{ kN} > V_u = 100 \text{ kN} > \frac{\phi V_c}{2} = 90.4 \text{ kN}$$

(최소 전단철근 이상 배치)

④ 최소전단철근 산정

$$A_{v,\min} = 0.0625\sqrt{f_{ck}} \times \frac{b_w s}{f_{yt}} = 0.325\frac{b_w s}{f_{yt}} < A_{v,\min} = 0.35\frac{b_w s}{f_{yt}}$$

$$S_{v,\max} = \frac{A_v f_{yt}}{0.35 b_w} = \frac{(3 \times 71.33) \times 400}{0.35 \times 500} = 489 \text{ mm} \rightarrow 3 - HD10@350$$

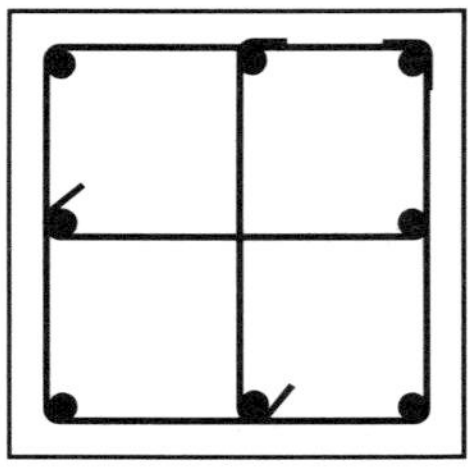

기둥 주철근 : 8-3-HD25
띠철근 : 3-HD10@350

[예제그림 3.8.5] 1C2 배근도

(6) 정착 및 이음길이 산정

> 정착 및 이음길이 산정 조건 :
> 정착 및 이음길이 산정 주철근은 일부 압축철근 일부 인장철근이므로 인장철근 겹침이음(전수)를 조건으로 겹침이음길이 산정
> KDS 14 20 52 (4.1.2)에 따른 정착길이 적용
> KDS 14 20 52 (4.5.2)에 인장이형철근 및 이형철선의 이음(1) B급 이음 적용

① 기본정착길이 산정

$$l_d = \frac{0.6 d_b f_y}{\lambda \sqrt{f_{ck}}}(\alpha\beta) = 1,173 \text{ mm} \ldots (4.1\text{-}1) \qquad 1.3 l_d = 1,530 \text{ mm}$$

$$l_d = \frac{0.9 d_b f_y}{\lambda \sqrt{f_{ck}}} \frac{\alpha\beta\gamma}{\left(\frac{c+K_{tr}}{d_b}\right)} = 718 \text{ mm} \ldots (4.1\text{-}2) \qquad 1.3 l_d = 940 \text{ mm}$$

② B급 겹침 이음길이 산정

$1.3l_d$=1,530 mm 또는 940 mm 적용 가능

배근상세는 철근콘크리트 배근상세 제Ⅱ부 [그림 5.1.1] 외부띠철근 기둥(기둥배근 일반) 상세를 참조할 수 있다.

3.4.4 보-기둥 접합부 설계

현행 기준에는 중간모멘트골조에 대한 기둥 횡철근과 같은 규정으로 해당 구조물의 지지력저항시스템을 특수모멘트골조 방식으로 변경하여 산정한 부재력으로 특수모멘트골조에 대한 보-기둥 접합부를 설계한다.

예제3.9) 특수모멘트골조에 따른 지상2층 X3/Y1열 보-기둥 접합부를 설계하여라.

풀이)

기둥의 수직부가 접합부에 연결되는 보에 의해 모두 구속되지 않으면 기준 4.5.4에 따르는 횡방향 후프철근을 접합부 내에 두어야 한다. 여기서 접합부 면의 3/4 이상이 연결되는 부재에 의해 포함되어 있으면 그 부재는 접합부 면에 구속을 부여하는 것으로 가정한다. 고려되는 보-기둥 접합부의 경우, 기둥의 3면에 대해서만 보가 연결되고 있다. 특수모멘트골조에서는 3면에 대해서만 보가 연결되어 있는 경우 접합부 내에 내진 갈고리를 가진 후프철근이 배치된다. (철근콘크리트 배근상세 제Ⅱ부 [그림 5.4.1] 외부기둥 (4면 보 구속형이 아닌 경우) 상세 참조)

(1) 동-서 방향으로 접합부의 전단강도 확인

접합부의 x-x단면의 전단력은(예제 그림 3.9.1 참조) 연결되는 보($1.25f_y$로 응력을 받는)의 상부 휨철근으로부터 계산되는 인장력과 기둥의 상부에 오는 수평전단력의 차이로부터 얻어진다.

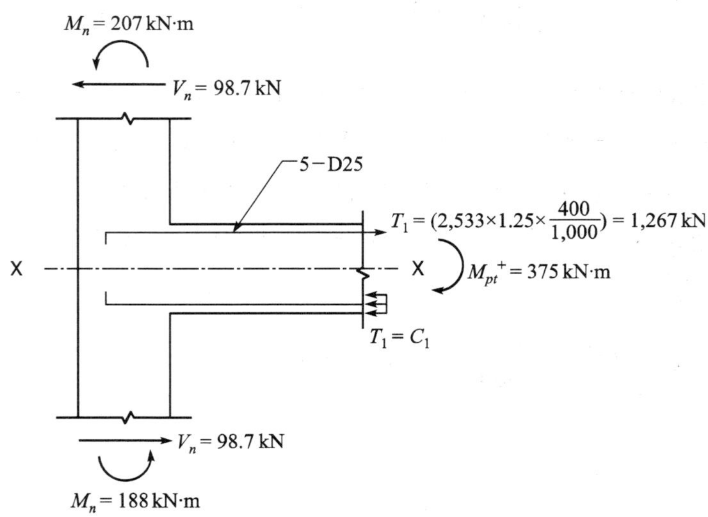

[예제그림 3.9.1] 외부 접합부의 동-서 방향 전단해석

$$T = A_s(1.25f_y) = \frac{(5\times 506.7)(1.25\times 400)}{1,000} = 1,267\ \text{kN}$$

기둥으로부터 수평전단력(V_h)산정은 층에 연결되는 보가 변형되어 기둥에 연결되는 접합부에서 소성힌지가 발생하는 것으로 계산된다.(보의 $M_{pt}^{+} = 375$ kN·m 사용, [예제그림 3.9.1] 참조)

더 나아가 보의 단부 모멘트는 접합부 기둥 위와 아래에서 기둥의 길이에 반비례하여 저항한다고 가정할 때 기둥에서의 평균 수평전단력은 대략 다음과 같다.

$$V_h = \frac{375\times 1,000}{(3,600+4,000)/2} = 98.7\ \text{kN}$$

따라서 접합부의 단면 x-x에서 순수전단력 V_u는

$$V_u = 1,267 - 98.7 = 1,168\ \text{kN}$$

KDS 14 20 80 (4.6.3(1))은 접합부 단면적A_j와 연결보의 구속정도에 따라 접합부의 공칭휨강도에 대한 접합부 전단강도를 산정한다.

이 예제와 같이 세면이 구속되어 있는 접합부에 대해
(여기서 보의 폭=600 mm > 0.75(기둥의 폭)=0.75×400=300 mm)

$$\phi V_{jn} = \phi 1.25\sqrt{f_{ck}}\,A_j$$

$$= 0.75\times 1.25\times\sqrt{27}\times\frac{400^2}{1,000} = 779 < 1,168\ \text{kN} \quad \therefore \text{부적합}$$

부적합에 따라 접합부의 콘크리트의 전단강도가 부족할 때 횡철근은 전단강도에 대해 큰 영향을 미친다고 보지 않기 때문에 기둥 단면의(여기서 A_j) 크기를 키우거나 보 춤의 깊이를 증가하도록(필요한 휨철근의 양을 줄이고 이는 인장력 T의 감소도 가져옴) 하는 방안을 취해야 한다. 이 예제에서는 기둥의 단면을 키우는 방안을 제시하도록 한다. 기둥의 단면을 550×550 mm로 증가시키면,

$$\phi V_{jn} = \phi 1.25\sqrt{f_{ck}}\,A_j$$

$$= 0.75\times 1.25\times\sqrt{27}\times\frac{550^2}{1,000} = 1,474 > 1,168\ \text{kN} \quad \therefore \text{적합}$$

(2) **북-남 방향으로 접합부의 전단강도 확인**

x-x단면에 대한 접합부의 전단력은([예제그림 3.9.2] 참조) 다음과 같이 계산된다.

$$T_1 = A_s(1.25f_y) = \frac{(4\times 387.1)(1.25\times 400)}{1{,}000} = 774\ \text{kN}$$

$$T_2 = A_s(1.25f_y) = \frac{(2\times 387.1)(1.25\times 400)}{1{,}000} = 387\ \text{kN}$$

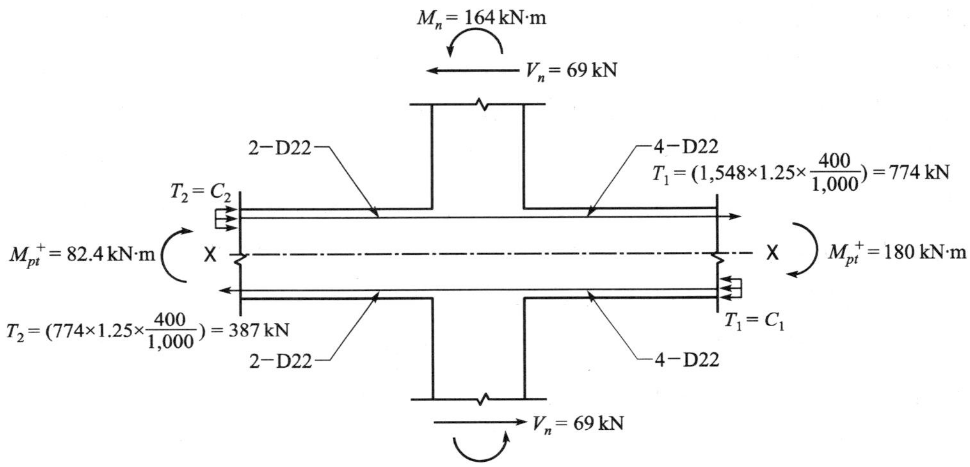

[예제그림 3.9.2] 외부 접합부의 남-북 방향 전단해석

접합부에서 최대 발생 가능한 정 및 부모멘트 휨강도는 82.4 kN·m, 180 kN·m이다.

(각각 상하부 2-D22, 4-D22 철근)

기둥에서 평균 수평전단력은 대략 다음과 같다.

$$V_h = \frac{(82.4 + 179.8)}{(3{,}600 + 4{,}000)/2}\times 1{,}000 = 69\ \text{kN}$$

따라서 접합부의 단면 x-x에 대한 순수전단력은 다음과 같다.

$$V_u = T_1 + C_2 - V_h = 774 + 387 - 69 = 1{,}092\ \text{kN}$$

$$\phi V_{jn} = \phi 1.25\sqrt{f_{ck}}A_j$$

$$= 0.75\times 1.25\times\sqrt{24}\times\frac{550^2}{1{,}000} = 1{,}092 > 967\ \text{kN} \quad \therefore\ 적합$$

3.4.5 지하외벽 설계

> 예제3.10) 해당 건축물의 지하외벽을 설계하여라.

풀이)

(1) 토압 산정을 위한 지반조사 보고서 검토

지반조사보고서에는 구조설계 대상 건물의 주변현황, 지층분포, 전단파속도 및 표준관입시험에 의한 N값, 지하수위, 지내력, 지반종류, 토압계산용 흙의 내부마찰각과 단위중량 등이 명시되어 있다. 조사된 이들 내용들은 건물의 지하구조물을 설계 할 때 구조계산에 적용된다. [예제그림 3.10.1]은 이 해당건물의 지반조사보고서에 수록된 시추주상도이다. 이 주상도에 따르면 표고 22.9 m, 지하수위 −1.2 m임을 알 수 있다. 해당 건물의 1층 계획고는 25 m, GL은 1층 계획고에서 0.2 m 아래로 정하였다. 1층 슬래브는 시공결함에 의한 누수를 방지하기 위하여 일반적으로 GL보다 높게 위치하도록 설계한다. 지하층 층고는 4 m이고 기초두께를 600 mm로 가정할 때, 확인해야 할 심도는 (4+0.6)−(25−22.9)=2.5 m로써 상부는 매립토사, 하부는 모래임을 확인할 수 있다. 또한, 표준관입시험에 의한 N값은 주상도에서 15회이므로 내부마찰각은 Dunham(1954)식 $\sqrt{12N}+15\sim25$에 의하여 (1.오사키 요리히코, 건축기초구조, 세진사) 약 30°로 산정하였으며 지내력산정 근거는 기초해석 부분에서 서술하였다.

- 표고 25 m에 대한 지하수위 : GL(−)=(25−0.2−22.9)+1.2=3.1 m
- 기초지반 하부의 N치 : 15회
- 내부마찰각(ϕ) : 30°
- 지하층 외벽 상부지반의 단위중량(γ) : 18 kN/m^3
- 지하층 외벽 하부지반의 단위중량(γ) : 18 kN/m^3

〈예제표 3.10.1〉과 〈예제표 3.10.2〉에 지층별 단위중량과 심도에 따른 전단파 속도를 나타내었다.

〈예제표 3.10.1〉 지층별 단위중량

지층	흙의 단위중량 (kN/m^3)	지층	흙의 단위중량 (kN/m^3)
매립토사	18	풍화토	18
퇴적층	18	풍화암	19

〈예제표 3.10.2〉 지층별 전단파속도

심도(m)	지층	V_P(m/sec)	V_S(m/sec)
0~1.0	점토층	308	146
1.0~2.6	모래층	347	171
2.6~10.5	풍화토	780	391
10.5~15.5	풍화암	1,598	863

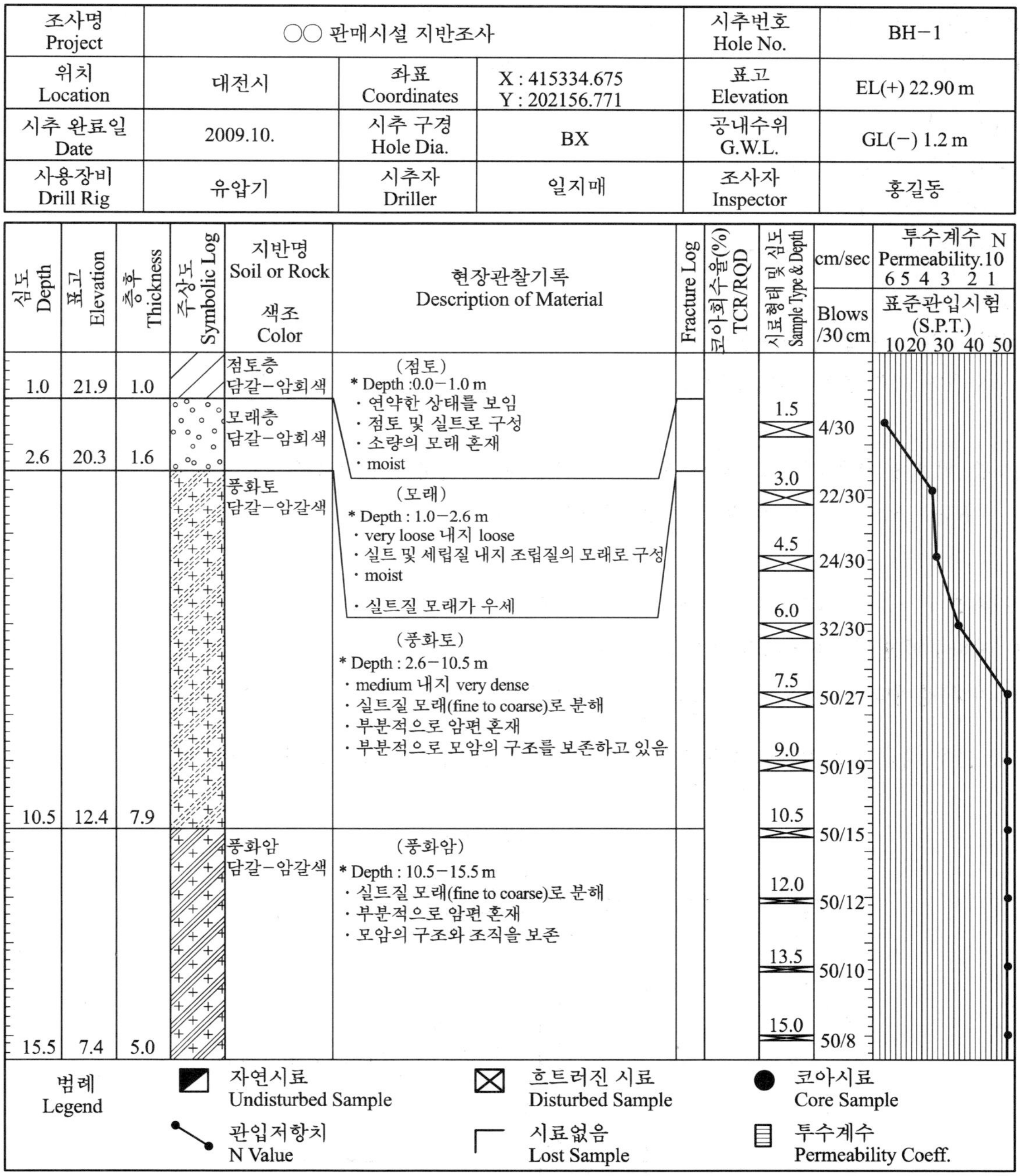

[예제그림 3.10.1] 시추 주상도

(2) **토압**

지하수위는 홍수위를 고려해야 하는데 시추조사시점이 10월 갈수기인 것을 감안하여 지하층 슬래브에서 최소 1.5 m 떨어진 GL(−)2.3 m를 설계지하수위로 적용하였다.

- 설계지하수위=GL−2.3 m
- 상재하중(q)=16 kN/m^2
- 내부마찰각(∅)=30°
- 정지토압계수 $K_0 = 1 - \sin\phi = 0.5$
- 흙의 높이(H)=4.0−0.2=3.8 m
- 지하수위 상부 흙의 단위중량(γ)=18 kN/m^2
- 지하수위 하부 흙의 단위중량(γ)=18 kN/m^2, (γ'=8 kN/m^2, γ_w=10 kN/m^2)

지하층 벽체에 작용하는 횡토압의 크기는 다음 식에 근거하여 산정한다.

$P_n = K_0 q + K_0 \times \gamma \times H$ (여기서, H는 지표면에서 수직거리이다.)

(1) **지면** $P = (0.5)(16) + (0.5)(18)(0) = 8\ \text{kN/m}^2$

(2) **지하수위면** $P = 8 + (0.5)(18)(2.3) = 8 + 20.7 = 28.7\ \text{kN/m}^2$

(3) **지하1층바닥** $P = 28.7 + (0.5)(8)(1.5) + (10)(1.5) = 28.7 + 21 = 49.7\ \text{kN/m}^2$

위와 같이 계산된 토압은 하중조합에 의한 하중계수를 곱하여 설계에 반영한다.

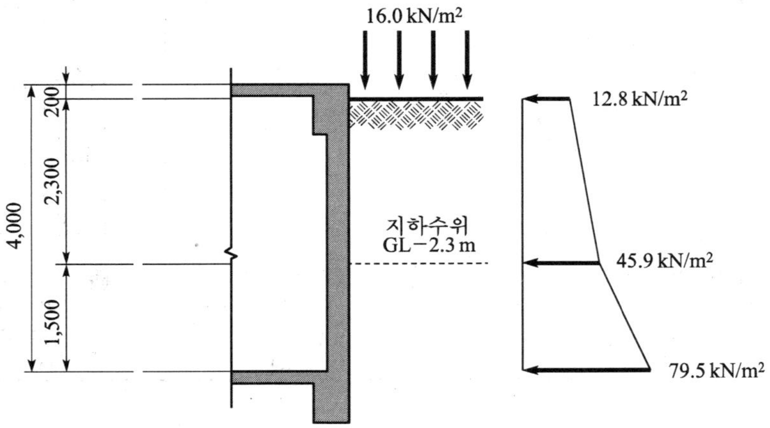

[예제그림 3.10.2] 지하외벽 토압

(3) 지하외벽 해석

이 예제에서는 4 m 지하외벽에 대하여 해석하기로 한다. 지하외벽에 적용되는 하중은 앞에서 계산한 토압 결과를 이용하여 해석해야 하며 하중조합($U = 1.6L + 1.6H_h$)이 적용된 하중으로 적용한다. 1 m 단위폭을 기준으로 계산하면 보다 설계가 간편하다.

지면 토압 $p_n = 1.6K_0 q + 1.6K_0 \gamma H = 1.6(0.5)(16) + 1.6(0.5)(18)(0) = 12.8\ \text{kN/m}^2$

지하수위면 토압 $p_n = 12.8 + 1.6(0.5)(18)(2.3) = 45.9\ \text{kN/m}^2$

지하1층바닥 토압 $p_n = 45.92 + 1.6(0.5)(8)(1.5) + 1.6(10)(1.5) = 79.5\ \text{kN/m}^2$

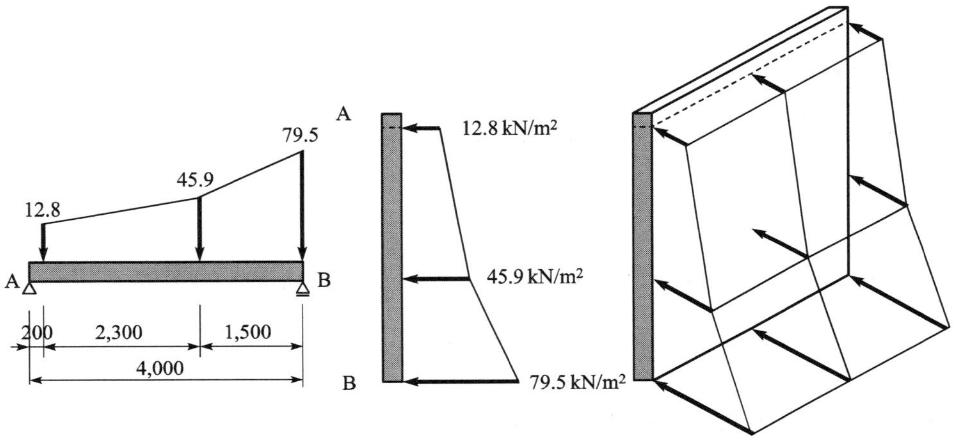

[예제그림 3.10.3] 지하외벽에 작용하는 토압

이 예제의 기초는 독립기초로 가정하였기 때문에 [예제그림 3.10.3]과 같이 지하외벽은 상부 및 하부를 힌지로 가정하여 해석하였다. 고정단으로 해석할 경우 지하외벽에서 발생하는 소요휨모멘트가 지중보로 전달되는데 이는 지중보에 비틀림모멘트로 발생하게 된다. 따라서 소요휨모멘트를 만족하기 위해서는 온통기초를 적용하여야 하나 현재 가정조건에 따라 지하외벽에서 모든 휨모멘트를 견딜 수 있는 외벽으로 설계하고자 하였다.

지하외벽 자유물체도로부터 외벽 상하단에 작용하는 수평반력은 평형방정식을 이용하여 구할 수 있다.

$$\sum V = R_A + R_B - (12.8 + 45.9)\left(\frac{2.3}{2}\right) - (45.9 + 79.5)\left(\frac{1.5}{2}\right) = R_A + R_B - 67.5 - 94.1 = 0$$

$$\sum M_A = (12.8)(2.3)\left\{\left(\frac{2.3}{2}\right) + 0.2\right\} + (45.9 - 12.8)\left(\frac{2.3}{2}\right)\left\{(2.3)\left(\frac{2}{3}\right) + 0.2\right\}$$

$$+ (45.9)(1.5)\left\{2.5 + (1.5)\left(\frac{1}{2}\right)\right\} + (79.5 - 45.9)\left(\frac{1.5}{2}\right)\left\{2.5 + (1.5)\left(\frac{2}{3}\right)\right\} - 4R_B = 0$$

따라서 $R_A = 57.2$ kN, $R_B = 104$ kN

최대 휨모멘트가 발생하는 곳은 전단력(V)이 영(0)이 되는 곳이므로 이를 이용하여 최대 휨모멘트 발생 지점을 산정한다.

$0 \leq x < 2.5$,

$$y = \frac{45.9 - 12.8}{2.3}(x - 0.2) + 12.8 = 14.4(x - 0.2) + 12.8 = 14.4x + 9.92$$

$$V_x = R_A - 12.8(x - 0.2) - (y - 12.8)\left(\frac{x - 0.2}{2}\right) = 59.4 - 9.92x - 7.2x^2 = 0$$

따라서 $x = 2.27$ m

$$M_{(x=2.27)} = 59.4x - \frac{9.92}{2}x^2 - \frac{7.2}{3}x^3 = 59.4(2.27) - 4.96(2.27)^2 - (2.4)(2.27)^3 = 81.3 \text{ kN·m}$$

$x \geq 2.5$,

$$y = \frac{79.5 - 45.9}{1.5}(x - 2.5) + 45.9 = 22.4(x - 2.5) + 45.9 = 22.4x - 10.1$$

$$V_x = R_A - (12.8 + 45.9)\left(\frac{2.3}{2}\right) - (45.9 + y)\left(\frac{x - 2.5}{2}\right) = 62.4 - 17.9x - 11.2x^2 = 0$$

따라서 $x = 1.69$ m이나 이 값은 $x < 2.5$므로 가정조건에 맞지 않는다.

그러므로 지하외벽의 토압에 의한 최대 소요휨모멘트는 $x = 2.27$ m에서 81.3 kN·m이다.

(4) 지하외벽 설계

지하외벽은 토압에 의한 전단력 및 휨모멘트를 받는 부재로서 콘크리트의 설계전단강도 및 휨강도는 해당 소요강도보다 커야 한다. 지하외벽의 최소피복두께는 40 mm으로 가정하며 D16철근을 사용할 때 유효깊이는 $d = 300 - 40 - 16/2 = 252$ mm이다. 콘크리트 내구성 설계기준에 따르면 지하외벽은 비와 동결에 노출되는 수직콘크리트 표면(EF1)로 최소 콘크리트 강도는 24 MPa이다. 소규모 구조물에서는 전체 투입되는 콘크리트 물량이 많지 않고 현장 품질 관리의 편의성 등을 고려하여 지상과 통일한 27 MPa로 적용한다.

① 설계전단강도 > 소요전단강도 ($\phi V_n > V_u$)

$$\phi V_c = 0.75\frac{1}{6}\sqrt{f_{ck}}b_w d = 0.75\frac{1}{6}\sqrt{27}(1{,}000)(252) = 163{,}379 \text{ N} > 104 \text{ kN} \quad \therefore \text{ 적합}$$

② 설계휨강도 > 소요휨강도 ($\phi R_n > \frac{M_u}{bd^2}$)

$$R_n = \frac{M_u}{\phi bd^2} = \frac{81.3}{0.85(1)(0.252)^2} = 1,505 \text{ kN/m}^2 = 1.505 \text{ MPa}$$

$$\rho = \frac{0.85 f_{ck}}{f_y}\left(1 - \sqrt{1 - \frac{2R_n}{0.85 f_{ck}}}\right) = \frac{0.85(27)}{400}\left\{1 - \sqrt{1 - \frac{2(1.505)}{0.85(27)}}\right\} = 0.00389$$

$$A_s = \rho bd = (0.00389)(1,000)(252) = 980 \text{ mm}^2$$

③ 벽체의 최소철근비

〈예제표 3.10.3〉에 벽체의 기준에 의한 최소철근비에 대한 제한 사항을 정리하였다.

〈예제표 3.10.3〉 벽체의 최소철근비제한

구분	철근비
– 최소수직철근비	
(1) 설계기준항복강도 400 MPa 이상으로서 D16 이하의 이형철근 $=(1,000)(300)(0.0012)=360 \text{ mm}^2$	0.0012
(2) 기타 이형철근	0.0015
(3) 지름 16 mm 이하의 용접철망	0.0012
– 최소수평철근비	
(1) 설계기준항복강도 400 MPa 이상으로서 D16 이하의 이형철근 $=(1,000)(300)(0.0020)=600 \text{ mm}^2$	$0.0020 \times 400/f_y$
(2) 기타 이형철근	0.0025
(3) 지름 16 mm 이하의 용접철망	0.0020

따라서 지하외벽 주철근의 필요철근량은 980 mm^2이다.

D16의 단면적은 198.6 mm^2이므로 배근간격은 $\frac{(199)(1,000)}{980} = 203 \text{ mm}$이다.

사용 철근량 D16@150 (단위 폭 1,000 mm당 철근면적 $A_s = 1,324 \text{ mm}^2$)

D16@150은 토압에 의해 휨모멘트가 발생하는 지하외벽 내측에 배근하고 외측 배근은 간격을 동일하게 맞추어 D13@150으로 배근하였다.

④ 수평철근비

수평철근은 온도철근으로써 최소수평철근비에 따라 배근하였으며 이는 전단면에 걸쳐 배근하도록 한다.

D13의 단면적은 126.7 mm^2이므로 배근간격은 $\frac{(126.7)(1,000)(2)}{600} = 422 \text{ mm}$이다.

최대 배근간격은 $3 \times h$ 또한 450 mm 이하이다. 그러나 지하외벽의 경우 일반적인 배근간격은 300 mm 이하를 사용하므로 다음과 같이 배근하였다. 또한, 외측배근은 휨모멘트를 받지 않으므로 기본근으로 배근하였다. [예제그림 3.10.4]는 상기 계산에 근거하여 배근된 지하벽체 배근도를 나타낸다. 1방향 지하외벽의 경우 주근이 수직근으로 바깥쪽으로 배근하고 온도철근인 수평근을 안쪽으로 배근하였다. 배근의 시공성을 고려하여 수평근을 바깥쪽으로 배근할 수도 있는데 이 경우 철근의 위치 변화를 고려하여 부재력을 산정해야 함에 유의해야 한다. 1층 바닥 슬래브의 정착을 위해 l_{dh} 확보를 위한 월거더를 추가하여 정착을 확보해준다.

⑤ 최소 휨철근비 검토

균열휨모멘트 $M_{cr} = 0.63\sqrt{f_{ck}}\left(\dfrac{I_g}{y_t}\right) = 0.63\sqrt{27}\left(\dfrac{1,000(300)^3}{12(150)}\right)/10^6 = 49.1 \;\; \text{kN·m}$

공칭강도 $M_n = A_s f_y\left(d - \dfrac{a}{2}\right) = 1,327(400)\left(252 - \dfrac{23.1}{2}\right)/10^6 = 127 \;\; \text{kN·m}$

(단, $a = \dfrac{A_s f_y}{0.85 f_{ck} b} = \dfrac{(1,324)(400)}{0.85(27)(1,000)} = 23.1 \;\; \text{mm}$)

$\phi M_n > 1.2 M_{cr}$ 이므로 최소 휨철근비를 만족한다.

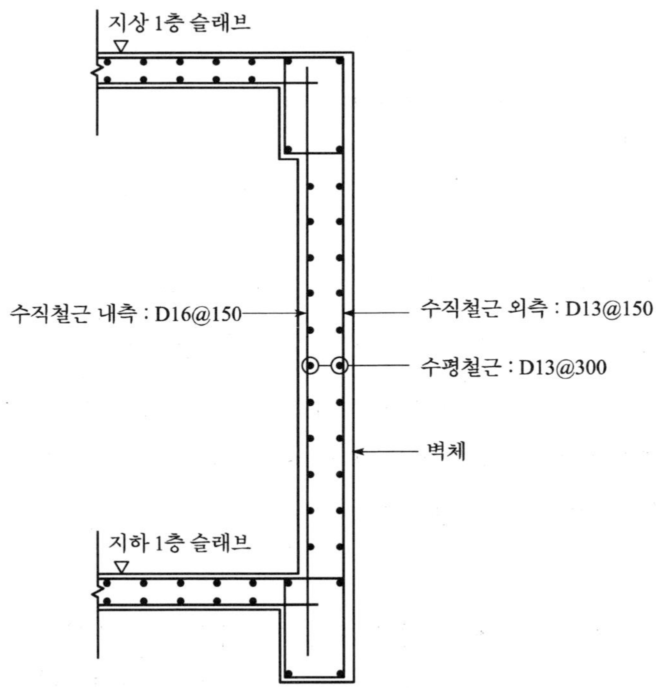

[예제그림 3.10.4] 지하외벽배근 상세

3.4.6 기초 설계

예제3.11) 해당 건축물의 기초를 설계하여라.

풀이)

(1) 기초 해석

기초의 응력은 지지되는 지반의 허용지내력보다 작아야 과대한 침하가 발생하지 않으며 하중조합에 따른 계수하중에 의한 휨모멘트와 전단력에 대하여 기초 단면이 안전하도록 설계하여야 한다.

기초를 지지하고 있는 지반이 전단파괴가 일어날 때까지 받을 수 있는 압력을 극한지지력이라 하며, 지반이 구조물에 피해를 주지 않는 정도의 침하량에서 버틸 수 있는 지지력을 허용지내력이라 하고 극한지지력에 안전율(1/3)을 곱하여 구할 수 있다.

허용지내력은 지반조사보고서에서 확인할 수 있으며 지반의 점착력, 단위중량 및 기초의 치수효과, 근입효과를 고려하여 지반의 지지력을 산정할 수 있다. 기준에서는 Terzaghi의 제안식(KDS 41 20 00 (4.1.2)을 따르고 있다. 또한, 지하수위가 존재하면 지지력은 감소하므로 지하수위를 고려한 흙의 단위체적중량을 사용하여야 한다. 즉, 상부지반의 단위체적중량(γ_2) 및 하부지반의 단위체적중량(γ_1)이 지하수위 밑에 있는 때에는 이에 해당하는 수중단위체적중량(γ')을 택한다. 단위체적의 흙이 물로 포화되어 있을 때, 지하수위보다 아래에 있으면 부력을 받아서 그 체적만큼 가벼워진다. 따라서 공기중의 중량으로부터 수중의 중량을 뺀 중량을 사용하여야 한다.

이 건물의 기초는 독립기초로 설계하며 지하수위가 GL(−)2.3 m 이므로 지하수위 하부의 단위체적중량은 수중단위체적중량 $\gamma' = 8\ \text{kN/m}^3$을 적용하였다.

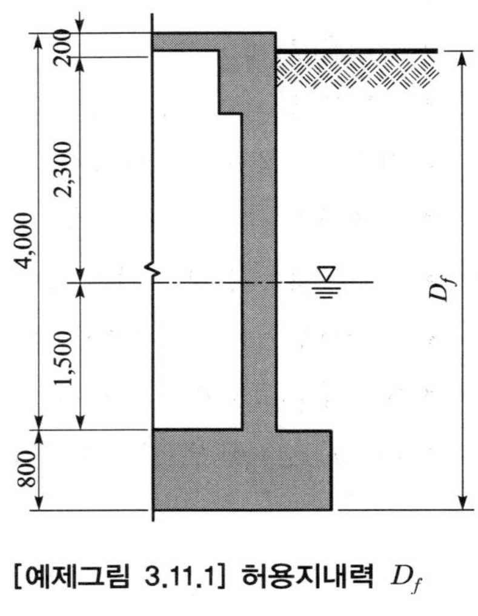

[예제그림 3.11.1] 허용지내력 D_f

- 허용지내력 산정

  허용지내력 산정은 아래 식에 근거하여 산정하였다. 아래 식에 적용되는 각종 계수는 〈표 3.4.6.1〉에 정리하였다.

$$q_a = \frac{1}{3}\left(\alpha C N_c + \beta \gamma_1 B N_\gamma + \gamma_2 D_f N_q\right)$$

q_a : 허용지지력(kN/m^2)

C : 기초저면 하부의 점착력(kN/m^2)

γ_1 : 기초저면 하부지반의 단위체적중량(kN/m^3)

γ_2 : 기초저면 상부지반의 단위체적중량(kN/m^3)

〈예제표 3.11.1〉 형상계수

	형상계수α	형상계수β
직사각형	1+0.3B/L	0.5−0.1B/L
연속기초	1.0	0.5
정사각형	1.3	0.4
원형	1.3	0.3

B : 장방형의 단변길이 / L : 장방형의 장변길이

N_c, N_γ, N_q : 지지력계수(내부마찰각$\varnothing$ 의 함수)

D_f : 기초에 근접한 최저지반에서 기초저면까지의 깊이(m)

B : 기초저면의 최소폭(m), 원형일 때에는 지름

지지력계수는 KDS 41 20 00 표 4.1-2 (또는 〈예제표 3.11.2〉)에 의하여 계산된 값을 사용할 수 있다.

- 점착력(C)=0.0 kN/m^2
- 수중단위체적중량(γ')=8 kN/m^3
- 내부마찰각($\varnothing$)=30°
- 지하층고=4.0 m
- 기초폭(B)=1.0 m(가정)
- 기초길이(L)=1.0 m(가정)
- 기초두께(d)=0.6 m(가정)
- 기초근입깊이(D_f)=4.6 m
- 형상계수(α)=1+0.3B/L=1.3
- 형상계수(β)=0.5−0.1B/L=0.4
- 지지력계수는 오른쪽 표 참고

〈예제표 3.11.2〉 지지력계수

$\varnothing$	N_c	N_γ	N_q
0°	5.7	0.0	1.0
5°	7.3	0.5	1.6
10°	9.6	1.2	2.7
15°	12.9	2.5	4.4
20°	17.7	5.0	7.4
25°	25.1	9.7	12.7
30°	37.2	19.7	22.5
35°	57.8	42.4	41.4
40°	95.7	100.4	81.3
45°	172.3	297.5	173.3
48°	258.3	780.1	287.9
50°	347.5	1153.2	415.1

① 장기허용지내력

$$q_a = \frac{1}{3}(\alpha C N_c + \beta \gamma_1 B N_\gamma + \gamma_2 D_f N_q)$$

$$= \frac{1}{3}\{(1.3)(0)(37.2) + (0.4)(8)(1)(19.7) + (8)(4.6)(22.5)\} = 297 \ \text{kN/m}^2$$

② 순 허용지내력

q_e =장기허용지내력-흙과 콘크리트의 평균중량-상재하중

여기서, 흙과 콘크리트의 평균중량은 21 kN/m^3, 상재하중은 16 kN/m^{2}으로 가정한다.

따라서 $q_e = 297 - (21)(4.6) - 16 = 184 \ \text{kN/m}^2$

(2) 기초 설계

기초는 기둥이나 벽체로 전달되는 상부의 하중을 하부의 지반으로 전달하기 위한 주요 구조물로서, 상부 구조물의 특성과 하중의 크기 및 대지의 경계조건과 지반의 허용지내력에 따라 독립기초, 줄기초, 복합기초 또는 전면기초 등의 다양한 형태로 설계된다. 또한, 침하량이 허용침하량을 초과하지 않아야 하므로 얕은 기초의 경우 흙의 체적변화를 유발할 수 있는 깊이, 지하 매설물, 인접구조물의 영향, 동결깊이, 지하수위 등을 고려하여 기초의 관입깊이를 정해야 한다. 또한, 콘크리트 내구성 설계기준에 따르면 기초는 장기간 물과 접하는 콘크리트 표면 콘크리트(EC2)로 최소 콘크리트 강도는 24 MPa이다. 소규모 건물에서 전체 투입되는 콘크리트 물량이 많지 않고 현장 품질 관리의 편의성 등을 고려하여 27 MPa로 적용한다.

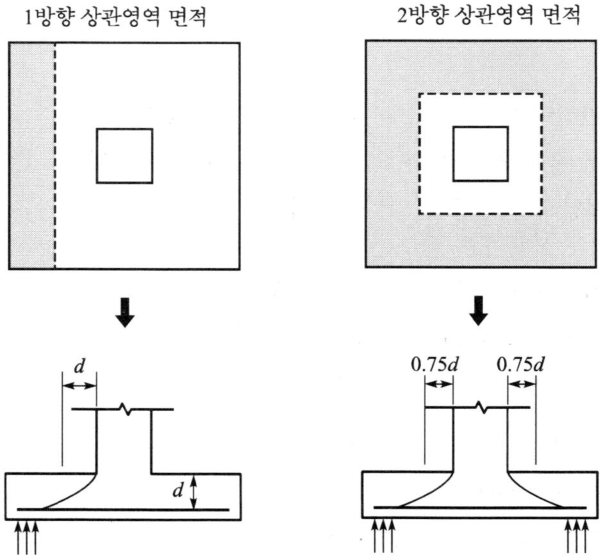

[예제그림 3.11.2] 상관영역의 면적

이 예제의 경우, 기초는 C3 기둥 밑면의 독립기초와 지하외벽 밑면의 연속기초로 설계할 수 있다. 기초에 발생하는 전단력은 [예제그림 3.11.2]에 나타낸 바와 같이 1방향 전단과 2방향 전단에 대하여 검토되어야 한다. 적정하게 설계된 기초는 소요전단강도 및 휨강도를 만족하여야 한다.

1방향 전단강도는 기둥면으로부터 기초판의 유효깊이(d)에 발생하는 전단에 대하여 다음과 같이 검토한다.

$\phi V_n \ > \ V_u,$

$V_u = q_s \times$상관영역의 면적

$V_n = V_c + V_s = V_c$ (전단보강을 하지 않을 때)

$$\phi V_c = \phi \frac{1}{6} \sqrt{f_{ck}}\, b_w d$$

2방향으로 거동하는 슬래브 또는 기초판의 설계에서 콘크리트에 의한 공칭전단강도 V_c는 다음과 같다.

$V_c = v_c b_o d$

$v_c = \lambda k_s k_{bo} f_{te} \cot\psi (c_u / d)$

여기서, v_c는 콘크리트 재료의 공칭전단응력강도, b_o는 위험단면의 둘레길이, λ는 경량콘크리트계수, k_s는 슬래브의 두께계수, k_{bo}는 위험단면 둘레길이의 영향계수, f_{te}는 압축대 콘크리트의 인장강도, ψ는 슬래브 휨 압축대의 균열각도, c_u는 압축철근의 영향을 무시하고 계산된 슬래브 위험단면 압축대 깊이의 평균값이다.

① 기둥의 하중

C3기둥은 하중분담면적이 $(8)(7.5) = 60.0\ \mathrm{m^2}$이므로 다음과 같이 C3 기둥이 받는 수직하중을 산정한다. 〈표 3.4.6.4〉에 층별 자중과 고정하중, 그리고 활하중의 크기를 산정하였고 이들 하중들에 의하여 기초에 전달되는 하중을 나타내었다.

지상층 큰보 : $(24)(8+8+7.5)(0.4)(0.6-0.16) = 99.3\ \mathrm{kN}$

지상층 작은보 : $(24)(8)(0.3)(0.6-0.16) = 25.3\ \mathrm{kN}$

지중보 : $(24)(8+8+7.5)(0.4)(0.6-0.2) = 90.2\ \mathrm{kN}$

2층기둥 : $(24)(0.5)^2(3.6-0.6) = 18.0\ \mathrm{kN}$

1층기둥 : $(24)(0.5)^2(4-0.6) = 20.4\ \mathrm{kN}$

지하층기둥 : $(24)(0.5)^2(4-0.6) = 20.4\ \mathrm{kN}$

〈예제표 3.11.3〉 기초의 하중산정

	자중(SELF)	고정하중(D)	활하중(L)
평지붕	$99.3+25.3=125$ kN	$(60)(5.12)=307$ kN	$(60)(2.0)=120$ kN
2층	$125+18.0=143$ kN	$(60)(5.17)=310$ kN	$(60)(5.0)=300$ kN
1층	$125+20.4=145$ kN	$(60)(5.17)=310$ kN	$(60)(5.0)=300$ kN
지하층	$90.2+20.4=111$ kN	$(60)(6.25)=375$ kN	$(60)(4.0)=240$ kN
	524 kN	1,302 kN	960 kN

② 기초판의 저면적

기초판의 저면적을 산정할 때에는 사용하중을 사용하며 순 허용지내력은 184 kN/m^{2}이나 모든 지반이 이를 만족하지 못한다고 가정하여 150 kN/m^{2}을 적용하였다.

$$A_{f(req)} = \frac{524+1,302+960}{150} = 18.6 \text{ m}^2$$

따라서 4.4m×4.4m 정사각형 기초($A_f = 19.4$ m^2)로 한다.

③ 설계하중과 지반 반력

기초판의 깊이와 배근을 설계할 때에는 계수하중을 사용한다.

설계하중 : $P_u = 1.2D + 1.6L = 3,743$ kN

지반반력 : $q_u = \dfrac{P_u}{A_f} = \dfrac{3,743}{19.4} = 194$ kN/m^2

④ 설계전단강도 > 소요전단강도($\varnothing V_n > V_u$)

– 1방향 전단에 대한 소요깊이

$V_u = (194)(1.95-d)(4.4) = 1,664 - 854d$ kN

$\phi V_c = \phi \dfrac{1}{6}\sqrt{f_{ck}}\, b_w d = 0.75\dfrac{1}{6}\sqrt{27}(4.4)(d)(10^3) = 2,858d$ kN

$2,858d \geq 1,664 - 854d,\ d \geq 0.448$ m

– 2방향 전단에 대한 검토, 기초 두께는 800 mm, $d=700$ mm 가정하여 검토

$V_u = q_s \times$ 상관영역의 면적

상관영역의 면적$=(4.4)(4.4)-[(0.5+1.5(0.7))\times(0.5+1.5(0.7))]=16.9$ m^2

$V_u = 194 \times 16.9 = 3,279$ kN

기초판-기둥 접합부의 경우에는 기둥면에서 $0.75d$내에 재하되는 등분포 지반력의 영향을 무시

$V_c = v_c b_o d$

$v_c = \lambda k_s k_{bo} f_{te} \cot\psi (c_u / d)$

$b_0 = 4(0.5 + 1.0(0.7)) = 4.8\ \text{m}$

$\lambda = 1$(일반콘크리트)

$k_s = (\frac{300}{d})^{0.25} = (\frac{300}{700})^{0.25} = 0.81$ (0.75보다 크고 1.1보다 작으므로 0.81 사용)

$k_{b0} = 4/\sqrt{\alpha_s(\frac{b_0}{d})} = 4/\sqrt{1(\frac{4,800}{700})} = 1.52 \geq 1.25$이므로 1.25

$\alpha_s = 1$(내부기둥)

$f_{te} = 0.2\sqrt{f_{ck}} = 0.2\sqrt{27} = 1.04\ \text{MPa}$

$\cot\psi = \frac{\sqrt{f_{te}(f_{te} + f_{cc})}}{f_{te}} = \frac{\sqrt{1.04(1.04 + 20)}}{1.04} = 4.50$

$f_{cc} = \frac{2}{3} f_{ck} = \frac{2}{3}(27) = 18\ \text{MPa}$

$c_u = d[25\sqrt{\frac{\rho}{f_{ck}}} - 300(\frac{\rho}{f_{ck}})]$

$= 700 \times [25\sqrt{\frac{0.005}{27}} - 300\frac{0.005}{27}] = 199\ \text{mm}$

(기준에 의하면 $\rho \leq 0.005$인 경우 $\rho = 0.005$ 사용

$v_c = \lambda k_s k_{bo} f_{te} \cot\psi (c_u / d)$

$1 \times 0.81 \times 1.25 \times 1.04 \times 4.50 \times \frac{199}{700} = 1.35\ \text{MPa}$

$V_c = v_c b_o d = 1.35(4,800)(700)/10^3 = 4,536\ \text{kN}$

$\Phi V_c = 0.75(4,536) = 3,402\ \text{kN} \geq 3,279\ \text{kN}$ $\therefore$ 적합

따라서 기초의 깊이를 800 mm, 유효깊이를 700 mm로 설계한다.

⑤ 설계휨강도 > 소요휨강도 ($\phi R_n > \frac{M_u}{bd^2}$)

- 휨모멘트에 대한 위험 단면은 기둥의 외면이다.

$$M_u = (194.09)(4.4)(1.9)\left(\frac{1.9}{2}\right) = 1,541 \ \text{kN·m}$$

- 인장 지배단면이라 가정하고 ($\phi = 0.85$)

$$R_n = \frac{M_u}{\phi bd^2} = \frac{1541}{(0.85)(4.4)(0.7^2)} = 841 \ \text{kN/m}^2 = 0.841 \ \text{MPa}$$

$$\rho = \frac{\eta 0.85 f_{ck}}{f_y}\left(1 - \sqrt{1 - \frac{2R_n}{\eta 0.85 f_{ck}}}\right) = \frac{\eta 0.85(27)}{400}\left\{1 - \sqrt{1 - \frac{2(0.841)}{\eta 0.85(27)}}\right\} = 0.00214$$

$\eta = 1 (f_{ck} \leq 40 \text{ MPa})$

휨부재의 최소철근량은 $\phi M_n \geq 1.2 M_{cr}$ 이어야 한다.

균열휨강도 $M_{cr} = \frac{f_r I_g}{y_t} = \frac{0.63\lambda\sqrt{f_{ck}} \times bh^3/12}{h/2}$

$$= \frac{0.63(1)\sqrt{27} \times (4,400(800)^3/12)}{800/2} = 1,536 \ \text{kN·m}$$

설계휨강도 $\phi M_n = \phi\rho f_y bd^2 (1 - \frac{\rho f_y}{1.7\eta f_{ck}})$

$$= 0.85\rho(400)(4,400)(700)^2(1 - \frac{\rho(400)}{1.7(1)(27)})/10^6$$

$$= 733,040\rho - 6,388,148\rho^2 \geq 1,844$$

여기서 최소 $\rho = 0.00257$

$A_s = \rho bd = (0.00257)(4,400)(700) = 7,920 \ \text{mm}^2$

D22의 단면적은 387.1 mm^2이므로 21-D22 철근 사용 ($A_s = 8,129 \ \text{mm}^2$)

- 인장변형률의 검토(ϵ_t)

$$a = \frac{A_s f_y}{\eta 0.85 f_{ck} b} = \frac{8,129(400)}{1(0.85)(27)(4,400)} = 32.2 \ \text{mm}$$

$$c = \frac{a}{\beta_1} = \frac{32.2}{0.80} = 40.3 \ \text{mm}$$

$$\frac{\epsilon_t + 0.0033}{d_t} = \frac{0.0033}{c}$$

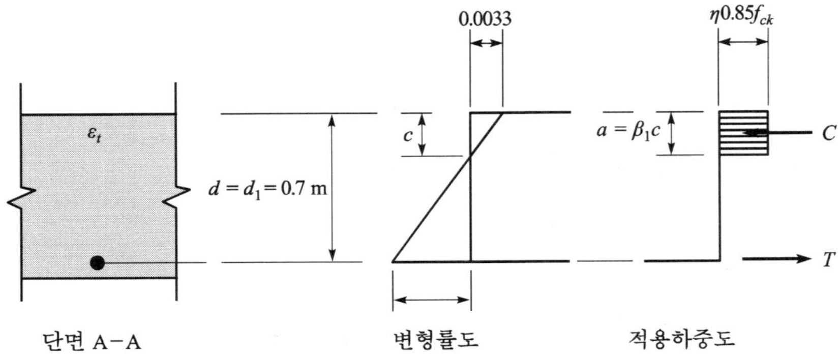

[예제그림 3.11.3] 기초판단면의 변형률 및 등가응력분포

$$\epsilon_t = (\frac{0.0033}{40.3})d_t - 0.0033 = (\frac{0.0033}{40.3})700 - 0.0033 = 0.0054 > 0.005 \quad \therefore \text{ 적합}$$

따라서 단면은 인장지배이며 초기의 가정이 적합함을 알 수 있다.

⑥ 정착길이 검토

$$l_{db} = \frac{0.6 d_b f_y}{\sqrt{f_{ck}}} = \frac{0.6(22)(400)}{\sqrt{27}} = 1{,}016 \text{ mm}$$

$l_d = (4{,}400 - 500)/2 - 80 = 1{,}870$ mm, $l_d > l_{db}$이므로 적합하다.

[예제그림 3.11.4]에 상기 계산에 의한 기초배근도를 나타내었다.

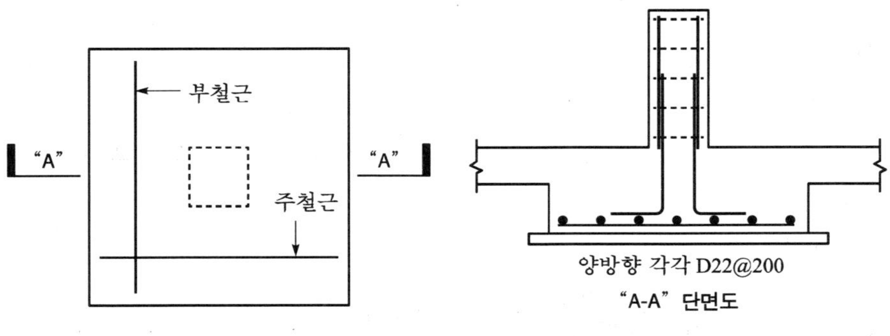

[예제그림 3.11.4] 기초판배근

3.4.7 기타 설계 : 계단 슬래브

예제 3.12) 설계도서의 계단슬래브는 1방향 슬래브로 설계하라. 계단의 경사면을 고려한 유효길이는 7.1 m이고 단부지지조건은 양단고정으로 설계한다.

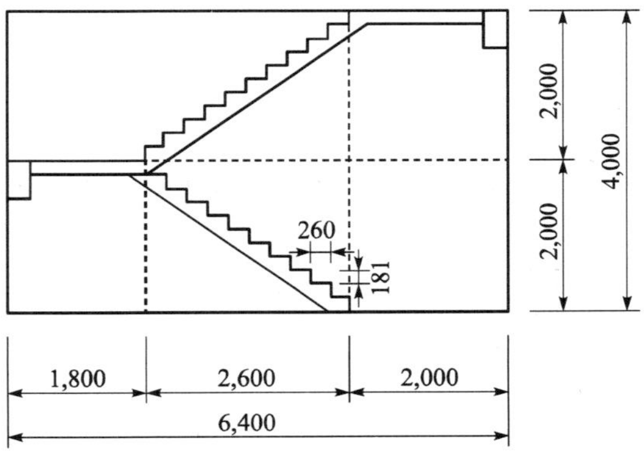

[예제그림 3.12.1] 계단 단면도

풀이)

(1) 부재력 산정

유효길이 : $l = 1.8 + 3.3 + 2.0 = 7.1$ m (계단 경사길이 적용)

설계하중 : 계단참 $w_u = 1.2(4.67) + 1.6(5.0) = 13.6$ kN/m

계단 $w_u = 1.2(7.61) + 1.6(5.0) = 17.1$ kN/m

평균하중 $w_u = \dfrac{3.8(13.6) + 2.6(17.1)}{6.4} = 15.0$ kN/m

$Mo = \dfrac{w_u l^2}{8} = 95.0$ kN·m $\qquad V_u = \dfrac{w_u l}{2} = 53.0$ kN·m

$M_{단부} = \dfrac{w_u l^2}{12} = 63.0$ kN·m $\qquad M_{중앙부} = M_o - M_{단부} = 32.0$ kN·m

(2) 휨보강근 설계

① 단부 소요 배근량 산정

$$M_u = \phi M_n = \phi A_s f_y jd$$

$$d = 150 - (30 + \frac{15.9}{2}) = 112 \text{ mm} \qquad jd = 0.925d = 104 \text{ mm}$$

$$A_s = \frac{M_u}{\phi f_y jd} = \frac{63.0 \times 10^6}{0.9 \times 400 \times 104} = 1{,}682 \text{ mm}^2$$

■ 소요배근 간격 산정

$$n = \frac{A_s}{A_o} = \frac{1{,}682}{198.6} = 8.5\,EA \rightarrow 9\,EA$$

$$s = \frac{1000}{(9-1)} = 125 \ \ \text{mm} \rightarrow \text{HD 16@125 적용}$$

② 중앙부 소요 배근량 산정

$$d = 135 - (30 + \frac{12.7}{2}) = 98.7 \ \ \text{mm} \qquad jd = 0.925d = 91.3 \ \ \text{mm}$$

$$A_s = \frac{M_u}{\phi f_y jd} = \frac{32.0 \times 10^6}{0.9 \times 400 \times 91.3} = 974 \ \ \text{mm}^2$$

■ 소요배근 간격 산정

$$n = \frac{A_s}{A_o} = \frac{974}{126.7} = 7.7EA \rightarrow 8\,EA$$

$$s = \frac{1000}{(8-1)} = 143 \ \ \text{mm} \rightarrow \text{HD 13@125 적용}$$

③ 최소철근량 산정(온도철근)

■ 계단참 구간(THK=150mm) → HD10 @450 (T&B) 적용

최소철근량 $A_{s,\min} = 0.002 \times (150 \times 1{,}000 \text{ mm}) = 300 \text{ mm}^2/\text{m}$

→ 단배근시 HD10 @230, 상하부 배근시 HD10 @460

→ 최대철근간격 슬래브두께의 5배 이하, 450 mm 이하

■ 계단 구간(THK=135 mm) → HD10 @450 (T&B) 적용

최소철근량 $A_{s,\min} = 0.002 \times (135 \times 1{,}000 \text{ mm}) = 270 \ \text{mm}^2/\text{m}$

→ 단배근시 HD10 @260, 상하부 배근시 HD10 @520

→ 최대철근간격 슬래브두께의 5배 이하, 450 mm 이하

(3) 전단강도 검토

① 계단참구간

$$\phi V_c = \phi \frac{1}{6} \lambda \sqrt{f_{ck}} \times b_w \times d = (0.75 \frac{1}{6} 1.0 \sqrt{27} \times 1{,}000 \times 112)/1{,}000 = 73.0 \text{ kN} > V_u = 53.0 \text{ kN}$$

∴ 적합

② 계단구간

$$\phi V_c = \phi\frac{1}{6}\lambda\sqrt{f_{ck}}\times b_w\times d = (0.75\frac{1}{6}1.0\sqrt{27}\times 1{,}000\times 98.7)/1{,}000 = 64.1\ \mathrm{kN}$$

(4) 계단배근 결정

단부 상부근과 중앙 하부근은 휨 모멘트에 의한 소요 배근량인 HD13@100, HD13@200를 적용하고, 배력근은 온도철근을 고려하여 HD10@450을 적용한다. 압축측 철근은 HD10@200을 적용한다. 압축측(중앙상부 배근)은 처짐등 사용성 및 시공성을 고려하여 가급적 배근한다.

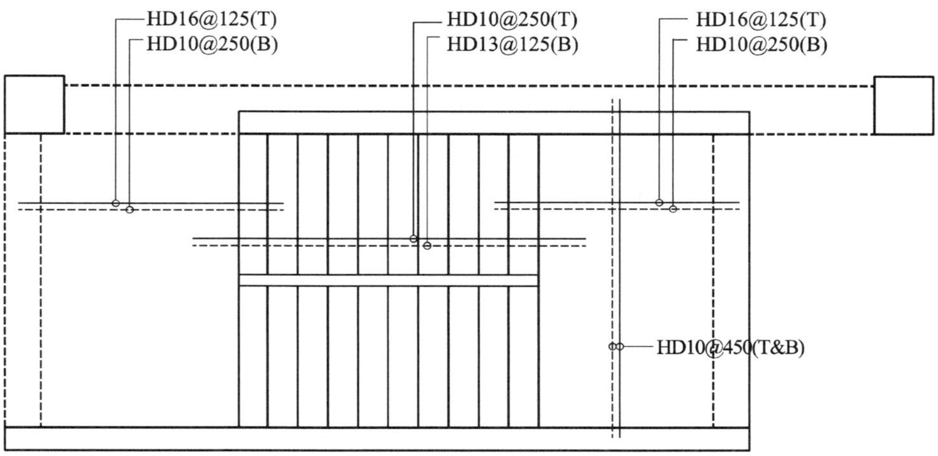

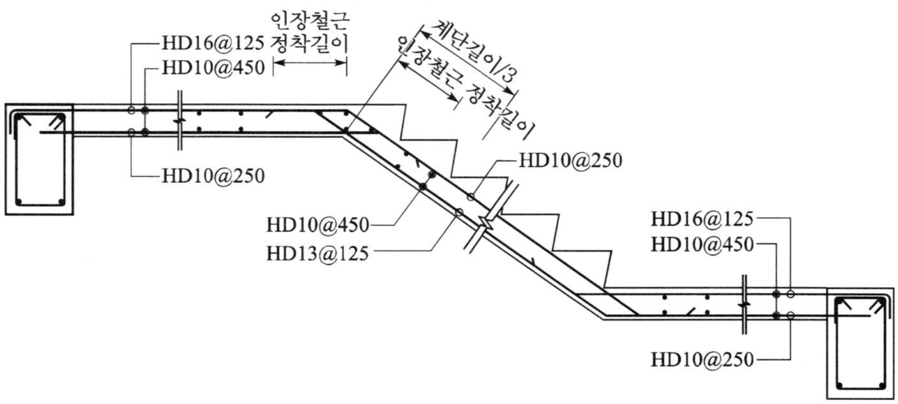

[예제그림 3.12.2] 계단 배근도

Chapter **4**

소규모필로티구조

CHAPTER

04 소규모필로티구조

4.1. 구조계획

소규모필로티구조의 제반기준과 설계가이드 등에서 요구하는 건축 및 구조적 요구사항을 준수하고, 소규모 건축물의 특성에 맞도록 합리적이고 경제적인 구조계획이 될 수 있도록 전이보 배치, 필로티층 구조성능을 고려한 횡력저항시스템 적용한다.

4.1.1 필로티 기둥에 대한 고려사항(건축물 내진설계기준(KDS 41 17 00 : 2019 9.8.4))

1) 상부 콘크리트 내력벽구조와 하부 필로티 기둥으로 구성된 3층 이상의 수직비정형 골조의 경우 이 조항을 준수해야 한다.
2) 계단실 등에 설치되는 콘크리트 코어벽구조는 건물평면에서 1개소 이상 설치하여야 하며 전이층에서 기초까지 연속되도록 설계하여야 한다. 코어벽 구조의 위치는 가급적 평면의 중앙에 또는 대칭으로 배치되도록 계획한다. 코어벽이 없는 경우에는 평면상 두 직각방향의 각 방향에 두 개소 이상의 내력벽을 설치하여야 하며, 전이층에서 기초까지 연속되도록 설계하여야 한다. 내력벽은 평면상 각 방향으로 대칭으로 배치해야 한다.
3) 하부에 필로티 기둥, 상부구조에 내력벽구조가 사용되는 경우, 필로티 기둥과 내력벽이 연결되는 층 바닥에서는 필로티 기둥과 내력벽을 연결하는 전이슬래브 또는 전이보를 설치하여야 한다.
4) 지진하중을 계산할 때 반응수정계수 등의 지진력저항시스템의 내진설계계수는 내력벽구조에 해당하는 값을 사용한다.
5) 필로티 기둥, 전이구조 및 그 연결부는 KDS 41 17 00 : 2019의 8장에 따라서 특별지진하중을 적용하여 증폭된 지진하중에 대하여 설계하여야 한다. 상부내력벽과 직접 연결되지 않는 독립된 필로티층의 전단벽의 설계에도 특별지진하중을 적용해야 한다.
6) 필로티 기둥에서는 전 길이에 걸쳐서 후프와 크로스타이로 구성되는 횡보강근의 수직 간격은 단면최소폭의 1/4 이하이어야 한다. 단 150 mm보다 작을 필요는 없다. 횡보강근에는 135도 갈고리정착을 사용하는 내진갈고리를 사용하여야 한다.
7) 횡보강근으로 외부후프철근과 더불어 각 방향 최소 1개 이상의 단면내부 크로스타이를 설치하여야

한다. 크로스타이의 정착을 위하여 한쪽은 135도 갈고리정착을, 그리고 다른 쪽은 90도 갈고리 정착을 사용할 수 있으며, 이때 각 정착을 수직적으로 교차로 배치하여야 한다.

8) 필로티 기둥의 설계전단력은 특별지진하중에 대한 구조해석을 사용하여 계산하되 $2M_n/l_n$ 이상이어야 한다. 여기서 M_n은 기둥의 해당방향 휨모멘트강도로서 압축력의 영향을 고려한 값이며 l_n은 기둥의 순길이이다.

9) 전이보 또는 전이슬래브와 필로티기둥의 접합부에는 필로티기둥에 사용되는 횡보강근의 간격과 동일한 간격의 횡보강근을 배치해야 한다. 접합부에는 90도 갈고리를 가진 후프철근의 사용이 허용된다. 단, 외부접합부와 모서리 접합부에서는 90도 갈고리정착이 건물외면에 위치하지 않아야 한다. 보가 접합되는 접합부면에서 기둥주철근의 위치가 보의 폭내에 위치하여 보에 의하여 횡구속되는 수직철근에는 크로스타이를 설치하지 않아도 된다.

10) 필로티 층에서 코어벽은 박스 형태의 콘크리트 일체형으로 구성하며 개구부는 최소화한다. 각 콘크리트벽체에는 충분한 수직철근과 수평철근을 배치하며, 창문 등의 개구부 주위에는 추가로 보강철근을 배치한다.

11) 기둥, 코어벽, 전단벽 등의 주요 구조부재 내부에는 우수관등 비구조재를 삽입할 수 없다.

4.1.2 필로티 구조설계 가이드(필로티 건축물 구조설계 가이드라인)

1) 계단실 등에 설치되는 콘크리트 코어벽은 건물평면에서 1개소 이상 설치하며, 코어벽의 위치는 가급적 평면의 중앙에 또는 대칭으로 배치되도록 계획하고 코어벽은 반드시 연속되어야 한다.

2) 건축계획상 불가피하게 코어벽이 평면상 한쪽에 치우쳐 위치하는 경우에는, 반대편 또는 대각 반대편에 콘크리트 전단벽 또는 날개벽을 배치한다. 이때 전단벽과 날개벽은 충분한 길이를 갖도록 배치한다.

3) 필로티층에서 코어벽은 박스 형태의 콘크리트 일체형으로 구성하며 창문을 사용하지 않는다.

4) 필로티층의 코어벽과 전단벽은 상부 내력벽과 수직적으로 연속되도록 하여 구조요소의 불균형 및 응력집중이 되지 않도록 한다.

5) 필로티 기둥과 상부층 내력벽이 연결되는 층바닥에서는 필로티기둥과 내력벽을 연결하는 전이슬래브 또는 전이보를 설치하여야 한다. 전이슬래브 또는 전이보를 설치할 수 있는 공간을 건축계획에 포함한다. 층고가 충분하지 않을 경우에는 전이슬래브를 설치한다.

6) 전이층 상부 내력벽의 하중을 필로티 기둥에 원활히 전달하기 위해서 전이보 구조에서는 큰 보와 작은 보를 충분히 배치하고, 전이슬래브 구조에서는 충분한 슬래브의 두께를 확보하여야 한다.

7) 필로티층의 벽체와 기둥은 기초까지 연속되어야 한다. 기초판의 형식은 필로티기둥의 일체성 확보를 위하여 온통기초를 사용하며, 연약지반의 경우 온통기초 하부에 말뚝기초를 사용한다.

8) 대부분의 필로티층 기둥이 폭이 좁은 장방형 단면으로 되어 있어 전체적으로 필로티층 평면상 한 방향의 구조성능이 다른 방향의 구조성능보다 현격하게 떨어지는 경우에는, 구조성능을 보완하기 위하여 구조성능이 취약한 방향에 평행한 필로티층 전단벽의 길이 또는 두께를 증가시켜야 한다.
9) 기둥의 단주효과를 유발할 수 있는 수벽, 화단옹벽, 조적벽 등 비구조요소를 기둥으로부터 이격시키거나 설치를 지양한다.
10) 기둥, 코어벽, 전단벽등의 주요 수직 구조부재 내부에는 우수관 등 비구조재를 삽입할 수 없다.
11) 필로티층에서 전단벽과 기둥은 지진하중을 저항할 수 있도록 충분한 단면적으로 설계하여야 한다. 5층 이하의 필로티 구조에서는 다음 조건을 만족하여야 한다.

(지진구역 1, 지진구역 2를 제외한 지역)

벽체단면적비 / 0.0045+기둥단면적비 / 0.0112 ≥ 1.0 식 (4-1)

(지진구역 2, 강원북부 및 제주)

벽체단면적비 / 0.0028+기둥단면적비 / 0.0071 ≥ 1.0 식 (4-2)

① 평면상 두 직각방향 각각에 대하여 위의 조건을 만족해야 한다.
② 벽체단면적비=필로티층 해당 벽체단면적의 합 / 건물연면적
기둥단면적비=필로티 기둥단면적의 합 / 건물연면적
③ 기둥면적비 계산에서는 방향과 관계없이 모든 기둥의 단면적 합을 고려한다.
④ 필로티층 계단실 창문이 없는 ㅁ자형 또는 ㄷ 자형 일체 코어벽인 경우에는 코어벽 중 각 방향과 평행한 벽의 면적만으로 고려하되, 계단참에 면한 벽체의 경우 벽체 면적의 150 %를 벽체면적비 계산에서 고려할 수 있다.
⑤ 독립된 전단벽의 경우에는 전단벽의 길이방향과 평행한 방향에서만 벽체면적비에 대한 기여도를 고려한다.
⑥ 벽체와 연결된 기둥의 단면적은 벽체 면적에 포함할 수 있다. 이 기둥은 기둥면적 계산에서는 제외한다.
⑦ 필로티층의 벽체가 상부 내력벽과 수직적으로 연속되지 않은 경우에는 해당 벽체면적의 1/2.5배만 유효한 면적으로 간주하여 벽체면적비 계산에 포함한다.

다만, 상기 11)번은 책임구조기술자가 상세한 구조설계 입증자료를 제출하는 경우 따르지 않을 수 있다.

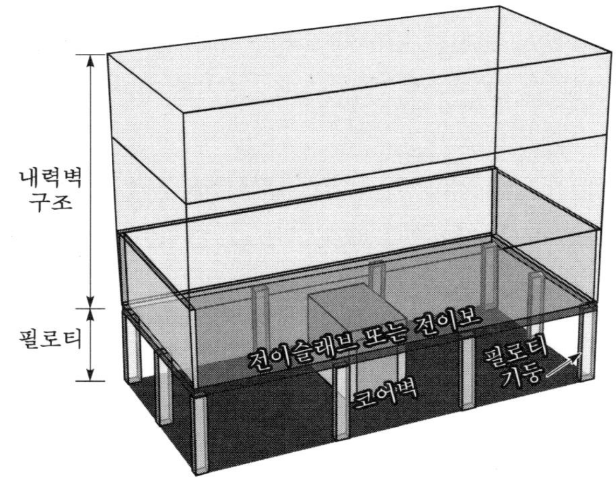

[그림 4.1.1] 중심코어 필로티구조 건축물의 형태

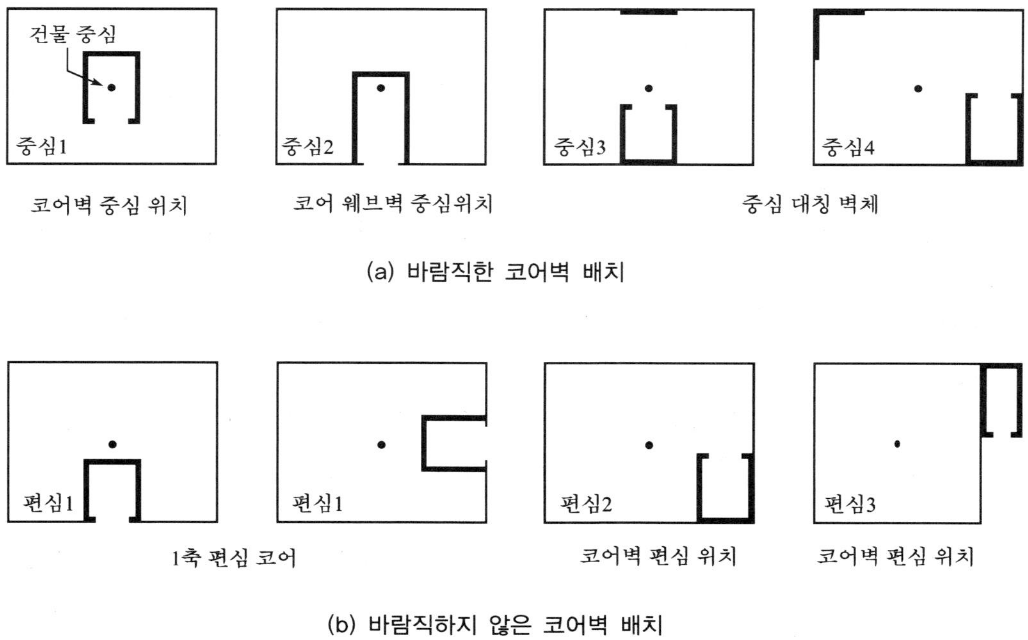

[그림 4.1.2] 코어벽 배치 유형

4.1.3 대상건축물

(1) 건축도면

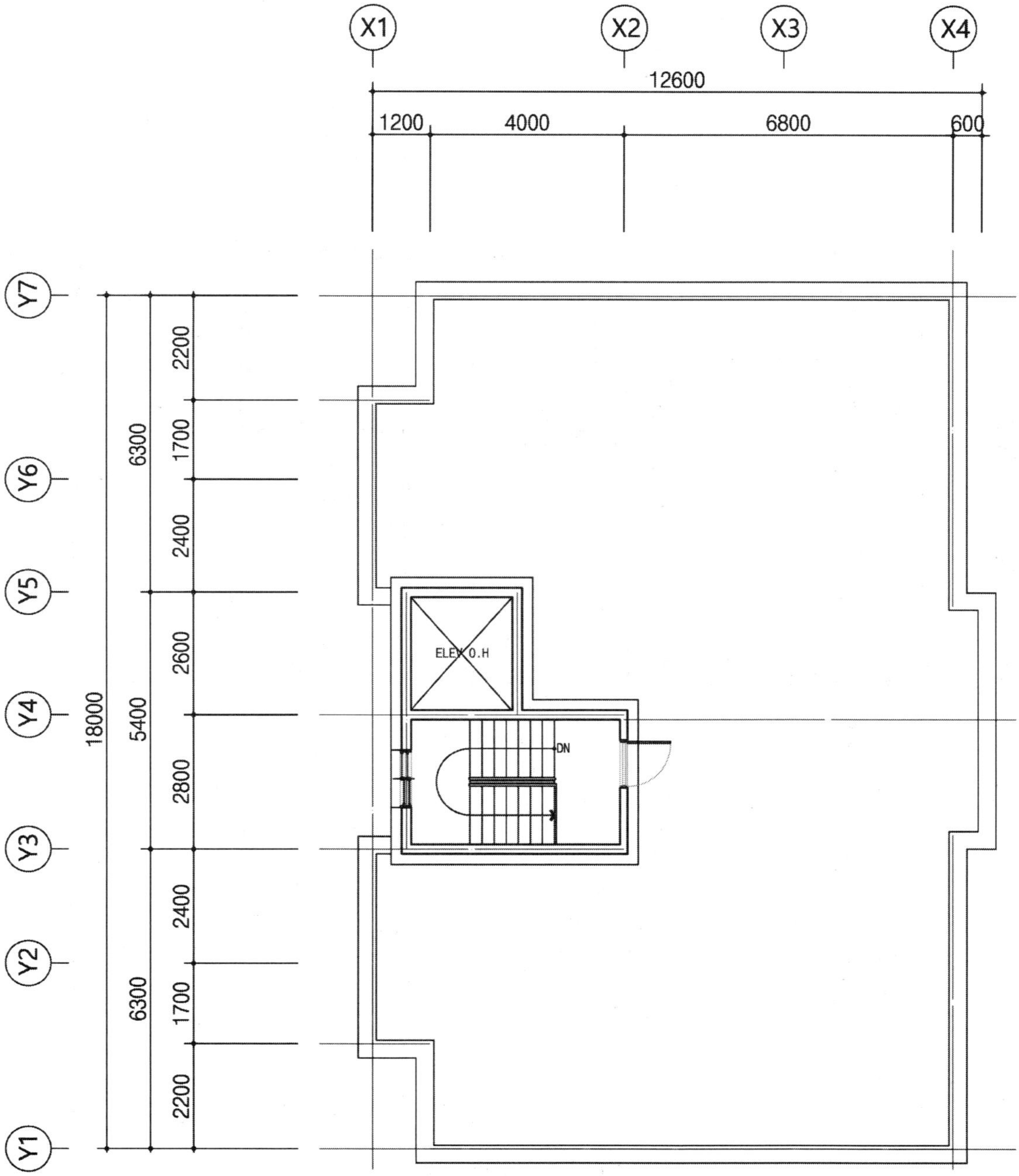

[그림 4.1.3] 지붕층 건축평면도

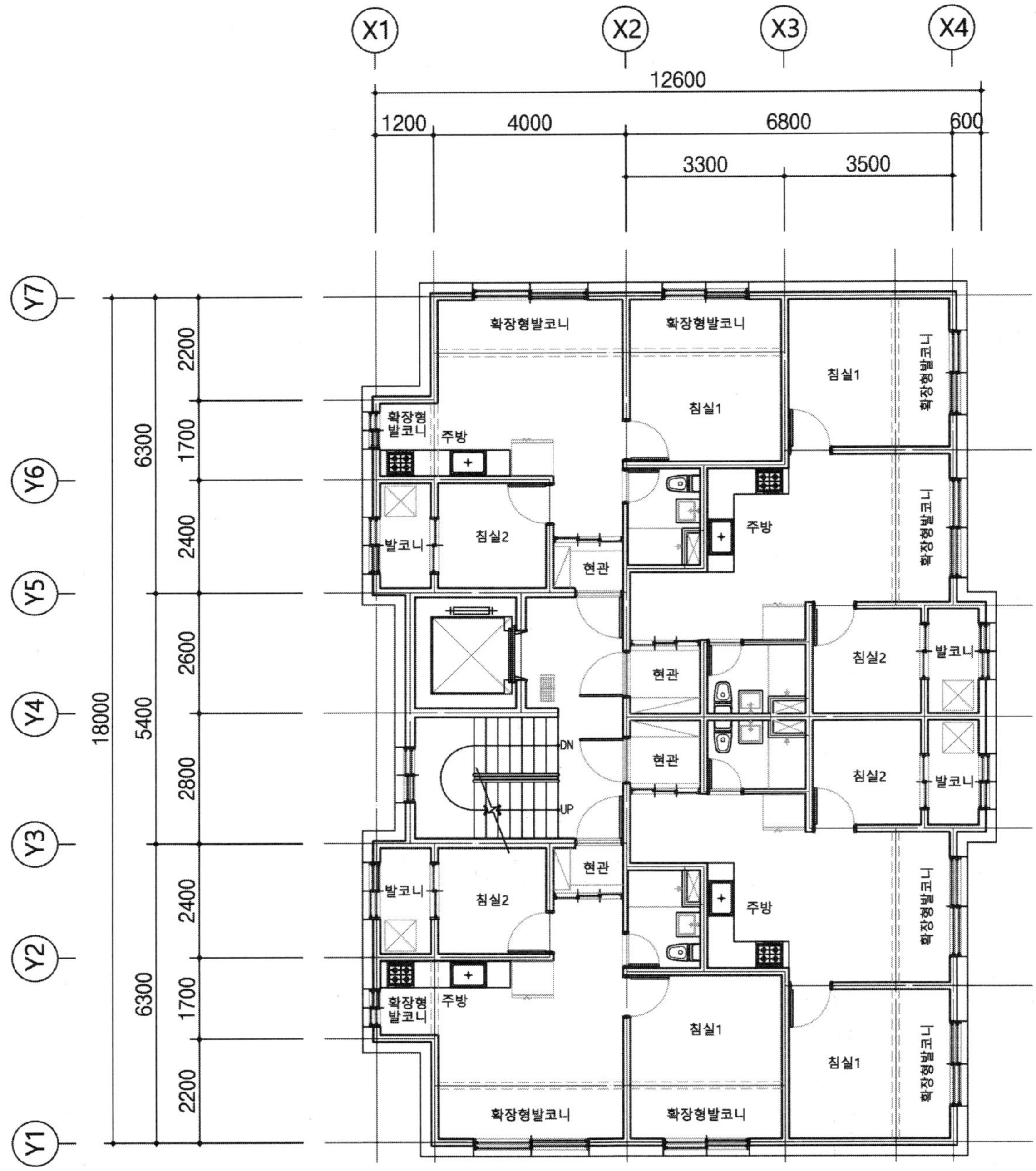

[그림 4.1.4] 지상 2~4층 건축평면도

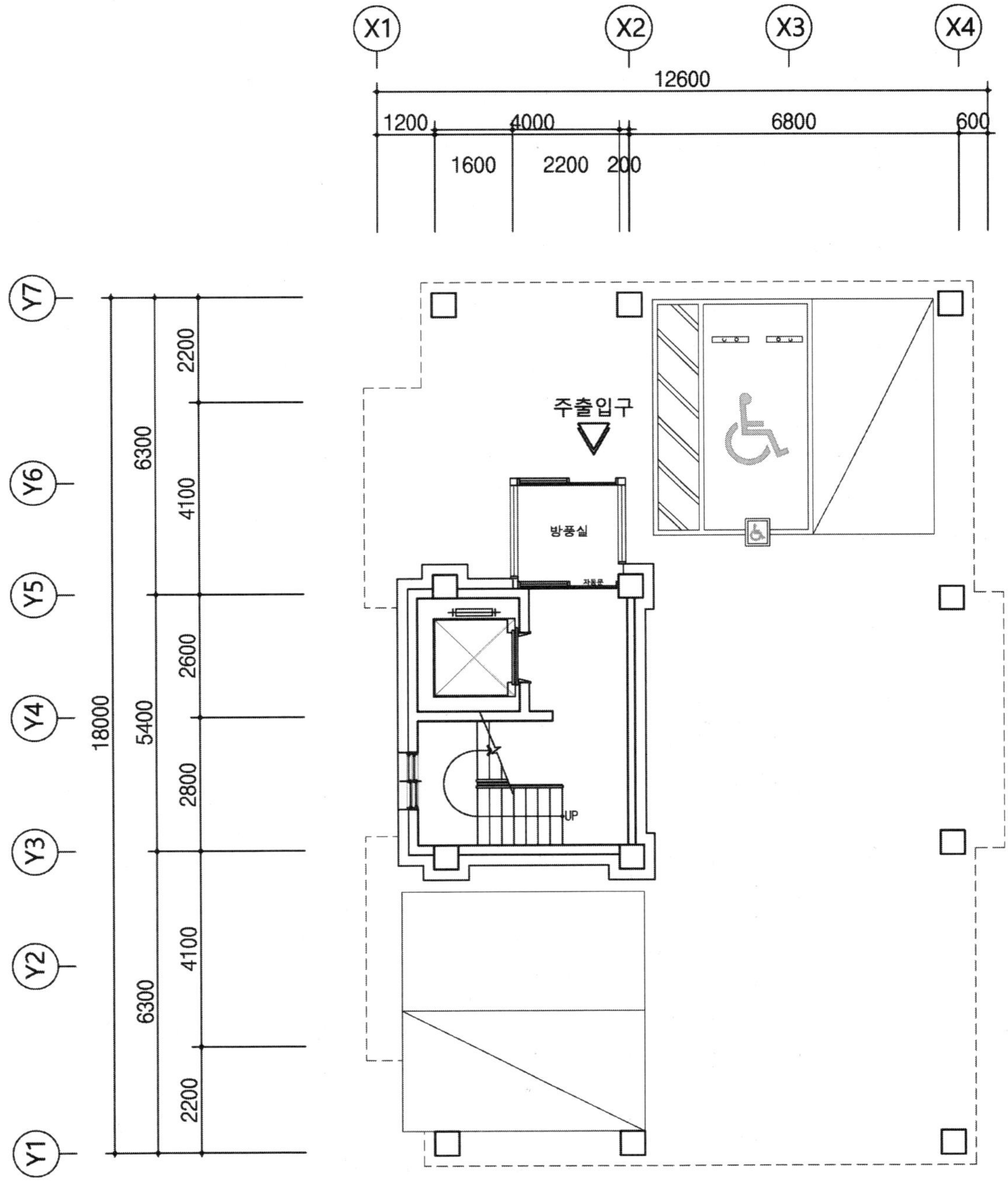

[그림 4.1.5] 지상 1층 건축평면도

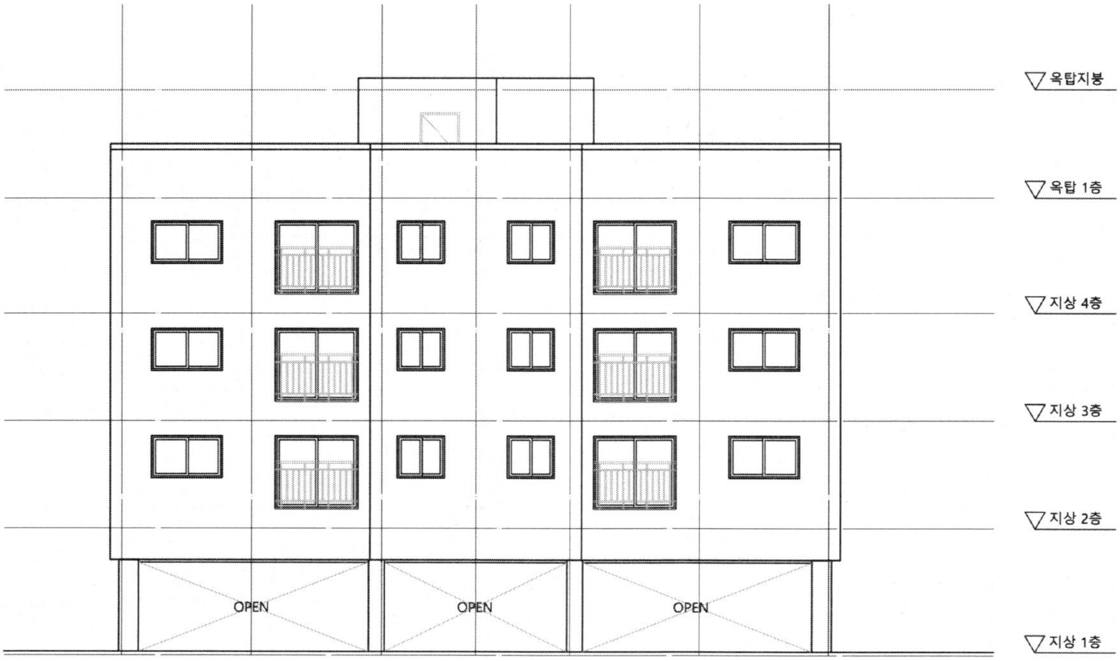

[그림 4.1.6] 우측면도

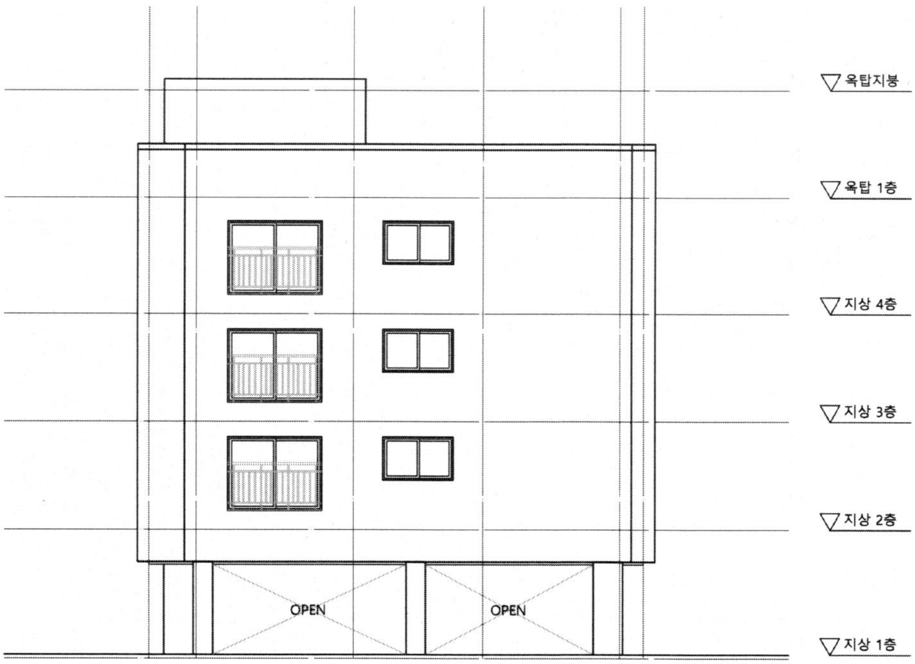

[그림 4.1.7] 정면도

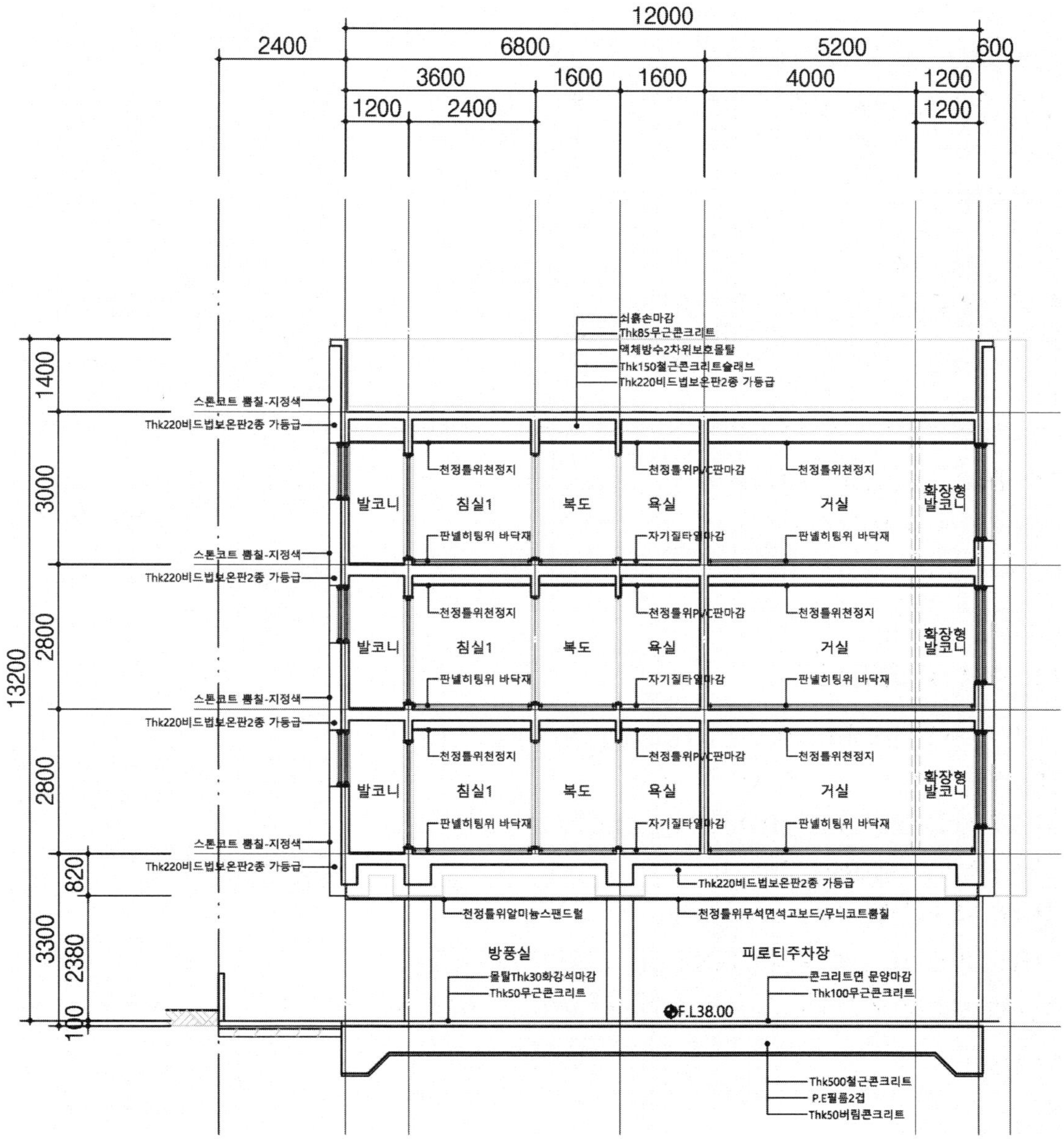

[그림 4.1.8] 단면도

2) 건물위치 : 경기도 파주시

3) 규　　모 : 지상 4층

4) 건축면적 : 129.36 m^2

5) 연 면 적 : 484.40 m^2

6) 건물높이 : H=13.20 m

7) 층별계획

〈표 4.1.1〉 층별 계획

층수	층고(m)	용도
4~2층	2.80	공동주택(다세대주택)
1층	3.20	주차장

8) 건물용도 : 공동주택(다세대주택)

9) 건물구조 : 철근콘크리트 구조

10) 중요도 분류 : 중요도 (2)

4.1.4 적용 및 참조기준

1) 콘크리트구조설계기준(KDS 14 20 00 : 2021)
2) 내진설계 일반(KDS 17 10 00 : 2018)
3) 건축구조기준 총칙(KDS 41 10 05 : 2019)
4) 건축구조기준 설계하중(KDS 41 10 15 : 2019)
5) 건축물 내진설계기준(KDS 41 17 00 : 2019)
6) 건축물 콘크리트구조 설계기준(KDS 41 30 00 : 2018)
7) 필로티 건축물 구조설계 가이드라인(이하 '가이드', 2018, 국토교통부)

4.1.5 구조시스템

일반적으로 소규모 필로티구조의 경우, 전이층 상부의 구조시스템은 '내력벽시스템-철근콘크리트 보통전단벽'을 적용하고, 전이층 하부의 구조시스템은 아래 〈표 4.1.2〉(KDS 41 17 00의 표 6.2-1)와 같이 여러 가지 시스템을 적용할 수 있다.

이처럼 동일축에서 시스템이 조합될 경우 "건축물 내진설계기준 KDS 41 17 00 6.4장" 규정에 따라 각 시스템의 반응수정계수 중 가장 불리한 최솟값을 사용하여야 한다. 예를 들어 하부구조에 대하여 상부구조시스템인 '내력벽시스템-철근콘크리트 보통전단벽' 보다 설계계수(반응수정계수, 시스템초과강도계수, 변위증폭계수)가 큰 시스템을 적용하는 경우, 설계계수는 최솟값인 '내력벽시스템-철근콘크리트 보통전단벽'시스템의 값을 사용한다. 그러나 하부구조시스템을 '9. 철근콘크리트구조기준의 일반규정만을 만족하는 철근콘크리트구조 시스템'으로 적용하는 경우이면, 설계계수는 하부구조시스템의 값을 적용한다. 또한 어떠한 경우에도 기둥단면은 '필로티 기둥의 철근표준상세'를 적용하여야 한다.

〈표 4.1.2〉 지진력저항시스템에 대한 설계계수

구분	구조형식	반응수정 계수 (R)	시스템초과 강도계수 (Ω_0)	변위증폭 계수 (C_d)	높이제한[1]
전이층 상부	1. 내력벽시스템 중 1-b. 철근콘크리트 보통전단벽	4	2.5	4	60 m
전이층 하부	2. 건물골조시스템 중 2-o. 철근콘크리트 보통전단벽	5	2.5	4.5	60 m
	3. 모멘트 저항골조시스템 중 3-i. 철근콘크리트 중간모멘트골조	5	3	4.5	–
	5. 중간모멘트골조를 가진 이중골조시스템 중 5-c. 철근콘크리트 보통전단벽	5.5	2.5	4.5	60 m
	7. 철근콘크리트 보통전단벽-골조 상호작용시스템	4.5	2.5	4	60 m
	9. 철근콘크리트구조기준의 일반규정만을 만족하는 철근콘크리트구조 시스템	3	3	3	30 m

1) 내진설계범주 'D' 인 경우에만 적용함
2) 전이층 상부와 하부 구조형식 중 더 불리한 설계계수를 적용함

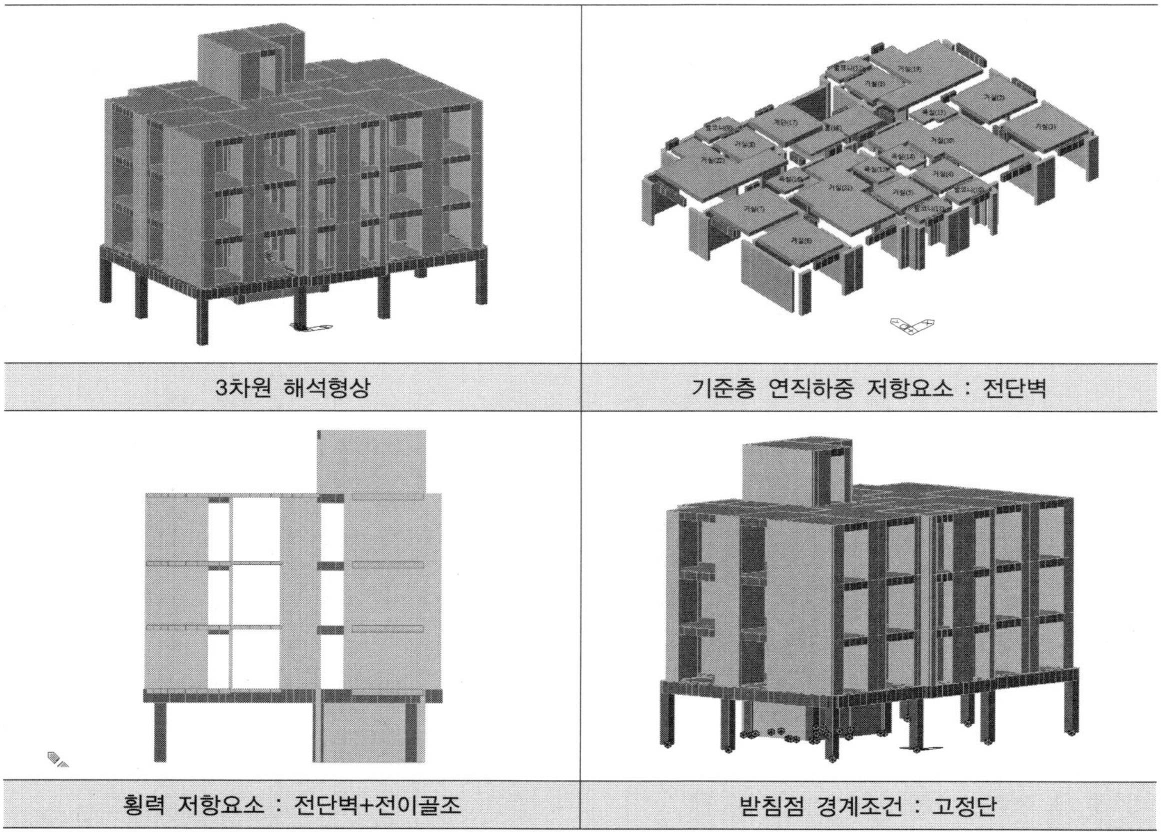

[그림 4.1.9] 구조시스템

4.1.6 재료강도

구조물의 규모, 경제성 및 시공성, 자재 수급 상황 등을 고려하여 적절한 강도(규격)를 선정하여야 한다. 소규모 구조물의 경우 통상 콘크리트 설계기준압축강도는 $f_{ck} = 24$ MPa, 철근의 설계기준항복강도는 $f_y = 400$ MPa를 적용하는 것이 일반적이다.

해당 구조물의 기초는 지하수의 영향을 받으므로 KDS 14 20 40 : 2022 콘크리트구조 내구성 설계기준에 따라 각각 EC2, EF1 등급에 해당되어 최소 설계기준압축강도 $f_{ck} = 24$ MPa가 요구되고, 외기에 노출될 경우의 상부구조는 내구성 및 품질확보가 가능한 KS표준의 방수페인트로 외벽을 마감하므로 EC3 등급에 해당되어 최소 설계기준압축강도 $f_{ck} = 27$ MPa가 요구된다.

우리 예제의 경우 콘크리트 내구성 요건에 맞는 건축마감 사용을 고려하여 모든 부재에 대해 콘크리트 설계기준압축강도 $f_{ck} = 27$ MPa, 철근 설계기준항복강도 $f_y = 400$ MPa를 적용한다.

〈표 4.1.3〉 콘크리트구조 내구성 설계기준 노출범주와 등급 및 최소설계기준압축강도

<table>
<tr><th>범주</th><th>등급</th><th>f_{ck} (MPa)</th><th>조건</th><th>예</th><th>비고</th></tr>
<tr><td rowspan="2">EC
(탄산화)</td><td>EC2</td><td>24</td><td>습윤하고 드물게 건조되는 콘크리트로 탄산화의 위험이 보통인 경우</td><td>• 장기간 물과 접하는 콘크리트 표면
• 외기에 노출되는 기초</td><td>기초</td></tr>
<tr><td>EC3</td><td>27</td><td>보통 정도의 습도에 노출되는 콘크리트로 탄산화 위험이 비교적 높은 경우</td><td>• 공기 중 습도가 보통 이상으로 높은 건물 내부의 콘크리트
• 비를 맞지 않는 외부 콘크리트</td><td>지상외벽</td></tr>
<tr><td rowspan="2">EF
(동결융해)</td><td>EF1</td><td>24</td><td>간혹 수분과 접촉하나 염화물에 노출되지 않고, 동결융해의 반복작용에 노출되는 콘크리트</td><td>• 비와 동결에 노출되는 수직 콘크리트 표면</td><td>지하외벽</td></tr>
<tr><td>EF2</td><td>27</td><td>간혹 수분과 접촉하고 염화물에 노출되며 동결융해의 반복작용에 노출되는 콘크리트</td><td>• 공기 중 제빙화학제와 동결에 노출되는 도로구조물의 수직 콘크리트 표면</td><td>–</td></tr>
</table>

4.1.7 설계하중

4.1.7.1 고정하중 및 활하중

(1) 고정하중

고정하중은 건축재료 마감계획에 따라 결정된다.

(2) 활하중

활하중은 KDS 41 10 15 3.2의 규정에 근거하여 건물의 용도에 따라 결정된다.

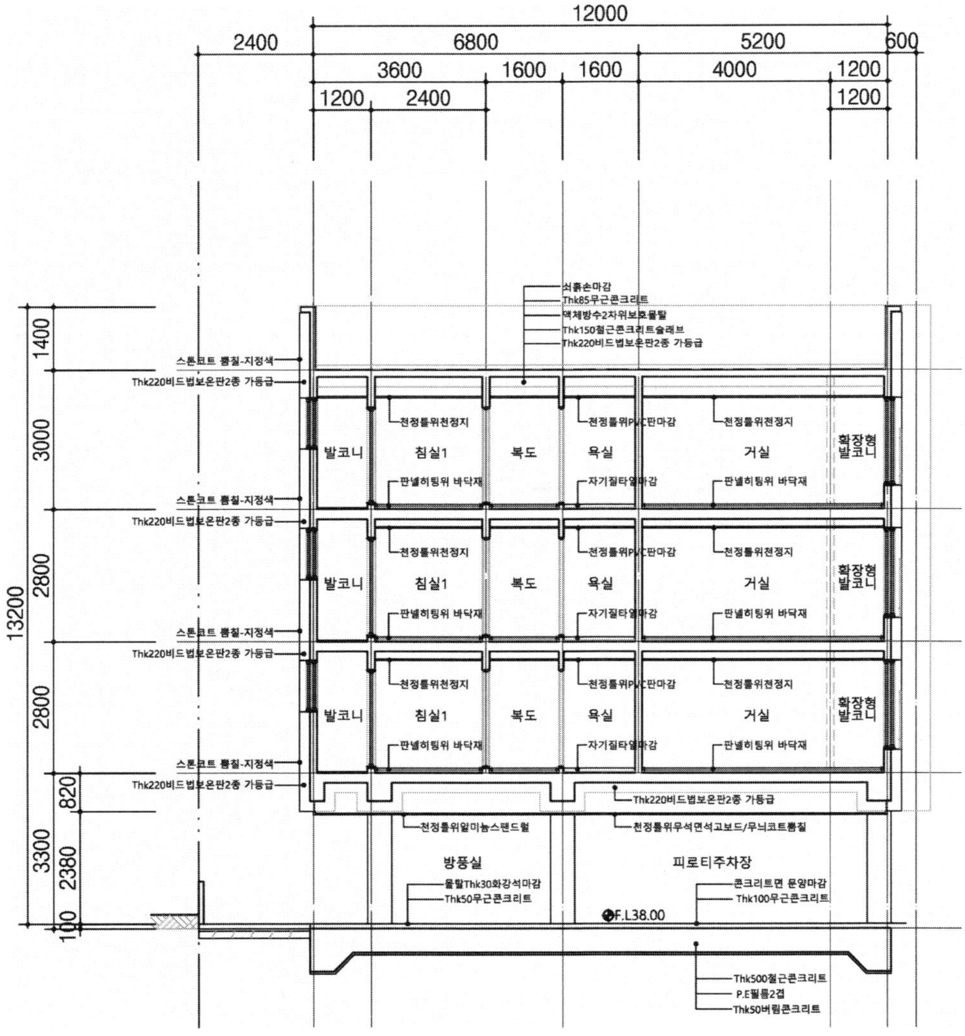

[그림 4.1.10] 단면도

〈표 4.1.4〉 고정하중과 활하중, 하중조합(kN/m²)

<table>
<tr><th rowspan="2">실</th><th rowspan="2">항목</th><th rowspan="2">두께
(mm)</th><th rowspan="2">고정하중
(D)</th><th rowspan="2">활하중
(L)</th><th colspan="3">하중조합</th></tr>
<tr><th>D+L</th><th>1.4D</th><th>1.2D+1.6L</th></tr>
<tr><td rowspan="4">지붕층</td><td>방수 및 무근콘크리트</td><td>(t=150)</td><td>3.45</td><td rowspan="3"></td><td rowspan="3"></td><td rowspan="3"></td><td rowspan="3"></td></tr>
<tr><td>슬래브</td><td>(t=150)</td><td>3.60</td></tr>
<tr><td>천정</td><td></td><td>0.30</td></tr>
<tr><td colspan="2">소계</td><td>7.35</td><td>3.0</td><td>10.35</td><td>10.29</td><td>13.62</td></tr>
<tr><td rowspan="4">지붕층
(계단실)</td><td>방수 및 무근콘크리트</td><td>(t=100)</td><td>2.30</td><td rowspan="3"></td><td rowspan="3"></td><td rowspan="3"></td><td rowspan="3"></td></tr>
<tr><td>슬래브</td><td>(t=150)</td><td>3.60</td></tr>
<tr><td>천정</td><td></td><td>0.30</td></tr>
<tr><td colspan="2">소계</td><td>6.20</td><td>1.0</td><td>7.20</td><td>8.68</td><td>9.04</td></tr>
<tr><td rowspan="4">거실</td><td>온 돌</td><td>(t=100)</td><td>1.20</td><td rowspan="3"></td><td rowspan="3"></td><td rowspan="3"></td><td rowspan="3"></td></tr>
<tr><td>슬래브</td><td>(t=210)</td><td>5.04</td></tr>
<tr><td>천정</td><td></td><td>0.30</td></tr>
<tr><td colspan="2">소계</td><td>6.54</td><td>2.0</td><td>8.54</td><td>9.16</td><td>11.05</td></tr>
<tr><td rowspan="4">욕실</td><td>바닥마감</td><td>(t=80)</td><td>1.60</td><td rowspan="3"></td><td rowspan="3"></td><td rowspan="3"></td><td rowspan="3"></td></tr>
<tr><td>슬래브</td><td>(t=210)</td><td>5.04</td></tr>
<tr><td>천정</td><td></td><td>0.30</td></tr>
<tr><td colspan="2">소계</td><td>6.94</td><td>2.0</td><td>8.94</td><td>9.72</td><td>11.53</td></tr>
<tr><td rowspan="4">발코니</td><td>바닥마감</td><td>(t=50)</td><td>1.00</td><td rowspan="3"></td><td rowspan="3"></td><td rowspan="3"></td><td rowspan="3"></td></tr>
<tr><td>슬래브</td><td>(t=210)</td><td>5.04</td></tr>
<tr><td>천정</td><td></td><td>0.30</td></tr>
<tr><td colspan="2">소계</td><td>6.34</td><td>3.0</td><td>9.34</td><td>8.88</td><td>12.41</td></tr>
</table>

• 고정하중 중 지붕의 콘크리트 두께는 물매를 고려하여 평균두께를 적용하였다.

(3) 연직하중 결정

〈표 4.1.5〉 실용도 별 고정하중 및 활하중

실용도	고정하중(kN/m^2)	활하중(kN/m^2)
계단실 지붕	6.20	1.0
지붕	7.35	3.0
거실	6.54	2.0
욕실	6.94	2.0
발코니	6.34	3.0

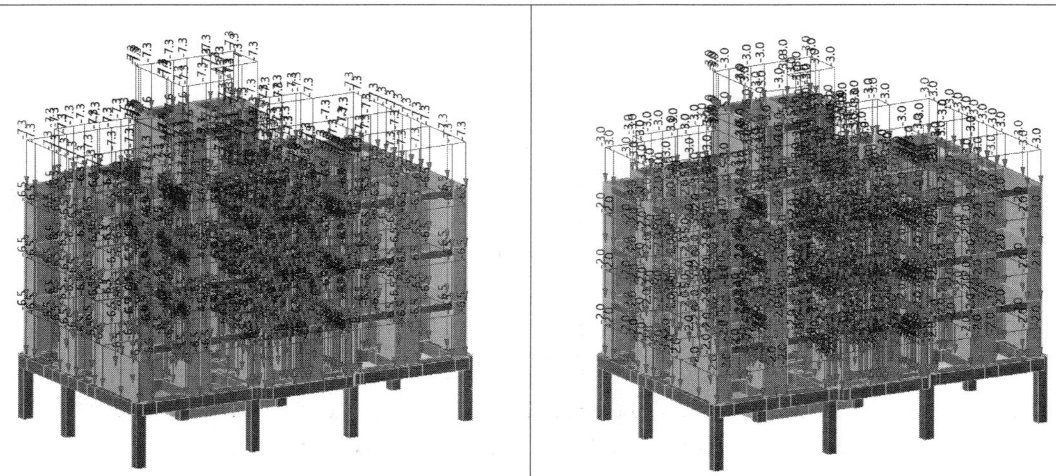

고정하중(kN/m^2)	활하중(kN/m^2)

[그림 4.1.11] 연직하중 해석 적용

4.1.7.2 풍하중(KDS 41 10 15 : 2019 5장)

〈표 4.1.6〉 풍하중 설계계수

구분	적용계수	비고
설계기본풍속	V_o=26 m/sec	경기도 파주시
중요도계수	I_w=0.95	중요도 (2)
지표면조도구분	C	–
가스트영향계수	GD_x=2.021, GD_y=2.003	–
지형계수(풍속할증)	K_{zt}=1.0	–
허용변위한계	H / 500	–

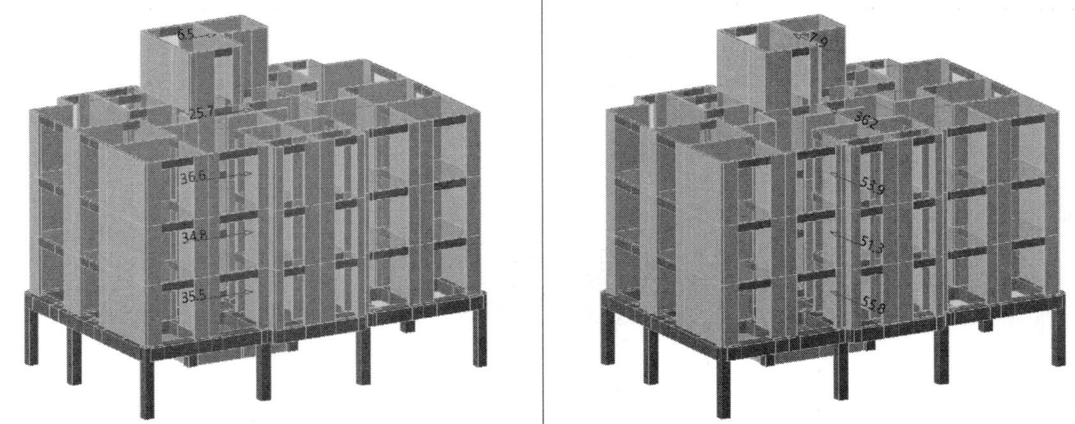

X방향 풍하중(kN)	Y방향 풍하중(kN)

[그림 4.1.12] 풍하중 해석 적용

4.1.7.3 지진하중(KDS 17 10 00 : 2018, KDS 41 10 15 : 2019 6장, KDS 41 17 00 : 2019)

〈표 4.1.7〉 지진하중 설계계수

구분	적용계수	비고
유효지반가속도	S=0.176g	경기도 파주시
중요도계수	I_E=1.0	중요도 (2)
지반분류	S_4	깊고 단단한 지반
반응수정계수	R=4.0	1. 내력벽시스템 중 1-b. 철근콘크리트 보통전단벽
변위증폭계수	Ω_0=2.5	
시스템초과강도계수	C_d=4.0	
허용층간변위 기준	0.020h_{sx}	–
설계스펙트럼가속도	S_{DS}=0.4247, S_{D1}=0.2403	–
지반증폭계수	F_a=1.448, F_v=2.048	–
내진설계범주	D	–

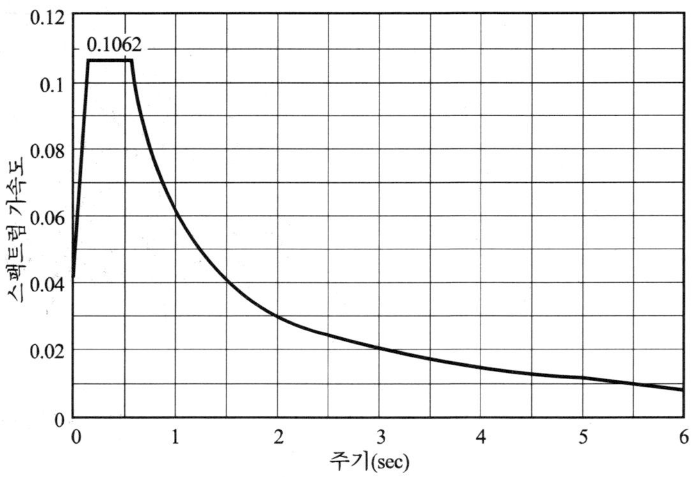

[그림 4.1.13] 설계응답스펙트럼

4.1.7.4 하중조합

1) $U = 1.4D$

2) $U = 1.2D + 1.6L$

3) $U = 1.2D + 1.3W + 1.0L$

4) $U = 0.9D + 1.3W$

5) $U = 1.2D + 1.0E + 1.0L$

6) $U = 0.9D + 1.0E$

7) $E_m = \Omega_0 E \pm 0.2 S_{DS} D$: 특별지진하중 적용

4.1.8 비정형성 판단

4.1.8.1 평면 비정형성

가. 비틀림비정형(H-1)

비틀림비정형(H-1)은 축에 직교하는 구조물의 한 단부에서 우발편심을 고려한 최대 층간변위가 구조물 양단부 층변위 평균값의 1.2배보다 클 때 비틀림비정형인 것으로 간주한다. 아래 표는 비틀림비정형성 평가를 요약한 결과이며, '비틀림비정형'으로 판정한다.

〈표 4.1.8〉 비틀림비정형 평가결과

하중조합 (최대값)	층	층고 (m)	구조물 양단부 층변위 평균값		우발편심을 고려한 최대 층변위(m)	판정
			최대 층간 변위 (m)	1.2*최대 층간 변위(m)		
RX(RS) + RX(ES)	RF	2.8	0.00008	0.00010	0.00009	정형
	4F	3.0	0.00021	0.00025	0.00028	비정형
	3F	2.8	0.00021	0.00025	0.00028	비정형
	2F	2.8	0.00017	0.00021	0.00023	비정형
	1F	3.3	0.00053	0.00064	0.00085	비정형
RX(RS) − RX(ES)	RF	2.8	0.00009	0.00011	0.00010	정형
	4F	3.0	0.00019	0.00023	0.00024	비정형
	3F	2.8	0.00019	0.00023	0.00024	비정형
	2F	2.8	0.00016	0.00019	0.00019	정형
	1F	3.3	0.00051	0.00061	0.00070	비정형
RY(RS) + RY(ES)	RF	2.8	0.00010	0.00011	0.00010	정형
	4F	3.0	0.00016	0.00019	0.00019	정형
	3F	2.8	0.00016	0.00020	0.00019	정형
	2F	2.8	0.00014	0.00017	0.00017	정형
	1F	3.3	0.00029	0.00035	0.00048	비정형
RY(RS) − RY(ES)	RF	2.8	0.00010	0.00012	0.00011	정형
	4F	3.0	0.00014	0.00017	0.00020	비정형
	3F	2.8	0.00015	0.00018	0.00021	비정형
	2F	2.8	0.00013	0.00016	0.00018	비정형
	1F	3.3	0.00025	0.00030	0.00034	비정형

1) RX(RS), RY(RS) : 평면상 X, Y방향의 동적해석(응답스펙트럼해석)에 의한 결과

2) RX(ES), RY(ES) : X, Y방향의 우발편심을 고려한 동적해석결과

나. 요철형 평면(H-2), 격막의 불연속(H-3), 면외 어긋남(H-4)

본 구조물은 4.1.3항의 건축평면도와 같이 요철형 평면이 아니며 기준층 기준으로 모든 층의 격막 강성이 동일하게 구조계획을 진행하였으므로 요철형 평면(H-2), 격막의 불연속(H-3) 항목에 대해서는 '정형'으로 판정한다.

4.1.3항의 입면도와 같이 필로티가 있는 구조이므로 면외 어긋남(H-4)항목에 대해서는 '비정형'으로 판정한다.

다. 비평행 시스템(H-5)

본 구조물은 4.2.3항의 구조평면도와 같이 횡력저항 수직 요소가 전체 횡력저항 시스템에 직교하는 주축에 평행하지만 Y축으로 대칭이 아니므로 비평행 시스템에 대해서 '비정형'인 것으로 판단한다. 추가로 구조물의 주축을 명확히 판별하기 어려운 경우 설계지진하중의 방향별 100:30의 조합을 적용할 수 있다.

4.1.8.2 수직 비정형성

가. 강성비정형(V-1)

해당 층의 횡강성이 인접한 상부층 횡강성의 70 % 미만이거나 상부 3개층 평균 강성의 80 % 미만인 연층이 존재하는 경우에는 강성분포의 비정형이 있는 것으로 간주한다. 아래 표는 강성 비정형성 평가를 요약한 결과이며, '강성비정형'으로 판정한다.

〈표 4.1.9〉 강성비정형 평가 결과

방향	층	횡강성 (k_n)	상부층 횡강성 판정식 및 강성비				판정
			$\frac{k_n}{0.7k_{n+1}} > 1.0$:정형		$\frac{k_n}{0.8(k_{n+1}+k_{n+2}+k_{n+3})/3} > 1.0$:정형		
			$0.7k_{n+1}$	강성비	$0.8(k_{n+1}+k_{n+2}+k_{n+3})/3$	강성비	
X	RF	7,100	–	–	–	–	정형
	4F	29,917	4,970	6.02	–	–	정형
	3F	23,667	20,942	1.13	–	–	정형
	2F	31,650	16,567	1.91	12,396	2.55	정형
	1F	15,269	22,155	0.69	22,729	0.67	비정형
Y	RF	37,578	–	–	–	–	정형
	4F	23,391	26,305	0.89	–	–	비정형
	3F	20,544	16,374	1.25	–	–	정형
	2F	22,006	14,380	1.53	21,737	1.01	정형
	1F	15,468	15,404	1.00	17,584	0.88	비정형

나. 중량비 정형(V-2)

어떤 층의 유효중량이 인접한 유효중량의 150 %를 초과할 때 중량분포의 비정형인 것으로 간주한다. 아래 표는 중량비정형 평가 결과요약이며, '중량비정형'으로 판정한다.

〈표 4.1.10〉 중량비 정형 평가결과

층	유효중량 (m_n)	인접층 유효중량 판정식 및 중량비				판정
		$\frac{m_n}{1.5m_{n-1}} < 1.0$: 정형		$\frac{m_n}{1.5m_{n+1}} < 1.0$:정형		
		$1.5m_{n-1}$	중량비	$1.5m_{n+1}$	중량비	
RF	2,373	4,224	0.56	–	–	정형
4F	2,816	4,154	0.68	3,559	0.79	정형
3F	2,769	5,777	0.48	4,224	0.66	정형
2F	3,852	–	–	4,154	0.93	정형
1F	–	–	–	5,777	–	정형

다. 기하학적 비정형(V-3), 횡력저항 요소의 비정형(V-4)

기하학적 비정형은 횡력저항시스템의 수평치수가 인접층 치수의 130%를 초과할 경우에 해당하는데, 본 구조물은 4.1.3항과 4.2.3항의 도면과 같이 1층에서 대부분의 횡력저항요소가 사라지는 필로티 구조이므로 '기하학적 비정형'인 것으로 판정한다. 또한 횡력저항 요소가 필로티 층까지 이르지 않아 '비정형'이 있는 것으로 간주한다.

라. 강도의 불연속(V-5)

해당 층의 횡강도가 직상층 횡강도의 80 % 미만인 약층이 존재하는 경우에는 강도의 불연속에 의한 비정형이 존재하는 것으로 간주한다. 아래 표는 강도 불연속 비정형 평가 결과 요약이며, '강도의 불연속 비정형'으로 판정한다. 여기서 강도비가 0.65 미만인 구조물의 높이는 2층 또는 9 m 이하이여야 한다. 단, 해당 약층의 설계하중에 시스템초과강도계수(Ω_0)를 곱한 지진력을 지지할 수 있다면 높이 제한을 적용하지 않는다.

〈표 4.1.11〉 강도의 불연속 평가 결과

층	X 방향(최대값)				Y 방향(최대값)			
	층 횡강도 (kN)	직상층 횡강도 (kN)	강도비	판정	층 횡강도 (kN)	직상층 횡강도 (kN)	강도비	판정
RF	1,061	–	–	정형	1,471	–	–	정형
4F	6,244	1,061	5.89	정형	6,694	1,471	4.55	정형
3F	6,244	6,244	1.00	정형	6,694	6,694	1.00	정형
2F	6,244	6,244	1.00	정형	6,694	6,694	1.00	정형
1F	3,894	6,244	0.62	비정형	3,726	6,694	0.56	비정형

4.1.8.3 평면, 수직 비정형 판정 결과

비정형성 검토 결과, 평면 비정형 형태 중 비틀림 비정형, 면외 어긋남, 비평행 시스템에 해당하였으며, 수직 비정형 형태 중 강성비정형, 기하학적 비정형, 횡력저항 요소의 비정형, 강도의 불연속에 해당한다.

4.1.9 $P-\Delta$효과와 층간변위

구조시스템에 따라 반응수정계수를 사용하여 지진하중을 저감시키면 구조시스템의 강성을 과도하게 감소시키고 이로 인하여 과도한 비탄성변형이 발행할 수 있다. 과도한 비탄성변형은 구조물에 중력하중에 의한 $P-\Delta$효과를 일으켜서 중력하중에 대한 저항력 상실을 초래할 수 있다. 따라서 비탄성변위를 일정 이하로 제한함으로써 이러한 $P-\Delta$효과에 의한 구조물의 붕괴를 방지하고자 KDS 41 17 00 7.2.8.2 식 (7.2-15)에 의해 계산한 최대 안전계수(θ_{max})값을 초과할 수 없다. 초과할 경우에는 구조물이 불안정할 가능성이 크기 때문에 재설계가 필요하다.

KDS 41 17 00 7.2.8.2 식 (7.2-14)에 의해 산정한 안정계수(θ)가 0.1 이하인 경우에는 층간변위의 산정에 $P-\Delta$효과를 반드시 고려할 필요는 없다. 아래 표는 지진하중 방향별 안정계수를 계산한 요약표이며, 안전계수(θ)가 0.1 이하로 검토되어 $P-\Delta$효과에 의한 증폭효과를 고려하지 않은 층간변위를 사용한다.

〈표 4.1.12〉 $P-\Delta$효과 적용여부 검토 결과

하중조합	층	층고 (mm)	수직하중 (1.0D+0.25L) (kN)	밑면전단력 (kN)	층간변위 (mm)	안정계수 (θ)	$P-\Delta$효과 증폭계수 $\theta\ \leq 0.1 \rightarrow$ 미고려 (a_d)
Rx + Esx	RF	2800	410.5	42.3	1.968	0.0017	$P-\Delta$효과 미고려
	4F	3000	3,518.9	292.4	0.415	0.0004	$P-\Delta$효과 미고려
	3F	2800	6,411.9	509.5	0.497	0.0006	$P-\Delta$효과 미고려
	2F	2800	9,305.0	647.7	0.369	0.0005	$P-\Delta$효과 미고려
	1F	3300	12,905.1	758.6	0.935	0.0012	$P-\Delta$효과 미고려
Rx − Esx	RF	2800	410.5	42.3	1.187	0.0010	$P-\Delta$효과 미고려
	4F	3000	3,518.9	292.4	0.387	0.0004	$P-\Delta$효과 미고려
	3F	2800	6,411.9	509.5	0.449	0.0005	$P-\Delta$효과 미고려
	2F	2800	9,305.0	647.7	0.339	0.0004	$P-\Delta$효과 미고려
	1F	3300	12,905.1	758.6	0.794	0.0010	$P-\Delta$효과 미고려
Ry + Esy	RF	2800	410.5	41.9	0.251	0.0002	$P-\Delta$효과 미고려
	4F	3000	3,518.9	361.7	0.516	0.0004	$P-\Delta$효과 미고려
	3F	2800	6,411.9	654.7	0.551	0.0005	$P-\Delta$효과 미고려
	2F	2800	9,305.0	859.2	0.514	0.0005	$P-\Delta$효과 미고려
	1F	3300	12,905.1	1,042.9	0.891	0.0008	$P-\Delta$효과 미고려
Ry − Esy	RF	2800	410.5	41.9	0.346	0.0003	$P-\Delta$효과 미고려
	4F	3000	3,518.9	361.7	0.510	0.0004	$P-\Delta$효과 미고려
	3F	2800	6,411.9	654.7	0.539	0.0005	$P-\Delta$효과 미고려
	2F	2800	9,305.0	859.2	0.504	0.0005	$P-\Delta$효과 미고려
	1F	3300	12,905.1	1,042.9	0.816	0.0008	$P-\Delta$효과 미고려

추가적으로 $P-\Delta$효과를 고려한 경우와 고려하지 않은 경우의 층간변위를 비교하였다. 해석 프로그램 상의 $P-\Delta$해석의 반복횟수는 10회이며, 수렴여부를 판단하는 수렴오차의 한계는 0.00001으로 설정하였다. 여기서 $P-\Delta$효과에 의한 증폭계수(a_d)는 $1.0/(1-\theta)$으로 한다. 본 구조물의 $P-\Delta$효과에 의한 층간변위는 최대 0.0083 mm 증가로 미미한 차이로 검토되었고, $P-\Delta$효과를 고려하여도 허용층변위를 만족하는 것으로 확인되었다.

〈표 4.1.13〉 $P-\Delta$효과 적용에 따른 지진 층간변위 검토 결과

하중 조합	층	$P-\Delta$ 미고려 층간변위(mm) ①	$P-\Delta$효과에 의한 증폭계수(a_d) ②	$P-\Delta$ 고려 층간변위(mm) ③	②×③	층간변위 차(mm) (②×③)−①
Rx + Esx	RF	1.968	1.0/(1−0.0017)	1.973	1.976	0.0083
	4F	0.415	1.0/(1−0.0004)	0.415	0.415	0.0001
	3F	0.497	1.0/(1−0.0006)	0.498	0.498	0.0003
	2F	0.369	1.0/(1−0.0005)	0.369	0.369	0.0000
	1F	0.935	1.0/(1−0.0012)	0.938	0.939	0.0039
Rx − Esx	RF	1.187	1.0/(1−0.0010)	1.190	1.192	0.0047
	4F	0.387	1.0/(1−0.0004)	0.387	0.387	0.0001
	3F	0.449	1.0/(1−0.0005)	0.449	0.449	0.0003
	2F	0.339	1.0/(1−0.0004)	0.339	0.339	0.0000
	1F	0.794	1.0/(1−0.0010)	0.797	0.797	0.0030
Ry + Esy	RF	0.251	1.0/(1−0.0002)	0.251	0.251	0.0001
	4F	0.516	1.0/(1−0.0004)	0.516	0.517	0.0004
	3F	0.551	1.0/(1−0.0005)	0.551	0.552	0.0005
	2F	0.514	1.0/(1−0.0005)	0.515	0.515	0.0006
	1F	0.891	1.0/(1−0.0008)	0.891	0.892	0.0015
Ry − Esy	RF	0.346	1.0/(1−0.0003)	0.346	0.346	0.0003
	4F	0.510	1.0/(1−0.0004)	0.510	0.510	0.0004
	3F	0.539	1.0/(1−0.0005)	0.539	0.540	0.0005
	2F	0.504	1.0/(1−0.0005)	0.504	0.504	0.0005
	1F	0.816	1.0/(1−0.0008)	0.817	0.817	0.0011

$P-\Delta$효과 유무에 따른 층간변위 비교		
$P-\Delta$ 효과 미고려	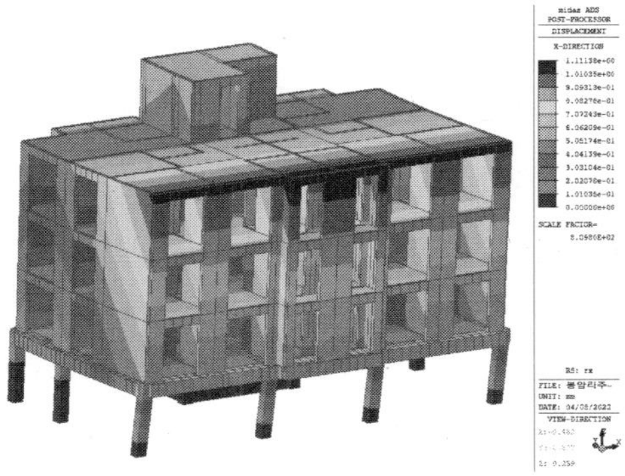 [X방향 지진변위]	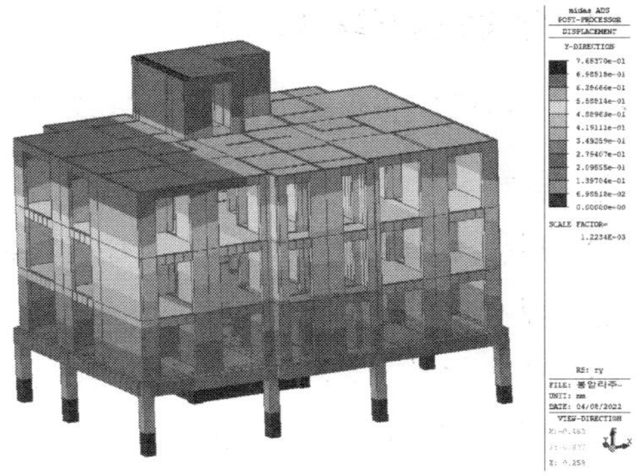 [Y방향 지진변위]
$P-\Delta$ 효과 고려	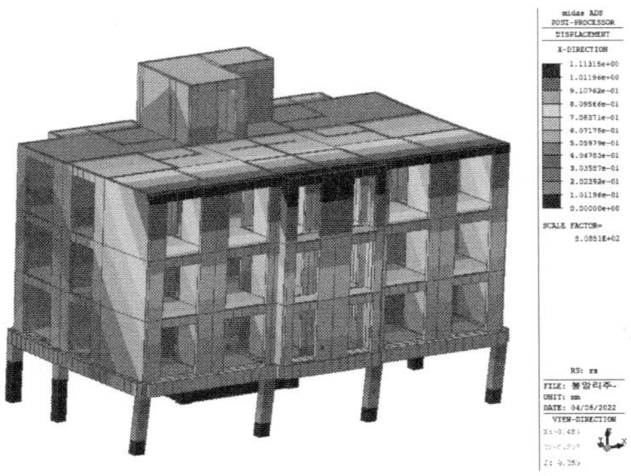 [X방향 지진변위]	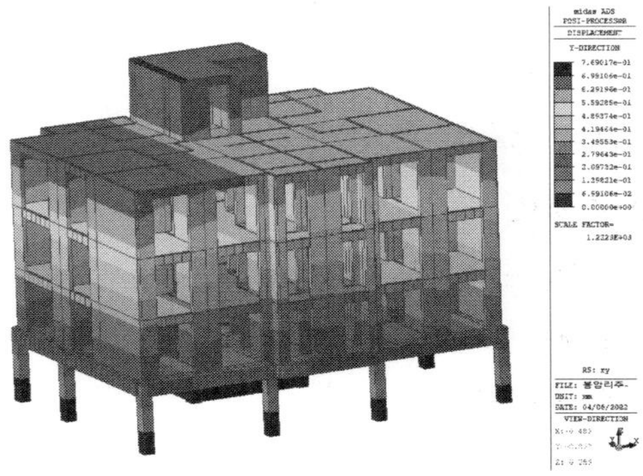 [Y방향 지진변위]

[그림 4.1.14] $P-\Delta$효과 유무에 의한 층간변위 검토

4.2. 구조시스템 결정

4.2.1 연직하중저항 시스템

4.2.1.1 부재설계(필로티 건축물 구조설계 가이드라인 5.2)

1) 필로티기둥 단면의 최소폭은 300 mm 이상이어야 한다.
2) 필로티층에 설치되는 벽체의 두께는 200 mm 이상으로 한다. 코어벽의 규정은 4.1.2의 (4) 규정을 준수해야 한다.
3) 전이보의 깊이가 600 mm 이상일 때 폭은 400 mm 이상이어야 되며, 전이보의 깊이가 그 이하일 때는 폭은 500 mm 이상이어야 한다. 전이보의 최소 깊이는 550 mm 이상이어야 한다. 전이보 구조에 사용되는 슬래브의 두께는 최소 200 mm 이상이어야 한다.
4) 전이슬래브의 두께는 300 mm 이상이어야 한다.

4.2.1.2 설계적용

(1) 슬래브

3층 이상 슬래브는 벽체와 인방보에서 지지되며, 2층 슬래브는 하중 전이보에서 지지된다. 기준층 슬래브 두께는 210 mm를 적용하였으며, 지붕층 슬래브 두께는 150 mm, 2층 전이층 슬래브 두께는 200 mm를 적용하였다.

기준층 슬래브의 지지조건은 해석상의 경계조건에 따라 달라질 수 있으나, 기본적으로 2방향 슬래브로 규정하여 배근을 결정할 때 양방향에 대해 해석결과에 따라 철근을 결정한다.

또한 층간소음을 고려하여 슬래브 두께를 결정해야 하며, 배근은 시공성을 고려하여 슬래브 상/하부 최대소요강도에 따라 결정한다. 다만, 지지부에서 중앙부에 비해 상대적으로 큰 소요강도가 요구되는 경우, 지지부에 보강근을 추가하여 조정한다.

(2) 보

인방보와 하중전이보의 크기는 건축단면계획의 영향을 크게 받는다.

인방보 단면은 출입구와 창호의 크기와 벽체두께에 따라 결정되며, 개구부 양측의 벽체에 지지된다. 2층 하중전이보는 필로티층에 형성된 기둥과 코아벽체에 지지된다. 인방보 폭은 벽체두께와 동일하게 결정되었으며, 깊이는 건축단면에 따라 최대 400 mm가 적용되었다. 인방보는 주어진 조건에서 강성이 모두 적용되는 경우 적용된 부재의 설계강도가 저항할 수 없는 소요강도가 발생된다. 이 경우 인방보는 단부에서 이미 소성힌지가 크게 발생된 것으로 가정하여 주어진 단면에서 저항할 수 있는 수준의 힌지 특성으로 부여하여 초과되는 횡력이 인접한 벽체로 전이될 수 있도록 조치할 수 있다. 따라서 인방보는 지지경간을 고려할 경우 '깊은 보'의 특성을 갖고 있으나, 거동적인 측면에서는 일반보로써 고려된 단면에 저항되는 소요강도를 결정하는 방향으로 설계방향이 결정된다.

하중전이보는 상부 전단벽체를 지지하도록 배치하며, 일부 편심배치가 되어 비틀림이 발생된다. 또한 필로티구조 특성상 대체적으로 일반보로써 단면이 결정되나, 기둥 경간이 짧은 구간의 경우와 상부벽체 위치가 지지부에 근접한 경우에는 '깊은 보'의 특성이 될 수 있다.

하중전이보 단면은 필로티 층 높이와 1층의 사용성을 고려하여 보 깊이가 먼저 결정되고, 보 폭은 전이되는 벽체가 보에 직접적으로 지지될 수 있으며, 부재 내하력이 확보되는 조건에서 결정된다. 이러한 조건을 고려하여 본 예제에서 전이보는 기둥간격과 전이되는 벽체의 위치, 건축적인 요구사항을 고려하여 깊이 600 mm로 결정한 후 소요되는 폭을 결정하였다.

하중전이보는 건축물 특성상 세대 내 배관이 슬리브를 통해 수직으로 관통되는 경우가 많으므로 일차적으로 최대한 배관의 위치를 피하여 계획하고, 배관과 간섭이 불가피할 경우 소요되는 보폭 이상으로 계획하여 보의 외측 주철근이 적절히 배치되도록 계획한다. 만약 배관 관통으로 주철근이나 스터럽이 절단되어야 하는 경우 절단된 철근량 이상의 철근을 배관 주변에 대칭으로 보강한다.

(3) 기둥

하중전이보를 지지하는 기둥은 건축계획에 따라 위치와 단면을 가정한 후 필로티 층의 용도가 주차장인 경우 주차계획에, 상가인 경우 상가 출입구와 창호에 따라 기둥 배치가 결정되고, 이에 따라 기둥의 단면이 결정된다. 즉, 주차 또는 상가 배치로 인해 건축조건에 따라 계획된 기둥은 구조해석 과정에서 증대될 수 있으며, 이 경우 2축 방향으로 단면이 증가되는 것보다는 1축 방향으로 증가될 수 있다.

(4) 벽체

벽체는 전이층 상부와 필로티층 벽체로 구조계획상 구분된다. 전이층 상부 벽체는 슬래브 배근이 연속되는 내부벽체와 슬래브 배근이 불연속되는 코아벽체 및 외부벽체로 구분된다.

내부벽체는 슬래브 배근이 연속되는 조건이 대부분이므로 벽체 두께는 설계기준 KDS 14 20 72 :2021 '4.3.2 실용설계법'과 '4.4 비내력벽과 지중보'에서 제시하는 최소한의 벽체두께를 적용하나, 슬래브가 배근이 불연속되는 벽체는 슬래브 배근이 정착될 수 있는 최소두께를 적용한다.

계단실이 형성되는 코아벽체는 전층 동일한 위치에 계획되어야 하며, 하중 전이층을 지지하는 필로티층 벽체와 함께 '가이드'에서 제시하는 벽체로서 최소 200 mm 두께를 적용하되 구조해석 상에서 필요한 두께를 적용한다.

따라서 슬래브와 인방보를 지지하는 2층 이상 내측 벽체는 두께 150 mm, 외측벽체와 코아벽체는 두께 180 mm를 적용하였으며, 필로티층 벽체는 모두 200 mm 두께를 적용하였다.

한편, 슬래브 배근을 10 mm(철근직경 9.53 mm) 철근으로 고려할 경우, 콘크리트 강도 27 MPa, 철근 강도 400 MPa 기준하고, 인장정착길이에 대한 보정계수 0.7을 적용하면, 슬래브 배근은 내부벽체 상부에서 연속시키고, 외부벽체 상부근은 벽체외측까지 연장 (A=벽체두께-벽체피복-벽체수평철근=180-30-10=140 mm)하여 정착(B=114 m 이상)시킬 수 있다.

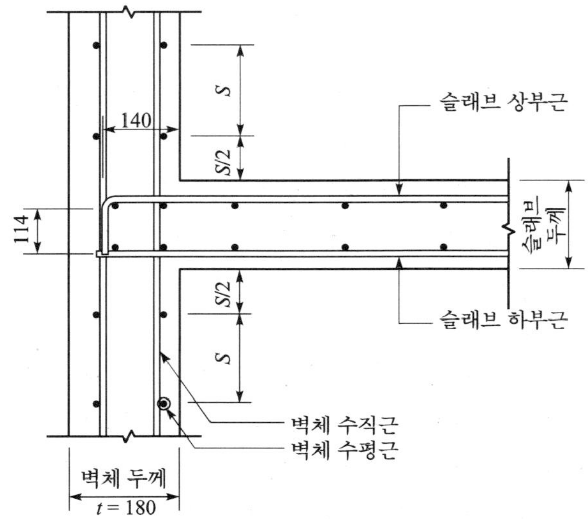

[그림 4.2.1] 슬래브 배근 벽체 정착상세

(5) 기초

소규모 필로티구조의 기초는 시공성과 품질관리 등을 고려하여 온통기초를 적용하는 것이 유리하다. 기초의 지정방법에 따라 말뚝기초 또는 직접기초를 선택할 수 있으나, 온통기초를 적용할 경우 기초의 밑면은 동결선 이하 위치가 되도록 기초두께를 결정한다.

또한, 기초의 동결심도 확보를 위하여 기초두께 전체를 동결심도에 맞추어야 시공성과 품질관리가 용이하나 경제성을 고려하여 기초테두리만 동결심도에 맞추어 두께를 결정하고, 내부는 소요두께로 결정할 수 있다. 이 경우 기초는 구조해석상의 경계조건에 따라 기둥과 벽체에서 발생되는 축력과 면외방향 전단력, 휨모멘트에 대해 안전하게 지지될 수 있도록 설계되어야 하고, 뚫림전단의 영향에 따라 기둥 주변의 기초두께를 부분적으로 증가시킬 수 있다.

본 예제에서 기초지정은 직접기초이며, 기초형식은 시공성과 기둥의 뚫림전단력 및 벽체의 배치 등을 고려하여 두께 600 mm의 온통기초가 적용되었다. 온통기초 외곽은 동결심도를 확보하기 위해 폭 500 mm, 두께 900 mm로 단면을 증대시켜 적용하였다.

4.2.2 횡력저항 시스템

(1) 본 건축물은 지상4층 규모로서 내진설계범주 'D'로 고려되었으며, 건축물의 평면 비정형성을 고려하여 동적해석을 수행하였다.

(2) 풍하중을 산정할 때 풍하중의 직교효과를 고려하여 해석에 적용하였으며, 지진력과 비교한 결과, 풍하중보다 지진력이 우세하여 제반 부재를 설계할 때에는 지진력이 포함된 하중조합에 의해 소요강도가 결정되었다.

(3) 횡변위 산정을 위해 'KDS 14 20 10'의 방법을 준용하였으며, 'KDS 14 20 20 4.4.4(2)'에서 정의된 부재별 유효강성을 다음과 같이 적용하였다.

〈표 4.2.1〉 부재별 유효강성비

구분	적용 부재	유효강성비
탄성계수 E_c	전 부재	1.0
단면2차모멘트 I_g	기둥	0.7
	비균열벽체	0.7
	균열벽체	0.35
	보	0.35
	플랫 슬래브	0.25
단면적 A_g	전 부재	1.0

(4) 슬래브

해석상에 고려된 슬래브는 100 % 강성의 면내방향 격막과 면외 25 % 휨거동이 되는 것으로 고려되었다.

(5) 하중전이보

하중전이보는 상부 벽체의 축력과 전단력을 지지하도록 벽체 하부에 설치하고, 기본적으로 시스템초과강도계수가 반영된 특별지진하중조합을 적용하였으며, 보에 기본적으로 미세한 휨 균열이 발생되어 있는 점을 고려하여 설계기준 KDS 14 20 20 : 2021 '4.4.4 탄성2차해석'의 유효강성을 해석에 적용한다.

(6) 기둥

하중전이보를 지지하는 기둥을 설계할 때 시스템초과강도계수가 반영된 특별지진하중조합이 적용되어야 하며, 전단보강근이 충분히 반영되어 지진이 발생할 때 휨거동이 지배되도록 고려되어야 한다. 따라서 기둥은 연성이 확보될 수 있도록 '가이드'에서 제시하고 있는 모멘트연성상세의 배근이 적용되어야 한다.

또한, 해석상에서 설계기준 KDS 14 20 20 :2021 '4.4.4 탄성2차해석'의 유효강성을 해석에 적용하고, 건물의 안정성지수 평가를 통해 기둥의 횡구속 여부를 확인한다.

(7) 벽체

2층 이상 벽체는 전단벽체로서 해석에 고려하여 적용하였으며, 1층에서 하중전이보를 지지하는 벽체는 특별지진하중조합을 적용하였고, 벽체의 면외방향 거동은 고려되지 않는다.

필로티 층에서는 코아벽체 중심으로 건축계획상 벽체가 구성되고 있어 비틀림에 취약할 수 있으므로 비틀림이 최소화되도록 가능한 위치에 벽체를 추가하거나, 코아벽체 외측으로 두께를 증가시켜 비틀림 거동에 저항되도록 고려할 수 있다.

4.2.3 구조평면도

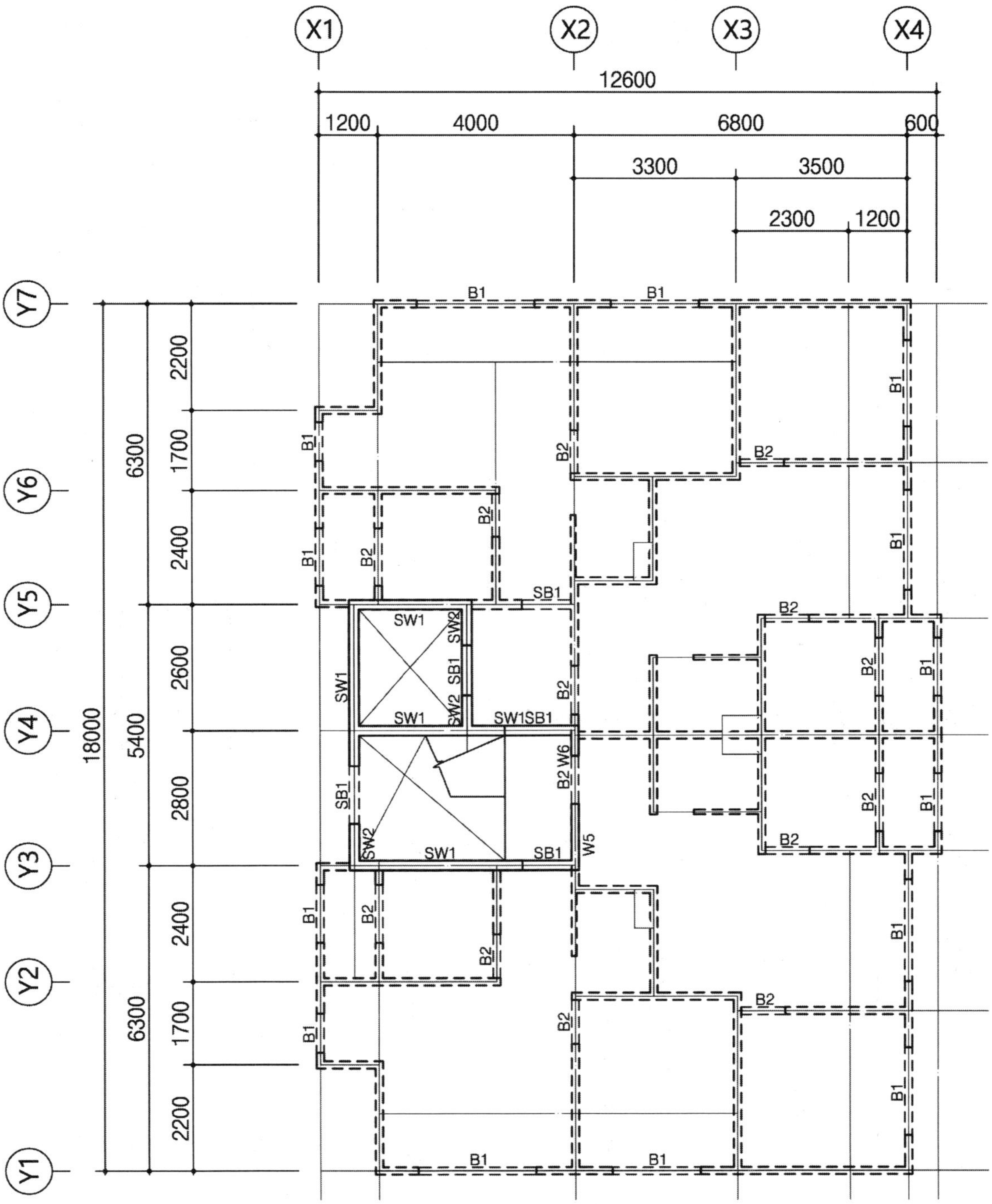

[그림 4.2.2] 지붕층 구조계획도

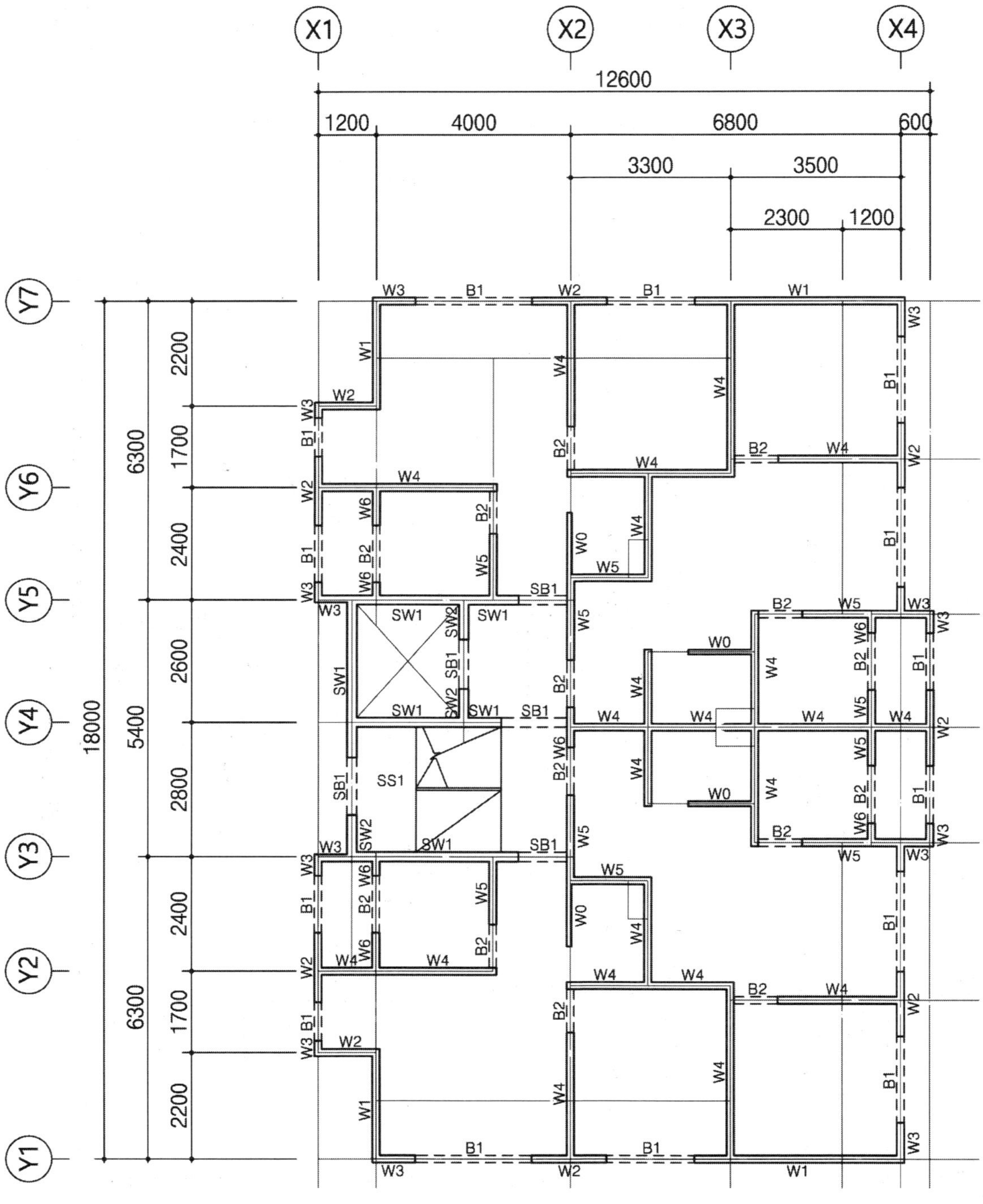

[그림 4.2.3] 지상 3~4층 구조계획도

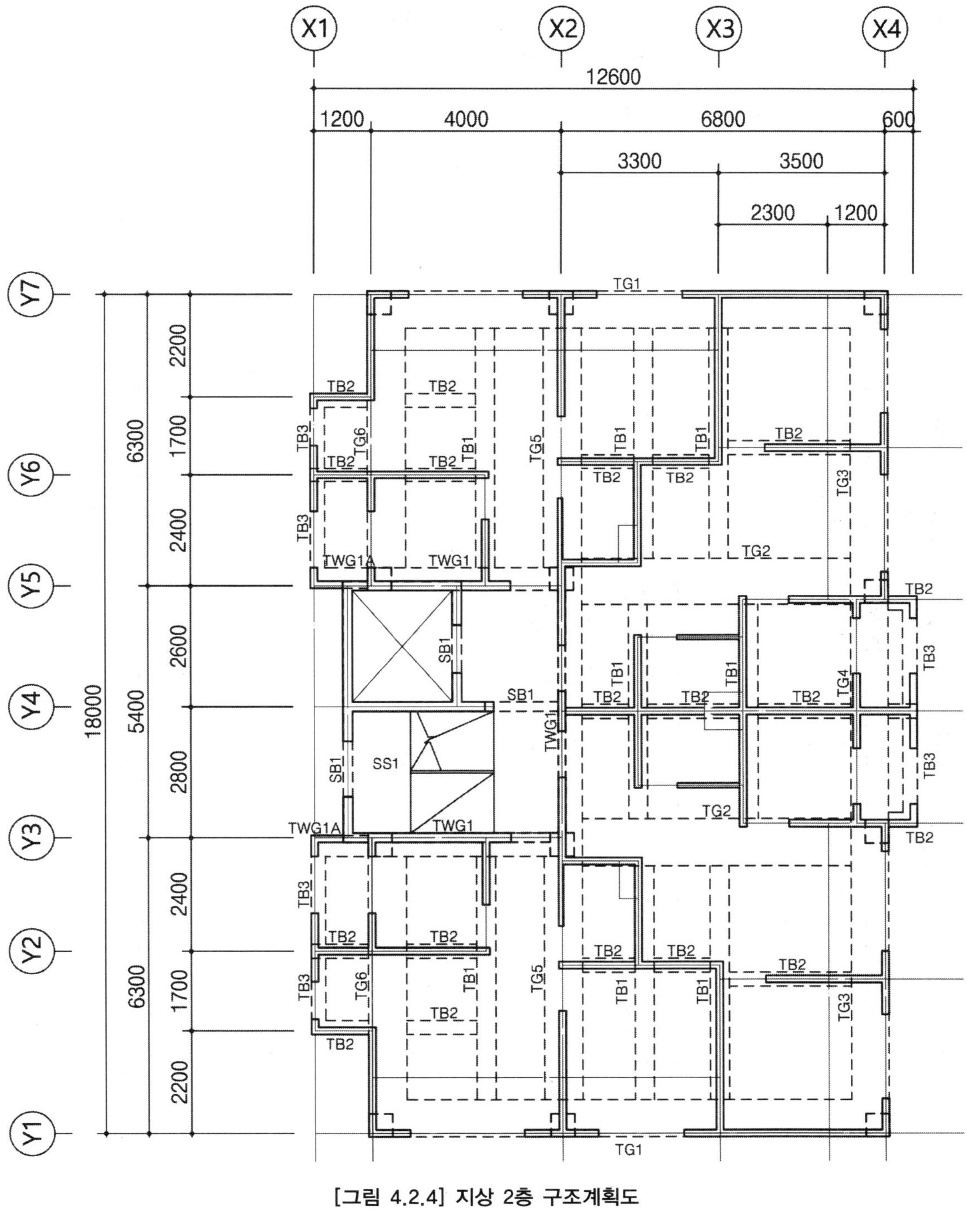

[그림 4.2.4] 지상 2층 구조계획도

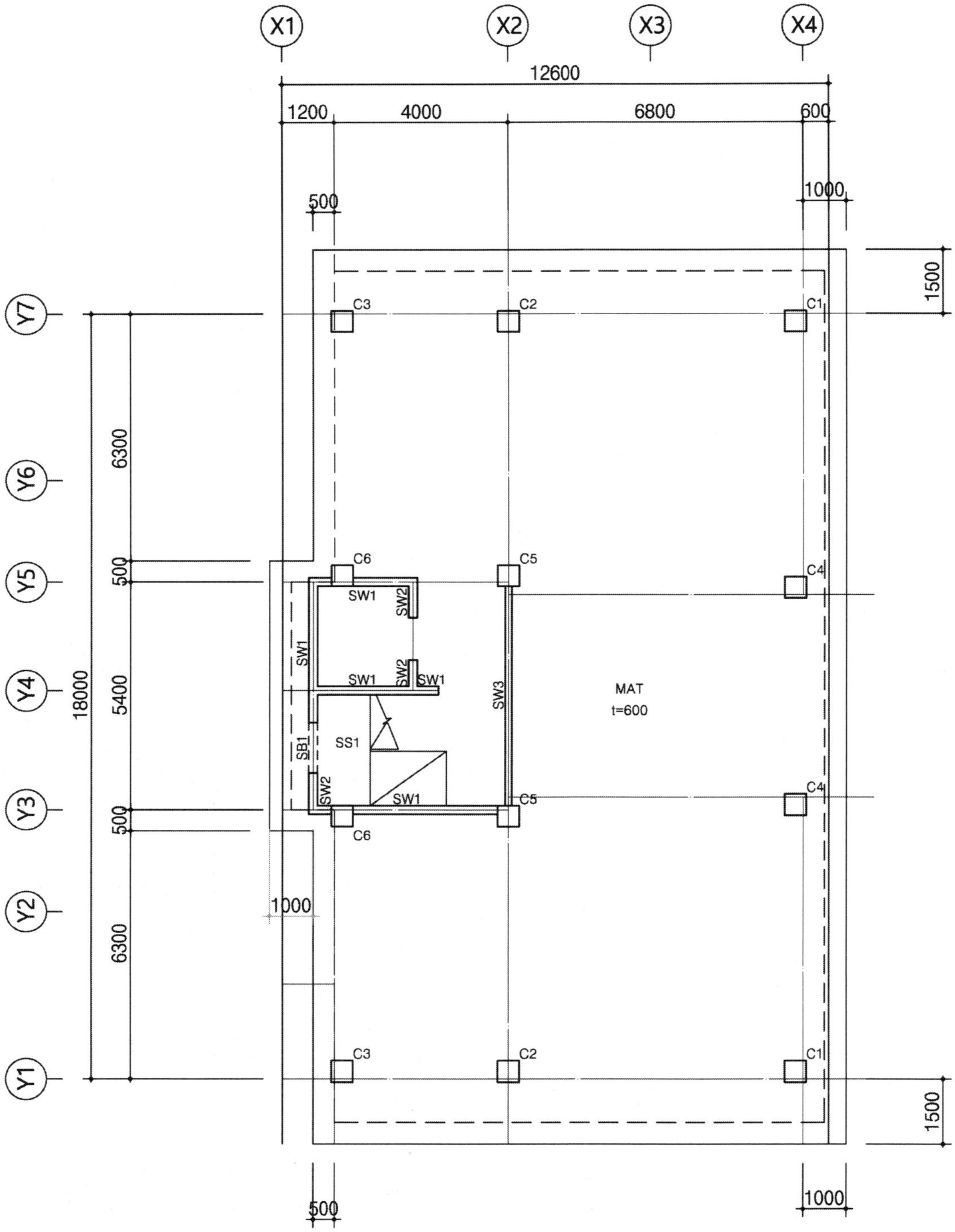

[그림 4.2.5] 지상 1층 구조계획도

4.2.4 구조부재 단면 일람표

4.2.4.1 구조부재 단면 일람표

(1) 슬래브

부재명	해당층	두께(mm)
S1	지붕층	150
S1	지상 3층, 지상 4층	210
S1	지상 2층	200

(2) 보

부재명	해당층	b×h(mm)
B1	전 층	180×400
B2	전 층	150×400
SB1	전 층	200×400
TB1	지상 2층	400×600
TB2, TB3	지상 2층	300×600
TG1,TG3~TG6	지상 2층	800×600
TG2	지상 2층	1,000×600
TWG1	지상 2층	500×600

(3) 기둥

부재명	해당층	b×h(mm)
C1~C6	지상 1층	500×500

(4) 벽체

부재명	해당층	두께(mm)
SW1, SW2, SW3	전 층	200
W1, W2, W3	지상 2층~지상 4층	180
W4, W5, W6	지상 2층~지상 4층	150

(5) 기초

부재명	해당층	두께(mm)
MAT1	지상 1층	600~900

4.2.4.2 필로티층 수직부재 단면의 적정성(참고용)

(1) X방향 수직부재 단면의 적정성 검토

① 기둥단면적 산정

부재명	B	H	개소	총면적 (m^2)
C1	0.5	0.5	2	2.50
C2	0.5	0.5	2	
C3	0.5	0.5	2	
C4	0.5	0.5	2	
C5	0.5	0.5	2	

② 벽체단면적 산정

부재명	벽체 정보		인접기둥 정보			총면적 (m^2)
	l	t	b	h	개소	
SW1	8.84	0.2	0.5	0.5	3	2.52

③ 면적비 검토

벽체면적비/0.0045+기둥면적비/0.0112 ≥ 1.0

- 전체 연면적=484.4 m^2
- 면적비 산정

  (2.52/484.4)/0.0045+(2.50/484.4)/0.0112=1.62 ≥ 1.0 → X방향 면적비 만족

(2) Y방향 수직부재 단면의 적정성 검토

① 기둥단면적 산정

부재명	b	h	개소	총면적 (m^2)
C1	0.5	0.5	2	2.50
C2	0.5	0.5	2	
C3	0.5	0.5	2	
C4	0.5	0.5	2	
C6	0.5	0.5	2	

② 벽체단면적 산정

NAME	벽체 정보		인접기둥 정보			총면적 (m^2)
	l	t	b	h	개소	
SW1	3.4	0.2	–	–	–	1.84
SW2	2.7	0.2	–	–	–	
SW3[1)]	5.2	0.2	0.5	0.5	2	

1) 필로티층의 벽체가 상부 내력벽과 수직적으로 연속되지 않은 경우에는 해당 벽체면적의 1/2.5 배만 유효한 면적으로 간주하여 벽체면적비 계산에 포함한다.

③ 면적비 검토

벽체면적비/0.0045+기둥면적비/0.0112 ≥ 1.0

- 전체 연면적=484.4 m^2
- 면적비 산정

  (1.84/484.4)/0.0045+(2.50/484.4)/0.0112=1.30 ≥ 1.0 → Y방향 면적비 만족

4.3. 구조해석 결과

4.3.1 구조해석

형상도

구조해석 결과 자료는 고유치해석, 횡변위, 슬래브 부재력도, 전이층 보 부재력도, 1층 기둥 부재력도, 2층 벽체 부재력도, 기초 부재력도를 정리하였다.

횡변위는 풍하중과 지진하중의 결과를 그림으로 정리하였고, 지진하중에 대한 층간변위비는 변위증폭계수와 우발편심을 고려하여 별도로 검토하였다.

슬래브는 기준층에 대해 연직하중과 수평하중을 적용한 최대/최소 소요강도로서 전단력도와 휨모멘트도를 각각 정리하였다.

전이층 보는 연직하중과 수평하중을 적용하였고, 특별지진하중 조합이 고려된 최대/최소 소요강도로서 전단력도, 휨모멘트도, 비틀림모멘트도를 각각 정리하였다.

필로티층 기둥은 연직하중과 수평하중을 적용하였고, 특별지진하중 조합이 고려된 최대/최소 소요강도로서 축력도, 강축/약축 전단력도, 강축/약축에 대한 휨모멘트도, 비틀림모멘트도를 각각 정리하였다.
벽체는 2층에 대해 연직하중과 수평하중을 적용한 최대/최소 소요강도로서 축력도, 전단력도, 휨모멘트도를 각각 정리하였다.

기초는 골조해석에서 연직하중과 수평하중을 적용하여 도출된 사용하중과 계수하중의 최대/최소 반력이 적용된 소요강도로서 전단력도와 휨모멘트도를 각각 정리하였다.

4.3.2 슬래브 부재력도

전단력도

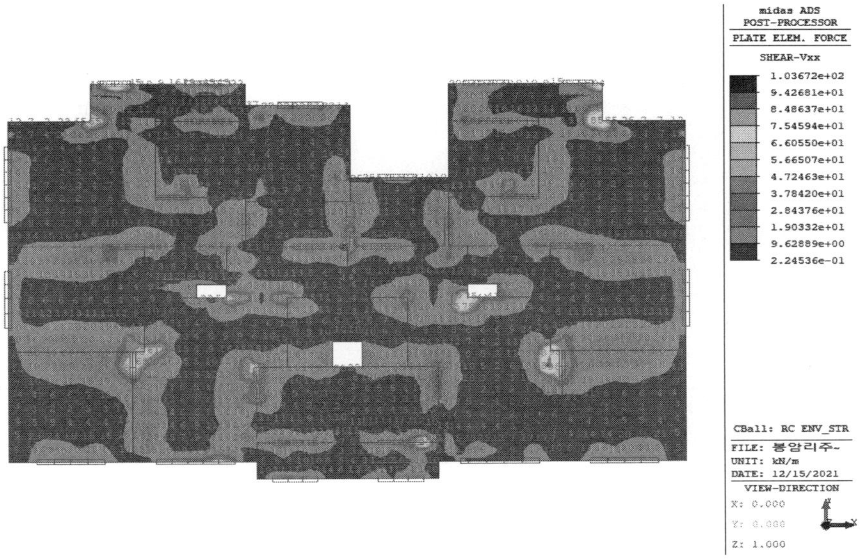

X방향 소요전단강도 $V_{u,max}$=75.5 kN/m

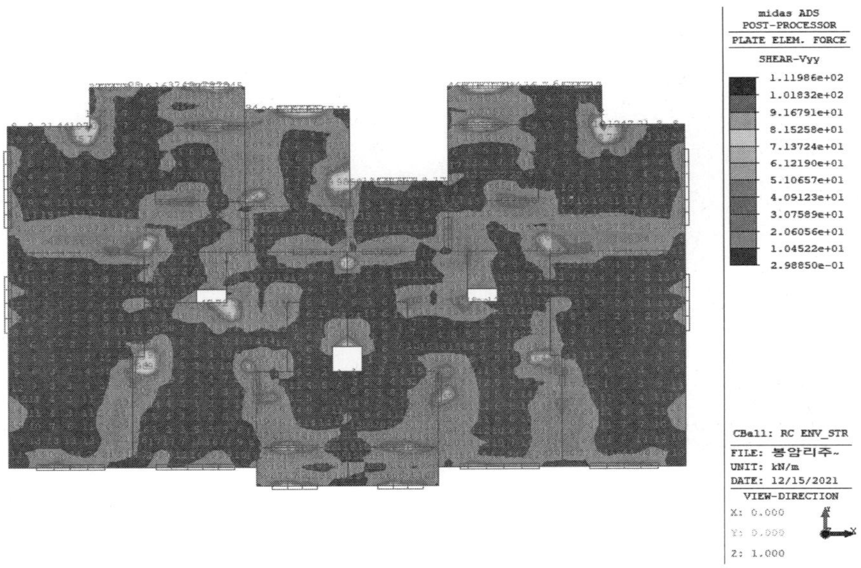

Y방향 소요전단강도 $V_{u,max}$=51.5 kN/m

[그림 4.2.6] 기준층 슬래브(S1) 부재력도(전단력도)

휨모멘트도

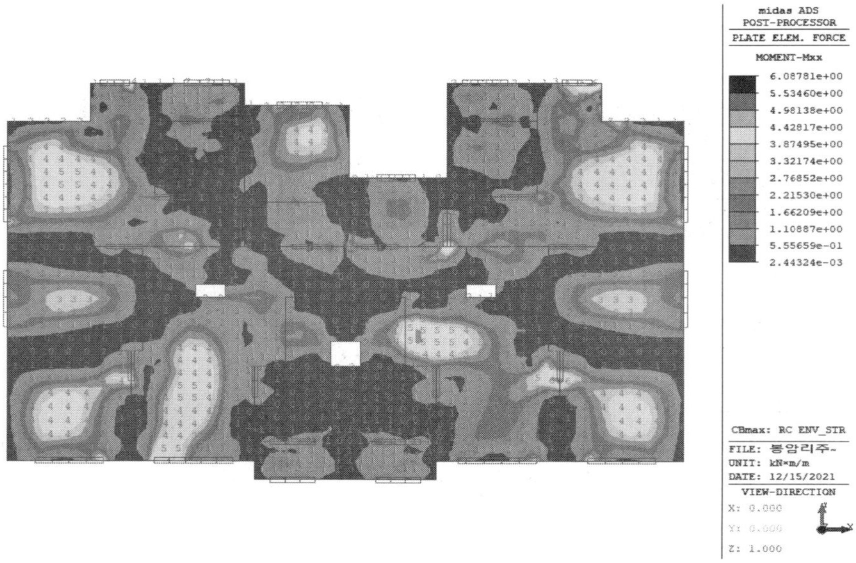

X방향 소요휨강도(정모멘트) $M^{+}_{u,max}=5.5$ kN·m/m

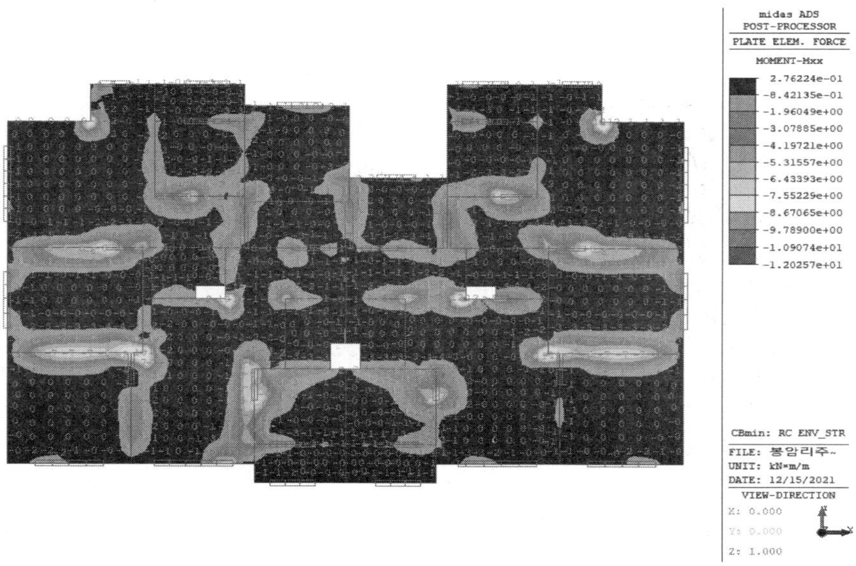

X방향 소요휨강도(부모멘트) $M^{-}_{u,max}=7.5$ kN·m/m

[그림 4.2.7] 기준층 슬래브(S1) 부재력도(X방향 휨모멘트도)

휨모멘트도

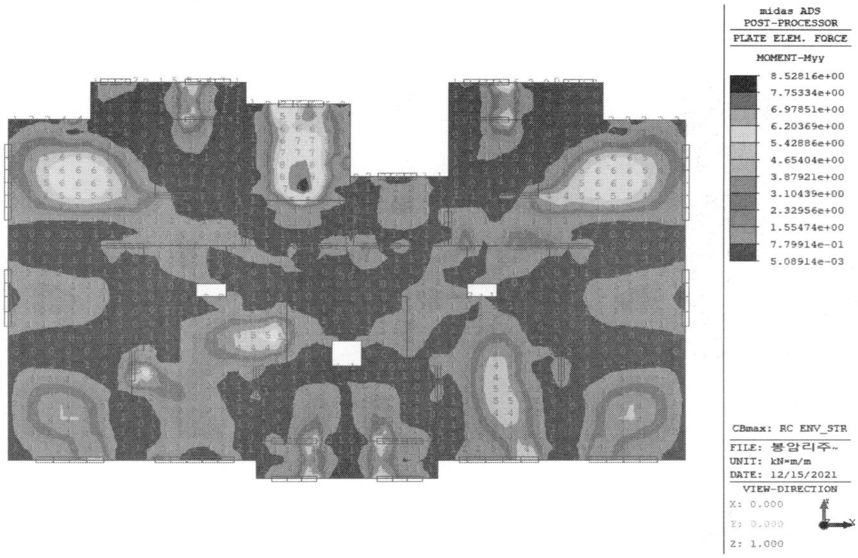

Y방향 소요휨강도(정모멘트) $M^{+}_{u,max}$=7.7 kN·m/m

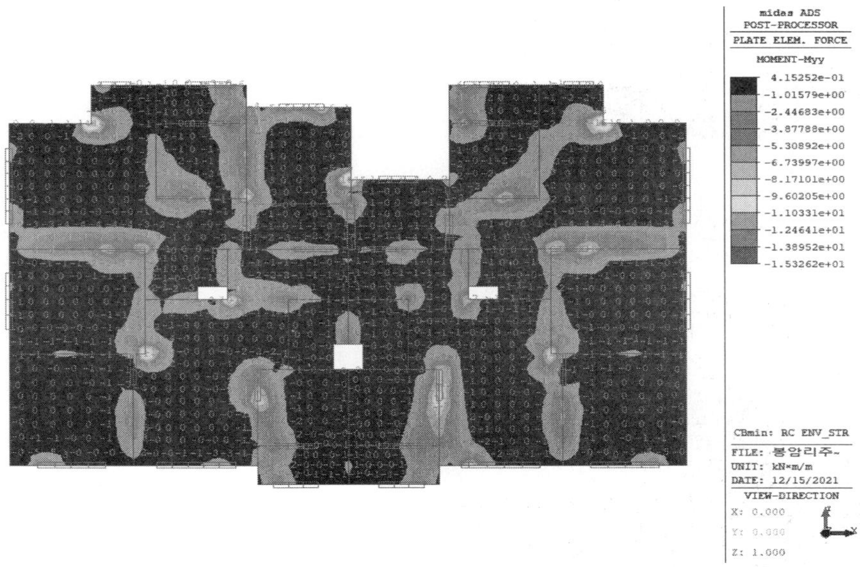

Y방향 소요휨강도(부모멘트) $M^{-}_{u,max}$=9.6 kN·m/m

[그림 4.2.8] 기준층 슬래브(S1) 부재력도(Y방향 휨모멘트도)

4.3.3 골조해석 결과

4.3.3.1 고유치해석

1차 모드형상

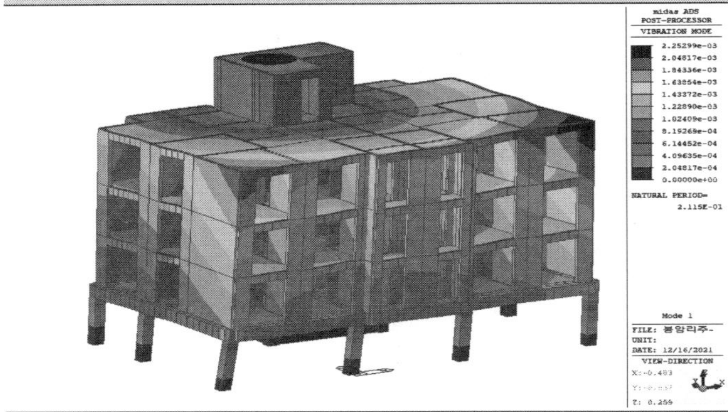

주 기	
0.212 s	
질량참여율	
X축 방향	24.22 %
Y축 방향	1.78 %
Z축 회전	67.61 %

2차 모드형상

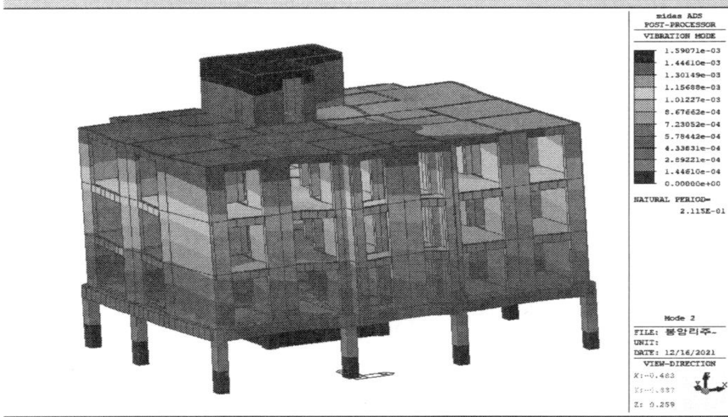

주 기	
0.135 s	
질량참여율	
X축 방향	4.70 %
Y축 방향	80.89 %
Z축 회전	0.0 %

3차 모드형상

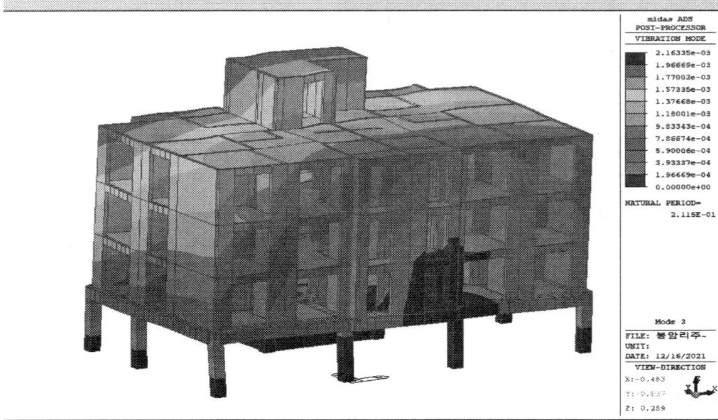

주 기	
0.118 s	
질량참여율	
X축 방향	53.21 %
Y축 방향	3.95 %
Z축 회전	24.83 %

[그림 4.3.1] 고유치해석 결과

4.3.3.2 횡변위

가. 풍하중에 대한 횡변위 검토

풍하중에 대한 횡변위 검토
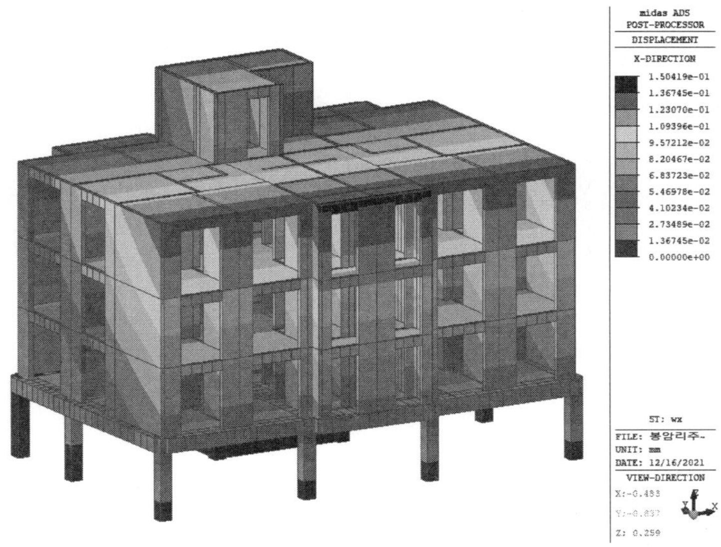
허용변위한계 h/500=11,900/500=23.8 mm > $h_{wx,max}$=0.15 mm → O.K
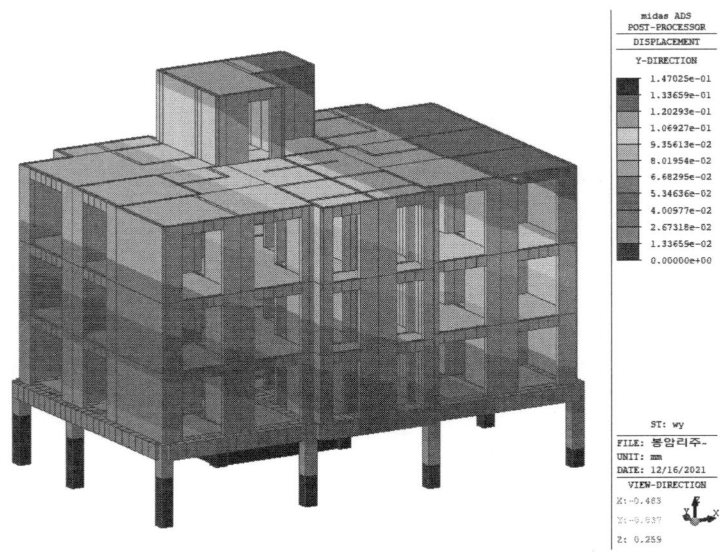
허용변위한계 h/500=11,900/500=23.8 mm > $h_{wy,max}$=0.14 mm → O.K

[그림 4.3.2] 풍하중에 대한 횡변위 검토

나. 지진하중에 대한 층간변위 검토

지진하중에 대한 층간변위 검토

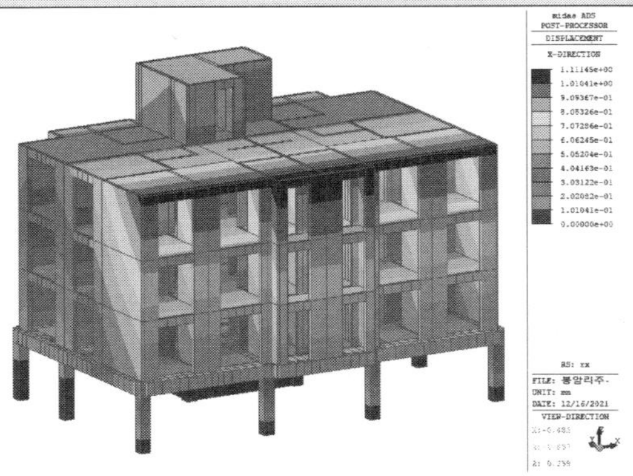

[X방향 지진변위]

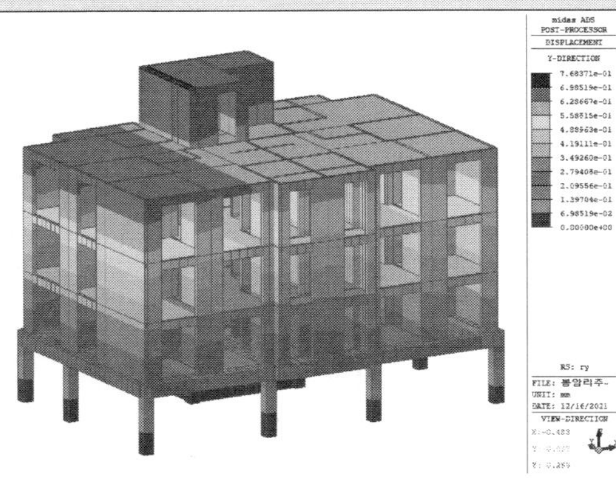

[Y방향 지진변위]

[그림 4.3.3] 지진하중에 대한 층간변위 검토

〈표 4.3.1〉 지진하중에 대한 층간변위 검토

하중조합	층	높이 (mm)	층고 (mm)	허용 층변위비	층간변위 (mm)	층변위비	판정
하중조합 1 Rx+Esx	ROOF	11,900	2,800	0.02	1.9709	0.0007	OK
	4F	8,900	3,000	0.02	0.4397	0.0001	OK
	3F	6,100	2,800	0.02	0.5242	0.0002	OK
	2F	3,300	2,800	0.02	0.3982	0.0001	OK
	1F	0	3,300	0.02	0.9968	0.0003	OK
하중조합 2 Rx−Esx	ROOF	11,900	2,800	0.02	1.1882	0.0004	OK
	4F	8,900	3,000	0.02	0.4116	0.0001	OK
	3F	6,100	2,800	0.02	0.4763	0.0002	OK
	2F	3,300	2,800	0.02	0.3686	0.0001	OK
	1F	0	3,300	0.02	0.8517	0.0003	OK
하중조합 3 Ry+Esy	ROOF	11,900	2,800	0.02	1.0874	0.0004	OK
	4F	8,900	3,000	0.02	0.5764	0.0002	OK
	3F	6,100	2,800	0.02	0.6203	0.0002	OK
	2F	3,300	2,800	0.02	0.5517	0.0002	OK
	1F	0	3,300	0.02	0.9751	0.0003	OK
하중조합 4 Ry−Esy	ROOF	11,900	2,800	0.02	0.5371	0.0002	OK
	4F	8,900	3,000	0.02	0.5498	0.0002	OK
	3F	6,100	2,800	0.02	0.5736	0.0002	OK
	2F	3,300	2,800	0.02	0.5241	0.0002	OK
	1F	0	3,300	0.02	0.826	0.0003	OK

4.3.3.3 전이층 보(2TG1) 부재력도

전단력도

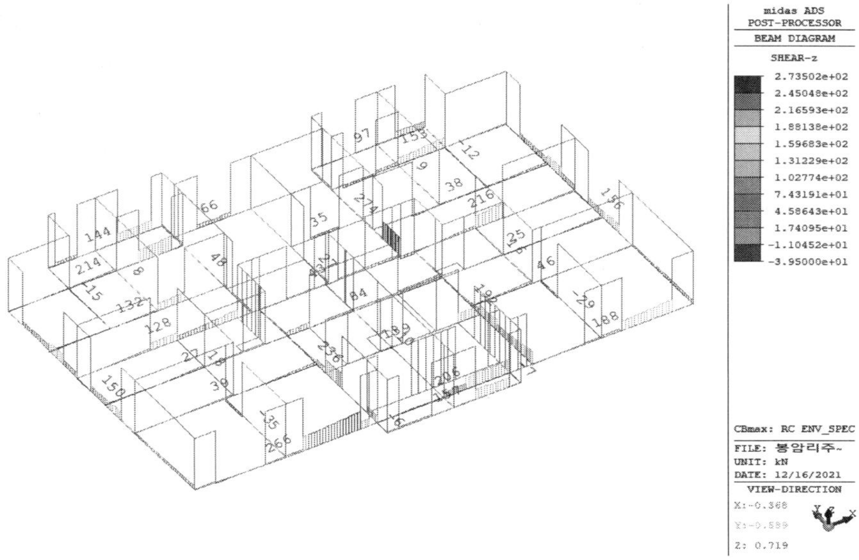

최대 소요전단강도 $V_{u,max}$=273.5 kN

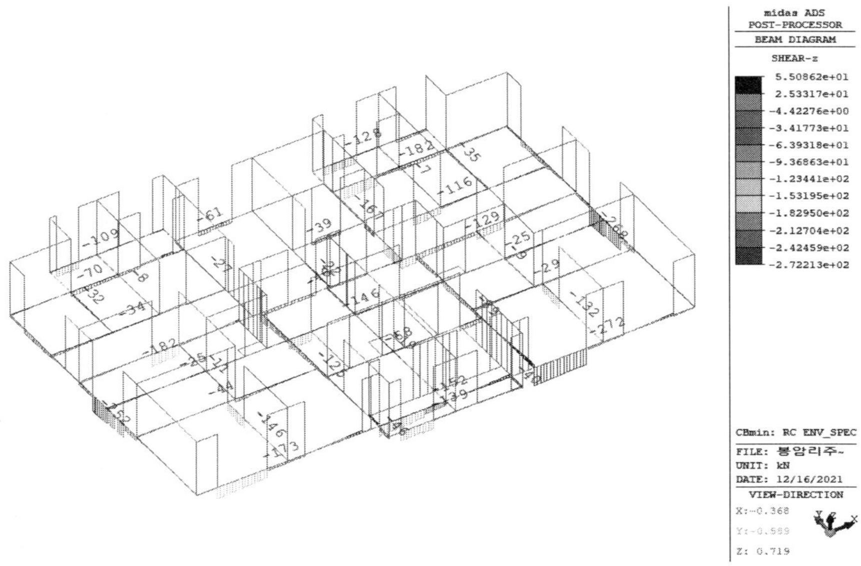

최소 소요전단강도 $V_{u,min}$=272.2 kN

[그림 4.3.4] 전이층 보(2TG1) 부재력도(전단력도)

휨모멘트도

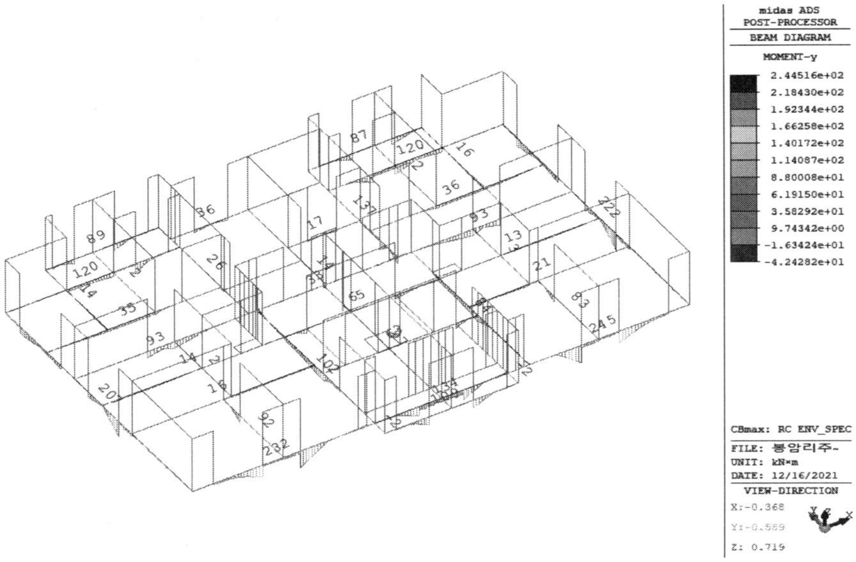

최대 소요휨강도(정모멘트) $M^{+}_{u,max}=244.5$ kN·m

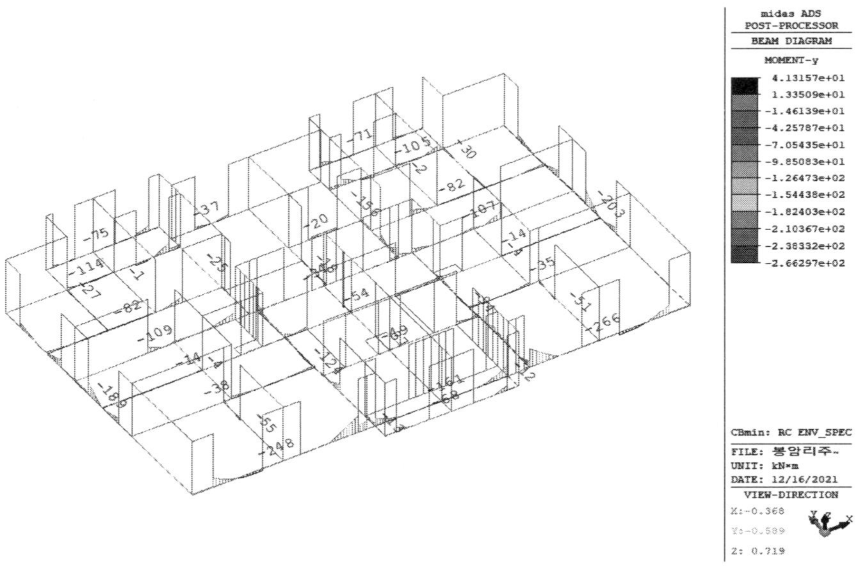

최소 소요휨강도(부모멘트) $M^{-}_{u,max}=266.3$ kN·m

[그림 4.3.5] 전이층 보(2TG1) 부재력도(휨모멘트도)

비틀림모멘트도

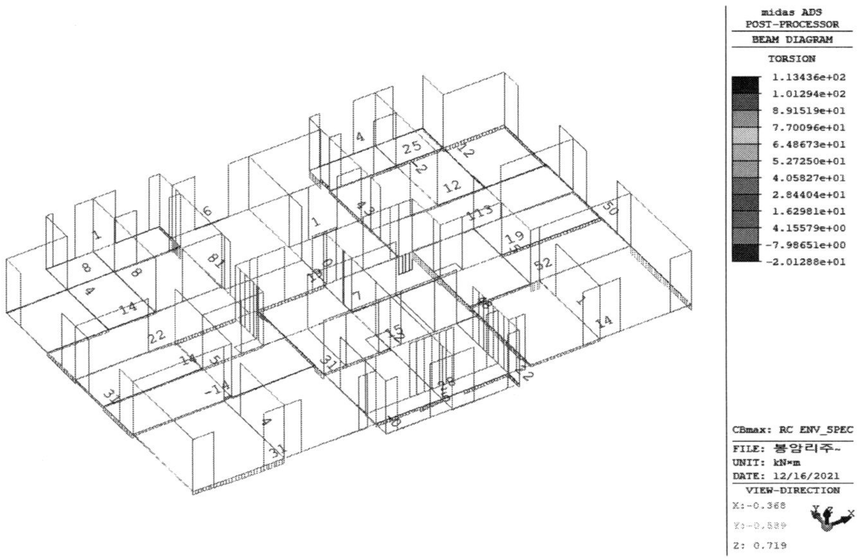

최대 소요비틀림강도 $M^{+}_{u,max}$=113.4 kN·m

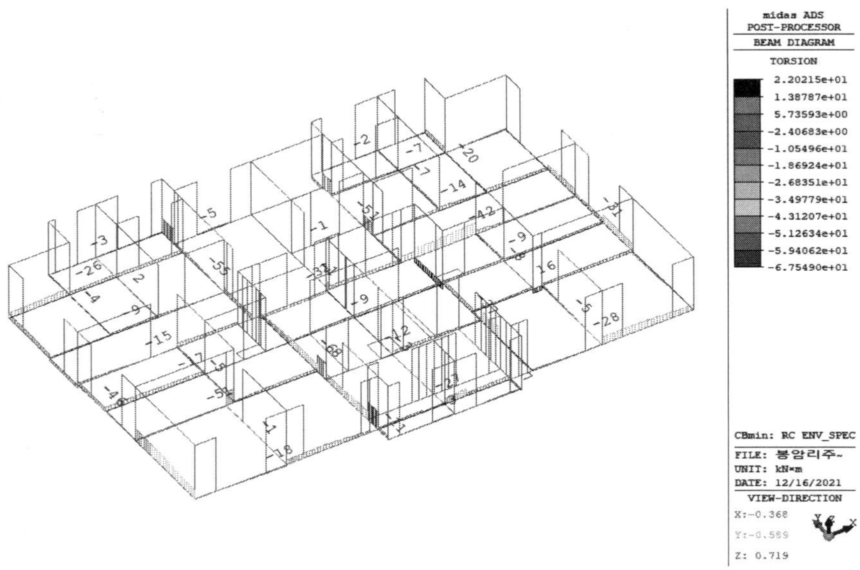

최소 소요비틀림강도 $M^{-}_{u,max}$=67.5 kN·m

[그림 4.3.6] 전이층 보(2TG1) 부재력도(비틀림모멘트도)

4.3.3.4 필로티층 기둥(1C1) 부재력도

축력도

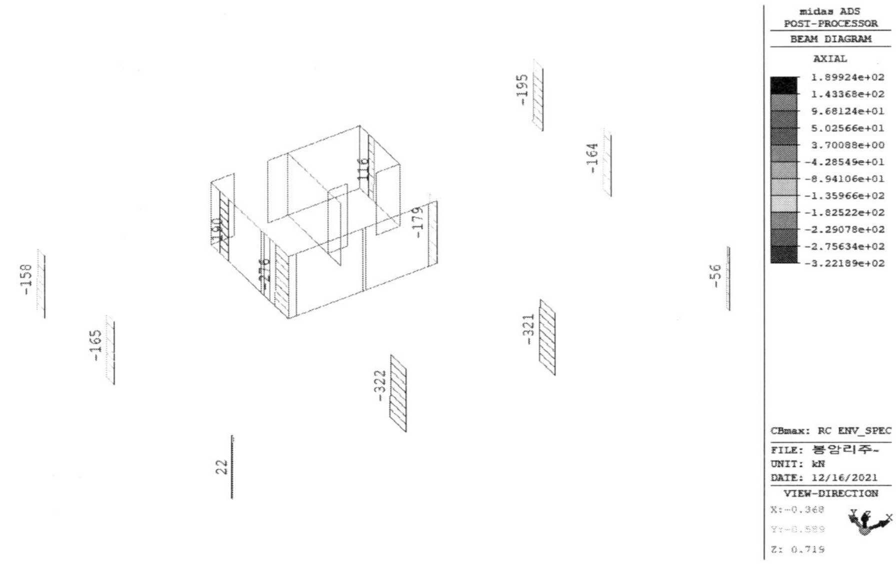

최대 소요축강도 $P_{u,max}=22$ kN

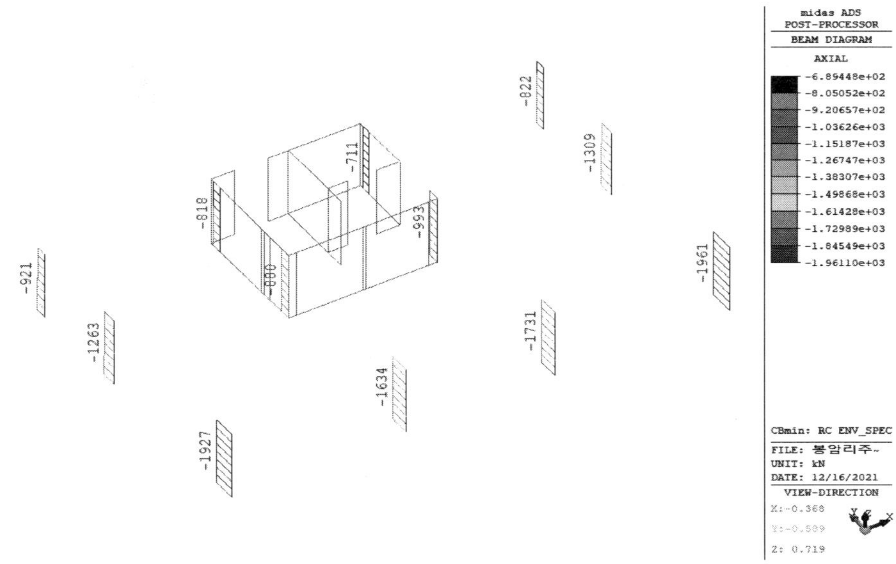

최소 소요축강도 $P_{u,min}=1,927$ kN

[그림 4.3.7] 필로티층 기둥(1C1) 부재력도(축력도)

전단력도(강축)

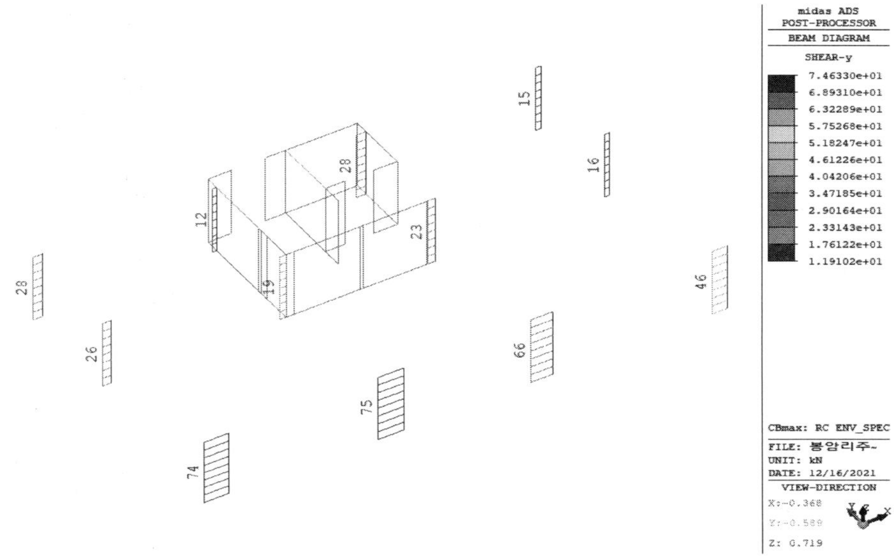

최대 소요전단강도 $V_{u,max}$=74 kN

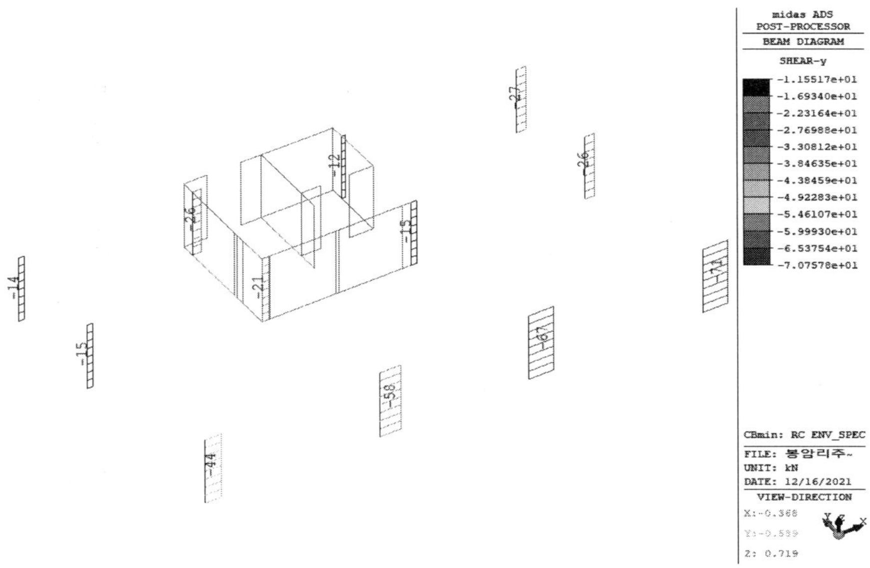

최소 소요전단강도 $V_{u,min}$=44 kN

[그림 4.3.8] 필로티층 기둥(1C1) 부재력도(전단력도(강축))

전단력도(약축)

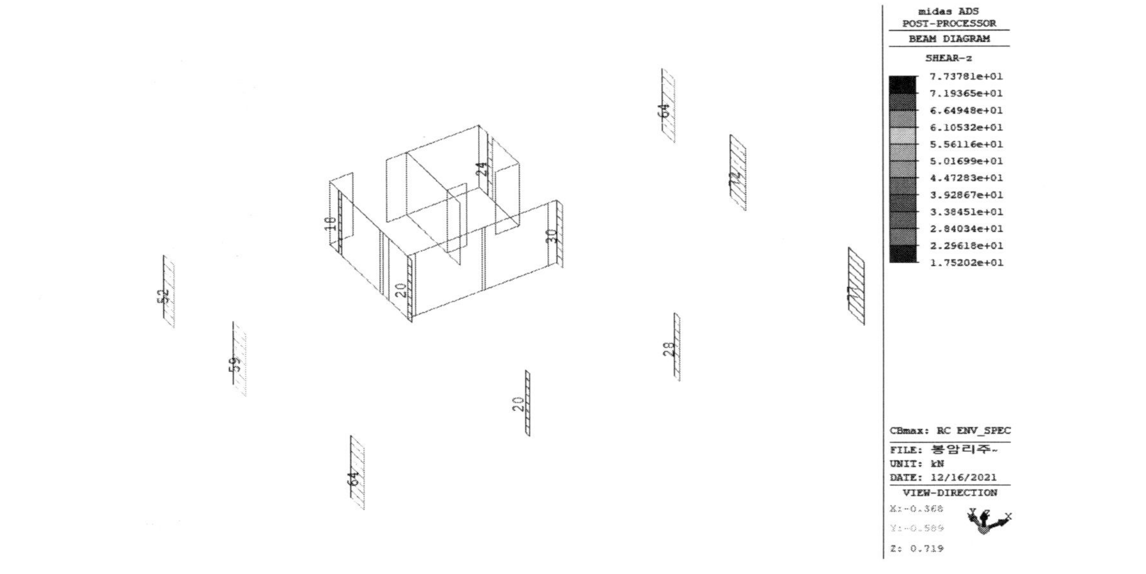

최대 소요전단강도 $V_{u,max}$=64 kN

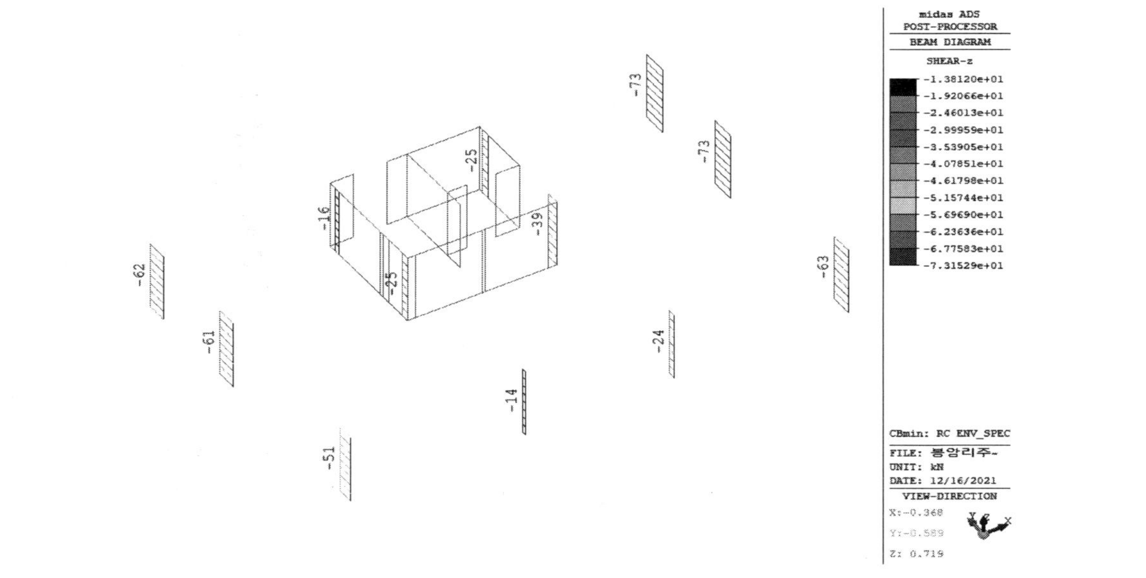

최소 소요전단강도 $V_{u,min}$=51 kN

[그림 4.3.9] 필로티층 기둥(1C1) 부재력도(전단력도(약축))

휨모멘트도(강축)

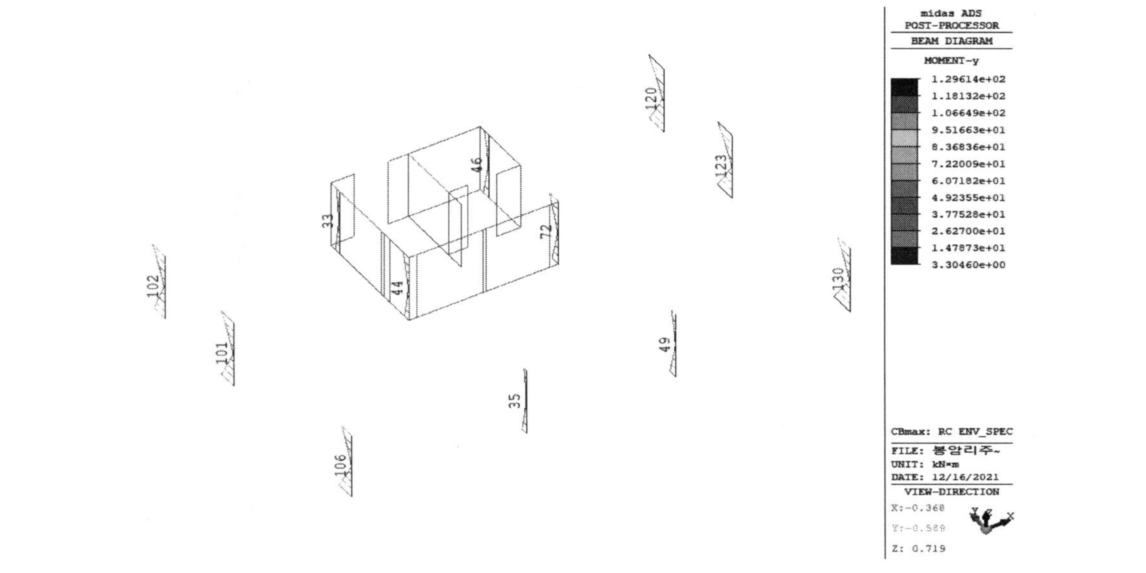

최대 소요휨강도 $M^{+}_{u,max}$=106 kN·m

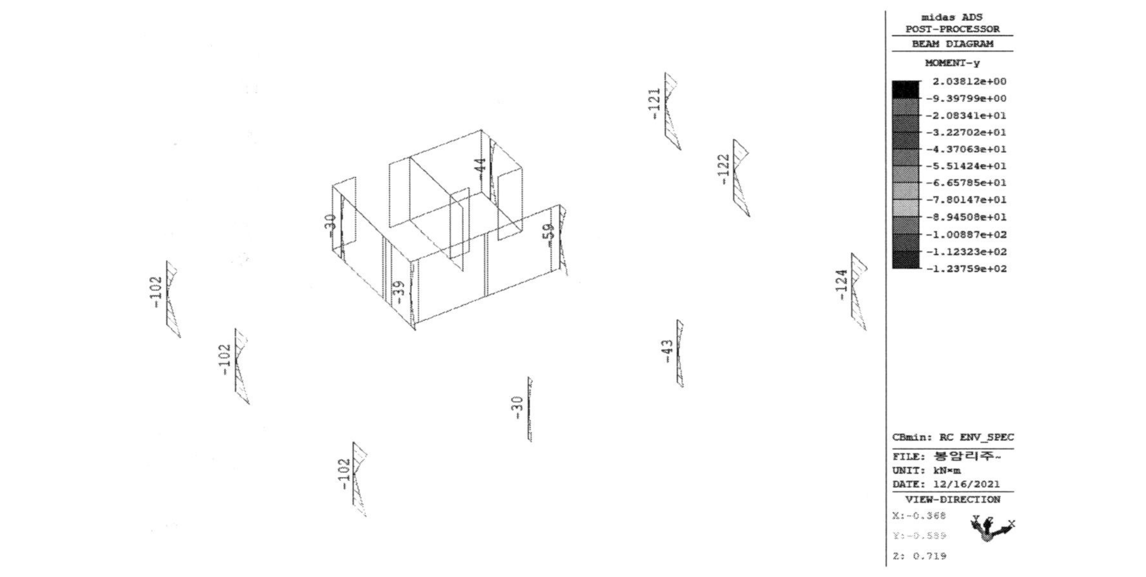

최소 소요휨강도 $M^{-}_{u,max}$=102 kN·m

[그림 4.3.10] 필로티층 기둥(1C1) 부재력도(휨모멘트도(강축))

휨모멘트도(약축)

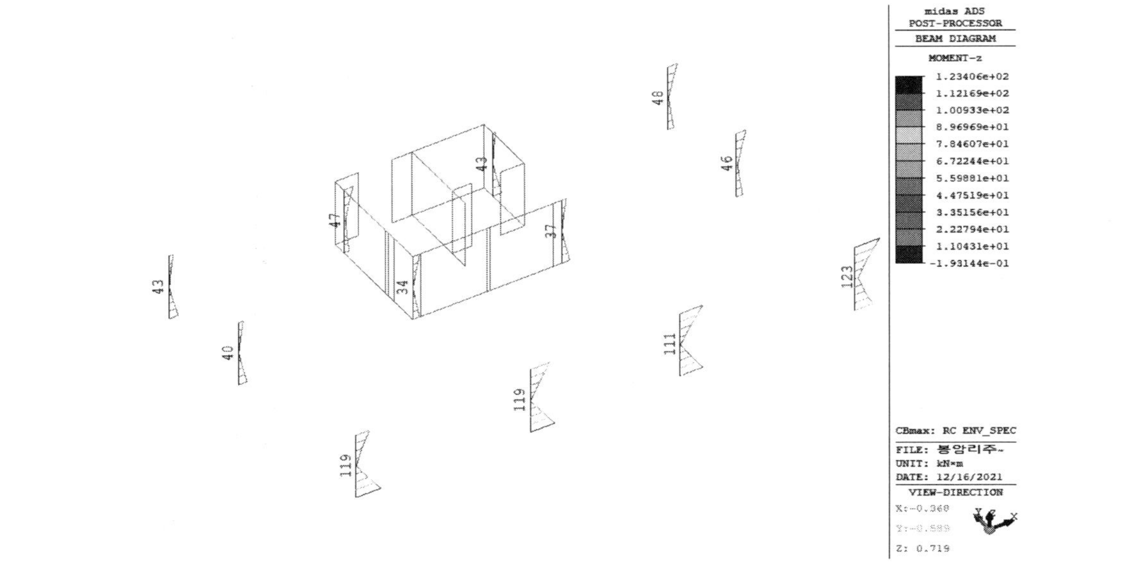

최대 소요휨강도 $M^{+}_{u,max}=119$ kN·m

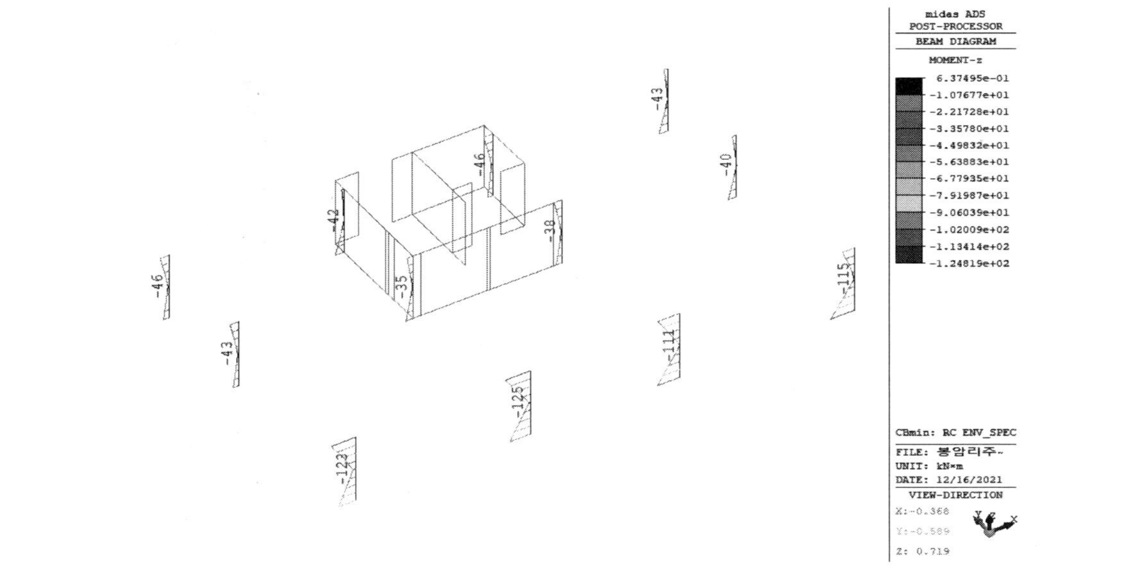

최소 소요휨강도 $M^{-}_{u,max}=123$ kN·m

[그림 4.3.11] 필로티층 기둥(1C1) 부재력도(휨모멘트도(약축))

비틀림모멘트도

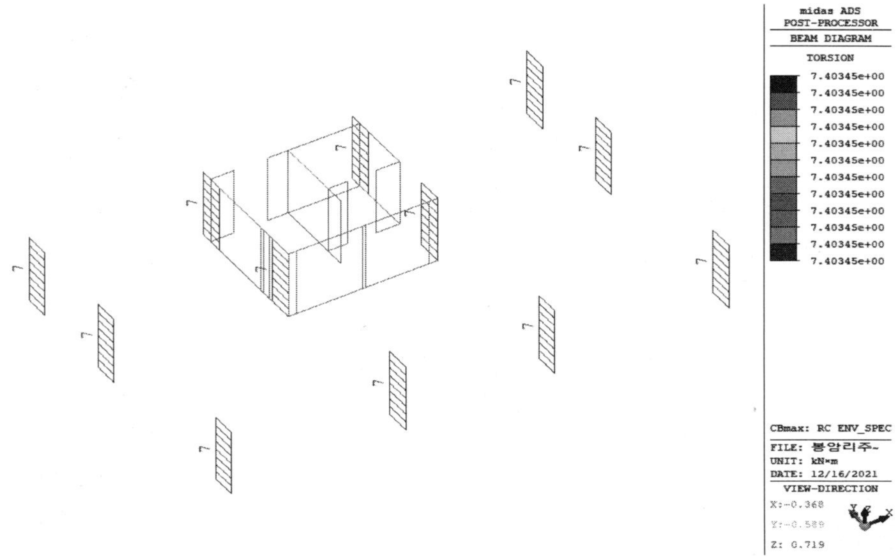

최대 소요비틀림강도 $M_{u,max}=7.4$ kN·m

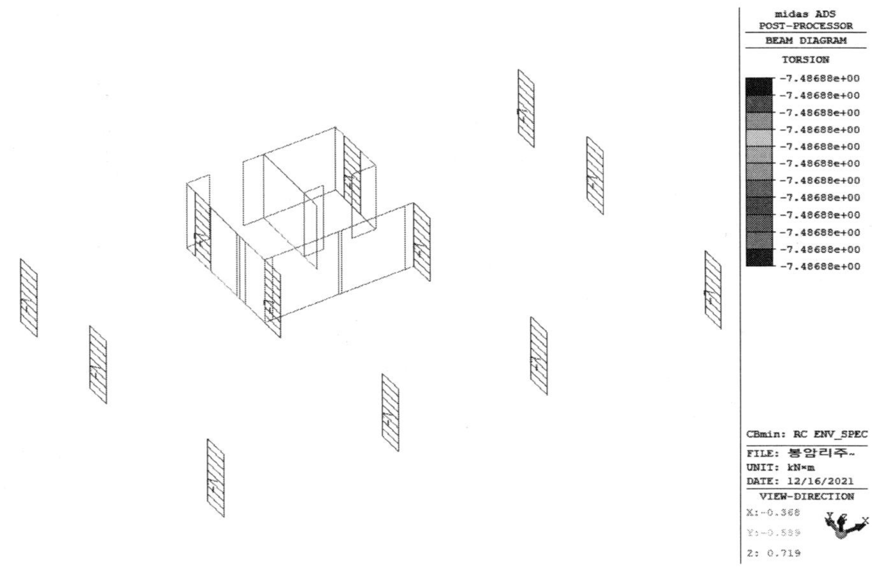

최소 소요비틀림강도 $M_{u,min}=1.0$ kN·m

[그림 4.3.12] 필로티층 기둥(1C1) 부재력도(비틀림모멘트도)

4.3.3.5 2층 벽체(W1) 부재력도

축력도

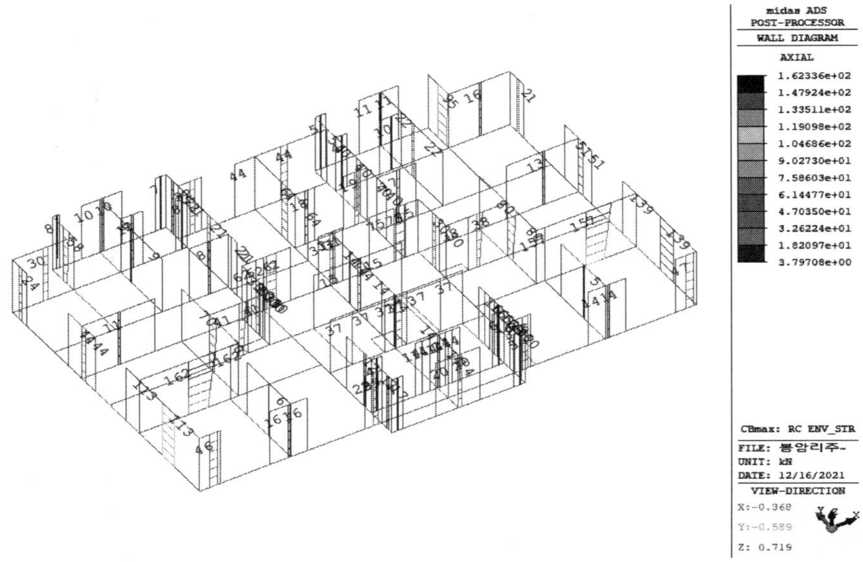

최대 소요축강도 $P_{u,max}$=139 kN

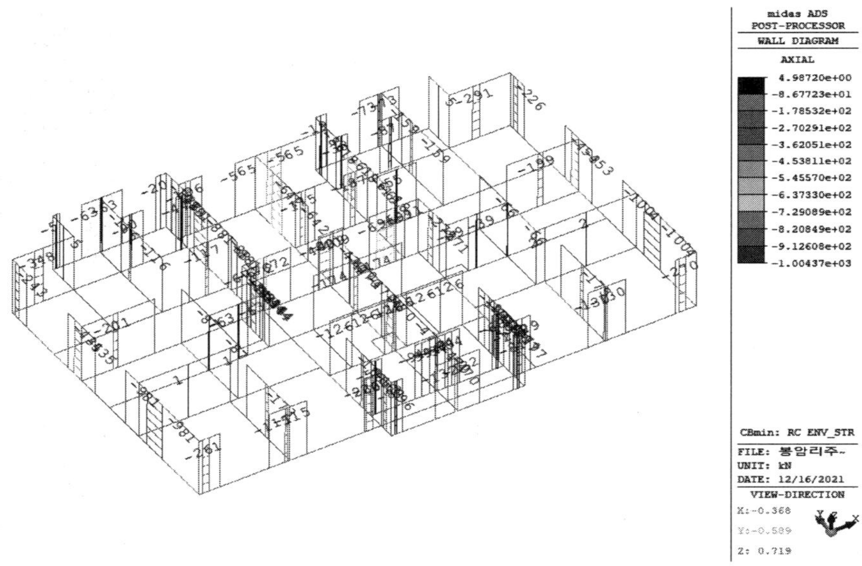

최소 소요축강도 $P_{u,min}$=1,004 kN

[그림 4.3.13] 2층 벽체(W1) 부재력도(축력도)

전단력도

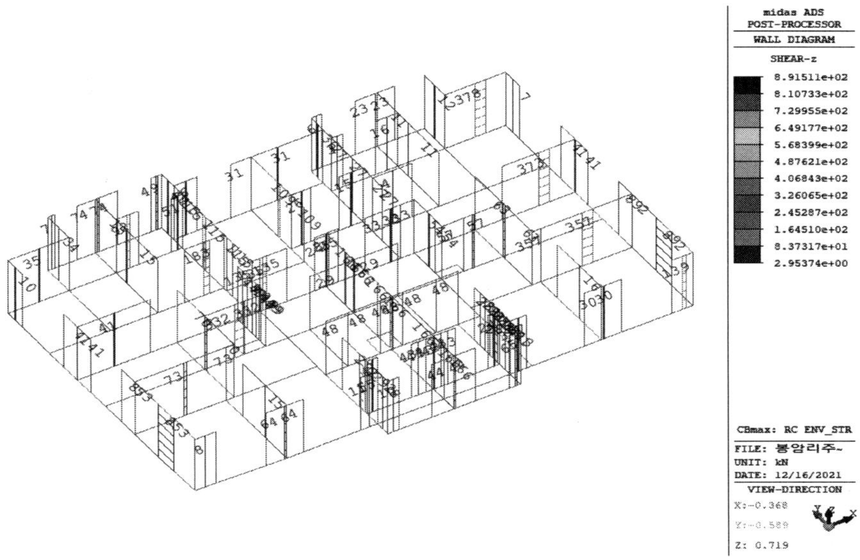

최대 소요전단강도 $V_{u,max}$=892 kN

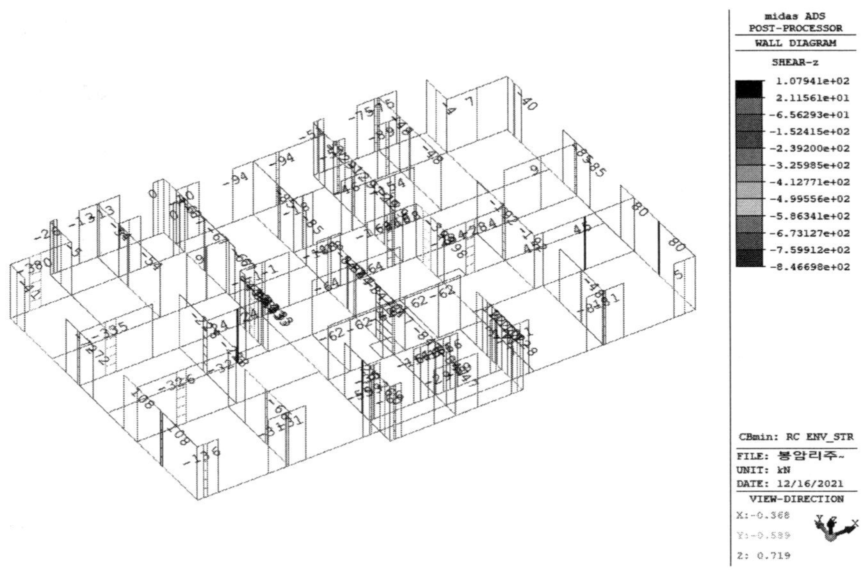

최소 소요전단강도 $V_{u,min}$=80 kN

[그림 4.3.14] 2층 벽체(W1) 부재력도(전단력도)

휨모멘트도

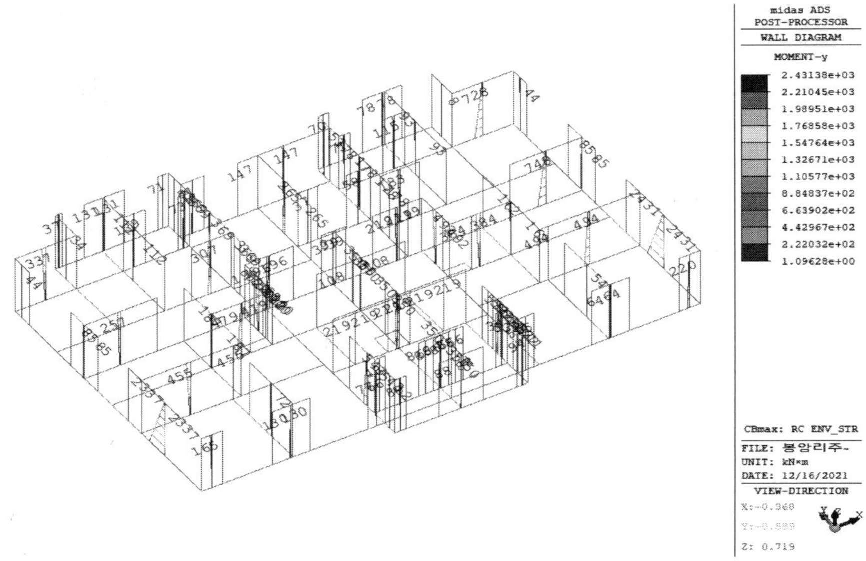

최대 소요휨강도(정모멘트) $M^{+}_{u,max}=2,431$ kN·m

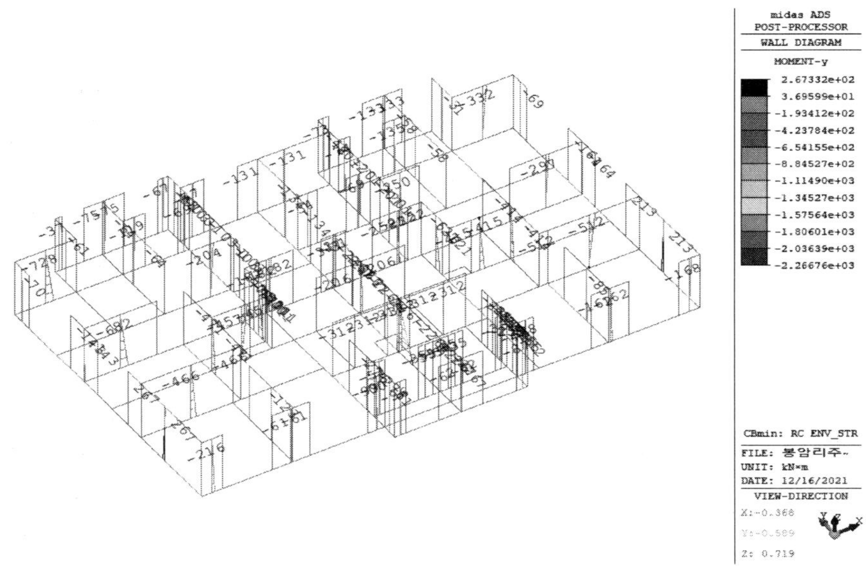

최소 소요휨강도(부모멘트) $M^{-}_{u,max}=213$ kN·m

[그림 4.3.15] 2층 벽체(W1) 부재력도(휨모멘트도)

4.3.3.6 수직반력

수직반력(사용하중)

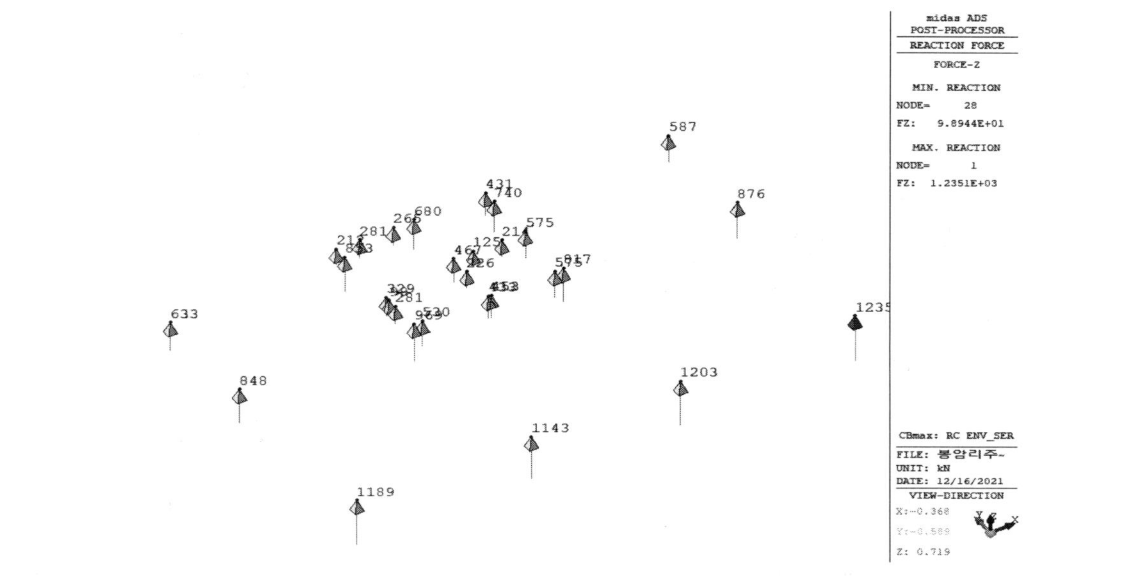

사용하중 최대반력

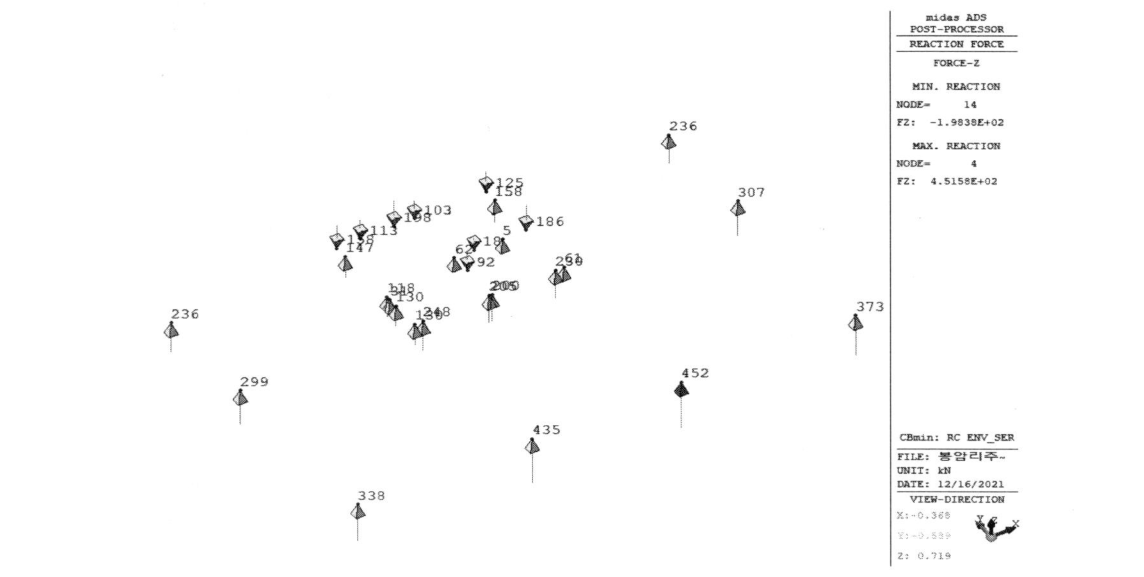

사용하중 최소반력

[그림 4.3.16] 수직반력(사용하중)

수직반력(계수하중)

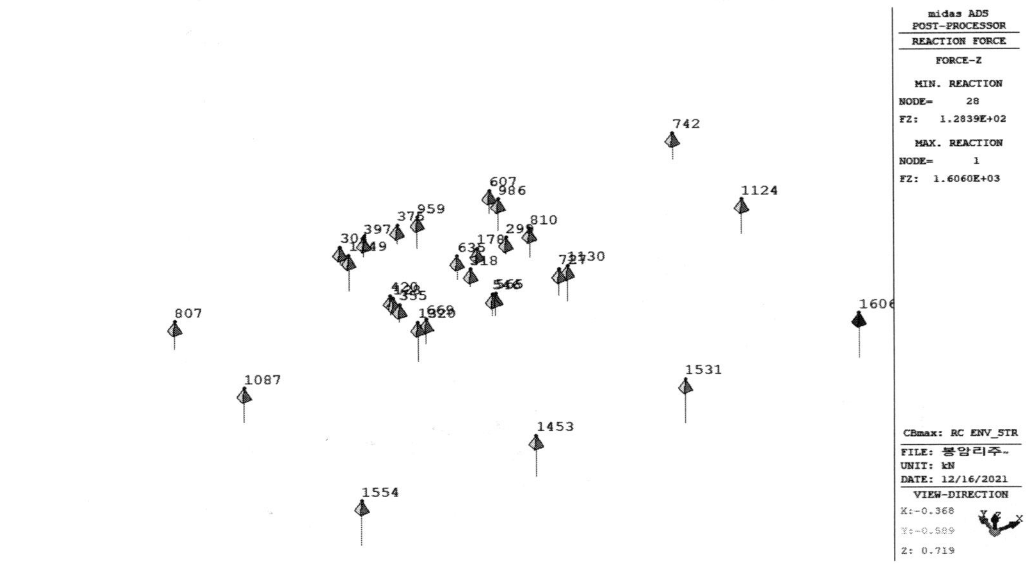

계수하중 최대반력

계수하중 최소반력

[그림 4.3.17] 수직반력(계수하중)

4.3.4 기초 부재력도

전단력도

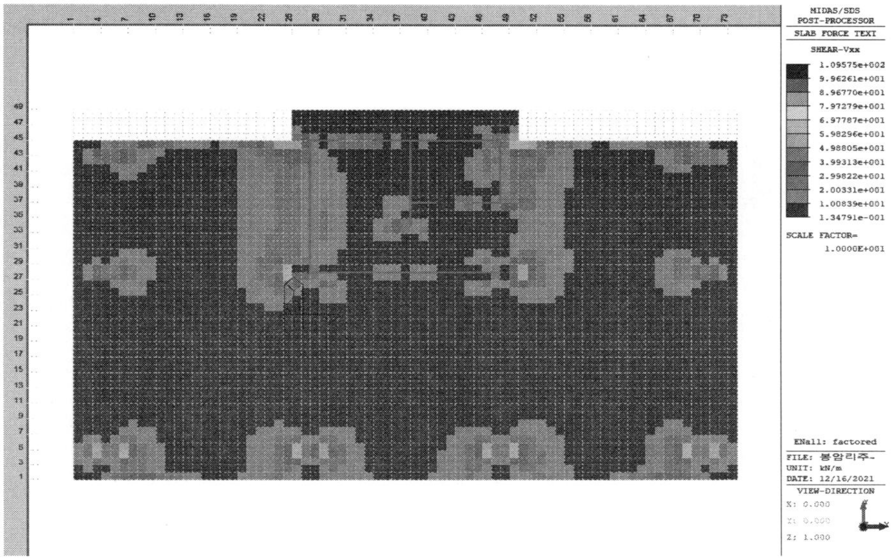

X방향 소요전단강도 $V_{u,max}$=109.5 kN/m

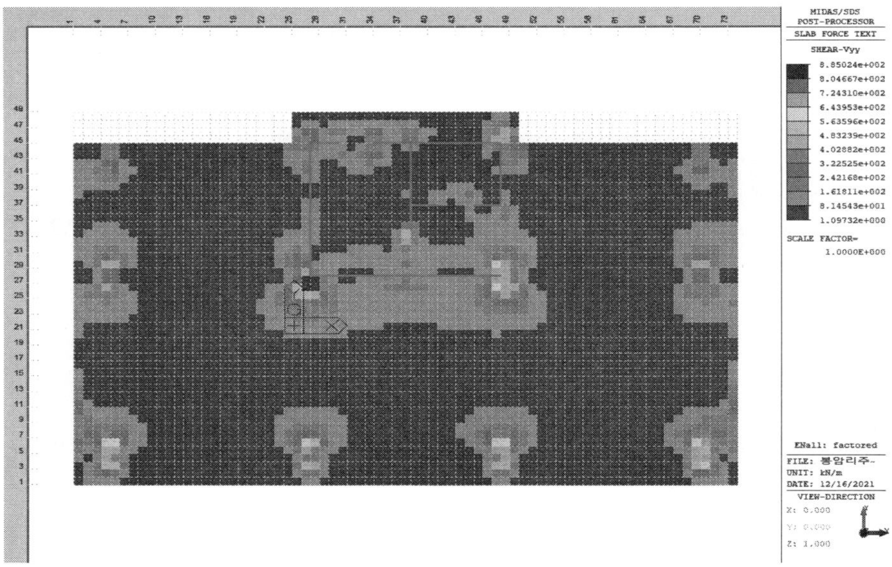

Y방향 소요전단강도 $V_{u,max}$=242.2 kN/m

[그림 4.3.18] 기초 부재력도(전단력도)

휨모멘트도

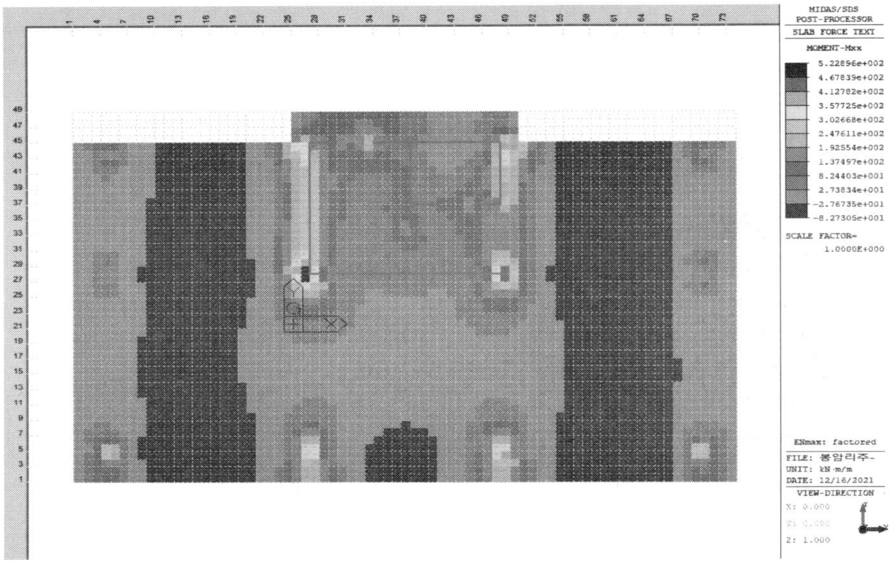

X방향 소요휨강도(정모멘트) $M^{+}_{u,max}$=412.8 kN·m/m

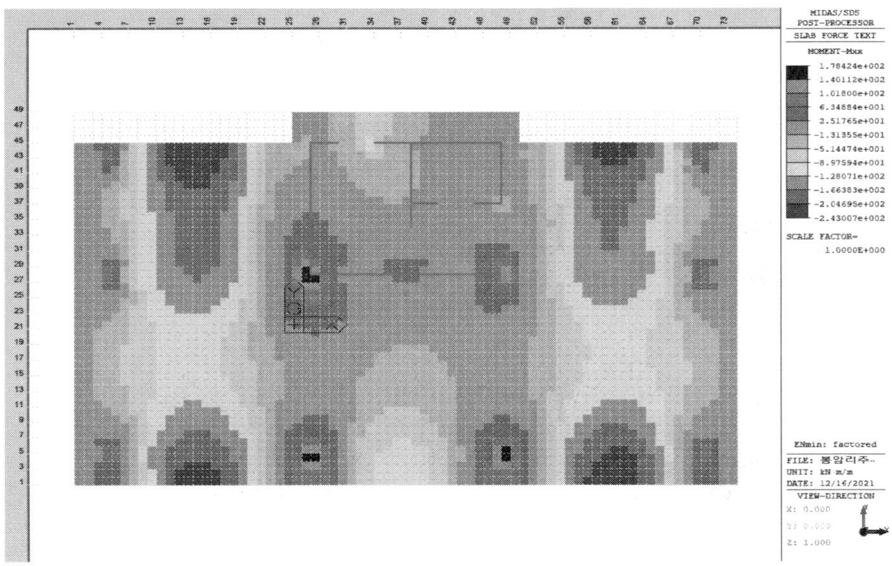

X방향 소요휨강도(부모멘트) $M^{-}_{u,max}$=243.0 kN·m/m

[그림 4.3.19] 기초 부재력도(X방향 휨모멘트도)

휨모멘트도

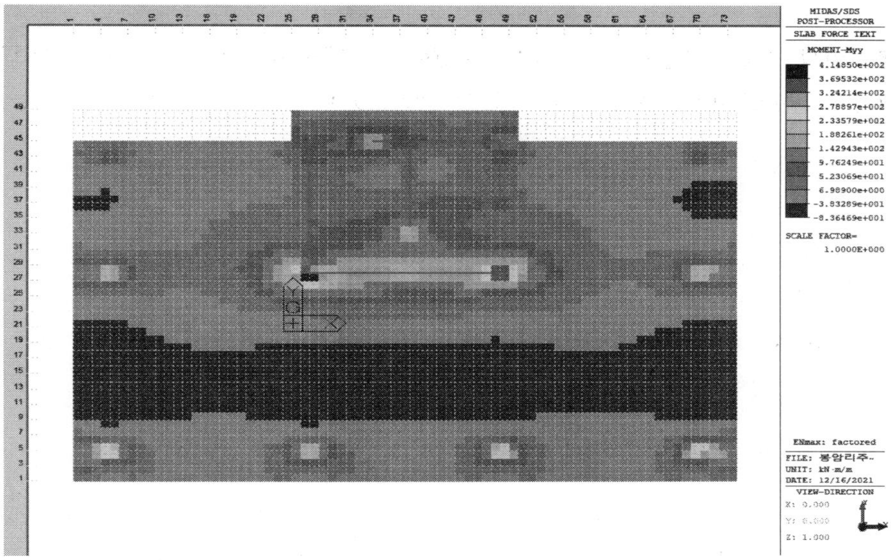

Y방향 소요휨강도(정모멘트) $M^{+}_{u,max}$=224.2 kN·m/m

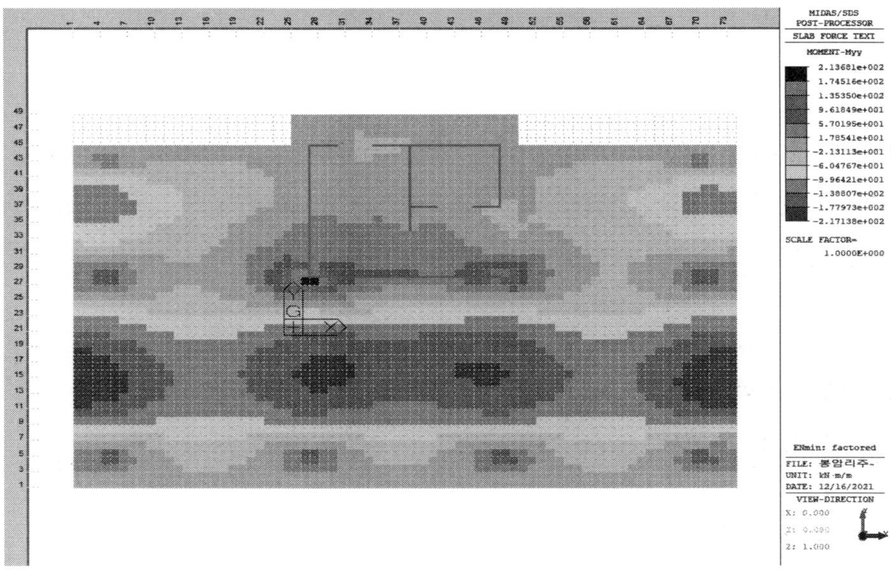

Y방향 소요휨강도(부모멘트) $M^{-}_{u,max}$=217.1 kN·m/m

[그림 4.3.20] 기초 부재력도(Y방향 휨모멘트도)

4.4. 부재설계

4.4.1 슬래브 설계

> 예제4.1) 면외방향 소요전단강도 V_{ux} =81.5 kN/m, 소요휨강도 M_{ux} =9.6 kN·m/m를 받는 두께 210 mm의 1방향 슬래브 S1 부재를 설계하시오.(f_{ck} = 27 MPa, f_y = 400 MPa)

풀이)

(1) 1방향 전단 설계

- 슬래브 피복두께는 20 mm이고 철근은 D10을 사용

  $d=210-20-5=185$ mm

- KDS 14 20 22 4.2.1에 따라 설계전단강도 산정

$$\phi V_c = \phi \frac{1}{6}\sqrt{f_{ck}}\, b_w d = 0.75 \times \frac{1}{6} \times \sqrt{27} \times 1{,}000 \times 185 / 1{,}000 = 120.10 \text{ kN/m}$$

$> V_u = 81.5$ kN/m → 〈적합〉 콘크리트 전단강도만으로 설계 가능

- KDS 14 20 22 4.3.3에 따라 계수전단력 V_u 가 ϕV_c의 1/2를 초과하는 휨부재는 최소 전단철근을 배치하여야 하지만 슬래브는 제외 가능

(2) 휨보강근 설계

① 배근간격 산정

- KDS 14 20 20 4.1.1에 따라 f_{ck}가 40 MPa 이하이기 때문에 압축연단 극한변형률은 0.0033으로 가정하고 등가 직사각형 압축응력블록의 콘크리트 응력은 $0.85f_{ck}(\eta=1)$로 계산
- 슬래브는 일반적으로 철근비가 낮기 때문에 인장지배단면으로 가정($\phi = 0.85$)

$$R_n = \frac{M_u}{\phi b d^2} = \frac{9.6 \times 10^6}{0.85 \times 1000 \times 185^2} = 0.33 \text{ MPa}$$

- 소요휨강도에 따른 철근비 ρ와 수축 · 온도철근의 최소철근비를 고려

$$\rho = \frac{0.85 f_{ck}}{f_y}\left(1-\sqrt{1-\frac{2R_n}{0.85 f_{ck}}}\right) = \frac{0.85 \times 27}{400}\left(1-\sqrt{1-\frac{2 \times 0.33}{0.85 \times 27}}\right) = 0.00083$$

$\rho_{\min} = 0.0020$(적용)

- KDS 14 20 50 4.6.2 에 따라 400 MPa 이하인 이형철근을 사용한 슬래브는 수축 · 온도철근으로 철근비 0.002 이상을 사용
- 최소철근비를 고려하여 요구 철근면적 계산

$A_{s.req} = \rho_{\min}bd = 420\ \text{mm}^2/\text{m}$ → 슬래브 배근 D10@150($A_s = 428\ \text{mm}^2$) 적용

② 인장지배단면 검토

$$a = \frac{A_s f_y}{0.85 f_{ck} b} = \frac{6.667 \times 71.3 \times 400}{0.85 \times 27 \times 1{,}000} = 8.285\ \text{mm}$$

$$c = \frac{a}{\beta_1} = 10.36\ \text{mm},\ \beta_1 = 2\beta = 0.8\ (f_{ck}\text{가 40 MPa 이하})$$

$$\varepsilon_t = \left(\frac{0.0033}{c}\right)d_t - 0.0033 = \left(\frac{0.0033}{10.36}\right) \times 185 - 0.0033 = 0.0556 > 0.005 \rightarrow \langle\text{적합}\rangle$$

③ 휨철근 최대 철근간격 검토

- KDS 14 20 20 4.2.3에 따라 휨균열을 제어하기 위한 철근 중심간격 검토

  $s_{\max} = [375\kappa_{cr}/f_s - 2.5c_c,\ 300\kappa_{cr}/f_s]_{\min} = 315\ \text{mm} > 150\ \text{mm}$ → 〈적합〉

  여기서, κ_{cr} : 건조환경에 노출되는 경우 280, 그외 환경에 노출되는 경우 210

  c_c : 인장철근이나 긴장재의 표면과 콘크리트 표면 사이의 최소두께

  f_s : 사용하중 상태에서 인장연단 가까이에 위치한 철근의 응력으로 근사적으로 f_y의 2/3 사용 가능

- KDS 14 20 70 4.1.1.3 에 따라 위험단면에서 슬래브 철근 중심 간격 검토

  $s_{\max} = [2h,\ 300]_{\min} = 300\ \text{mm} > 150\ \text{mm}$ → 〈적합〉

  여기서, h는 슬래브 두께이다.

④ 휨철근 최소철근량 검토

- KDS 14 20 20 4.2.2 에 따라 인장철근 보강이 요구되는 휨부재의 모든 단면에 대하여 $\phi M_n \geq 1.2M_{cr}$를 만족하도록 인장철근 배치
- 단, KDS 14 20 20 4.2.2 에 따르면 부재의 모든 단면에서 필요한 철근량보다 1/3 이상 인장철근이 더 배치되면 위 규정을 적용하지 않을 수 있음.

  $\phi M_n = 26.4\ \text{kN·m} \geq 4M_u/3 = 12.8\ \text{kN·m}$ → 〈최소철근량 규정 적용 제외 가능〉

- 본 예제는 이러한 예외사항에 적용되기 때문에 휨부재 최소철근량 적용하지 않아도 됨

1. 콘크리트강도 : $f_{ck} = 27$ MPa
2. 철근강도 : $f_y = 400$ MPa

SLAB LIST

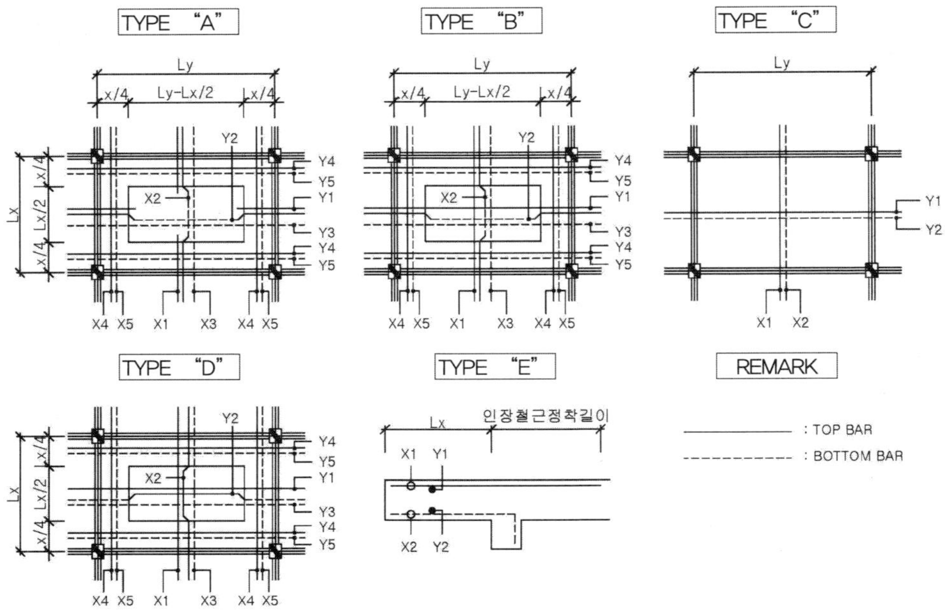

NAME	TYP	THK	RE-BAR					REMARK
			X1	X2	X3	X4	X5	
			Y1	Y2	Y3	Y4	Y5	
S1(기준층)	C	210	HD10@150	HD10@150				
			HD10@150	HD10@150				

Page :

[예제그림 4.4.9] 슬래브 배근도

4.4.2 보 설계

예제4.2) 소요전단강도 $V_u = 273.5$ kN, 소요휨강도 $M_u = 266.3$ kN·m, 소요비틀림강도 $T_u = 113.4$ kN·m를 받는 단면 800×600의 2TG1 부재를 설계하시오.($f_{ck} = 27$ MPa, $f_y = 400$ MPa)

풀이)

(1) 휨보강근 설계

① 압축철근 필요 여부 검토

$$M_n = \frac{M_u}{\phi} = \frac{266.3}{0.85} = 313.29 \text{ kN·m}$$

$$R_n = \frac{M_n}{bd^2} = \frac{313.29\times 10^6}{800\times 540^2} = 1.34 \text{ MPa}$$

최대 허용철근량 사용할 경우 $R_n{}^*$값 산정

a) 포물선-직선 응력-변형률 관계를 사용할 경우

KDS 14 20 20 4.1.1의 표 4.1-1에 따라

($f_{ck} \le 40$ MPa이므로, $n = 2.0$, $\varepsilon_{co} = 0.002$, $\varepsilon_{cu} = 0.0033$, $\alpha = 0.8$, $\beta = 0.4$)

$$\rho_b = \alpha(0.85 f_{ck})\frac{1}{f_y}\frac{0.0033}{0.0033+\varepsilon_y} = 0.8\times(0.85\times 27)\times\frac{1}{400}\times\frac{0.0033}{0.0033+0.002} = 0.0286$$

$\rho_{\max} = 0.625\rho_b = 0.0179$ ($\phi = 0.85$, $\varepsilon_t = 0.005$에 준하는 최대철근비)

$$R_n{}^* = \rho_{\max} f_y\left(1-\frac{\beta\rho_{\max} f_y}{\alpha(0.85 f_{ck})}\right) = 0.0179\times 400\times\left(1-\frac{0.4\times 0.0179\times 400}{0.8\times 0.85\times 27}\right) = 6.04 \text{ MPa}$$

> 1.34 MPa → 압축철근 불필요

b) 등가직사각형압축응력블록을 사용할 경우

($f_{ck} \le 40$ MPa이므로, $\varepsilon_{cu} = 0.0033$, $\eta = 1.00$, $\beta_1 = 0.8$)

$$\rho_b = \eta\beta_1(0.85 f_{ck})\frac{1}{f_y}\frac{0.0033}{0.0033+\varepsilon_y} = 0.8\times(0.85\times 27)\times\frac{1}{400}\times\frac{0.0033}{0.0033+0.002} = 0.0286$$

$\rho_{\max} = 0.625\rho_b = 0.0179$ ($\phi = 0.85$, $\varepsilon_t = 2.5\varepsilon_y$에 준하는 최대철근비)

$$R_n{}^* = \rho_{\max} f_y\left(1-\frac{\rho_{\max} f_y}{2\eta(0.85 f_{ck})}\right) = 0.0179\times 400\times\left(1-\frac{0.0179\times 400}{2\times 1.00\times 0.85\times 27}\right) = 6.04 \text{ MPa}$$

> 1.34 MPa → 압축철근 불필요

② 소요철근량 A_s의 계산

(포물선-직선 응력-변형률 관계와 등가직사각형압축응력블록이 동일한 결과를 도출하므로 포물선-직선 응력-변형률 관계를 기준으로 설계를 진행)

$$R_n = \rho f_y\left(1 - \frac{\beta\rho f_y}{\alpha(0.85 f_{ck})}\right),\ R_n = \frac{M_n}{bd^2} = \frac{313.3\times10^6}{800\times540^2} = 1.34\ \text{MPa}\ \text{이므로}$$

근의 공식을 이용하면, $\rho = 0.0035$

$A_{s.req} = \rho bd = 0.0035\times800\times540 = 1{,}512\ \text{mm}^2$

→ 주철근 : 6-D19($A_s = 1{,}720\ \text{mm}^2$)적용

③ 계산된 결과의 정역학적 평형 검토(c값 산정)

$C\ = \alpha(0.85 f_{ck})bc = 0.8\times(0.85\times27)\times800\times c = 14{,}688c\ \text{N}$

$T\ = A_s f_y = 6\times286.7\times400 = 688{,}080\ \text{N}$

$C = T \rightarrow c\ = 46.85\ \text{mm}$

$M_n = A_s f_y(d - \beta c) = 6\times286.7\times400\times(540 - 0.4\times46.85)/10^6 = 358.67\ \text{kN·m}$

④ 강도감소계수 검토

$$\varepsilon_t\ = \varepsilon_{cu}\left(\frac{d-c}{c}\right) = 0.0033\times\left(\frac{540-46.85}{46.85}\right) = 0.035\ >\ 0.005 \rightarrow \phi = 0.85$$

$\phi M_n\ = 0.85\times358.67 = 304.87\ \text{kN·m}\ >\ 266.3\ \text{kN·m}\ \rightarrow$ 〈적합〉

⑤ 휨철근 최대 철근간격 검토

KDS 14 20 20 4.2.3에 따라 휨균열을 제어하기 위한 철근 중심간격 검토

$s_{\max} = \min.[375\kappa_{cr}/f_s - 2.5c_c,\ 300\kappa_{cr}/f_s] = 170\ \text{mm}$

여기서, κ_{cr} : 건조환경에 노출되는 경우 280, 그외 환경에 노출되는 경우 210

c_c : 인장철근이나 긴장재의 표면과 콘크리트 표면 사이의 최소두께

f_s : 사용하중 상태에서 인장연단 가까이에 위치한 철근의 응력으로 근사적으로 f_y의 2/3 사용가능

주철근 6-D19 로 1열 배근하면

$$s = \left(\frac{1}{6-1}\right)\times\left(800 - 2\times(40+10+\left(\frac{19}{2}\right)\right) = 136.2\ \text{mm}\ <\ 170\ \text{mm} \rightarrow \text{〈적합〉}$$

⑥ 휨철근 최소 철근량 검토

KDS 14 20 20 4.2.2에 따라 인장철근 보강이 요구되는 휨부재의 모든 단면에 대하여 $\phi M_n > 1.2M_{cr}$를 만족하도록 인장철근 배치

$$I_g = \frac{bh^3}{12} = \frac{800\times 600^3}{12} = 1.44\times 10^{10}\ \text{mm}^4$$

$$f_r = 0.63\lambda\sqrt{f_{ck}} = 0.63\times 1.0\times\sqrt{27} = 3.27\ \text{MPa}$$

$$M_{cr} = \frac{f_r I_g}{y_t} = \frac{3.27\times 1.44\times 10^{10}}{300}\times\frac{1}{10^6} = 156.96\ \text{kN·m}$$

$\phi M_n = 304.87$ kN·m $> 1.2M_{cr} = 188.35$ kN·m → 〈적합〉

(2) 전단 및 비틀림을 고려한 보강근 설계

① 전단력에 요구되는 보강근

a) 콘크리트에 의한 설계전단강도 산정

KDS 14 20 22 4.2.1에 따라 콘크리트에 의한 설계전단강도를 산정

$$\phi V_c = \phi\frac{1}{6}\sqrt{f_{ck}}\,b_w d = 0.75\times\frac{1}{6}\times\sqrt{27}\times 800\times 540/1{,}000 = 280.59\ \text{kN} > 273.5\ \text{kN}$$

보부재의 설계전단강도가 소요전단강도를 상회하나 KDS 14 20 22 4.3.3 에 따라 $0.5\phi V_c$ 〈$V_u \le \phi V_c$이므로 최소전단철근을 배치하여야 한다.

b) 요구 전단철근 산정

대상부재의 경우 전단력 및 비틀림모멘트가 동시에 작용하는 바 비틀림모멘트에 요구되는 횡방향 보강근을 추가로 산정한 후 KDS 14 20 22 4.3.3 및 KDS 14 20 22 4.5.4 의 최소철근량을 만족하도록 보강근을 배근한다.

② 비틀림모멘트에 요구되는 보강근

a) 비틀림설계 필요 유무 판단

KDS 14 20 22 4.4.1에 따라 비틀림의 영향 고려 유무 판단

$$\phi\left(\lambda\sqrt{f_{ck}}/12\right)\frac{A_{cp}^2}{p_{cp}} = 0.75\times\left(1\times\frac{\sqrt{27}}{12}\right)\times\frac{(800\times 600)^2}{(800+600)\times 2}\times\frac{1}{10^6} = 26.72\ \text{kN·m}$$

$< T_u = 113.4$ kN·m → 비틀림설계 필요

b) 단면크기 검토

KDS 14 20 22 4.5.1에 따라 단면의 치수가 비틀림에 저항가능한지 검토

속 찬 단면의 경우, $\sqrt{\left(\frac{V_u}{b_w d}\right)^2 + \left(\frac{T_u p_h}{1.7A_{oh}^2}\right)^2} \le \phi\left(\frac{V_c}{b_w d} + \frac{2\sqrt{f_{ck}}}{3}\right)$를 만족하여야 함

휨설계에서 가정된 바와 같이 피복두께 40 mm, 전단철근의 직경 10 mm로 가정하면,

$A_{oh} = (800 - 2\times 40 - 10)\times(600 - 2\times 40 - 10) = 362,100\ \text{mm}^2$

$p_h = 2\times[(800 - 2\times 40 - 10) + (600 - 2\times 40 - 10)] = 2,440\ \text{mm}$

$$\sqrt{\left(\frac{V_u}{b_w d}\right)^2 + \left(\frac{T_u p_h}{1.7A_{oh}^2}\right)^2} = \sqrt{\left(\frac{273.5\times 10^3}{800\times 540}\right)^2 + \left(\frac{113.4\times 10^6\times 2440}{1.7\times 362,100^2}\right)^2} = 1.39\ \text{MPa}$$

$$\phi\left(\frac{V_c}{b_w d} + \frac{2\sqrt{f_{ck}}}{3}\right) = 0.75\times\left(\frac{374.12\times 10^3}{800\times 540} + \frac{2}{3}\times\sqrt{27}\right) = 3.25\ \text{MPa}$$

$> 1.39\ \text{MPa}$ → 〈적합〉

c) 횡방향 비틀림철근량 산정

KDS 14 20 22 4.5.2에 따라 비틀림모멘트에 저항하기 위한 횡방향 비틀림철근량 산정

$$\frac{A_t}{s} = \frac{T_u}{\phi 2A_o f_{yt}\cot\theta} = \frac{113.4\times 10^6}{0.75\times 2\times 307,785\times 400\times 1.0} = 0.6141\ \text{mm}^2/\text{mm}$$

$A_o = 0.85\times A_{oh} = 0.85\times 362,100 = 307,785\ \text{mm}^2$

③ 전단 및 비틀림을 고려한 보강근 간격 산정

KDS 14 20 22 4.5.2에 따라 전단 및 비틀림을 고려한 보강근 간격 산정

전체 $\left(\frac{A_{v+t}}{s}\right) = \frac{A_v}{s} + 2\frac{A_t}{s} = 0.0 + 2\times 0.6141 = 1.2281\ \text{mm}^2/\text{mm}$

2-D10 철근 배근,

$s = \frac{2\times 71.3}{1.2281} = 116\ \text{mm}$ → 스터럽 배근 : D10@100 배근

④ 최소 전단철근량 및 최소 횡방향 비틀림철근량 검토

KDS 14 20 22 4.3.3 및 KDS 14 20 22 4.5.4에 따라 최소 전단철근량 및 최소 횡방향 비틀림철근량 검토

$s_{\max} \le \frac{A_v f_{yt}}{0.0625\sqrt{f_{ck}}\,b_w} = \frac{2\times 71.3\times 400}{0.0625\times\sqrt{27}\times 800} = 219.55\ \text{mm} > 100\ \text{mm}$ → 〈적합〉

$s_{\max} \le \frac{A_v f_{yt}}{0.35b_w} = \frac{2\times 71.3\times 400}{0.35\times 800} = 203.71\ \text{mm} > 100\ \text{mm}$ → 〈적합〉

⑤ 전단보강근 최대간격 검토

KDS 14 20 22 4.3.2에 따라 전단철근의 최대간격 검토

$$s_{\max} \le \min.\left[\frac{d}{2},\ 600\right] = 270\,\mathrm{mm} \ > \ 100\,\mathrm{mm} \ \rightarrow \langle 적합 \rangle$$

⑥ 비틀림보강근 최대간격 검토

KDS 14 20 22 4.5.4에 따라 횡방향 비틀림철근의 최대간격 검토

$$s_{\max} \le \min.\left[\frac{p_h}{8},\ 300\right] = 300\,\mathrm{mm} \ > \ 100\,\mathrm{mm} \ \rightarrow \langle 적합 \rangle$$

⑦ 종방향 비틀림보강근 설계

KDS 14 20 22 4.5.2에 따라 추가적인 종방향 비틀림보강근 산정

$$A_l = \left(\frac{A_t}{s}\right)p_h\left(\frac{f_{yt}}{f_y}\right)\cot^2\theta = 0.6141\times 2{,}440\times\frac{400}{400}\times 1 = 1{,}498\ \mathrm{mm}^2$$

KDS 14 20 22 4.5.4에 따라 종방향 비틀림보강근에 대한 최소 철근량 산정

$$A_{l,\min} = \frac{0.42\sqrt{f_{ck}}\,A_{cp}}{f_y} - \left(\frac{A_t}{s}\right)p_h\left(\frac{f_{yt}}{f_y}\right)$$

$$= \frac{0.42\times\sqrt{27}\times 800\times 600}{400} - 0.6141\times 2{,}440\times\left(\frac{400}{400}\right) = 1{,}120\ \mathrm{mm}^2$$

$$\left(\frac{0.175b_w}{f_{yt}} = \frac{0.175\times 800}{400} = 0.35 < \frac{A_t}{s} = 0.6141\right)$$

→ 비틀림에 대한 종방향 철근량 $A_l = 1{,}498\,\mathrm{mm}^2$ 추가 배근

KDS 14 20 22 4.5.4에 따르면

- 종방향 비틀림철근은 폐쇄스터럽의 둘레를 따라 300 mm 이하 간격으로 분포하여야 함
- 스터럽의 각 모서리에 최소한 하나의 종방향 비틀림철근이 있어야 함
- 종방향 비틀림철근의 지름은 스터럽 간격의 1/24 이상이어야 함
- D10 이상의 철근이어야 함

따라서 D19의 종방향 비틀림철근을 고려할 경우 총 6-D19($A_l = 1{,}720\,\mathrm{mm}^2$)의 철근이 필요한 바 휨모멘트에 의한 상·하부 주철근(6-D19)에 대하여 각각 종방향 비틀림철근(2-D19)을 더하여 배근하고 높이방향(h/2 지점)에 2-D19의 종방향 비틀림철근을 추가 배근하도록 한다.(예제그림 4.4.2 참조)

1. 콘크리트강도 : f_{ck} = 27 MPa
2. 철근강도
   주근 : f_y = 400 MPa
   스터럽 : f_y = 400 MPa

No.	No Size (B×H mm)	END	CENTER
2TG1	800×600	전단면	
		M_u = kN·m, V_u = kN	M_u = kN·m, V_u = kN
전단면 폐쇄형 스터럽		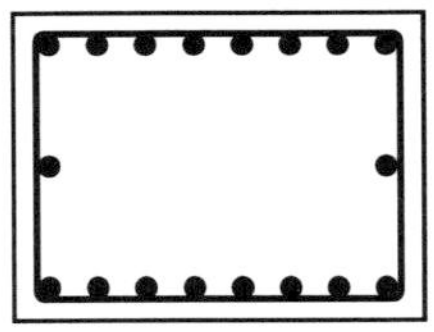 8−HD19 2−HD19 8−HD19 STR. 2−HD10@100	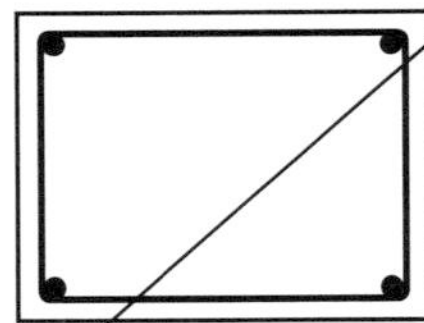 −HD −HD STR. HD10@100
		M_u = kN·m, V_u = kN	M_u = kN·m, V_u = kN
		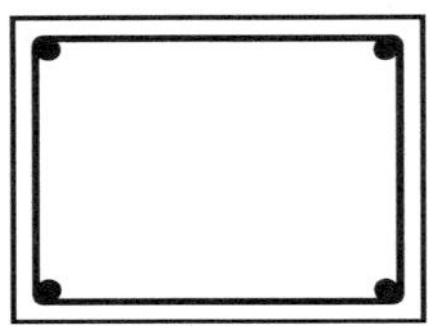 −HD −HD STR. HD10@100	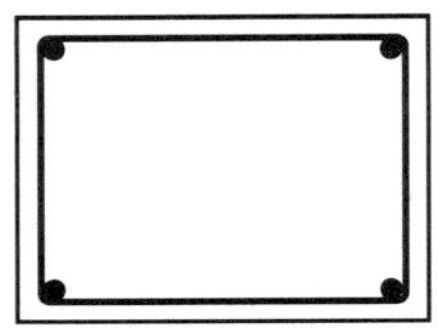 −HD −HD STR. HD10@100
		M_u = kN·m, V_u = kN	M_u = kN·m, V_u = kN
		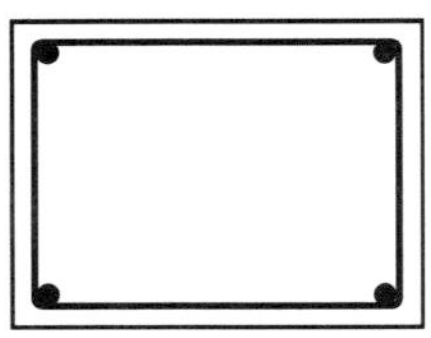 −HD −HD STR. HD10@100	 −HD −HD STR. HD10@100
		M_u = kN·m, V_u = kN	M_u = kN·m, V_u = kN
		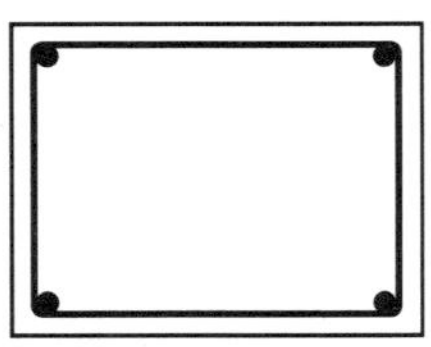 −HD −HD STR. HD10@100	 −HD −HD STR. HD10@100

Page :

[예제그림 4.4.2] 보 배근도

4.4.3 기둥 설계

> 예제4.3) 소요축강도 P_u =1,927 kN, 소요전단강도 V_{uy} =74.6 kN, V_{uz} =64.0 kN, 소요휨강도 M_{uy} =102 kN·m, M_{uz} =123 kN·m이 작용한 높이 3.3 m, 단면 500×500의 1C1 부재(횡구속골조)를 설계하시오.(f_{ck} = 27 MPa, f_y = 400 MPa)

풀이)

2축 휨을 받는 압축부재는 KDS 14 20 20 : 2021 콘크리트구조 휨 및 압축 설계기준 4.5에 따라 입증된 근사해법에 의하여 설계할 수도 있다. 이에 본 예제에서는 기둥설계용 상용프로그램을 사용하는 대신, PCA 등하중선법(PCA Load Contour Method, PCA Notes on ACI 318-11 참조) 등을 이용하여 수계산으로 설계하였다.

(1) 등가 1축 휨모멘트(equivalent uniaxial moment) M_{noy} 또는 M_{noz}를 PCA 등하중선법에 의해 계산 (β = 0.65로 가정, b = h(정사각형기둥))

$$M_{ny} = M_{uy}/\phi = 102/0.65 = 157\ \mathrm{kN{\cdot}m}$$

$$M_{nz} = M_{uz}/\phi = 123/0.65 = 189\ \mathrm{kN{\cdot}m}$$

$$\frac{M_{ny}}{M_{nz}} = \frac{157}{189} = 0.83 < \frac{b}{h} = 1.0$$

따라서, $\phi M_{nz} \fallingdotseq M_{uz} + M_{uy}\dfrac{h}{b}\left(\dfrac{1-\beta}{\beta}\right) = 123 + 102 \times 1.0 \times \dfrac{1-0.65}{0.65} = 182\ \mathrm{kN{\cdot}m}$

(2) 단면설계

휨모멘트가 아주 작을 경우 기둥 단면의 크기는 축력에 의한 가정 단면식으로 산정해보면 (단, ρ_g = 0.01로 가정)

$$A_{g(trial)} \geq \frac{P_u}{0.45(f_{ck} + f_y \rho_g)} = \frac{1,927 \times 10^3}{0.45(27 + 400 \times 0.01)} = 152,937\ \mathrm{mm}^2$$

휨모멘트가 단면에 미치는 영향을 보아 500 × 500 mm (A_g = 250,000 mm^2)기둥으로 가정

$$\frac{P_u}{A_g} = \frac{1,927 \times 10^3}{500 \times 500} = 7.71$$

$$\frac{M_u}{A_g h} = \frac{1.0 \times 182 \times 10^6}{500 \times 500 \times 500} = 1.46$$

$\rho_g = 0.01$

$A_{st} = \rho_g A_g = 0.01 \times 500 \times 500 = 2{,}500\ \text{mm}^2 \rightarrow 8 - D22(A_s = 3{,}097\ \text{mm}^2, \rho_g = 0.0124)$ 사용

(3) 단면 검토

① 정역학적 해석에 의한 정산법

$P_u = 1{,}927\ \text{kN},\ M_{uy} = 102\ \text{kN·m},\ M_{uz} = 123\ \text{kN·m}$

$\phi P_n = 2{,}990\ \text{kN},\ \phi M_{ny} = 155\ \text{kN·m},\ \phi M_{nz} = 190\ \text{kN·m}$

기둥단면 : 500×500mm

주 철 근 : $8 - D22$

띠 철 근 : $D10@150$

② 2차원 등하중선에서 설계강도와 소요강도를 비교

$$M_u = \sqrt{(M_{uy})^2 + (M_{uz})^2} = \sqrt{(102)^2 + (123)^2} = 159.8\ \text{kN·m}$$

$$\phi M_n = \sqrt{(\phi M_{ny})^2 + (\phi M_{nz})^2} = \sqrt{(160)^2 + (169)^2} = 232.7\ \text{kN·m}$$

$$\frac{\phi M_n}{M_u} = \frac{232.7}{159.8} = 1.456 \geq 1.0 \rightarrow \langle \text{적합} \rangle$$

③ 2차원 $P-M$ 상관곡선에서 설계강도와 소요강도를 비교

$$\frac{\sqrt{(\phi M_n)^2 + (\phi P_n)^2}}{\sqrt{(M_u)^2 + (P_u)^2}} = \frac{\sqrt{(232.7)^2 + (2{,}990)^2}}{\sqrt{(159.8)^2 + (1{,}927)^2}} = 1.551 \geq 1.0 \rightarrow \langle \text{적합} \rangle$$

④ 3차원 파괴면(failure surface)에서 설계강도와 소요강도를 비교

$$\frac{\sqrt{(\phi M_{ny})^2 + (\phi M_{nz})^2 + (\phi P_n)^2}}{\sqrt{(M_{uy})^2 + (M_{uz})^2 + (P_u)^2}} = \frac{\sqrt{(155)^2 + (190)^2 + (2{,}990)^2}}{\sqrt{(102)^2 + (123)^2 + (1{,}927)^2}} = 1.551 \geq 1.0 \rightarrow \langle \text{적합} \rangle$$

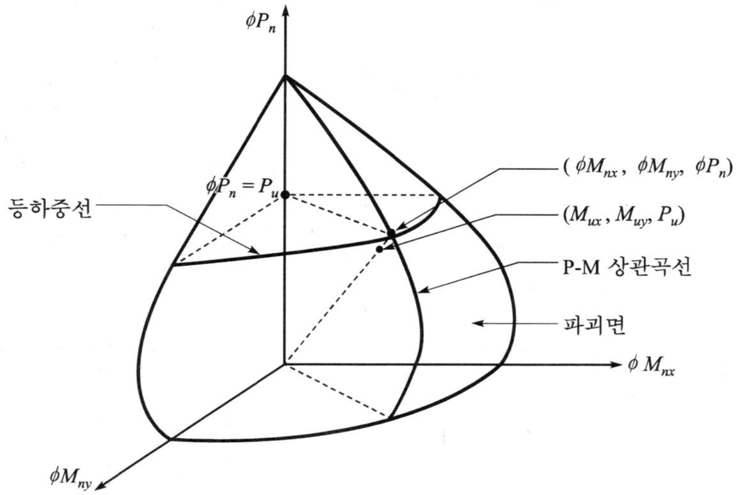

[예제그림 4.4.3] 기둥단면의 3차원 파괴면

(4) 전단강도 검토

$$\phi V_c = \phi \frac{1}{6}\left(1 + \frac{N_u}{14A_g}\right)\sqrt{f_{ck}}\, b_w d = 220\ \text{kN}$$

$$\phi V_s = \phi \frac{A_{vh} f_y d}{s_h} = 187\ \text{kN}$$

$$\phi V_u / \phi V_n = 0.157 \rightarrow \langle \text{적합} \rangle$$

COLUMN LIST

1. 콘크리트강도 : f_{ck} = 27 MPa
2. 철근강도
   주근 : f_y = 400 MPa
   스터럽 : f_y = 400 MPa
3. 연성골조상세 적용할 것

PROJECT

*NOTES
1. 부대근 배근은 TIES로 통일하여 동일하게 배근할 것.
2. TIES 배근을 중앙부에서 동일간격으로 배근할 것.

1C1 500×500	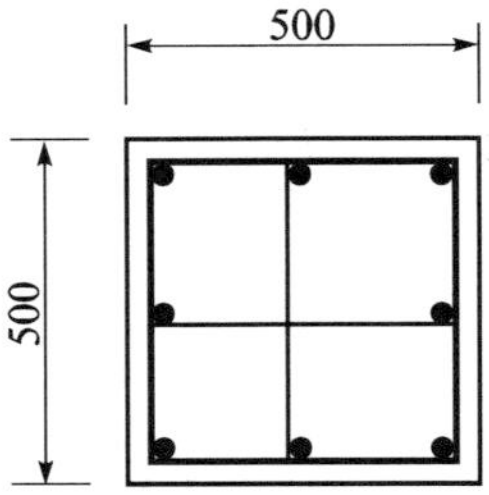 M.B. : 8−HD25 TIES : HD10@150	×	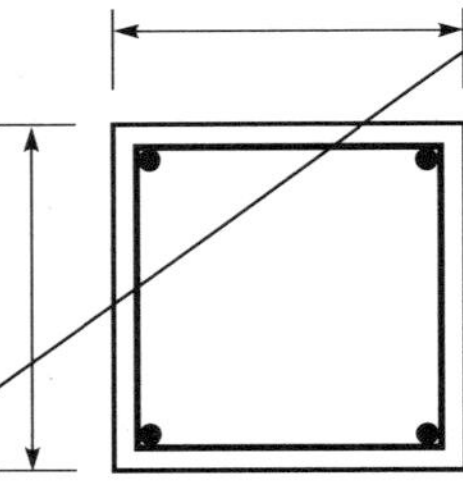 M.B. : −HD TIES : HD @
×	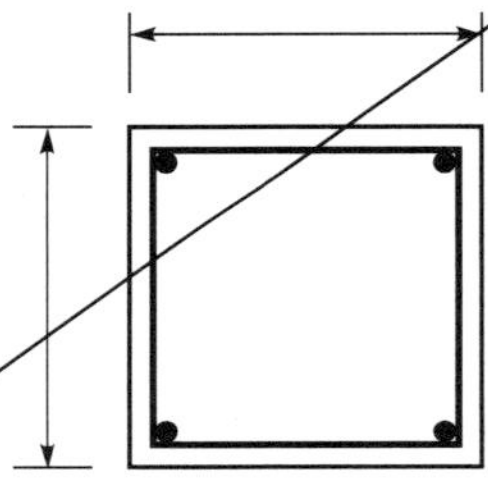 M.B. : −HD TIES : HD @	×	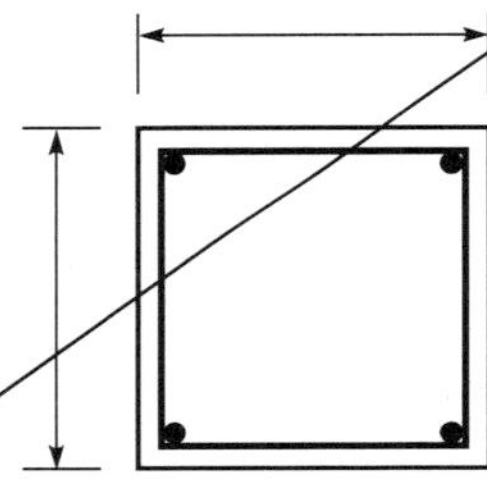 M.B. : −HD TIES : HD @
×	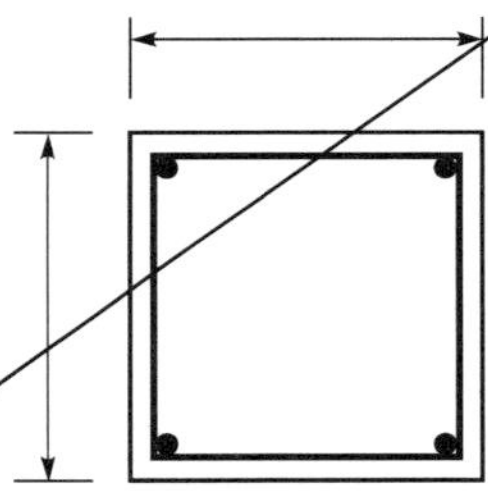 M.B. : −HD TIES : HD @	×	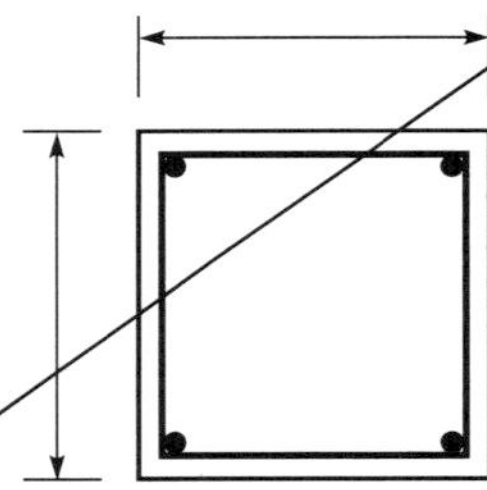 M.B. : −HD TIES : HD @

4.4.4 벽체 설계

> 예제4.3) 소요축강도 P_u =1,004 kN, 소요전단강도 V_{uy} =892 kN, 소요휨강도 M_{uz} =2,431 kN·m을 받는 두께 180 mm 길이 4,250 mm의 2W1 부재를 설계하시오.($f_{ck} = 27\,\mathrm{MPa}$, $f_y = 400\,\mathrm{MPa}$)

풀이)

(1) 단면의 최대 전단강도 검토

- KDS 14 20 22 4.9.2(3)에 따라 설계 대상 철근콘크리트 벽체의 단면이 저항할 수 있는 최대의 전단강도 검토

$$V_n \le \frac{5}{6}\sqrt{f_{ck}}\,hd = \frac{5}{6}\times\sqrt{27}\times 180\times(0.8\times 4{,}250)\times 10^{-3} = 2{,}650\,\mathrm{kN}$$

- 이 때 벽체의 유효깊이 d는 KDS 14 20 22 4.9.1(3)에 따라 $0.8l_w$로 결정함

(2) 위험단면에서 단면의 적합성 검토

- KDS 14 20 22 4.9.2(4)에 따라 설정된 위험단면에서 단면의 적합성 검토

$$V_u = 892\,\mathrm{kN} < \phi V_{n,\max} = 0.75\times 2{,}650 = 1{,}988\,\mathrm{kN} \rightarrow \langle 적합 \rangle$$

(3) 수평전단철근량 산정

- KDS 14 20 22 4.9.2(1)에 따라 벽체 단면의 콘크리트가 보유한 전단강도 산정

$$V_c = \frac{1}{6}\sqrt{f_{ck}}\,hd = \frac{1}{6}\times\sqrt{27}\times 180\times(0.8\times 4{,}250)\times 10^{-3} = 530\,\mathrm{kN}$$

$\phi V_c < V_u$ 이므로 수평전단철근이 필요함

$V_s = \dfrac{A_{vh} f_y d}{s_h}$ 이므로

$$\frac{A_{vh}}{s_h} = \frac{V_s}{f_y d} = \frac{V_u - \phi V_c}{\phi f_y d} = \frac{(892-530)\times 10^3}{0.75\times 400\times(0.8\times 4{,}250)} = 0.355\,\mathrm{mm^2/mm}$$

D10을 복배근 했을 경우

$s_h = \dfrac{A_{vh}}{0.355} = \dfrac{2\times 71.3}{0.355} = 401\,\mathrm{mm}$ → 수평전단철근의 간격으로 250 mm 사용

- KDS 14 20 22 4.9.3(3)에 따라 최대수평전단철근 간격 검토

  $s_h \leq \min\{l_w/5,\ 3h,\ 450\text{ mm}\} = \min\{850\text{ mm},\ 540\text{ mm},\ 450\text{ mm}\} = 450\text{ mm}$ → 〈적합〉

  최소 수평전단철근간격으로 적용되는 h값인 180 mm도 s_h가 초과 → 〈적합〉

- KDS 14 20 22 4.9.3(2)에 따라 수평전단철근의 최소철근비 검토

  ρ_h는 사용된 철근의 항복강도가 400 MPa이므로 $\rho_{\min} = 0.0025$로 정할 수 있음

  결정된 수평전단철근간격 s_h에 대한 철근비를 산정하면,

  $$\rho_h = \frac{2 \times 71.3 \times 1{,}000/250}{1{,}000 \times 180} = 0.003169 > 0.0025 \rightarrow \langle\text{적합}\rangle$$

(4) 수직전단철근량 산정

- KDS 14 20 22 4.9.3(4)에 따라 콘크리트의 전체 수평단면적에 대한 수직전단철근 단면적의 비를 산정하면,

  $$\rho_l = \rho_{h,\min} + 0.5\left(2.5 - \frac{h_w}{l_w}\right)(\rho_h - \rho_{h,\min})$$

  $$= 0.0025 + 0.5\left(2.5 - \frac{2{,}800}{4{,}250}\right)(0.003169 - 0.0025) = 0.003116$$

  $$A_{sv} = 0.003116 \times 4{,}250 \times 180 = 2{,}383.74\text{ mm}^2$$

  → 수직철근의 간격 s_v는 2-D13으로 배근할 경우 435.80 mm로 산정됨
  따라서 $s_v = 400$ mm로 수직전단철근을 배치함

  $s_v \leq \min\{l_w/3,\ 3h,\ 450\text{ mm}\} = \min\{1{,}417\text{ mm},\ 540\text{ mm},\ 450\text{ mm}\} = 450\text{ mm}$ → 〈적합〉

(5) 수직전단철근에 의한 벽체의 휨강도

- 주어진 철근비를 사용하여 벽체의 휨강도를 검토 수행

- 수직전단철근의 간격이 400 mm이므로 수직전단철근의 철근량은 $A_v = 2{,}692\text{ mm}^2$으로 산정됨

- 등가직사각형응력블록을 사용하고 벽체 단면에 변형률 분포가 도심으로부터 거리에 따라 비례하는 것으로 가정하여 중립축의 위치를 검토하면,

$$c = \frac{A_s f_y + N_u}{2A_s f_y + \eta(0.85 f_{ck})\beta_1 l_w h} l_w$$

$$= \frac{2,692.38 \times 400 + 1,004 \times 10^3}{2 \times 2,692.38 \times 400 + 1.0 \times (0.85 \times 27) \times 0.8 \times 4,250 \times 1800} \times 4,250 = 62\ \text{mm}$$

$$M_n = 0.5(A_s f_y + N_u)(l_w - c)$$

$$= 0.5 \times (2,692.38 \times 400 + 1,004 \times 10^3)(4,250 - 62) \times 10^{-6} = 4,357\ \text{kN·m}$$

$$\phi M_n = 0.85 \times 4,357 = 3,703\ \text{kN·m} > M_u = 2,431\ \text{kN·m} \rightarrow \langle \text{적합} \rangle$$

- 가정에 따른 최외단 인장철근의 변형률은 0.0153으로써 $\epsilon_t > 2.5\epsilon_y$ 이므로 $\phi = 0.85$는 적합함

1. 콘크리트강도 : f_{ck} = 27 MPa
2. 철근강도 : f_y = 400 MPa

	PROJECT	DATE

WALL LIST

2W1

STORY	WALL THK (cm)	수직근	수평근	단부보강근
2F	180	HD13@400	HD10@250	–

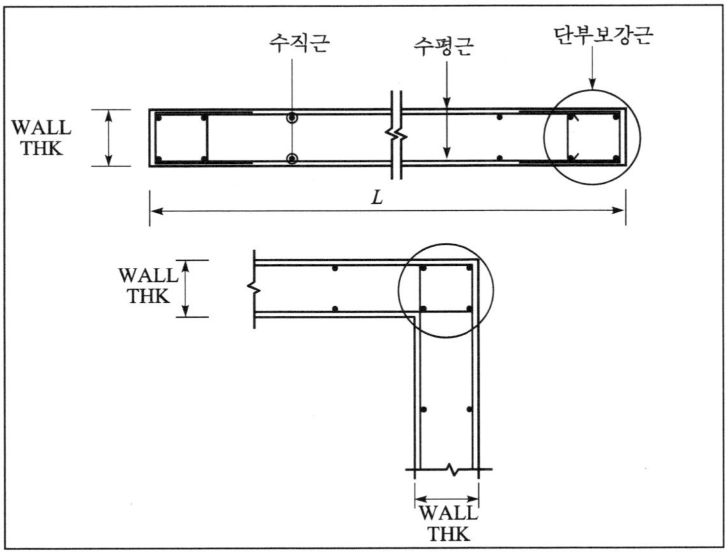

[예제그림 4.4.4] 벽체 배근도

4.4.5 기초판 설계

> 예제4.5) 500×500 단면을 갖는 기둥의 소요축강도 P_u =1,927 kN, 면외방향 소요전단강도 V_u =242.2 kN/m, 면외 소요휨강도 M_u =412.8 kN·m/m를 받는 두께 600 mm 기초판 부재를 설계하시오.(f_{ck} = 27 MPa, f_y = 400 MPa)

풀이)

(1) 기초판 깊이에 대한 전단 검토

① 1방향 전단 검토

KDS 14 20 22 4.2.1 에 따라 설계전단강도 산정

$$\phi V_c = \phi \frac{1}{6}\sqrt{f_{ck}}\, b_w d = 0.75 \times \frac{1}{6} \times \sqrt{27} \times 1{,}000 \times 500 / 1000 = 324.76\ \text{kN} > V_u = 242.2\ \text{kN}$$

→ 〈적합〉 콘크리트 전단만으로 설계 가능

KDS 14 20 22 4.3.3 에 따라 계수전단력 V_u 가 ϕV_c의 1/2를 초과하는 휨부재는 최소 전단철근을 배치하여야 하지만 기초판은 제외 가능

② 2방향 전단 검토

a) 소요전단강도 산정

지반반력 산정 : $q_u = \dfrac{P_u}{A_{mat}} = \dfrac{1{,}927}{20.46} = 94.18\ \text{kN/m}^2$

여기서, A_{mat} (하중분담면적) = $(6.8/2 + 1.0) \times (6.3/2 + 1.5) = 20.46\ \text{m}^2$

소요전단강도 : $V_u = 1{,}927 - 94.18 \times (0.5 + 1.5 \times 0.5)^2 = 1{,}779.84\ \text{kN}$

b) 설계전단강도 산정

KDS 14 20 22 4.11.2 에 따라 설계전단강도 산정

$b_o = 4 \times (500 + 1.0 \times 500) = 4{,}000\ \text{mm}$

λ = 1 (일반콘크리트)

$k_s = \left(\dfrac{300}{d}\right)^{0.25} = \left(\dfrac{300}{500}\right)^{0.25} = 0.88$ ($0.75 < 0.88 < 1.10$ 이므로 0.88사용)

$k_{bo} = 4 \Big/ \sqrt{\alpha_s\left(\dfrac{b_o}{d}\right)} = 4 \Big/ \sqrt{1.0 \times \left(\dfrac{4{,}000}{500}\right)} = 1.41$ ($1.41 > 1.25$ 이므로 1.25적용)

α_s = 1(내부기둥)

$f_{te} = 0.2\sqrt{f_{ck}} = 0.2\sqrt{27} = 1.04\ \text{MPa}$

$$\cot\theta = \frac{\sqrt{f_{te}(f_{te}+f_{cc})}}{f_{te}} = \frac{\sqrt{1.04\times(1.04+18)}}{1.04} = 4.28$$

$$f_{cc} = \frac{2}{3}f_{ck} = \frac{2}{3}\times 27 = 18\,\text{MPa}$$

$$c_u = d\left[25\sqrt{\frac{\rho}{f_{ck}}} - 300\left(\frac{\rho}{f_{ck}}\right)\right] = 500\times\left[25\times\sqrt{\frac{0.005}{27}} - 300\times\left(\frac{0.005}{27}\right)\right] = 142.33\,\text{mm}$$

$$v_c = \lambda\times k_s\times k_{bo}\times f_{te}\times\cot\psi\times\left(\frac{c_u}{d}\right) = 1.0\times 0.88\times 1.25\times 1.04\times 4.28\times\left(\frac{142.33}{500}\right)$$

$$= 1.39\,\text{MPa}$$

$$\phi V_c = \phi v_c\times b_o\times d = 0.75\times 1.39\times 4{,}000\times 500\times 10^{-3} = 2{,}085\,\text{kN} > V_u = 1{,}779.84\,\text{kN}$$

→ 〈적합〉

(2) 휨보강근 설계

① 배근간격 산정

- KDS 14 20 20 4.1.1 에 따라 f_{ck}가 40 MPa 이하이기 때문에 압축연단 극한변형률은 0.0033으로 가정하고 등가직사각형응력블록의 콘크리트 응력은 $0.85f_{ck}(\eta=1)$로 계산
- 기초판은 일반적으로 철근비가 낮기 때문에 인장지배단면으로 가정($\phi = 0.85$)

$$R_n = \frac{M_u}{\phi bd^2} = \frac{412.8\times 10^6}{0.85\times 1{,}000\times 500^2} = 1.94\,\text{MPa}$$

- 소요휨강도에 따른 철근비 ρ와 수축 · 온도철근의 최소철근비를 고려

$$\rho = \frac{0.85f_{ck}}{f_y}\left(1-\sqrt{1-\frac{2R_n}{0.85f_{ck}}}\right) = \frac{0.85\times 27}{400}\left(1-\sqrt{1-\frac{2\times 1.94}{0.85\times 27}}\right) = 0.0051 \text{ (적용)}$$

$$\rho_{\min} = 0.0020$$

$A_s = \rho bd = 2{,}550\,\text{mm}^2$ → 기초판 배근 D19+D22@100 ($A_s = 2{,}695\,\text{mm}^2$) 적용

② 인장지배단면 검토

$$a = \frac{A_s f_y}{\eta 0.85 f_{ck} b} = \frac{8\times(286.7+387.1)/2\times 400}{1.0\times 0.85\times 27\times 1{,}000} = 46.98\,\text{mm}$$

$c = \dfrac{a}{\beta_1} = \dfrac{46.98}{0.8} = 58.72\,\text{mm}$, $\beta_1 = 2\beta = 0.8$ (f_{ck}가 40 MPa 이하)

$$\varepsilon_t = \left(\frac{0.0033}{c}\right)d_t - 0.0033 = \left(\frac{0.0033}{58.72}\right)\times 500 - 0.0033 = 0.028 > 0.005$$

→ 〈적합〉

③ 휨철근 최대 철근간격 검토

$s_{max} = \min.[2h, 300] = 300\text{ mm} > 150\text{ mm}$ → 〈적합〉

④ 휨철근 최소철근량 검토

$$I_g = \frac{bh^3}{12} = \frac{1{,}000 \times 600^3}{12} = 1.80 \times 10^{10}\text{ mm}^4$$

$$f_r = 0.63\lambda\sqrt{f_{ck}} = 0.63 \times 1.0 \times \sqrt{27} = 3.27$$

$$M_{cr} = \frac{f_r I_g}{y_t} = \frac{3.27 \times 1.8 \times 10^{10}}{300 \times 10^6} = 196.20\text{ kN·m}$$

$$\phi M_n = \phi \rho f_y b d^2 (1 - \frac{\rho f_y}{1.7\eta f_{ck}}) = 0.85 \times 0.0051 \times 400 \times 1{,}000 \times 500^2 \times \left(1 - \frac{0.0051 \times 400}{1.7 \times 1.0 \times 27}\right)$$

$$= 414.23\text{ kN·m}$$

$\phi M_n = 414.23\text{ kN·m} > 1.2\text{M}_{cr} = 235.44\text{ kN·m}$ → 〈적합〉

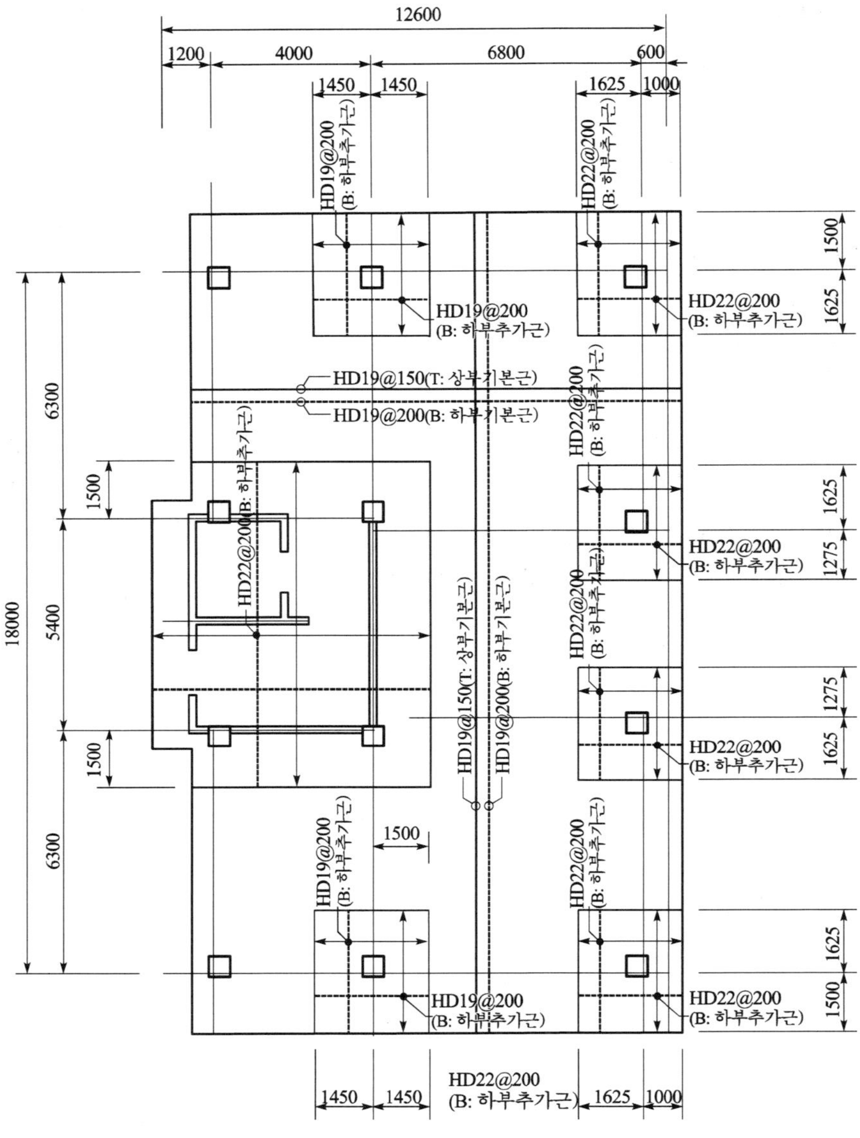

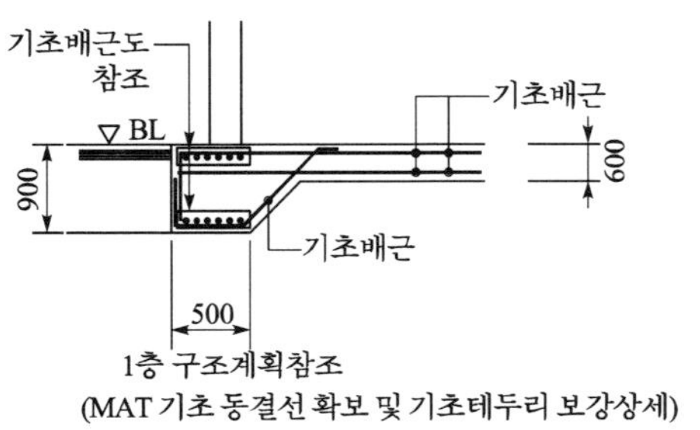

NOTES

1. 콘크리트 강도 : f_{ck} =27 MPa
2. 철근 강도 : f_y =400 MPa (SD400)
3. 허용지내력 : Fe =200 kPa (20 tf/m^2)
4. 온통기초 두께 : t =600, 테두리구간 t =900
5. 동결선 GL−900 mm (기초테두리별도상세 적용)

[예제그림 4.4.5] 기초 배근도

Chapter **5**

무량판 벽식 혼합구조

CHAPTER

05 무량판 벽식 혼합구조

5.1 구조계획

5.1.1 건물개요

대상 건물은 인천광역시에 위치하는 공동주택 용도의 건물로서 〈표 5.1.1〉과 같이 지상 22층, 지하 1층 규모이다. 층고는 지하 1층의 경우 3.6 m, 지상 1층부터 지붕층까지 3.0 m이다. 지하층을 포함한 높이는 69.6 m 이고 지상층 높이는 66 m이다. 한 층은 5호로 구성되어 있으며 한 층의 바닥면적은 643.4 m^2이다.

〈표 5.1.1〉 건축개요

사업명	인천광역시 공동주택 신축공사
대지 위치	인천광역시
용도	공동주택
층수	지상 22층, 지하 1층
층고	지하 1층 3.6 m/ 지상층 전층 3.0 m
평면 크기/ 연면적	49.34 m×24.35 m, 지상층 연면적 14,154 m^2
건물 높이	지상층 높이는 66 m, 옥탑 제외

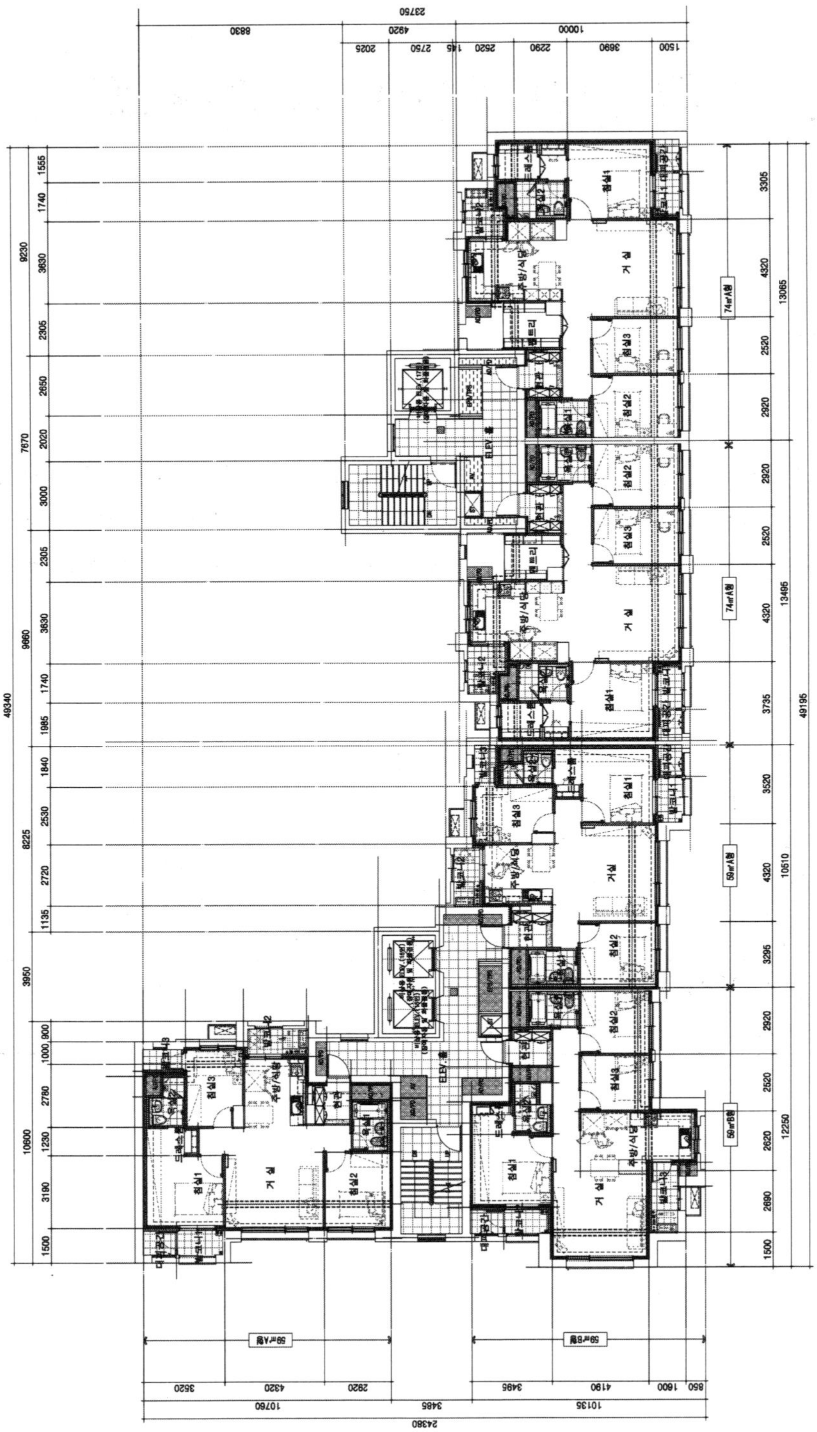

[그림 5.1.1] 기준층 건축평면도

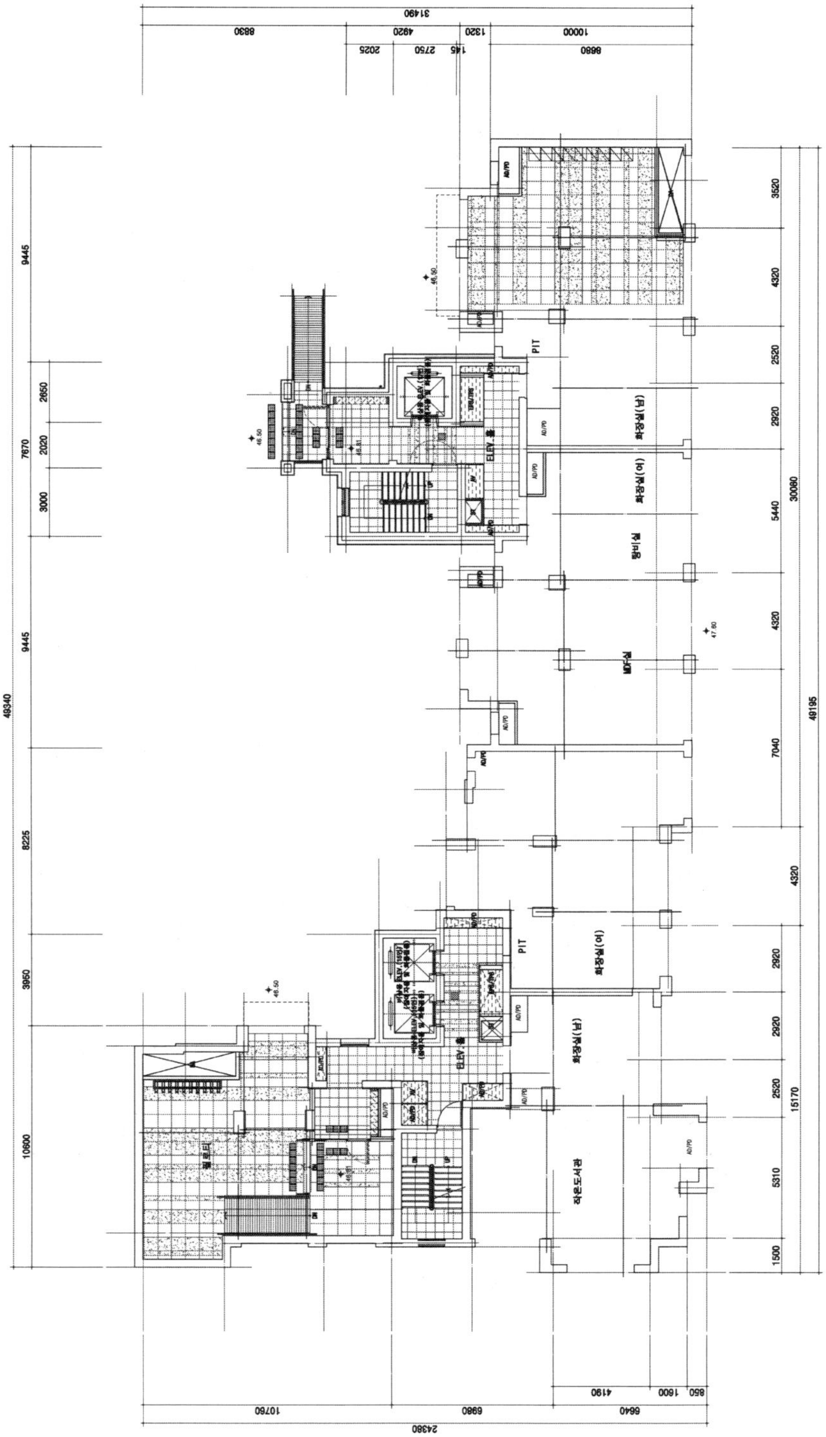

[그림 5.1.2] 지하층 건축평면도

옥탑지붕 바닥
옥탑 바닥
지붕 바닥
22층 바닥
21층 바닥
20층 바닥
19층 바닥
18층 바닥
17층 바닥
16층 바닥
15층 바닥
14층 바닥
13층 바닥
12층 바닥
11층 바닥
10층 바닥
9층 바닥
8층 바닥
7층 바닥
6층 바닥
5층 바닥
4층 바닥
3층 바닥
2층 바닥
1층 바닥
G.L

[그림 5.1.3] 건축입면도

5.1.2 구조시스템 선정

대상 구조물은 공동주택 건축물로 근래 건축계획의 변화를 확인할 수 있다. 건축물의 사용기간 동안 리모델링이 유리하고 평면 변화에 대응이 용이하도록 세대 내부에는 기둥식으로 계획하고, 외부 또는 세대사이는 벽체를 설치하여 각 세대의 독립성을 확보하는 계획이다. 이에 따라 구조시스템은 혼합구조(기둥 및 벽체)로 분류될 수 있다. 슬래브는 층간소음 기준에 따라 벽식아파트의 최소기준인 210 mm로 계획되며 내부 기둥은 전체 구조물의 층수를 감안하여 중력하중에 대하여 안전하도록 기둥 크기를 가정하며 코어나 외벽 등은 횡력을 고려하여 부재크기를 확정하게 된다. 공동주택의 전면부, 후면부는 작은 벽체와 테두리 보로 형성되는 것이 일반적인데 건축의 입면계획에 따라 부재 크기가 변화하게 된다.

5.1.2.1 중력저항시스템

중력저항시스템은 무량판구조로 별도의 보나 지판이 없고 슬래브 210 mm로 구성되며 수직 부재는 내부 기둥과 외부 벽체로 계획된다. 대상 구조물의 기둥 간격은 최대 5.4 m로 슬래브 처짐에 대한 사용성을 만족하도록 계획한다.

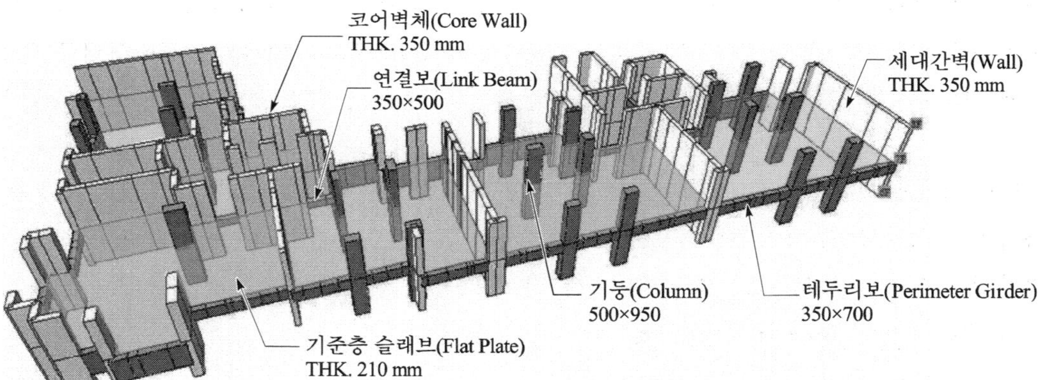

[그림 5.1.4] 기준층 3차원 골조 형태

5.1.2.2 횡력저항시스템

횡력저항시스템을 선정하기 위해서는 횡하중에 대한 분석과 구조물의 횡강성에 대한 판단이 필요하다. 먼저 건물이 건설되는 위치에 따라 풍하중과 지진하중의 설계계수를 산정하고 지배되는 횡하중을 산정한다. 지배되는 횡하중에 따라 해석모델을 작성할 때 부재의 균열강성 및 유효강성 등의 별도 고려가 필요하므로 해당 예제에 대하여 간단하게 분석하면 다음과 같다.

(1) 지배되는 횡하중 판단

5.1.5 설계하중에서 언급된 풍하중과 지진하중 계수에 따라 해당 건물의 지배되는 횡하중을 확인한다. 횡력에 대한 영향을 검토할 때 사용성 측면과 강도(안전성) 측면 두 가지에 대해서 검토를 수행하게 되는데 사용성은 구조물을 사용하는 동안 횡하중에 의한 사용자들의 불편함 발생 여부를 검토하게 된다. 예로 풍하중에 의한 사용성은 풍하중에 의한 전체변위 및 가속도로 검토하며 지진하중에 대한 사용성은 지진하중에 의한 층간변위로 검토할 수 있다.

사용하중 상태에서의 변위나 가속도가 안전측으로 확인되면 강도설계에 대한 검토를 수행하게 된다. 강도설계 측면은 건축구조설계기준(KDS 41)에서 제시하는 하중에 하중계수(Load Factor)를 적용하여 설계하중을 산정하고 이 하중에 의해 각 부재에 발생하는 소요강도를 산정한다. 구조부재의 안전성은 공칭강도에 강도감소계수를 적용한 설계강도가 소요강도를 만족하면 안전성이 확보된 것으로 판단한다.

예제 건물의 풍하중과 지진하중에 의한 밑면전단력을 비교해 보면 아래와 같다. 강도설계 하중수준으로 검토하기 위해 풍하중에는 1.3배를 지진하중(정적지진하중)에는 1.0배를 적용하여 비교하였으며 정적지진하중이 풍하중보다 큰 것으로 나타났다. 지배되는 횡하중에 따라 해석모델에 적용되는 균열 또는 유효강성에 대한 판단이 함께 되어야 한다.

〈표 5.1.2〉 횡하중 비교

<table>
<tr><th colspan="2">항목</th><th>하중</th><th>계수하중</th><th colspan="2">밑면전단력(kN)</th></tr>
<tr><td rowspan="5">횡하중
비교</td><td rowspan="2">풍방향</td><td>Wx</td><td>1.3Wx</td><td>2,390</td><td>3,107</td></tr>
<tr><td>Wy</td><td>1.3Wy</td><td>5,330</td><td>6,930</td></tr>
<tr><td rowspan="2">풍직각방향</td><td>Wx(A)</td><td>1.3Wx(A)</td><td>1,710</td><td>2,223</td></tr>
<tr><td>Wy(A)</td><td>1.3Wy(A)</td><td>1,060</td><td>1,378</td></tr>
<tr><td>지진하중</td><td colspan="2">Ex, Ey</td><td>9,400[2)]</td><td>7,910[2)]</td></tr>
<tr><td>비고</td><td colspan="5">1) 저층 및 중층 건축물 대상 풍하중으로 산정함
2) 등가정적 지진하중을 산정할 때 고유치해석에 의한 주기를 적용함</td></tr>
</table>

(2) 횡력시스템 분석

이 예제는 근래 건축계획적으로 많이 적용되고 있는 건축평면 형식으로 내부에는 기둥형식을 적용하여 평면의 가변성을 높이고 외부 또는 세대간 벽은 내력벽으로 계획하여 단열 등의 성능을 확보한 평면 형태이다.

횡력저항시스템을 선정하기 위해서 건축구조설계기준에 의한 '지진력저항시스템'으로 분류하면 '1. 내력벽 시스템/ 1-b 철근콘크리트 보통전단벽'과 '2. 건물골조시스템/ 2-o 철근콘크리트 보통전단벽' 둘 중 하나의 시스템을 선정하게 된다. 시스템 정의를 살펴보면, 내력벽시스템은 중력하중과 횡하중에 대하여 내력벽이 지지하는 시스템이고, 건물골조시스템은 일반적으로 중력하중은 입체골조가 저항하고 횡하중은 전단벽이나 가새골조가 저항하는 방식으로 정의된다.

해당 건물의 경우 위에 제시된 정의와 같이 중력하중, 횡하중을 지지하는 구조요소의 분리가 모호하여 시스템 분류도 명확하지 않다. ASCE, UBC, NEHRP 등과 같은 해외 학회들의 참고문헌 내용을 참고해 보면 건물골조와 내력벽시스템의 분류 기준에 대한 논쟁 내용을 많이 볼 수 있을 만큼 실제 구조물의 분리 적용이 애매한 것이 사실이다. ASCE 7-10에서는 콘크리트 벽체가 자중을 제외하고 3.0 kN/m 이상을 지지한다면 내력벽으로 분류하는 것이 적절하다고 하였으나 NEHRP(National Earthquake Hazards Reduction Program)에서는 건물골조의 경우 중력하중의 일부분이 내력벽에 의해 전달될 수 있으나 내력벽이 분담하는 중력하중의 비율은 상대적으로 작아야 한다고 언급하고 있다.(건물면적의 몇 퍼센트 이상을 초과할 수는 없다고 언급하고 있다.) 두 시스템의 반응수정계수를 보면, 내력벽시스템은 4.0이고 건물골조시스템은 5.0으로 그렇게 크지 않은 연성도 거동의 차이를 보임으로 현재 구조물의 연성도를 어느 하나로 정확히 규정하기는 어렵다.

근래 건축평면의 변화를 반영한 해당 예제의 경우 내력벽시스템과 건물골조시스템 어느 쪽으로도 정의하기가 애매하므로 중력하중의 지지부재의 비율에 대하여 검토를 하고 각 시스템을 적용할 때 차이점을 고려하여 설계자가 신중히 이를 선정할 필요가 있다.

(3) 횡력저항시스템 선정을 위한 중력하중 지지부재 비율 평가

기둥과 벽체에 대한 중력하중 지지부재 비율을 살펴보고 횡력저항시스템을 선정하고자 한다. 먼저 바닥하중과 수직부재의 자중을 포함하여 검토한 결과 전체 중력하중에 대하여 벽체는 56%, 기둥은 44%정도 지지하였고 이때 수직 부재 자중을 제외(바닥하중만 고려 시)하면 벽체와 기둥이 51%, 49%로 분할하여 나눠가지는 것으로 나타나 외벽 및 세대간 벽이 중력의 많은 부분을 저항하는 것으로 보인다.

〈표 5.1.3〉 수직하중 지지비율 평가

검토 조건	지지부재	지지하중	비율
1. 바닥하중 + 수직부재 자중 (벽체 및 기둥 자중 포함)	벽체	5,400 kN	56 %
	기둥	4,290 kN	44 %
	합계	9,690 kN	100 %
2. 바닥하중만 고려 (벽체 및 기둥 자중 제외)	벽체	2,560 kN	51 %
	기둥	2,480 kN	49 %
	합계	5,040 kN	100 %

(4) 횡력저항시스템 선정

횡력 중에 풍하중은 탄성상태를 기반으로 하고 있으므로 횡력저항시스템의 분류가 없으나 지진하중에 대한 저항시스템을 선정하려면 구조물의 비탄성거동의 이해가 먼저 필요하다. 설계하고자 하는 구조물의 지진발생 때 거동을 유추하고 붕괴시나리오를 감안하여 지진력저항시스템의 선정이 요구된다.

앞서 언급된 바와 같이 이 예제는 건축구조설계기준에서 제시하는 지진력저항시스템 중 내력벽시스템과 건물골조시스템에 해당될 수 있으므로 다음과 같은 분석을 실시하여 결정하는 것이 바람직하다.

내력벽시스템 중 철근콘크리트 보통전단벽의 경우, 반응수정계수가 4.0으로 건물골조시스템 5.0보다 낮다. 연성상세가 반영된 골조를 가진 건물골조시스템을 적용할 경우 내력벽시스템보다 구조물의 연성능력을 높게 기대할 수 있다는 것을 뜻한다. 결론적으로 횡력저항시스템을 결정할 때는 해당 구조물의 중력하중과 횡하중의 각 부재 기여도, 반응수정계수, 연성상세 적용범위 등 다양한 내용의 고려가 필요하다. 해당 예제와 같은 혼합구조 공동주택은 중력하중을 기둥과 벽체가 서로 나눠가지며 횡력 대부분은 전단벽이 저항하게 되므로 건축구조설계기준에서 제시하는 시스템 하나로 명명하기에는 여러 가지 논쟁이 있을 수 있다.

앞서 검토한 바와 같이 중력하중의 지지비율을 기둥과 벽체로 나누어 보았을 때 벽체가 50% 정도 지지하는 것으로 나타났으므로 지진하중이 다소 보수적으로 평가되더라도 내력벽시스템을 적용하는 것이 적절할 것으로 판단된다. 또한, 건축구조설계기준에서는 내력벽시스템의 일반구조벽체를 저연성도로 분류할 수 있어 내진철근의 사용이 필수적이진 않게 된다. 특수전단벽을 제외한 내력벽시스템(보통전단벽)은 지진이 발생할 때 주요 횡력저항기구가 내력벽임에 따라 저연성도로 평가되고 이에 따라 건물골조시스템보다 큰 지진하중에 저항하도록 설계하도록 하고 있다.

건물골조시스템의 경우, 코어벽체가 대부분의 지진력을 지지하고 주변의 골조가 대부분의 중력하중을 부담하는 것으로 판단될 때 적용될 수 있다. 이 시스템은 내력벽시스템보다 다소 높은 연성능력을 기대할 수 있으므로 설계지진하중을 내력벽시스템보다 작게 적용할 수 있다. 주변 골조부재가 지진력을 일부 부담하는 경우, 골조부재에 연성상세가 적용되어야 하며 내진철근의 사용이 필수적이다.

〈표 5.1.4〉 지진력저항시스템에 대한 설계계수

기본 지진력저항시스템	설계계수			시스템의 제한과 높이(m)제한		
	반응수정계수 R	시스템초과강도계수 Ω_0	변위증폭계수 C_d	내진설계범주 A 또는 B	내진설계 범주 C	내진설계 범주 D
내력벽 시스템						
1-b. 철근콘크리트 보통전단벽	4	2.5	4	-	-	60
2. 건물골조시스템						
2-o. 철근콘크리트 보통전단벽	5	2.5	4.5	-	-	60

이와 별도로 주상복합 등 타워형 구조물의 경우를 생각해보면, 기둥과 벽체가 중력하중을 분할 지지하며 횡력에 대해서 전단벽이 모두 저항하는 경우이지만 주변 골조(슬래브와 기둥)의 연성거동을 기대할 수 있다고 판단되는 경우는 건물골조시스템을 적용할 수 있다. 건물골조방식의 경우 내진범주 "D"에 해당한다면 변형의 적합성(KDS 41 17 00, 6.6.2)을 검토하여야 하므로 주변 골조에 대한 내진상세가 필수적으로 적용되어야 한다.

실제 구조물의 다양한 구조형태와 시스템에 대하여 이 예제집에서 모두 다루기에는 한계가 있으므로 구조설계자는 건축구조설계기준의 최소 규정의 의도를 이해하고 각 시스템의 특징을 파악하여 자신의 구조물의 지진거동을 유추하여 가장 적합한 시스템을 적용하는 것이 필요하다.

5.1.2.3 기초 시스템

기초 시스템을 선정할 때는 설계 초기에 경험을 바탕으로 해당 건축물의 층수와 시스템을 고려하여 면적당 중력하중과 횡력으로 인해 증가하는 기초의 작용력을 산정한다. 하중에 의한 이 작용력이 건설되는 지반상태에 따라 지지 가능하다면 지내력기초로 계획이 가능하지만 지반의 지지력이 설계 작용력 범위 이하일 경우 파일기초시스템을 적용하게 된다.

이 예제는 지반등급이 S_4등급으로 지상 22개층을 지지하기에는 지반이 약한 상태로 파악되어 지내력 기초의 적용이 적절하지 않아 파일기초 시스템을 적용한다. 설계 초기에 기초시스템 선정 및 가정은 다소 경험적인 판단요소가 많으므로 신중한 검토가 필요하다.

5.1.3 적용기준

설계기준은 2019년 제정된 건축구조설계기준(KDS 41) 및 KDS 14 20 00 : 2021 콘크리트구조 설계기준(KDS 14 20 00 : 2021)을 적용한다. 간혹 건축구조설계기준(KDS 41)과 콘크리트구조 설계기준이 동일한 사항에 대하여 다르게 언급되는 경우가 있는데, 콘크리트구조 설계기준은 건축과 토목이 공통으로 사용하는 기준이기 때문에 건축물 구조설계와 관련된 경우 건축구조설계기준을 우선 적용한다.

1) 내진설계 일반(국토교통부, KDS 17 10 00:2019)
2) 건축구조설계기준 설계하중(국토교통부, KDS 41 10 15:2019)
3) 건축물 내진설계기준(국토교통부, KDS 41 17 00:2019)
4) 콘크리트구조 설계기준(국토교통부, KDS 14 20 00:2021)

5.1.4 구조재료 계획

5.1.4.1 콘크리트 강도

구조재료는 건축물의 규모, 경제성 및 시공성, 자재 수급 상황 등을 고려하여 적절한 강도(규격)를 선정하도록 한다. 해당 예제와 같은 22층 규모의 공동주택의 경우 콘크리트 설계기준압축강도((f_{ck})는 층수에 따라 필요한 강도로 구분하여 21~27 MPa를 적용하는 것이 일반적이었으나 콘크리트 내구성 기준이 개정됨에 따라 노출범주에 따른 등급결정과 설계기준압축강도의 선정이 필요하다.

해당 구조물의 기초와 지하외벽은 지하수의 영향을 받으므로 각각 EC2, EF1 등급에 해당되어 최소설계기준압축강도 $f_{ck} = 24\ \text{MPa}$ 이상이 요구되며, 지상층은 외기에 노출되는 외벽을 가지므로 EC4에 해당되어 최소 설계기준압축강도 $f_{ck} = 30\ \text{MPa}$이 요구된다. 이처럼 노출범주에 따라 최소강도를 결정하고 이에 부합하는 피복두께의 결정도 필요하다. 지하 및 지상의 최소강도가 위와 같을 때 지하구조물의 강도가 지상층 강도보다 낮게 적용될 가능성이 있다. 이 때는 프로젝트별로 구조설계자의 판단이 필요하므로 발주처와 조율이 필요해 보인다. 이 예제에서는 전체 면적대비 지하구조물의 면적과 강도를 이원화시켰을 때 품질관리 등의 불편함을 고려하여 전체 건물의 콘크리트 강도를 30 MPa로 적용하고 기초판만 27 MPa으로 설계한다.

〈표 5.1.5〉 콘크리트구조 내구성 설계기준 노출범주와 등급 및 최소 설계기준압축강도

범주	등급	f_{ck} (MPa)	조건	예	해당 부위
EC (탄산화)	EC2	24	습윤하고 드물게 건조되는 콘크리트로 탄산화의 위험이 보통인 경우	• 장기간 물과 접하는 콘크리트 표면 • 외기에 노출되는 기초	기초
	EC3	27	보통 정도의 습도에 노출되는 콘크리트로 탄산화 위험이 비교적 높은 경우	• 공기 중 습도가 보통 이상으로 높은 건물 내부의 콘크리트 • 비를 맞지 않는 외부 콘크리트	–
	EC4	30	건습이 반복되는 콘크리트로 매우 높은 탄산화 위험에 노출되는 경우	• EC2등급에 해당하지 않고, 물과 접하는 콘크리트(예를 들어 비를 맞는 콘크리트 외벽, 난간 등)	지상외벽
EF (동결융해)	EF1	24	간혹 수분과 접촉하나 염화물에 노출되지 않고, 동결융해의 반복작용에 노출되는 콘크리트	• 비와 동결에 노출되는 수직 콘크리트 표면	지하외벽

1) KDS 14 20 40, 표 4.1-1 참고

결정된 콘크리트 강도와 더불어 최소 피복두께는 KDS 14 20 50(4.3)에 규정되어 있으므로 이를 준수하여야 한다.

추가적으로 KDS 14 20 40, 4.1.4 내구성 확보를 위한 요구조건에 따라 별도의 내구성 설계를 통해 입증된 경우나 성능이 확인된 별도의 보호조치를 취하는 경우에는 상기표에 규정한 값보다 낮은 강도를 적용할 수 있도록 언급되어 있음에 따라 다음과 같이 조정이 가능할 것으로 판단된다.

KDS 14 20 40, 4.3.3.2 콘크리트 구조물의 탄산화 내구성 평가에 따라 목표내구수명, 피복두께, 유효물결합재비를 바탕으로 상세 검토를 수행할 수 있다. 적용한 변수에 따라 탄산화 깊이가 피복두께를 만족하면 목표내구수명을 만족한 것으로 판단할 수 있으며 이때 성능이 확인된 별도의 보호조치 등이 함께 검토되어야 할 것으로 사료된다.

5.1.4.2 철근 강도

해당 구조물은 내력벽시스템-보통전단벽시스템으로 저연성도에 해당됨에 따라 내진철근의 적용이 필수적이지 않다. 일반적으로 철근 직경이 작은 경우는 낮은 강도를 철근직경이 큰 경우는 높은 강도를 적용하게 된다. 철근직경이 작은 경우는 온도철근이나 스터럽 등 결속을 위한 역할이 크므로 저강도를, 철근직경이 큰 경우는 응력에 의해 결정되는 경우가 많으므로 고강도 철근을 사용하게 된다. 따라서 건물의 규모(중저층 건물)을 고려하여 D13 이하의 경우 400 MPa을 D16 이상은 500 MPa을 적용한다.

중연성도 이상인 골조의 경우 주철근의 연성을 기대하기 위해 내진철근이 사용되어야 하므로 횡력저항 시스템을 선정할 때 이 점을 고려하여 사용재료의 선정(KDS 41 17 00, 9.3 재료 요구사항)이 요구된다. 또한 전이기둥 및 전이보 등과 같은 전이부재는 특별지진하중을 고려하여 지진이 발생할 때 전이부재 이외의 부재가 비탄성거동을 하는 동안 전이부재가 탄성거동을 보이도록 초과강도를 반영하여 설계한다. 그러므로 전이부재에는 연성거동을 기대하는 내진철근의 사용이 필수적이지 않다.

5.1.5 설계하중

5.1.5.1 고정하중과 활하중

고정하중은 건축마감의 종류와 슬래브의 자중에 의하여 결정되며 실의 용도에 따라 마감의 종류와 두께가 다르게 적용된다.
해당 예제는 주거용도 건축물로 실내의 건식벽체에 대한 하중을 고정하중에 추가하여 검토한다.

〈표 5.1.6〉 설계하중

실용도		고정하중(kN/m^2)	활하중(kN/m^2)[2]
지붕	계단실 지붕	4.43	1.0
	지붕	7.13	3.0
기준층	거실	8.50[1]	2.0
	복도	6.25	3.0
	화장실	6.40	2.0
	발코니	5.99	3.0
공용공간	계단	7.85	5.0
	계단참	8.80	5.0

1) 공동주택 바닥하중 이외에도 건식벽체(조적 및 건식벽체), 외벽의 마감하중은 별도로 고정하중으로 산정하여 반영되어야 한다. 건식벽체에 의해 추가되는 하중은 실제 건축평면을 기반으로 고정하중에 추가되어야 한다. 여기 표현된 하중은 바닥하중과 건식벽체 하중을 포함하여 표기하였다.(해당 구조 예제에서는 1.8 kN/m^{2}로 가정하였음)
2) 활하중은 KDS 41 10 15 : 2019, 3장에 따라 실의 용도를 고려하여 산정되어야 하며, 등분포하중, 집중하중 등 하중의 분포형태를 감안하여 구조설계에 반영되어야 한다.

5.1.5.2 풍하중

풍하중의 산정은 중저층 구조물로 주골조용 수평풍하중을 고려한다. 주골조용 수평풍하중은 풍방향풍하중, 풍직각방향풍하중, 비틀림풍하중으로 구분하여 산정한다. 먼저 구조물이 특별풍하중(풍동실험 수행 대상)의 적용 대상 여부 확인이 필요하다. 5.1.3장에 따라 평면의 길이, 면적을 상세히 고려할 경우 이 예제는 특별풍하중 적용대상이 아닌 것으로 나타났다. 그러나 특별풍하중 제외 대상이지만, KDS 41 10 15 5.12.1 저층 및 중층건축물의 수평풍하중 조합은 반영하여 설계되어야 한다. KDS 41 10 15의 5.12 풍하중의 조합을 고려할 경우 중저층 건물의 수평풍하중은 풍방향과 풍직각방향 풍하중을 동시에 작용시켜서 검토한다.

또한 거주성능을 검토하기 위하여 필요한 응답가속도(풍방향변위· 응답가속도의 산정)는 해당기준에 따라 산정하여 검토할 수 있다. 이 예제는 중저층건물로 풍사용성(응답가속도)에 대한 문제 발생이 크지 않은 규모로 이 부분에 대한 검토는 생략한다.

상세 풍하중 산정을 위한 계수는 아래와 같다.

〈표 5.1.7〉 풍하중 계수

구분	적용 계수	비고
기본풍속	V_o=28 m/s	인천[1)]
중요도계수	I_W=1.0	중요도 1[2)]
지표면조도구분	C	건축물 위치 주변 환경조건에 따라 가정
지형계수	K_{zt}=1.0	
풍동실험수행 여부 판단	$H/\sqrt{(BD)}=2.46 \leq 3.0$ 특별풍하중 미적용[3)] 설계기준의 풍직각방향하중 적용	원형평면이 아닌 건축물[4)]

1) 인천지역의 기본풍속은 표5.5-1(KDS 41 10 15)에서 제시되는 28 m/s 또는 그림 5.5-1 Map을 이용한 기본풍속을 선정할 수 있다.(이 예제에서는 표의 값을 적용함.)
   또한, 건설지점 부근의 유효한 풍관측자료가 있는 경우는 해당 자료를 설정할 수 있음.
2) KDS 41 10 05, 3장 건축물의 중요도 분류에 따라 선정
3) 특별풍하중 미적용 대상 선정에 대해서는 5.4.1(1)에 상세 검토함
4) KDS 41 10 15, 5.1.3 특별풍하중

(1) 풍동실험 수행 여부 결정

건축물에 발생하는 특수한 영향들을 고려하기 위해 KDS 41 10 15의 5.15항(풍동실험)에 따라 특별풍하중을 산정하여야 한다. 특별풍하중은 풍방향진동 외에 풍직각방향진동 및 비틀림진동에 따른 동적영향을 고려하게 된다. 원형평면이 아닌 건축물은 KDS 41 10 15, 식 (5.1-2)에 따라 특별풍하중 고려 유무를 판별할 수 있으며, KDS 41 10 15, 식 (5.1-2)에 의해 계산하면 다음과 같다.

〈표 5.1.8〉 풍동실험 수행 여부 검토

기준층 바닥면적 산정의 올바른 예	기준층 바닥면적 산정의 올바르지 않은 예
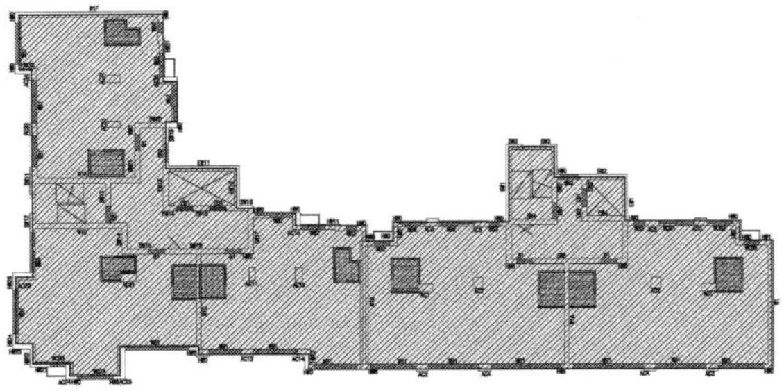	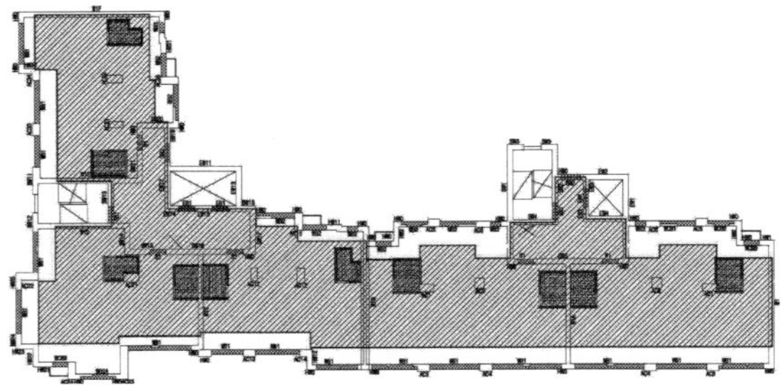
$\frac{H}{\sqrt{BD}} = \frac{66\,\mathrm{m}}{\sqrt{49.34\mathrm{m} \times 24.35\mathrm{m}}} = 1.90 < 3$ 또는 $\frac{H}{\sqrt{A_f}} = \frac{66\,\mathrm{m}}{\sqrt{643.8\,\mathrm{m}^2}} = 2.60 < 3$	

여기서, A_f 는 건축물 기준층 바닥면적이며, 바닥면적은 구조부재의 중심선으로 둘러싸인 부분의 수평투영면적이고 건축법을 따른다. 산정식 계산 결과, 모두 3을 초과하지 않았기에 이 건축물은 특별풍하중 미적용 대상이다. 이때 기준층 바닥면적을 건축면적으로 적용하게 되면 발코니 및 공용면적에 대한 면적이 제외되어 상기 식의 분모부분이 저평가되므로 특별풍하중 대상으로 나타날 수 있다. 이러한 점을 고려하여 풍동실험 대상 여부의 검토가 필요하다.

5.1.5.3 지진하중

지진하중의 산정을 위해서는 아래와 같은 항목의 결정이 필요하다. 구조물의 건설 위치, 지반조사에 따른 지반등급, 전단파속도 등에 의해 구조물의 미치는 지진하중의 크기를 산정하게 된다.

〈표 5.1.9〉 지진하중계수

<table>
<tr><th>구분</th><th>적용계수</th><th>비고</th></tr>
<tr><td>지진구역계수</td><td>Z=0.11</td><td>지진구역 I[1]</td></tr>
<tr><td>위험도 계수</td><td>2.0</td><td>평균재현주기 2400년[2]</td></tr>
<tr><td>유효지반가속도</td><td>S=0.11×2.0×80 %=0.176g[3]</td><td>인천</td></tr>
<tr><td>중요도계수</td><td>I_E=1.2</td><td>중요도 1</td></tr>
<tr><td>지반분류</td><td>S4</td><td>평균 전단파속도 380 m/s
지반조사 결과 반영</td></tr>
<tr><td>단주기 지반증폭계수</td><td>F_a=1.44</td><td>-</td></tr>
<tr><td>1초 주기 지반증폭계수</td><td>F_v=2.04(80% 적용)
=1.63</td><td>1초 주기 지반증폭계수 보정[4]</td></tr>
<tr><td>내진설계범주</td><td>C[5]</td><td>-</td></tr>
<tr><td rowspan="3">지상층 지진력저항시스템
; 내력벽 시스템
철근콘크리트 보통전단벽</td><td>반응수정계수 R=4.0</td><td rowspan="3">-</td></tr>
<tr><td>시스템초과강도계수 Ω_0=2.5</td></tr>
<tr><td>변위증폭계수 C_d=4.0</td></tr>
<tr><td rowspan="3">지하층 지진력저항시스템
; 지하외벽에 둘러싸인 지하구조시스템</td><td>반응수정계수 R=3.0</td><td rowspan="3">-</td></tr>
<tr><td>시스템초과강도계수 Ω_0=3.0</td></tr>
<tr><td>변위증폭계수 C_d=2.5</td></tr>
</table>

1) 인천지역은 표 4.2-1의 지진구역 I(KDS 17 10 00 ; 2019)에 해당하여 지진구역계수 Z=0.11임.
2) 내진등급 I에 해당하는 건축물의 경우 최소 성능목표를 2400년 재현주기의 지진하중에 대하여 붕괴방지수준을 만족하도록 하고 있으므로 위험도계수를 2.0을 적용함
3) 유효지반가속도(S)는 지진구역계수(Z)에 위험도계수(2.0)을 곱하거나 그림 3.2-1 국가지진위험지도(KDS 41 17 00 : 2019)로부터 구할 수 있으나, 국가지진위험도지도를 이용하여 결정한 S는 지진구역계수의 위험도계수를 곱하여 구한 S값의 80%보다 작지 않아야 함.
4) 기반암의 깊이가 20 m를 초과하고 지반의 평균전단파속도가 360 m/s 이상인 경우, 표 4.2-2에 규정된 F_v의 80 %을 적용함(KDS 41 17 00, 4.2.2장)
5) 내진설계범주에 대한 결정은 5.3.1.7에서 검토함

5.1.5.4 하중조합

각 설계하중 별 하중계수를 고려하여 하중조합을 만든다.

$$U = 1.4D$$

$$U = 1.2D + 1.6L$$

$$U = 1.2D + 1.0L \pm 1.3W$$

$$U = 0.9D \pm 1.3W$$

$$U = 1.2D + 1.0L \pm 1.0E$$

$$U = 0.9D \pm 1.0E$$

1) 이 건물은 중, 저층 구조물로 특별풍하중 적용 대상은 아니지만, 풍하중 조합은 KDS 41 10 15, 5.12.1항에 따라 풍방향과 풍직각방향의 하중조합을 고려해야 한다.

2) 평면비정형 유형 H-5(비평행시스템)인 경우에 해당하므로 KDS 41 17 00, 8.1.3.2항에 따라 지진하중조합은 100:30을 적용하여 하중조합을 생성해야 한다.

> **8.1.3.2 내진설계범주 'C'**
> 8.1.3.1의 규정을 만족하여야 하며, 특히 표 5.3-1에 규정된 평면비정형 유형 H-5에 해당하는 구조물의 설계부재력은 다음의 두 가지 방법 중 한 가지 방법을 이용하여 결정한다.
> (1) 한 방향 지진하중 100 %와 그에 직교하는 방향의 지진하중 30 %에 대한 하중효과의 절대값을 합하여 구하되, 두 가지 조합 중 큰 값을 택한다.
> (2) 직교하는 두 방향 하중효과의 100 %를 제곱합제곱근(SRSS) 방법으로 조합한다.

5.1.6 부재단면 가정

구조설계를 진행하기에 앞서 구조해석을 진행하고 모델 작성을 위한 구조부재의 가정이 필요하다.

아래 건축기본도면을 바탕으로 건물의 용도, 층수, 평면의 구조부재 설치 위치 등에 따라 개략적인 부재크기를 가정한다. 건물의 용도와 기본 기둥 간격을 기반으로 슬래브 두께를 가정하며, 건축물의 층수를 감안하여 기둥 및 벽체의 두께를 가정한다.

아래 평면에 따른 부재를 가정하여 다음 표와 같이 가정하였고 일련의 구조해석과 설계를 통해서 이를 검증한 후 구조설계가 완성되면 도면화하는 작업을 수행하게 된다.

〈표 5.1.10〉 구조부재 일람표

구분	적용 이름	부재크기(mm)	비고
슬래브	S1	두께 : 210	기준층 슬래브
	S2	두께 : 150	공용공간 슬래브
보	SB1	350×545	
	SB2	350×1,790	
	EB1	350×570	
	B1	350×490	
	WB1	350×700	
	WB2	350×1,000	
	WB3	350×900	
	WCB3	350×1,590	
기둥	AC1	950×500	
	AC2	700×650	
	AC3, AC4, AC5	500×800	
	AC6	400×920	
벽체	SW1~SW5, EW1~EW4	두께 : 350	코어벽체
	W1, W1A, W1B	두께 : 300	세대간벽체
	HW1~HW6	두께 : 350	외부벽체
기초판	PMF1	두께 : 1,000	파일기초

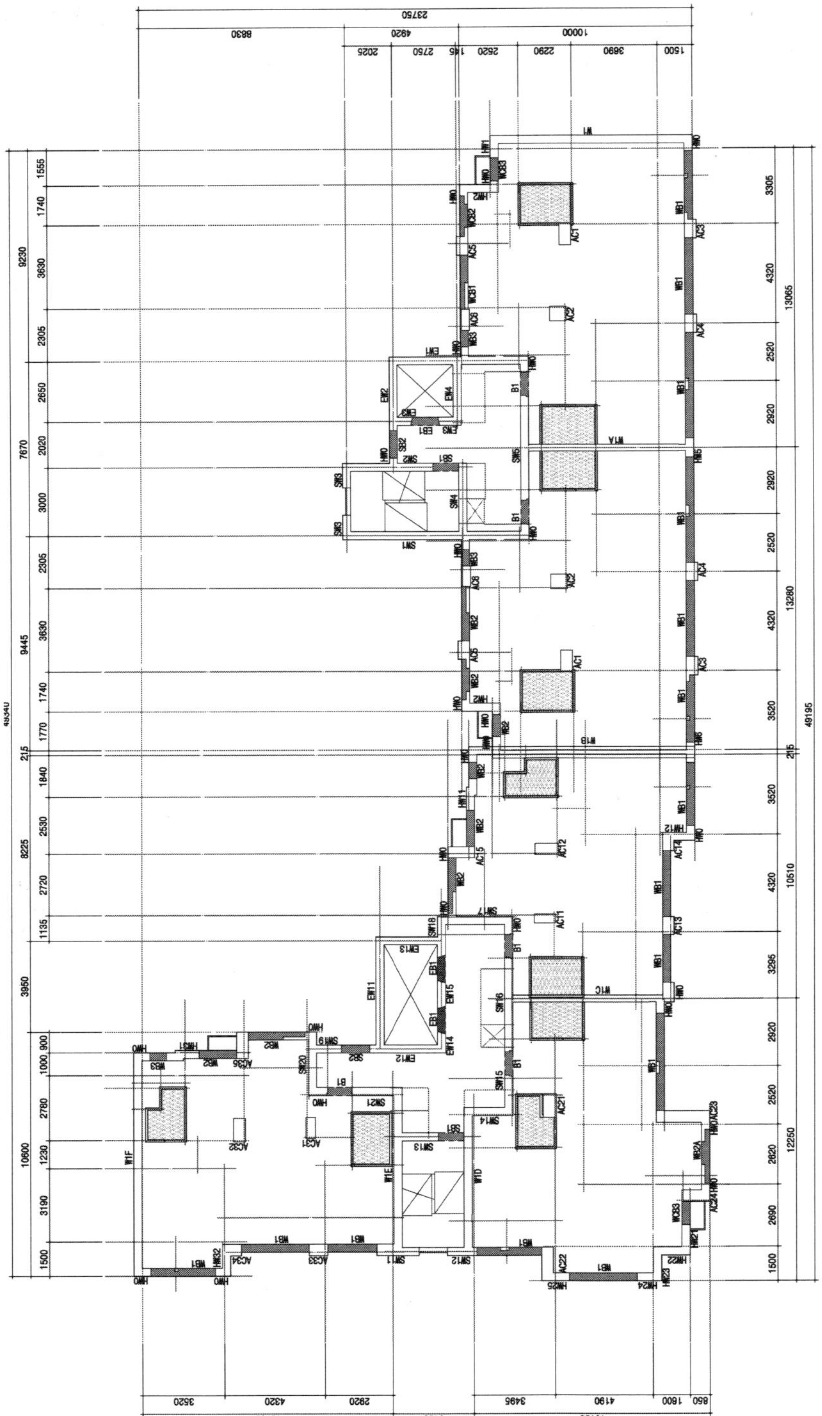

[그림 5.1.5] 기준층 구조평면도

5.2 구조도면

5.2.1 구조평면도

- 지붕층 구조 평면도

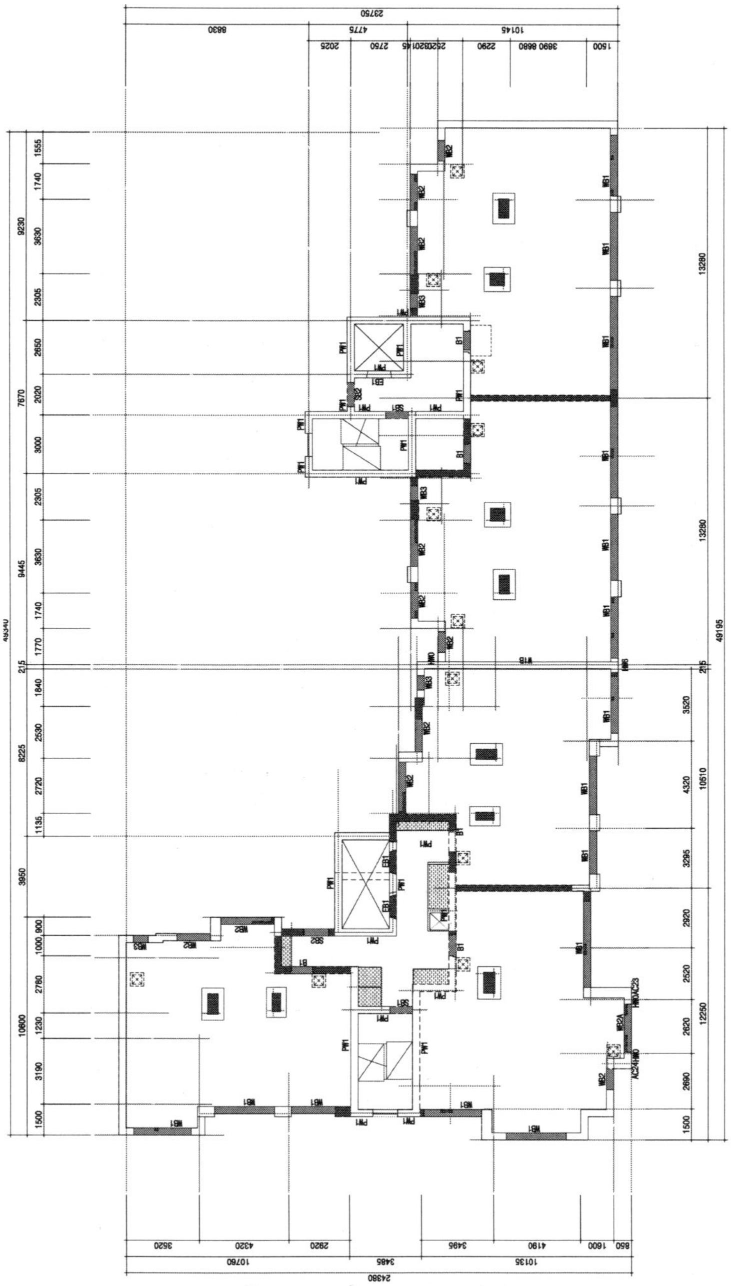

[그림 5.2.1] 지붕층 구조평면도

- 기준층 구조 평면도

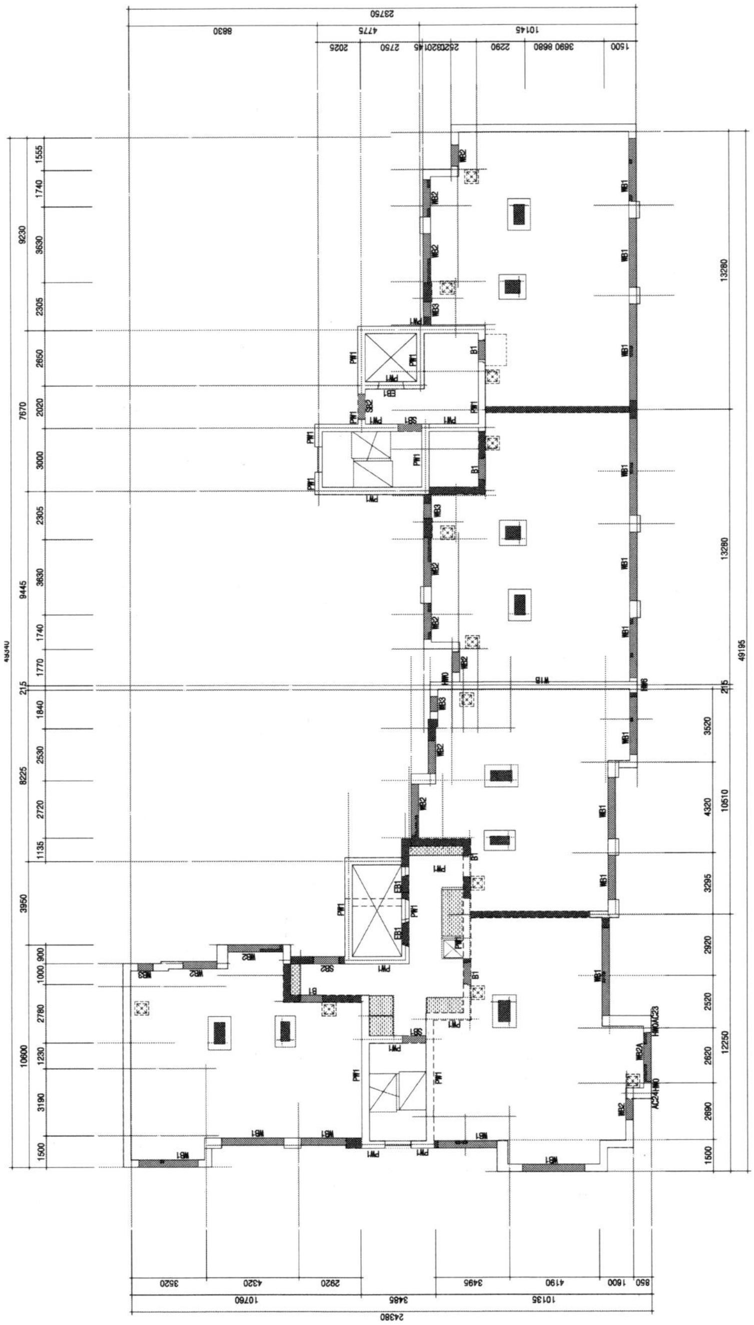

[그림 5.2.2] 기준층 구조평면도

– 지상 1층 구조 평면도

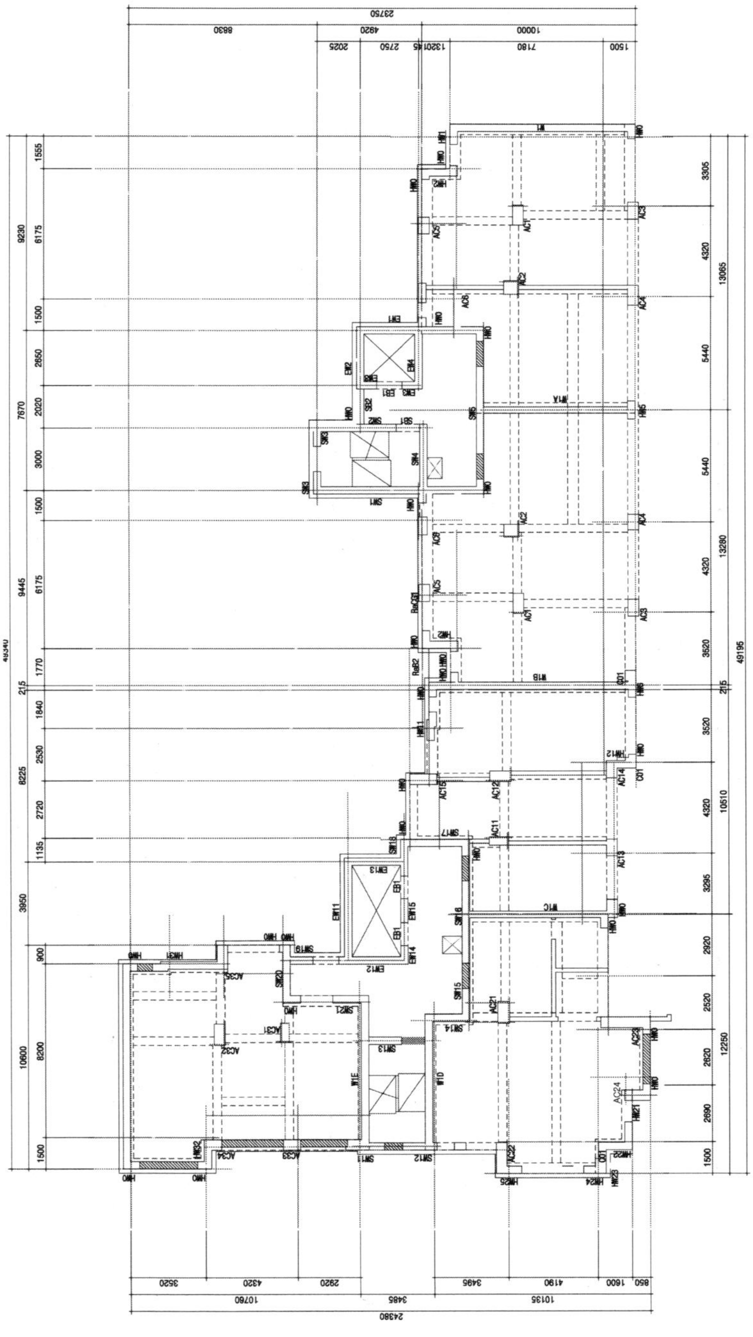

[그림 5.2.3] 지상1층 구조평면도

- 기초 구조 평면도

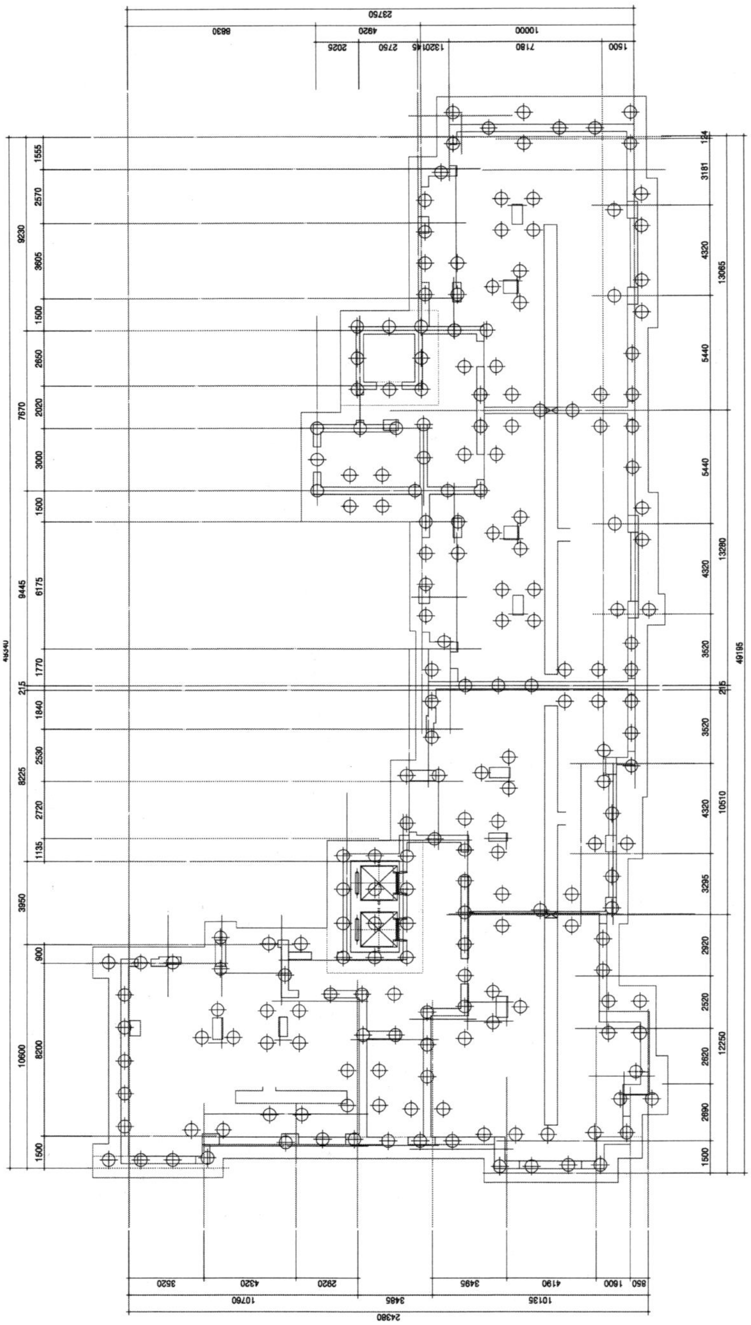

[그림 5.2.4] 기초 구조 평면도

5.3 구조해석

5.3.1 구조해석

5.3.1.1 구조해석 일반

구조해석을 수행하기 위해서는 하중 조건과 부재가정이 선행되어야 한다. 먼저 건축도면을 바탕으로 구조부재의 위치 및 부재크기를 가정하여 골조해석 모델을 작성하게 된다. 이때 구조 부재 크기에 따라 자중(Self weight)이 정해지며 건축적 마감하중을 고려하여 고정하중을 산정한다. 또한 각 실의 용도를 고려하여 활하중을 산정한다. 구조해석은 탄성해석을 기본으로 진행되며 위와 같이 산정된 중력하중과 건축물의 위치를 고려한 횡하중을 가정하여 해석 모델에 반영한다.

해석 모델의 지점 조건은 건축물의 지반조건과 지하구조물의 높이 등을 고려하여 수평, 수직지점을 가정하게 된다. 이 예제의 경우 지하 1층에 기초를 형성하므로 자유도 6개(x, y, z의 변위 및 회전)를 구속하여 고정받침점 형태로 구현하였다. 지상 1층의 경우 지반의 구속조건을 가정하여 수평구속(x, y 변위, z 회전 구속)을 적용할 수 있으나 지상 1층에서 1개층만 내려가서 기초가 형성되고 지하외벽 강성이 주변에 있으므로 해석의 편의를 위해 지하 1층에만 받침을 구현하여 진행한다. 이와는 별도로 말뚝 기초의 경우 말뚝과 기초의 접합 형태를 고려할 때 회전에 대한 구속력이 크지 않으므로 고정받침점(고정단)의 형태가 아닌 힌지받침점(회전단)으로 구현할 수 있다.

구조해석을 할 때 지점조건의 결정은 구조설계자가 현장사항과 구조부재의 조건을 감안하여 판단할 필요가 있다.
건축구조기준에 따라 지하구조물 내진설계에서 언급되는 전체 해석모델과 지하구조물에 대한 평가는 이 예제에서 제외하고 설명하기로 한다.

[그림 5.3.1] 전체 3D 모델링

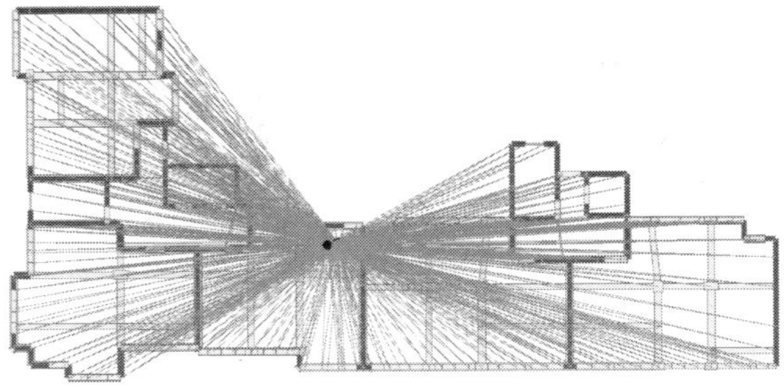

[그림 5.3.2] 슬래브 면내 강체거동

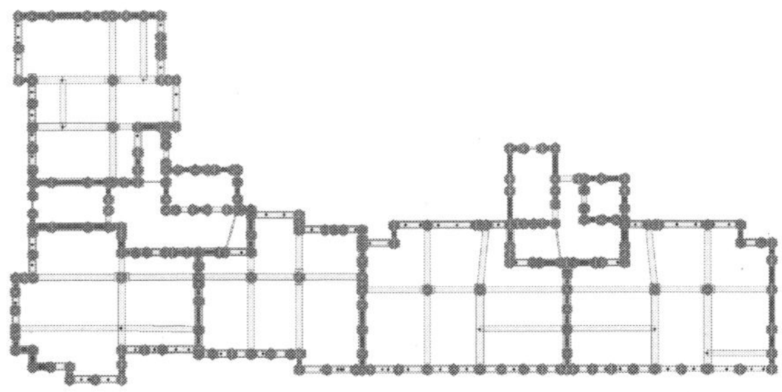

[그림 5.3.3] 해석모델 지점 조건

5.3.1.2 해석모델

각 부재를 입력하고 건축물의 형태를 작성하여 모델링을 완성하였다면 이제는 설계하중을 입력하여 구조해석을 실시한다. 설계하중은 중력하중과 횡하중으로 나눌 수 있으며 중력하중은 슬래브 해석모델을 별도로 수행하여 가력하는 경우가 대부분이다. 아래는 슬래브 해석모델에 의한 반력을 전체 해석모델에 하중으로 나타낸 그림이다. 각 절점에 집중하중으로 치환하여 적용된다.

또한 횡하중은 5.1.5.2 풍하중과 5.1.5.3 지진하중의 계수를 고려하여 해석모델에 입력한다. 해석모델에 입력된 하중의 적절성을 확인하는 과정이 필요하다. 아래는 풍하중과 지진하중의 층전단력을 나타낸 그림으로 적용된 설계계수가 정확한지 확인 후 해석을 진행한다.

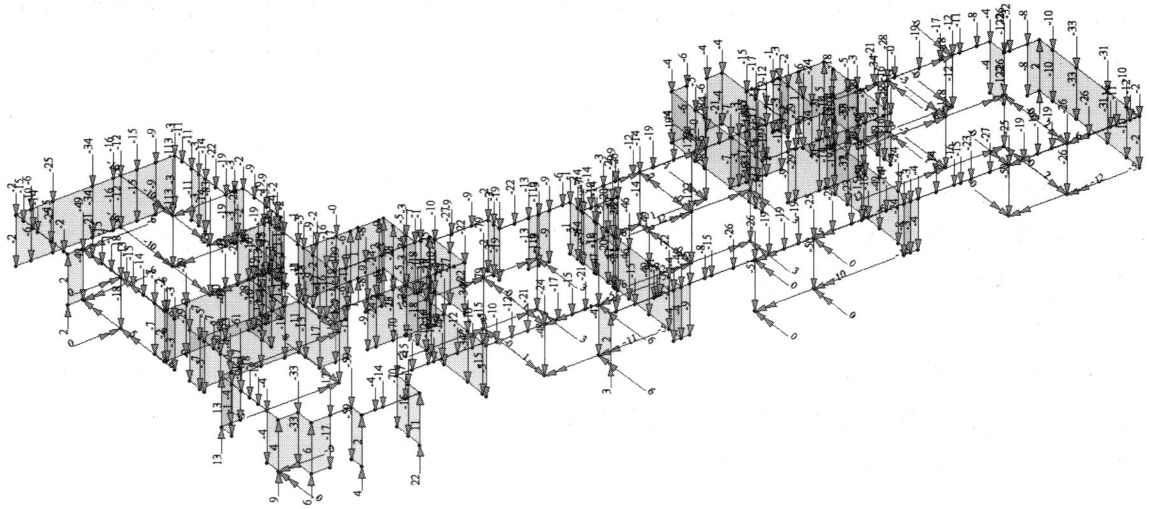

[그림 5.3.4] 중력하중 입력

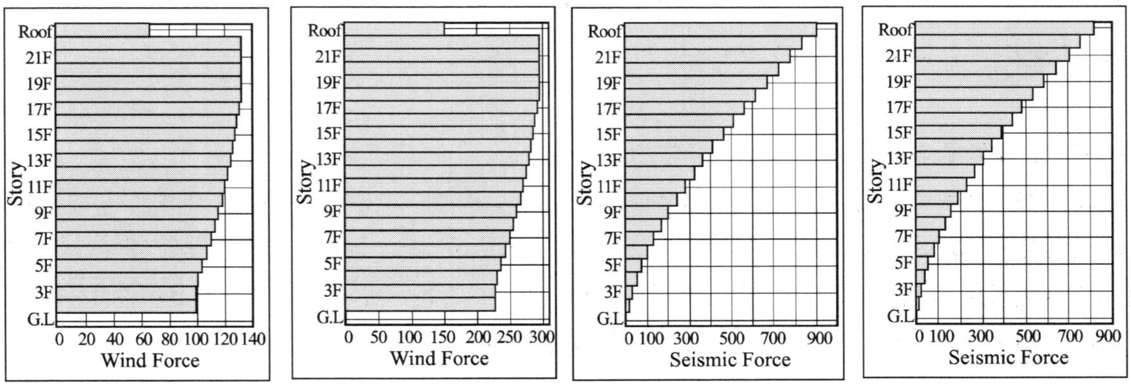

[x방향 풍하중 분포] [y방향 풍하중 분포] [x방향 지진하중 분포] [y방향 지진하중 분포]

[그림 5.3.5] 풍, 지진하중 층별 분포도

5.3.1.3 고유주기 산정

구조물의 지진하중 크기를 결정하는데 있어 크게 세 가지 요소의 결정이 중요하다. 첫 번째는 건물이 설치되는 위치에 따른 지역계수로 국내는 지역계수가 2가지로 구분되어 있다. 이 예제의 경우 인천에 위치하여 지역계수 0.11g(500년 재현주기)로 두 가지 등급 중 큰 지역계수에 해당된다. 두 번째로 지반등급은 지진이 발생할 때 발생하는 지진가속도가 구조물에 전달될 때 지반의 강성에 따라 증폭되는 효과를 나타낼 수 있으므로 지반등급의 선정이 중요하다. 마지막으로 구조물의 주기가 지진하중을 결정하는 중요한 변수로 분류되는데 구조물이 유연하게 평가되어 주기가 긴 경우는 동적지진하중이 적게 나타나며 구조물이 단단할 경우 주기가 짧게 나타나며 이에 따라 지진하중은 크게 평가된다. 이처럼 지진하중의 크기 산정에 구조물의 주기 선정은 매우 중요하다.

건축구조설계기준에서 제시하는 주기 산정의 순서를 보면 건축물의 높이와 시스템에 따른 근사 주기 산정, 고유치 해석에 의한 고유주기로 나뉘게 된다. 이 중 고유치해석에 의한 주기는 설계자가 해석모델에 각 부재의 유효강성을 어떻게 입력하느냐에 따라 큰 차이가 발생하기도 하므로 주의가 필요하다.

고유주기 산정을 위해서는 KDS 41 17 00, 7.2.3 고유주기 산정법에 따라 검토를 진행하되 약산식에 의한 고유주기 T_a를 먼저 산정한다. 7.2.4 고유주기의 약산법에 따라 구조물시스템 분류와 높이를 고려하여 근사주기를 아래와 같이 산정한다.

(1) 근사고유주기 T_a

건물 높이는 66.0 m이고 철근콘크리트 전단벽구조로 분류할 수 있으므로 $C_t=0.0488$, $x=0.75$이므로 근사고유주기는 $T_a = C_T h_n^x = 0.0488 \times 66.0^{0.75} = 1.13\,s$ 이다.

(2) 고유치 해석에 의한 주기

근사고유주기 산정 이외에 저항요소의 변형특성과 구조적 특성을 고려한 수치해석적 방법으로 고유주기를 산정할 수 있으며 이때는 각 부재별 유효강성, 비구조요소, 지하구조물의 영향 등의 영향을 고려하여 고유치해석을 통해 산정할 수 있다. 수치해석에 의한 주기는 약산식에 따른 주기에 주기상한계수 (KDS 41 10 00, 7.2.3 고유주기 산정법)를 곱한 값을 초과할 수 없다.

대상구조물은 지진에 지배되는 구조물로써 슬래브는 면내 강체거동을 보이도록 강막(Rigid Diaphragm)으로 적용하였으며 부재별 유효강성(수직재 $0.7I_g$, 보 $0.35I_g$)을 적용하였다. 고유치 해석결과는 〈표 5.3.1〉과 같다. 가장 유연한 주기로 나타나는 1차 모드는 평면상 y방향, 3차 모드에서 x방향이 지배되었고 9차 모드까지 질량참여율 90 %를 초과하여 건축구조설계기준에 명시된 질량참여율을 만족함을 알 수 있다.

〈표 5.3.1〉

구분 (기둥:0.7I_g 보0.35I_g)	모드 Mode	주기 Period (s)	질량참여율(Mass Participation) 및 합계(Sum)					
			x방향(%)		y방향(%)		z방향(%)	
			MASS	SUM	MASS	SUM	MASS	SUM
슬래브 Rigid Diagphram 면외강성 미고려	1	2.14	23.93	23.93	40.29	40.29	4.78	4.78
	2	1.79	15.64	39.57	0.38	40.67	53.89	58.68
	3	1.47	30.73	70.30	28.27	68.94	10.45	69.13
	⋮							
	9	0.14	0.89	92.95	3.05	93.24	2.53	92.15

1차모드 : 2.14 s

2차모드 : 1.79 s

3차모드 : 1.47 s

4차모드 : 0.50 s

[그림 5.3.6]

고유치해석결과로 얻어지는 구조물의 주기는 내진설계에 있어서 구조물의 밑면전단력을 결정하는 중요한 변수이고, 내풍설계에 대한 구조물의 응답을 얻는데 중요한 변수이다. 그러므로 고유치 해석결과에 큰 영향을 미치는 부재의 강성은 검토 대상 하중에 따라 다르게 적용하여야 한다. 내진설계를 할 때 설계지진은 최대고려지진에 의한 값의 2/3와 같이 인명안전 수준을 목표로 설정되어 있어 지진이 발생할 때 구조부재 일부에 균열이 발생하여 응력 재분배가 이루어지는 것을 전제로 하고 있다. 그러므로 내진설계를 할 때 유효강성이 적용되고, 바람에 의한 사용성을 검토할 때에는 콘크리트 구조체에 균열이 심하게 발생하지 않는 탄성상태를 전제로 검토하므로 부재의 균열강성만을 반영하여 검토된다. 즉, 하중의 종류나 구조물의 거동 수준을 고려하여 균열 강성 또는 유효강성을 판단하여 적용하여야 한다. 해석모델에 적용한 강성이 주요한 이유는 실제 구조물 거동을 모사할 수 있도록 계획하여야 하나 임의로 강성을 수정하여 반영한다면 해당 건물과 완전히 다른 구조물이 될 수 있으므로 구조설계자의 결정이 중요하다는 인식이 필요하다.(유효강성에 대한 상세한 내용은 5.4.1절 참조)

해석모델에 골조요소만 포함하는 것이 원칙이지만, KDS 41 17 00, 1.6 구조해석에 의해 구조물의 저항성능에 큰 영향을 줄 수 있는 비구조요소는 포함하여 구조해석을 수행하거나, KDS 41 17 00, 9.8.2 비구조요소와의 연결의 내용에 따라 큰 강성을 발휘할 수 있는 비구조요소는 구조부재와 이격시켜야 한다. 비구조요소의 종류로는 조적채움벽, 세대 내 화장실 벽체 또는 전후면 발코니의 수벽과 같은 RC 비내력, 허리벽, 계단실 바닥판 등이 있다. 특히 RC 비내력벽의 경우, 구조물의 거동에 상당한 영향을 미치게 되므로, 이러한 영향을 피하기 위해서는 내진슬릿과 같은 상세를 도입해서 비내력벽이 건물의 거동에 영향을 주지 않도록 조치하는 것이 바람직하다. 이제까지 국내는 중약진지역으로 비구조요소에 대한 상세 검토가 이루어지지 않았으나 근래 발생한 지진으로 인해 국내 내진설계 기준에 비구조요소 내진설계 및 내진슬릿 상세의 적용이 언급되고 있으므로 설계자는 이를 고려한 구조계획이 필요하다.

다음은 일본건축학회의 철근콘크리트 배근지침을 예로 내진슬릿을 소개한다. 내진슬릿의 폭은 건물의 층간변위 또는 수평재의 변위를 고려하여 가정되어야 하며 시공성과 구조적 안정성을 고려한 슬릿의 위치 선정이 요구된다.

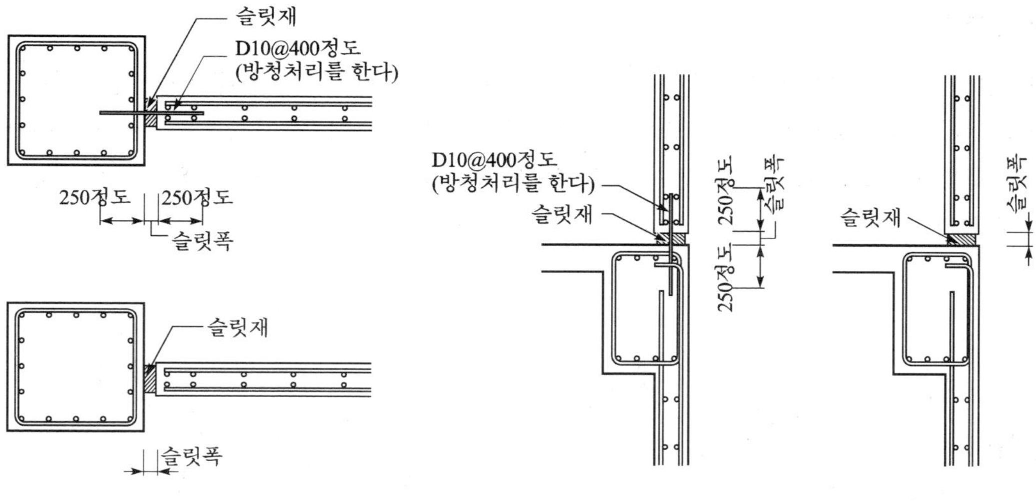

(a) 기둥과 벽의 완전슬릿 사례 (b) 보와 벽의 완전슬릿 사례

[그림 5.3.7] 철근콘트리트배근치침 · 동해설, 일본건축학회

이 외에도 구조물의 적정한 주기 산정에 대한 기술적인 논의가 많이 이루어지고 있다. 예로 수치해석적 접근의 주기를 구할 때 슬래브와 골조간의 상호 모멘트 거동을 기대할 수 있는 경우 슬래브 면외강성을 적용할 경우 구조물의 주기변화를 살펴보고, 이외 구조계획에 따라 테두리보나 연결보의 유효강성 등에 따라 주기의 변화를 살펴보고자 별도의 검토 내용을 5.4장에 추가하였다.

구조물의 해석 주기를 구할 때 설계자는 지진 발생 때의 구조물의 거동을 예측하여 적절한 주기를 산정하는 것이 내진해석을 위해 매우 중요하다. 그러나 임의로 부재 일부의 강성을 저감시켜 구조해석을 실시하는 경우 실제 지진 발생 때의 구조물의 거동과 다른 결과를 보이게 되므로 이러한 해석방법은 지양하여야 한다. 구조해석은 실제 지진이 발생할 때 구조물의 거동을 예측하기 위한 해석모델이므로 구조물의 거동을 유사하게 모사할 수 있어야 지진하중 예측이 적절히 이루어질 수 있다.

5.3.1.4 부재력

이 예제 건물은 내진설계범주 'C'이며 비정형성을 가지고 있어 하중조합을 할 때 우발편심모멘트를 고려하고 제곱합제곱근(SRSS) 방법으로 지진하중을 조합하여 소요 부재력을 확인한다. 임의의 층에 대한 각 부재의 축력도, 휨모멘트도, 전단력도는 아래와 같다. 하중조합은 중력과 횡력을 조합한 최대 하중으로 나타낸 결과이다.

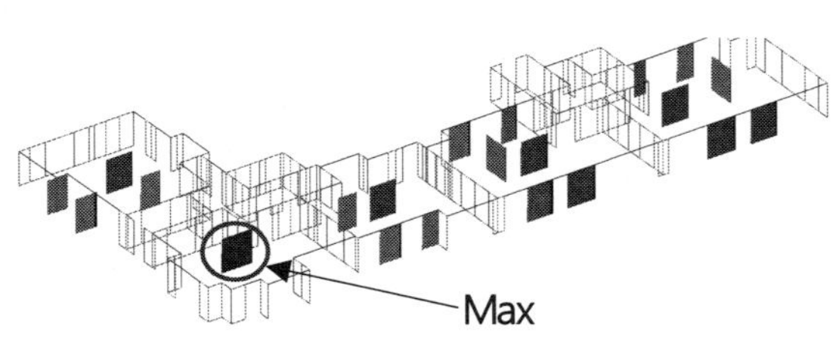

기둥 부재 축력 [Max : 5,876 kN]

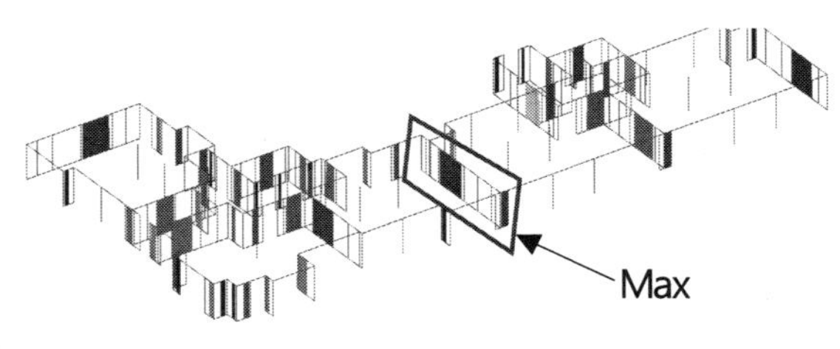

벽체 부재 축력 [Max : 17,405 kN]

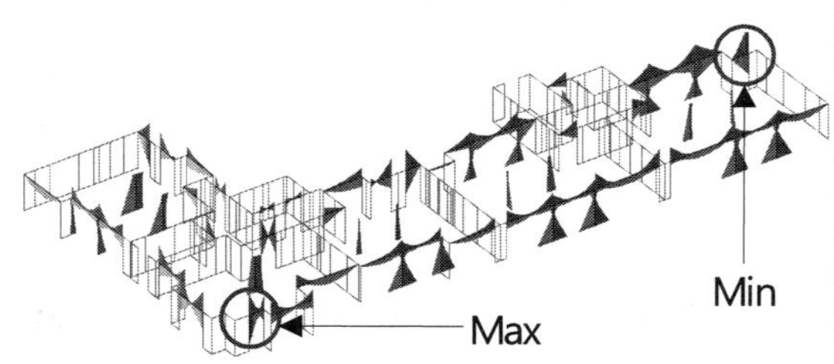

보, 기둥 부재 휨모멘트 [Max : 281.2 kN · m] [Min : 271.9 kN · m]

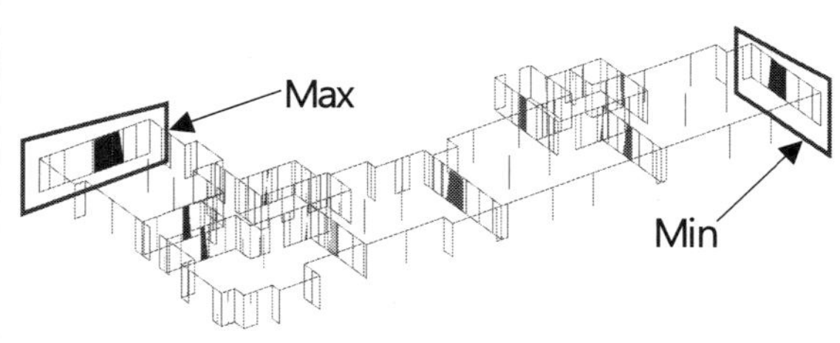

벽체 부재 휨모멘트 [Max : 39,559 kN · m] [Min : 35,308 kN · m]

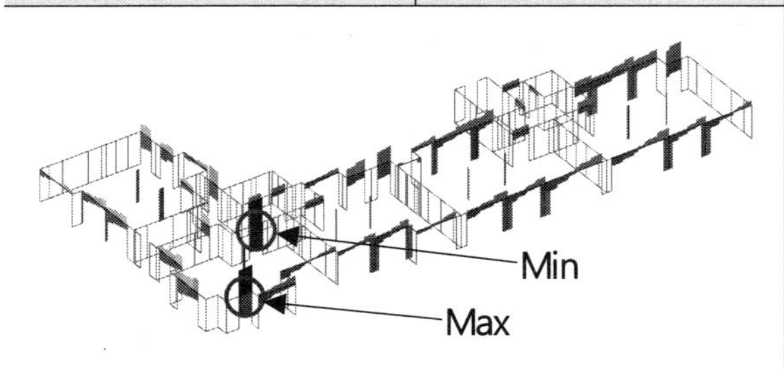

보, 기둥 부재 전단력 [Max : 330.6 kN] [Min : 311.2 kN]

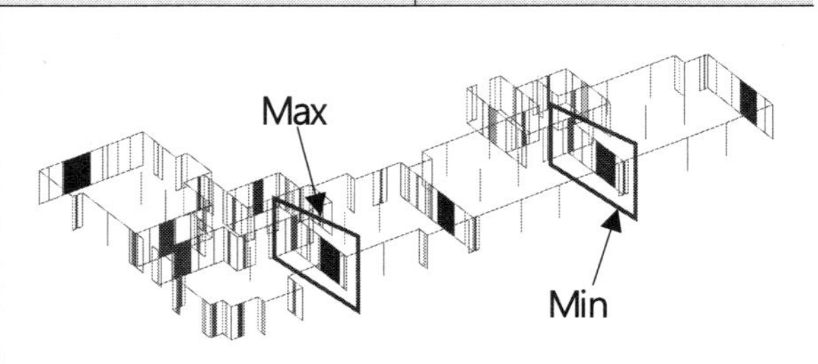

벽체 부재 전단력 [Max : 2,677 kN] [Min : 2,646 kN]

[그림 5.3.8] 부재력도

5.3.1.5 반력도(Reaction)

구조해석을 실시할 때 설계하중을 입력 후 적절하게 해석모델에 반영이 되었는지 확인이 필요한데 이때는 구조물의 자중을 예측하고 설계하중을 감안하여 적절하게 입력되었는지를 반력으로 확인한다. 예를 들어 이 예제와 같은 경우 슬래브 두께 210 mm의 벽식아파트로, 자중과 설계하중을 더하면 15 kN/m^2 내외가 되는데, 지하층과 기초를 포함해서 소요지내력을 예상할 때에는 지상층수×20 kN/m^2 정도로 예측할 수 있다. 이는 경험적인 판단으로 큰 범위 안에서 해석모델의 오류 정도를 파악할 수 있는 방법이다.

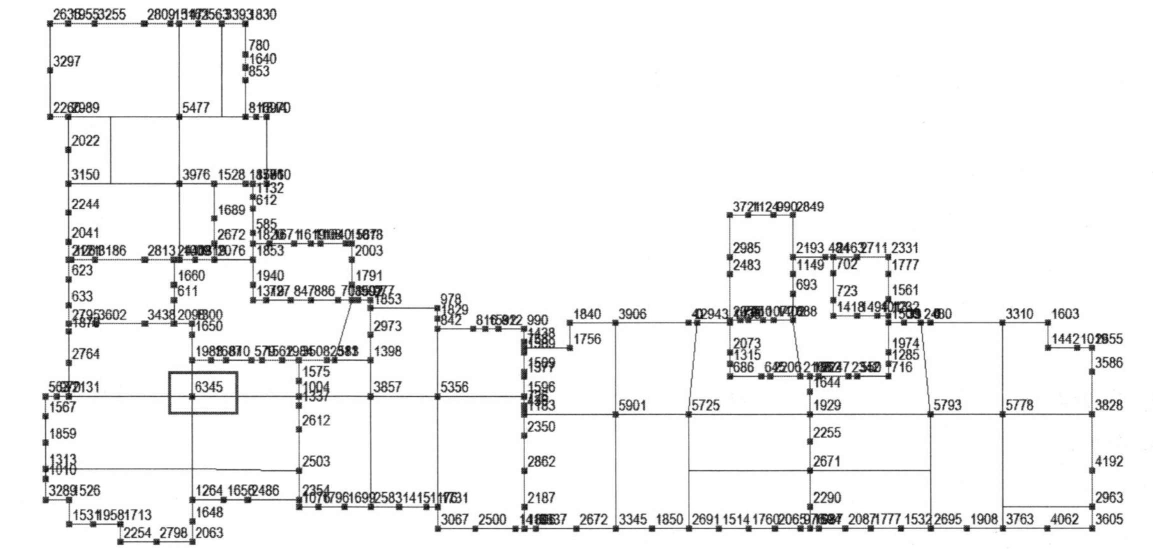

반력 [Max : 6345 kN]

[그림 5.3.9] 반력도

5.3.1.6 부재 강성저감 및 구조해석 방법의 결정

내풍설계는 부재의 탄성거동을 전제로 이루어지며 탄성상태에서의 균열 발생 등으로 인해 감소되는 강성정도를 반영하여 설계되어야 한다. 일반적으로 부재 단면에서 균열이 발생하면 휨강성이 50 % 정도(균열 단면, Cracked section)로 감소되는 경향을 보이므로 내풍 설계를 할 때 보의 균열강성을 반영하여 0.5I_g로 해석모델을 작성하게 된다.(KDS 14 20 01, 콘크리트구조 설계기준(강도설계법) 일반사항 5.3 선형탄성해석)

내진설계는 부재의 비선형거동 및 연성거동을 전제로 반응수정계수 등을 반영한 설계법을 적용하고 있으므로 한 부재의 국부적인 응력이 발생하더라도 하중재분배가 될 수 있도록 구조계획이 이루어져야 한다. 이에 따라 내진설계는 비선형거동을 전제로 해석이 이루어지므로 유효강성을 적용하게 된다. 이 예제에서 적용한 각 부재별 유효강성은 아래와 같다. 유효강성은 KDS 14 20 20에 따라 축력의 영향, 부재 길이에 걸쳐있는 균열 구역, 하중지속효과 등을 고려하고자 예제에서는 보 $0.35Ig$, 기둥 $0.70Ig$, 벽체 $0.70Ig$를 적용하여 진행한다.

추가적으로 지진하중에 대한 해석방법은 KDS 41 17 00 : 2019의 7장 지진하중의 계산 및 구조해석에 따라 결정되게 된다. 이 중 등가정적해석을 적용할 수 있는 경우는 매우 제한적이지만 정형의 구조물이며 내진설계범주 A, B의 경우 해석 시간을 줄이고 지진하중이 단순하게 파악이 될 수 있다는 장점을 가지고 있으므로 해당 경우에는 이 해석법을 적용할 수 있다.
건축물 내진설계기준에서 내진설계범주 C, D이며 KDS 41 17 00의 7.1.2장과 7.1.3장의 제한 조건 이상의 구조물에서는 동적해석법을 적용하여 구조해석을 실시한다. 마지막으로 구조물의 비탄성능력 및 특성을 보다 정확히 설계에 반영하거나, 다양한 성능수준을 만족하도록 설계하고자 하는 경우 또는 구조설계기준에서 미리 분류한 '지진력 저항시스템'을 적용하기 어려운 경우에는 비선형해석(KDS 41 17 00 : 2019, 7.3.4.3장)을 수행할 수 있다.

이 예제의 구조해석 방법의 결정을 위해 내진설계범주와 비정형평가가 이루어져야 하므로 다음과 같이 진행한다.
결론적으로 내진설계범주는 'C'에 해당하지만 건물의 높이가 20 m 이상이거나 6층 이상의 비정형구조물에 해당하므로 동적해석법을 적용하여 설계를 진행한다.

5.3.1.7 내진설계범주의 결정

건축물의 내진설계를 진행하기 위해서는 건축물의 중요도, 건설 위치에 따른 지역계수 결정과 지반상태를 고려하여 내진설계범주를 먼저 선정하게 된다. 내진설계범주는 A~D 중에 지역계수가 크고 지반이 무른 상태일 경우 내진설계범주 'D'에 해당하게 되며 지진 발생에 의한 위험도가 높은 구조물을 뜻하게 된다.

내진설계범주에 따라 구조물에 허용되는 지진력저항시스템, 높이와 비정형성에 대한 제한, 내진설계 대상 부재, 구조해석 방법 등을 결정한다.

먼저, 내진설계범주를 결정하기 위한 지진하중계수는 앞 장에 나타나 있으며 이에 따라 단주기 설계스펙트럼가속도(S_{DS})와 1초주기 설계스펙트럼가속도(S_{D1})를 상세히 산정하는 과정은 다음과 같다.

단주기 지반증폭계수(F_a)와 1초주기 지반증폭계수(F_v)는 KDS 41 17 00 표(4.2-1)과 표(4.2-2)에 주어져 있으며 유효지반가속도(S)에 따라 직선보간한다. 이때 KDS 41 17 00 4.2.2장 (3)항에 따라 평균전단파속도가 360 m/s 이상이므로 1초 주기 지반증폭계수 F_v를 80 %로 감소시킬 수 있다.

내진설계범주를 결정하기 위해 KDS 41 17 00 표(5.2-1)와 표(5.2-2)를 사용한다. 단주기 설계스펙트럼가속도에 따른 내진설계범주는 $0.33 \le S_{DS} < 0.50$ 이고 내진등급 Ⅰ이므로 'C'이며, 1초주기 설계스펙트럼가속도에 따른 내진설계범주는 $0.14 \le S_{D1} < 0.20$ 이므로 내진설계범주는 'C'이다.

단주기 및 1초 설계스펙트럼가속도에 의한 내진설계범주가 모두 'C'이므로 이 구조물의 내진설계범주는 'C'이다. 비정형구조물에 대한 평가는 다음 장에서 검토한다.

〈표 5.3.2〉 내진설계범주 결정

내진설계범주 결정		
건물 위치	인천광역시(지진구역 Ⅰ)	
지반종류	S4	
유효지반가속도	$S = ZI \times 80\% = 0.11 \times 2.0 \times 0.8 = 0.176g$ [1]	
중요도계수	$I_E = 1.2$ (내진등급 Ⅰ, 중요도 1)	
단주기 지반증폭계수 (F_a)	$F_a = \dfrac{(1.4-1.6)\times(0.176-0.1)}{(0.2-0.1)} + 1.6 = 1.448$	
1초주기 지반증폭계수 (F_v)	$0.8F_v = 0.8 \times \left[\dfrac{(2.0-2.2)\times(0.176-0.1)}{(0.2-0.1)} + 2.2\right] = 0.8 \times 2.048 = 1.638$ [2]	
단주기 설계스펙트럼가속도	$S_{DS} = S \times 2.5 \times F_a \times 2/3 = 0.4248$	
1초주기 설계스펙트럼가속도	$S_{D1} = S \times F_v \times 2/3 = 0.1922$	
내진설계범주 결정[3]	내진 Ⅰ등급	$0.33 \le S_{DS} < 0.50$ → 내진설계범주 'C'
		$0.14 \le S_{D1} < 0.20$ → 내진설계범주 'C'
내진설계범주 : 'C'		

1) 유효지반가속도(S)는 지진구역계수(Z)에 위험도계수(2.0)을 곱하거나 그림 3.2-1 국가지진위험지도(KDS 41 17 00 : 2019)로부터 구할 수 있으나, 국가지진위험도지도를 이용하여 결정한 S는 지진구역계수의 위험도계수를 곱하여 구한 S 값의 80 %보다 작지 않아야 함.
2) 기반암의 깊이가 20 m를 초과하고 지반의 평균전단파속도가 360 m/s 이상인 경우, 표 4.2-2에 규정된 F_v의 80 %을 적용함(KDS 41 17 00, 4.2.2장)
3) 표 5.2-1과 표 5.2-2에 따라 결정한 내진설계범주가 다를 경우에는 높은 내진설계범주로 분류(KDS 41 17 00, 5.2장)

5.3.1.8 비정형성 판단

건물의 비정형성은 평면 비정형 및 수직 비정형의 유형으로 구분된다. KDS 41 17 00 5.3장의 내용에 따라 아래 검토를 진행한다. 비정형성과 내진설계범주에 따라 내진해석방법에 대한 결정과 추가 검토되어야 하는 조항이 있으므로 주의가 필요하다.

(1) 평면 비정형성

비틀림비정형, 요철형 평면, 격막의 불연속, 면외 어긋남, 비평행 시스템 총 5가지로 나뉘며 각 항목을 검토한다.

- 비틀림 비정형(H-1)

비틀림 비정형(H-1)은 축에 직교하는 구조물의 한 단부에서 우발편심을 고려한 최대 층간변위가 구조물 양단부 층변위 평균값의 1.2배보다 클 때 비틀림 비정형인 것으로 간주한다. 아래 표는 비틀림 비정형성 평가를 요약한 결과이며 비정형으로 판정한다.

〈표 5.3.3〉 비틀림 비정형 평가

하중조합 (최대값)	층고 (m)	구조물 양단부 층변위 평균값		우발편심을 고려한 최대 층변위(m)	판정
		최대 층간 변위(m)	1.2*최대 층간 변위 (m)		
RX(RS)+RX(ES)	3.0	0.0023	0.0027	0.0030	비정형
RX(RS)-RX(ES)	3.0	0.0024	0.0028	0.0028	정형
RY(RS)+RY(ES)	3.0	0.0023	0.0027	0.0028	비정형
RY(RS)-RY(ES)	3.0	0.0025	0.0030	0.0036	비정형

1) RX(RS), RY(RS) : 평면상 x, y방향의 동적해석(응답스펙트럼해석)에 의한 결과
2) RX(ES), RY(ES) : x, y방향의 우발편심을 고려한 동적해석 결과

- 요철형 평면(H-2), 격막의 불연속(H-3), 면외 어긋남(H-4)

이 구조물은 5.1.1항의 건축평면도와 같이 돌출한 부분의 치수가 해당하는 방향의 평면치수의 15%를 초과하므로 요철형 평면(H-2)항목에 대해 비정형으로 판단한다.

5.2.1항의 입면도, 5.2.2.항의 구조도와 같이 필로티가 없으며, 횡력저항요소의 면내·외 어긋남이 없이 지하층부터 지붕층까지 연속되는 것으로 계획됨에 따라 면외 어긋남(H-4)은 정형으로 판단한다. 아래 그림과 같이 격막에서 뚫린 부분의 면적이 전체 격막 면적의 50 %를 초과하지 않았으며, 기준층 기준으로 모든 층의 격막 강성이 동일하게 구조계획을 진행하였으므로 격막의 불연속(H-3)항목에 대해 정형으로 판정한다.

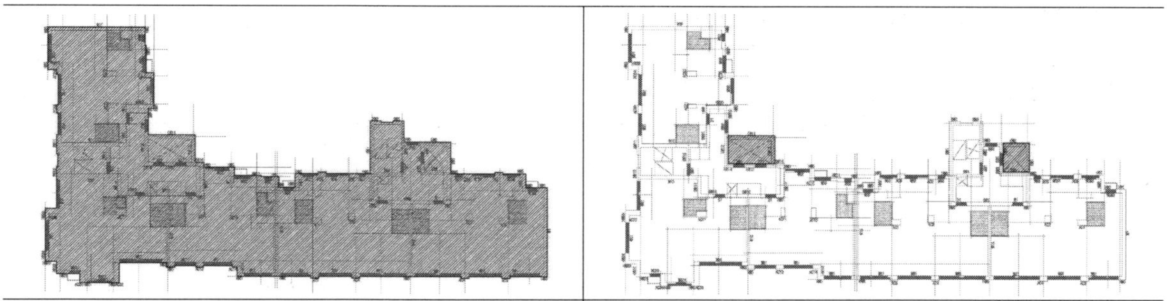

① 기준층 격막 전체 면적 : 663.4 m^2	② 기준층 뚫림 격막 면적 : 19.7 m^2
②/①=3.0 % < 50 % → 정형	

[그림 5.3.10] 격막의 불연속 검토

- 비평행 시스템(H-5)

마지막으로 비평행 시스템(H-5)은 횡력저항 수직 요소가 전체 횡력저항 시스템에 직교하는 주축에 평행하지 않거나 대칭이 아닌 경우에 비정형인 것으로 간주하며 해당 예제는 비정형으로 판단된다.

지진은 임의 방향으로 작용하므로 설계지진력은 각 부재에 가장 큰 하중효과를 발생하는 방향으로 적용함을 기본으로 한다.(KDS 41 17 00, 8.1.3 지진하중의 방향) 그러나 건축물의 형태가 다양하고 구조물의 주축을 명확히 판별하기 어려운 경우에는 설계지진하중의 방향별 100:30의 조합을 적용하여 검토할 수 있을 것으로 판단된다. 구조물의 내진설계범주에 따라 관련항목을 확인하여 검토를 진행한다.

이 예제의 경우 L자형 평면을 가짐으로 주축은 평면상 x, y축의 직교 형태가 아닐 것이다. 주축을 찾아주는 해석프로그램의 기능이 있으나 해석방법을 단순화하여 설계오류를 줄이고 동적해석에 의한 밑면전단력이 임의의 방향에서 작용하는 지진력을 과소평가하지 않도록 구조계획 한다면 계획된 평면상의 수직, 수평축을 구조설계에 이용하는 것도 가능할 것으로 판단된다.

(2) 수직 비정형

강성 비정형(연층), 중량 비정형, 기하학적 비정형, 횡력저항 수직저항요소의 비정형, 강도의 불연속(약층) 총 5가지로 나뉘며 각 항목을 검토한다.

- 강성 비정형(V-1)

강성 비정형은 해당 층의 횡강성이 인접한 상부층 횡강성의 70 % 미만이거나 상부 3개 층 평균강성의 80 % 미만인 연층이 존재하는 경우에는 강성분포의 비정형이 있는 것으로 간주한다. 아래 표는 강성 비정성 평가를 요약한 결과이며 정형으로 판정한다.

〈표 5.3.4〉 강성 비정형 검토

방향	층	횡강성 (k_n)	상부층 횡강성 판정식 및 강성비				판정
			$\frac{k_n}{0.7k_{n+1}} > 1.0$: 정형		$\frac{k_n}{0.8(k_{n+1}+k_{n+2}+k_{n+3})/3} > 1.0$: 정형		
			$0.7k_{n+1}$	강성비	$0.8(k_{n+1}+k_{n+2}+k_{n+3})/3$	강성비	
X	B1 ~ 22F	1,798 ~ 23,183	1,259 ~ 4,522	1.43 ~ 5.13	1,440 ~ 3,717	1.25 ~ 6.24	정형
Y	B1 ~ 22F	1,352 ~ 17,476	946 ~ 3,583	1.43 ~ 4.88	1,083 ~ 2,825	1.25 ~ 6.19	정형

–중량 비정형(V–2)

중량 비정형은 해당 층의 유효중량이 인접층 유효중량의 150 %를 초과하면 경우에 중량 비정형이 있는 것으로 간주한다. 아래 표는 중량 비정형 평가 결과 요약이며 정형으로 판정한다.

〈표 5.3.5〉

층	유효중량 (m_n)	인접층 유효중량 판정식 및 중량비				판정
		$\frac{m_n}{1.5m_{n-1}} < 1.0$: 정형		$\frac{m_n}{1.5m_{n+1}} < 1.0$: 정형		
		$1.5m_{n-1}$	중량비	$1.5m_{n+1}$	중량비	
RF	9,910	14,745	0.672	–	–	정형
22F	9,830	14,745	0.667	14,865	0.661	정형
4~21F	9,830	14,745	0.667	14,745	0.667	정형
3F	9,830	14,745	0.667	14,745	0.667	정형
2F	9,830	–	–	14,745	0.667	정형
1F	0	–	–	14,745	–	–

– 기하학적 비정형(V–3), 횡력저항 요소의 비정형(V–4)

기하학적 비정형은 횡력저항 시스템의 수평치수가 인접층치수의 130 %를 초과할 경우에는 기하학적 비정형이 존재하는 것으로 간주한다. 횡력저항 요소의 비정형은 횡력저항요소의 면내 어긋남이 그 요소의 길이보다 크거나 인접한 하부층 저항요소에 강성감소가 일어나는 경우에는 수직저항요소의 면내불연속에 의한 비정형이 있는 것으로 간주한다.

이 예제의 경우 상기 두 수직 비정형에는 해당되지 않으므로 정형으로 판단한다.

- 강도의 불연속(V-5)

강도의 불연속(V-5)은 임의 층의 횡강도가 직상층 횡강도의 80 % 미만인 약층이 존재하는 경우에는 강도의 불연속에 의한 비정형이 존재하는 것으로 간주한다. 아래 표는 강도 불연속 비정형 평가 결과 요약이며 정형으로 판정한다.

〈표 5.3.6〉

층	x 방향(최대값)				y 방향(최대값)			
	층 횡강도 (kN)	직상층 횡강도 (kN)	강도비	판정	층 횡강도 (kN)	직상층 횡강도 (kN)	강도비	판정
22F	27,674	-	-	정형	30,393	-	-	정형
1~21F	27,674	27,674	1.00	정형	30,393	30,393	1.00	정형
B1F	40,678	27,674	1.47	정형	35,891	30,393	1.18	정형

(3) 평면, 수직 비정형 판정

비정형성 검토 결과, 평면 비정형 형태 중 비틀림 비정형과 비평행 시스템에 해당하였으며, 수직 비정형은 모두 정형에 속한다. 평면의 형태 상 주축이 직교축이 아님으로 평면 비정형 중 두 가지에 해당된 것으로 보인다.

이에 따라 KDS 41 17 00, 7.1.2의 (2)항을 참고하여 내진설계 해석법은 동적해석법으로 설계를 진행한다. 비정형으로 판단되는 항목의 제한사항을 확인하여 구조해석 및 부재 설계를 할 때 추가적인 고려가 필요하다(건축물 내진설계기준 표 5.3-1. 2). 비틀림 비정형이며 내진설계범주 C인 경우는 KDS 41 17 00, 7.2.6.4장 수평비틀림모멘트와 7.2.8.1장 층간변위의 결정 항목의 내용을 확인하여 우발편심모멘트를 고려하고 층간변위를 검토할 때 최대값을 고려하여 검토를 진행한다. 비평행시스템인 경우는 8.1.3.2장 내진설계범주 "C"에 해당하는 조항을 확인하여 지진하중을 조합할 때 100:30을 고려하고, 직교하는 두 방향 하중효과의 제곱합제곱근(SRSS) 방법으로 조합하여 지진하중을 산정한다.

〈표 5.3.7〉 비정형 평가 결과

평면 비정형 유형과 판정				수직 비정형 유형과 판정			
유형 번호	유형	판정	적용내진 설계범주	유형 번호	유형	판정	적용내진 설계범주
H-1	비틀림 비정형	비정형	C, D	V-1	강성비 정형-연층	정형	D
H-2	요철형 평면	비정형	-	V-2	중량 비정형	정형	D
H-3	격막의 불연속	정형	-	V-3	기하학적 비정형	정형	D
H-4	면외 어긋남	정형	B, C, D	V-4	횡력저항 요소의 비정형	정형	B, C, D
H-5	비평행 시스템	비정형	C, D	V-5	강도의 불연속-약층	정형	B, C, D
내진설계범주 'C' 구조물의 비정형성 최종 판정 : 비정형							

5.3.2 3차원 해석 결과

설계하중을 입력한 구조해석 모델은 먼저 횡력에 대한 사용성 평가를 실시하게 된다. 풍하중에 의한 변위, 지진하중에 의한 층간변위를 검토하게 되는데 각 하중의 특성, 재현주기, 사용성한계에 대하여 확인 후 사용성 만족여부를 검토한다.

5.3.2.1 풍변위

풍하중에 의한 사용성 검토항목은 최대 풍변위, 층간 풍변위, 풍가속도 검토로 나눌 수 있다. 사용성은 거주자의 사용상의 불편함 여부를 평가하므로 사용자의 민감도에 따라 만족여부가 다르게 평가될 수 있어 어느 설계기준에서도 명확한 제한값을 제시하지는 않는다. 구조설계자들이 해석 모델을 통해서 검토할 수 있는 것은 풍변위에 해당하며 현재 국내 설계기준에도 제한값이 별도로 없다. 그러나 건축구조기준 및 해설(KBC2016)의 0305.13.2 수평변위 및 응답가속도의 평가기준에서 설명된 바를 참고할 수 있다.(NBC2010에서는 구조해설 부분에 '내부 칸막이벽이 이동하여도 피해가 발생하지 않는다면 최대수평변위의 한계는 H/250~H/1000으로 할 수 있고, 기준에 변위한계가 상술되지 않았거나 세밀한 해석이 수행되지 않았다면 H/500으로 할 수 있다'고 하고 있다)

위 내용을 참고하여 바람으로 발생하는 건축물의 풍방향·풍직각방향 최대수평변위로 인하여 건축물골조 및 외장재가 손상을 입지 않는 조건에 대하여 검토하며 전체변위에 대해서 $h/500$(여기서, h는 건축물의 기준높이)로 검토하며 내력벽시스템으로 층별 강성이 좋고 고층구조물이 아니므로 층별 수평변위는 생략한다.

풍변위 이외 풍가속도로 건물 사용자의 불편함 여부를 검토하기도 하며 고층 건물의 풍동실험을 수행함으로써 풍가속도를 별도로 검토하게 된다.

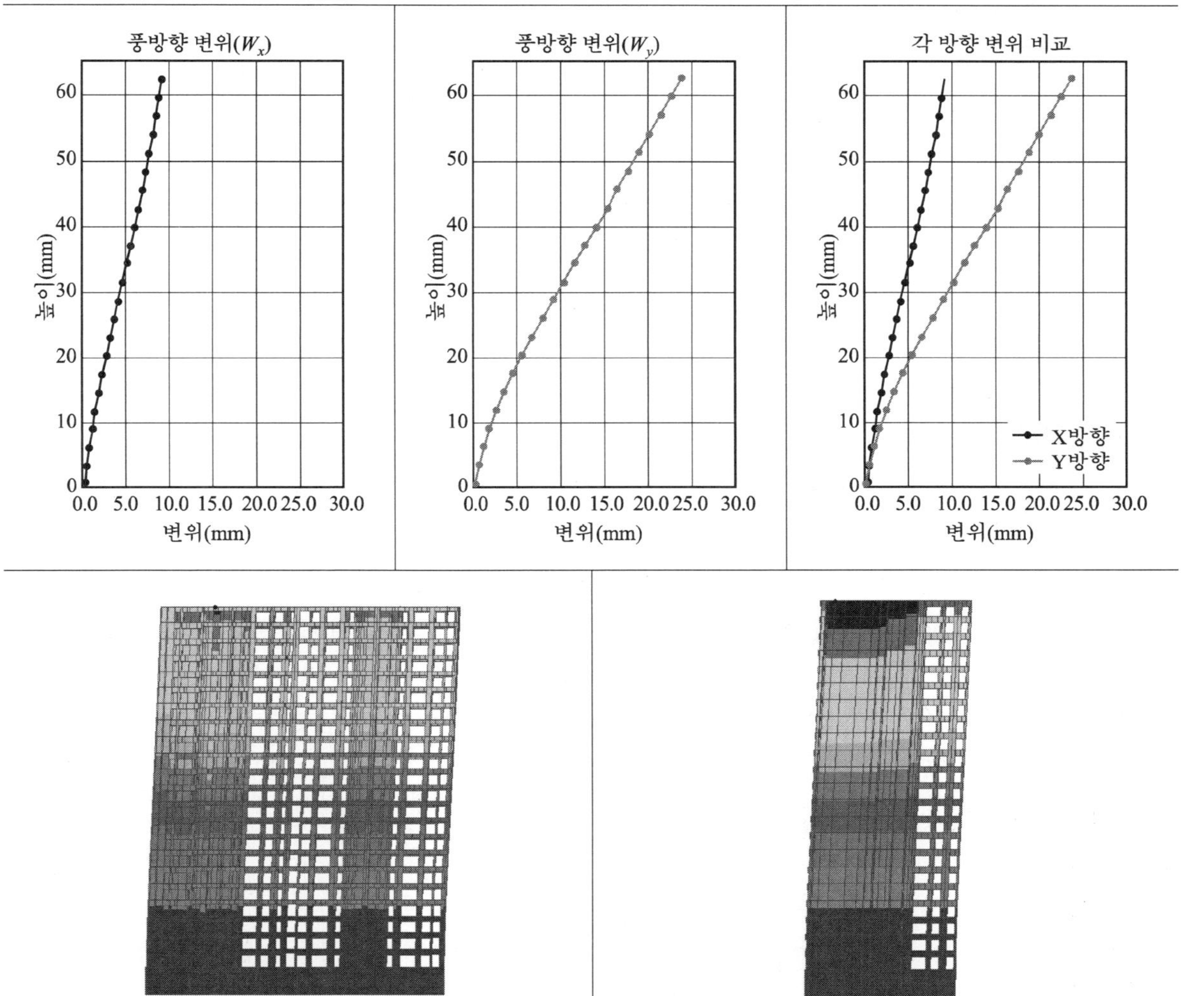

x방향 : Wx [Max : 9.0 mm]	y방향 : Wy [Max : 23.9 mm]

[그림 5.3.11] 각 방향 풍변위

높이 66.0 m 구조물의 풍하중 최대변위는 x방향 9.0 mm, y방향 23.9 mm로 확인되었으며, 변위 제한값을 만족하는 것을 확인한다.

〈표 5.3.8〉 풍변위 검토

구분	x방향			y방향		
	최대 변위	변위 제한값	판단	최대 변위	변위 제한값	판단
검토 결과	9.0 mm	$66.0\ \text{m} \times 10^3/500$ $= 132.0\ \text{mm}$	만족	23.9 mm	$66.0\ \text{m} \times 10^3/500$ $= 132.0\ \text{mm}$	만족

5.3.2.2 지진 층간변위

풍하중과 유사하게 지진하중에 의한 변위가 허용층간변위 이내인지 여부를 확인하여 지진하중에 의한 사용성을 검토한다. 지진에 의한 층간변위는 KDS 41 17 00, 표(8.2-1)의 허용층간 변위를 초과할 수 없다. 내진 I 등급인 이 구조물의 허용층간변위는 $0.015h_{sx}$로서 $0.015 \times 3{,}000\ \text{mm} = 45\ \text{mm}$를 초과할 수 없으며, 건축물의 탄성변형에 변위증폭계수(C_d)를 곱하고 중요도계수(I_E)를 나누어 계산한다. 이는 반응수정계수(R)에 의하여 저감된 설계지진하중에 대한 해석결과로 산출된 탄성변위로부터 지진에 의한 실제 비탄성변위를 산정하기 위함이다. 지진하중에 의한 층간변위는 5.3.2의 지진하중 산정에 따른 변위이며, 5.3.1의 4)비정형성 판정 검토 내용에 따라 우발편심모멘트를 고려하여 층간변위를 검토한다.

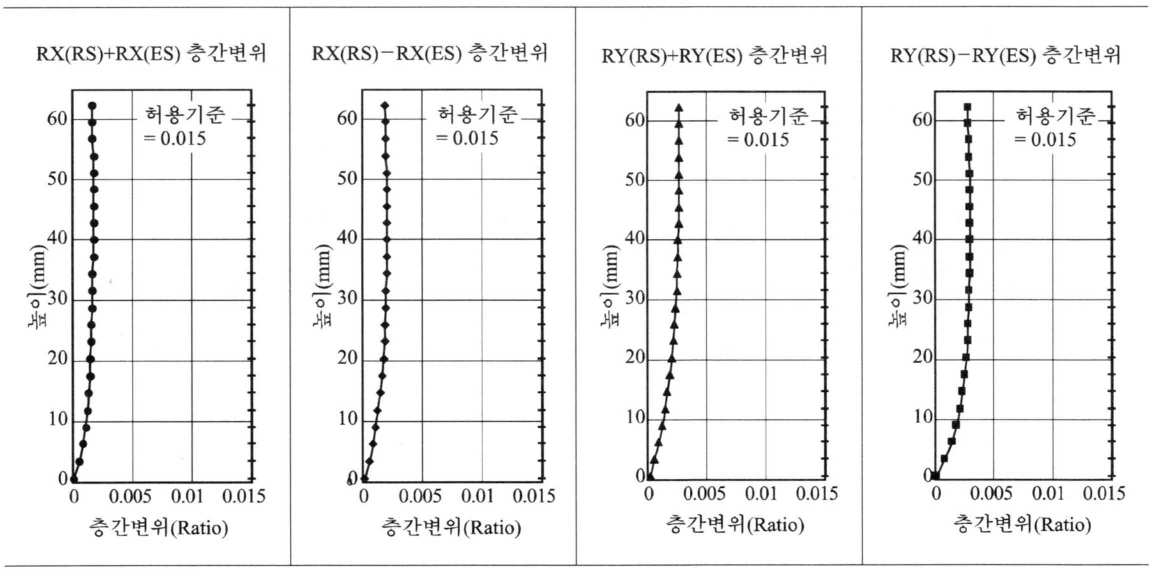

[그림 5.3.12] 층간변위 그래프

〈표 5.3.9〉 층간변위 검토

하중조합	최대 층간변위 검토					
	층고 (m)	허용기준	최대 층간변위 (mm)	수정된 최대 층간변위 (mm)	층간변위비	판단
RX(RS)+RX(ES)	3.0	0.015	1.6	$1.6\times4/1.2=5.4$	0.0018	만족
RX(RS)−RX(ES)	3.0	0.015	1.9	$1.9\times4/1.2=6.3$	0.0021	만족
RY(RS)+RY(ES)	3.0	0.015	2.5	$2.5\times4/1.2=8.2$	0.0027	만족
RY(RS)−RY(ES)	3.0	0.015	2.8	$2.8\times4/1.2=9.4$	0.0031	만족

층고 3.0 m 구조물의 각 우발편심모멘트를 포함한 하중조합별 최대 층간변위는 허용변위비 0.015 이내로 나타나 허용기준을 만족하는 것으로 확인되었다.

5.3.2.3 층 안정성 검토

(1) 구조물의 층 안정지수 평가

구조물은 일반적으로 가새나 전단벽으로 구조물의 횡변위가 구속되는 경우를 횡구속 구조물 그렇지 아니한 구조물을 비횡구속 골조로 구분한다. 이는 압축부재를 설계할 때 장주효과 고려 유무를 판별하고 탄성 2차 해석에 의한 확대계수모멘트 산정에 필요한 사항이므로, 이 항에서 구조물의 횡구속 여부를 판정한다. 구조물의 횡구속 여부는 횡변위에 저항하는 구조요소들의 강성비, 기둥 단부 휨모멘트 증가량, 층 안정성 지수로 판별할 수 있다. KDS 41 20 20, 식 (4.4−3)에 따라 층 안정성 지수가 0.05 이하일 경우 해당 구조물 층은 횡구속 구조물로 가정할 수 있다. 아래 표는 KDS 41, 20 20 식 (4.4−3)에 따라 계산한 결과표이며 이 구조물은 횡구속으로 구분한다.

$$Q=\frac{\Delta_o\sum P_u}{V_u l_c}\quad \begin{matrix}\leq & 0.05:\text{횡구속}\\ > & 0.05:\text{비횡구속}\end{matrix}$$

KDS 41 20 20, 식 (4.4−3)

여기서, $\sum P_u$는 해당 층의 하중계수가 적용된 수직하중의 합이고 Δ_o는 탄성 1차 해석에서 V_u로 인한 해당 층의 상대변위이며 비탄성변위를 고려하기 위해 C_d/I_E만큼 증가시킨다.

해석 프로그램 상의 적용사항은 구조물의 반응수정계수(R)와 내진등급에 따른 중요도계수(I_E), 계수 수직하중(1.2D+1.0L)을 입력한다.

〈표 5.3.10〉 층안정성 검토(x방향)

층	층고 (m)	수직하중 합 1.2D+1.0L (kN)	x방향			
			층 전단력 (kN)	보정된 층간변위 (mm)	층 안정성 지수	판정
22F	3.0	16,329	911	2.3	0.0137	횡구속
21F	3.0	29,325	1,626	2.3	0.0138	횡구속
20F	3.0	42,322	2,172	2.4	0.0156	횡구속
19F	3.0	55,319	2,582	2.4	0.0171	횡구속
18F	3.0	68,316	2,891	2.5	0.0197	횡구속
17F	3.0	81,312	3,127	2.5	0.0217	횡구속
16F	3.0	94,309	3,316	2.6	0.0246	횡구속
15F	3.0	107,306	3,476	2.6	0.0268	횡구속
14F	3.0	120,302	3,620	2.6	0.0288	횡구속
13F	3.0	133,299	3,761	2.6	0.0307	횡구속
12F	3.0	146,296	3,908	2.6	0.0324	횡구속
11F	3.0	159,292	4,070	2.6	0.0339	횡구속
10F	3.0	172,289	4,253	2.5	0.0338	횡구속
9F	3.0	185,286	4,457	2.5	0.0346	횡구속
8F	3.0	198,282	4,680	2.4	0.0339	횡구속
7F	3.0	211,279	4,913	2.3	0.0330	횡구속
6F	3.0	224,276	5,152	2.1	0.0305	횡구속
5F	3.0	237,272	5,390	2.0	0.0293	횡구속
4F	3.0	250,269	5,617	1.8	0.0267	횡구속
3F	3.0	263,266	5,818	1.5	0.0226	횡구속
2F	3.0	276,263	5,978	1.2	0.0185	횡구속
1F	3.0	289,259	6,075	0.8	0.0127	횡구속
B1	3.6	311,512	5,863	0.3	0.0044	횡구속

〈표 5.3.11〉 층안정성 검토(y방향)

층	층고 (m)	수직하중 합 1.2*DL*+1.0*LL* (kN)	Y방향			
			층 전단력 (kN)	보정된 층간변위 (mm)	층 안정성 지수	판정
22F	3.0	16,329	856	3.0	0.0191	횡구속
21F	3.0	29,325	1,548	3.1	0.0196	횡구속
20F	3.0	42,322	2,096	3.2	0.0215	횡구속
19F	3.0	55,319	2,515	3.3	0.0242	횡구속
18F	3.0	68,316	2,824	3.3	0.0266	횡구속
17F	3.0	81,312	3,043	3.4	0.0303	횡구속
16F	3.0	94,309	3,199	3.4	0.0334	횡구속
15F	3.0	107,306	3,319	3.4	0.0366	횡구속
14F	3.0	120,302	3,428	3.4	0.0398	횡구속
13F	3.0	133,299	3,545	3.4	0.0426	횡구속
12F	3.0	146,296	3,683	3.3	0.0437	횡구속
11F	3.0	159,292	3,850	3.3	0.0455	횡구속
10F	3.0	172,289	4,047	3.2	0.0454	횡구속
9F	3.0	185,286	4,273	3.2	0.0462	횡구속
8F	3.0	198,282	4,521	3.1	0.0453	횡구속
7F	3.0	211,279	4,780	3.0	0.0442	횡구속
6F	3.0	224,276	5,042	2.8	0.0415	횡구속
5F	3.0	237,272	5,297	2.6	0.0388	횡구속
4F	3.0	250,269	5,533	2.4	0.0362	횡구속
3F	3.0	263,266	5,738	2.0	0.0306	횡구속
2F	3.0	276,263	5,900	1.6	0.0250	횡구속
1F	3.0	289,259	6,003	1.0	0.0161	횡구속
B1	3.6	311,512	5,716	0.4	0.0061	횡구속

구조물의 층 안정지수 평가 결과 x, y방향 모두 횡구속 골조로 판정되었으므로 이 구조물의 압축부재는 KDS 14 20 20, 식 (4.4-2)에 의해 장주효과 고려 유무를 판별하고 필요한 경우 KDS 14 20 20, 식 (4.4-4)에 따라 계수축력과 부재의 곡률 영향을 고려한 확대계수휨모멘트에 대하여 설계하여야 한다.

5.3.3 슬래브 해석 결과

슬래브와 보가 있을 경우 받침부 사이의 보 및 이들과 직교하여 골조를 이루는 기둥 또는 벽체를 포함하는 슬래브 시스템은 연직하중에 대하여 직접설계법이나 등가골조법 또는 유한요소해석 결과에 근거하여 설계할 수 있다. 직접설계법은 수직하중을 받는 전형적인 골조의 2방향 슬래브구조를 해석하기 위한 근사적인 방법이며, 등가골조법은 슬래브와 층 상·하부의 수직부재로 이루어진 골조를 연직하중에 대해 해석하여 그 결과를 따르는 방법이다. 등가골조법은 부재의 강성과 복잡한 분석과정을 사용하기 때문에 수계산을 하기에는 어려움이 있어 해석 프로그램을 통해 해석한다.

(1) 휨모멘트

아래 그림 및 표는 유한요소로 해석한 기준층 슬래브(두께.210 mm)의 휨모멘트를 요약한 내용이다. 이 예제에는 슬래브의 면외강성을 고려하지 않았으므로 중력하중에 의한 결과만 반영한다.

만약 슬래브가 횡력에 대하여 저항한다고 가정하여 횡력해석모델에 슬래브 면외강성을 고려한다면, 슬래브 강도를 검토할 때 횡력에 의해 증가되는 휨모멘트가 있는지 여부를 확인하여 추가 배근되어야 한다. 한편 바닥판의 강성을 어느 정도 반영하는 것이 적절한지도 함께 고민하여야 하는데 이때 건조수축, 크리프 같은 요인 이외에도 시공하중에 의하여 조기재령의 콘크리트에 발생하는 균열 등 다양한 요인이 영향을 주고 있어서, 바닥판의 강성을 100 % 반영하는 것은 바람직하지 않으며 앞서 언급한 바와 같이 수직재와 수평재의 강성비, 횡강성기여도, 슬래브 면외응력의 추가배근 등을 고려한 설계자의 판단이 필히 요구된다.

〈표 5.3.12〉 슬래브 부재력

하중조합	x방향(kN · m/m)		y방향(kN · m/m)		비틀림 모멘트	
	최대 정모멘트	최소 부모멘트	최대 정모멘트	최소 부모멘트	정	부
$1.4D$	24.3	81.6	16.7	76.8	32.0	37.1
$1.2D+1.6L$	26.9	93.6	18.6	86.0	35.4	41.6
$0.9D$	15.6	52.5	10.7	49.3	20.6	23.9

다음은 각 하중별 슬래브 응력도를 출력한 그림이다. 온도철근에 의한 기본근을 설정하고 기본근만족구간과 기본근을 벗어나는 응력구간을 출력하여 슬래브 배근에서 이를 참고하여 설계한다.

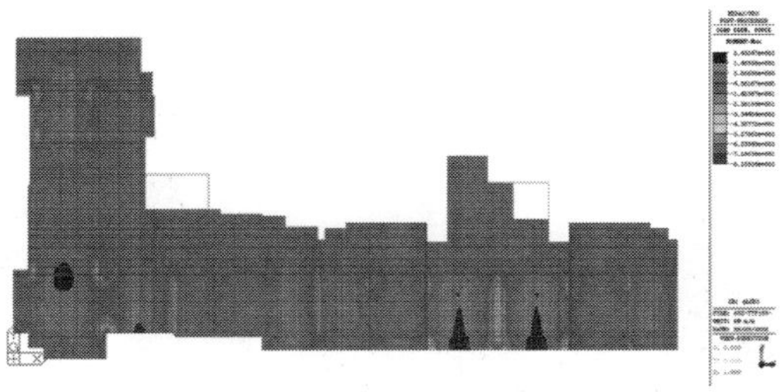

1.4D : Mx 휨모멘트

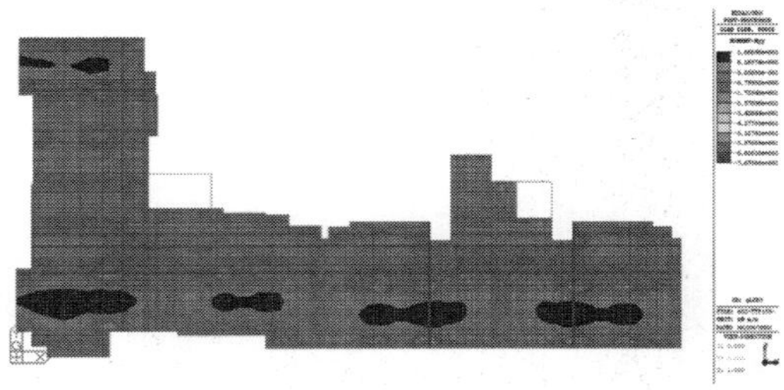

1.4D : My 휨모멘트

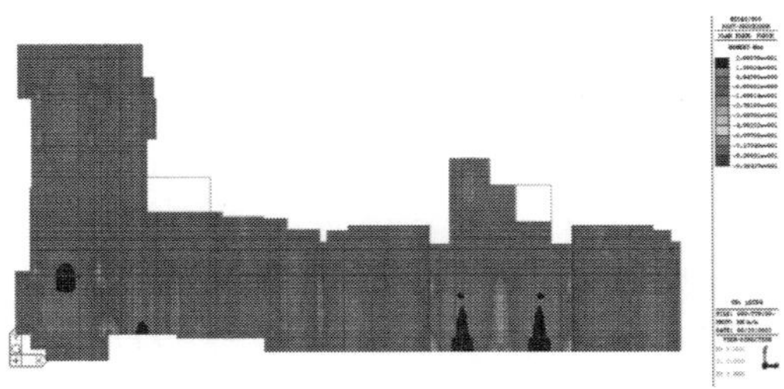

1.2D+1.6L Mx 휨모멘트

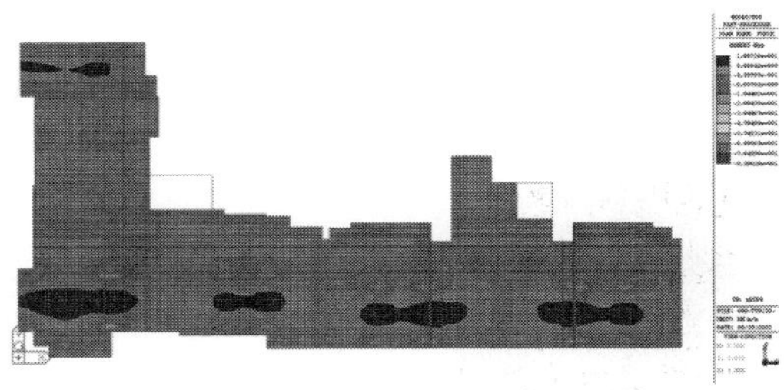

1.2D+1.6L My 휨모멘트

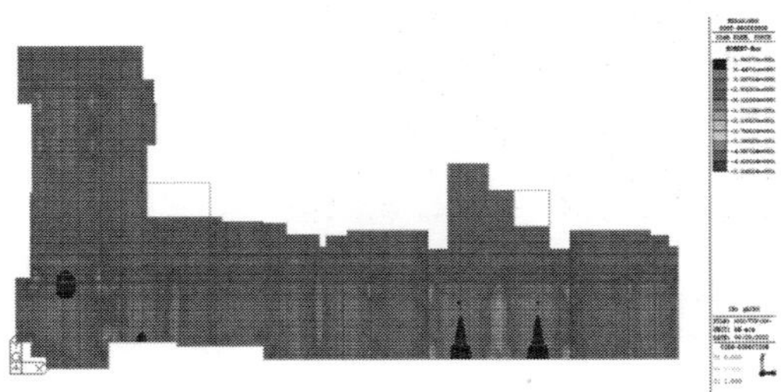

0.9D : Mx 휨모멘트

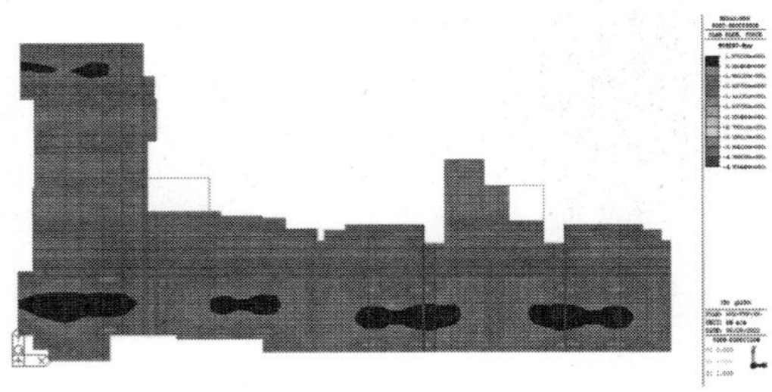

0.9D : My 휨모멘트

[그림 5.3.14] 슬래브 응력도(중력하중 조합)

유한요소해석 의한 연직하중 조합별 x방향 슬래브 상부 및 하부 배근도는 다음과 같다.

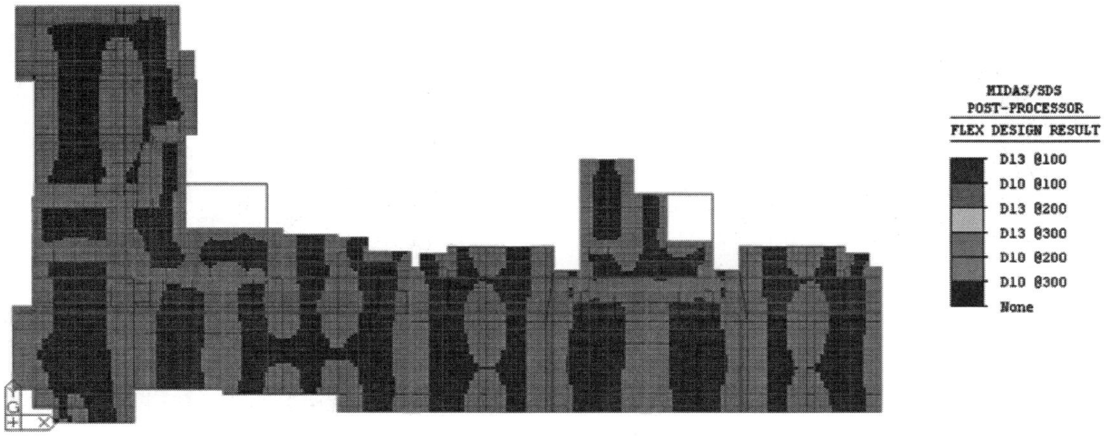

ALL Combination : Top-Rebar(Mxx)

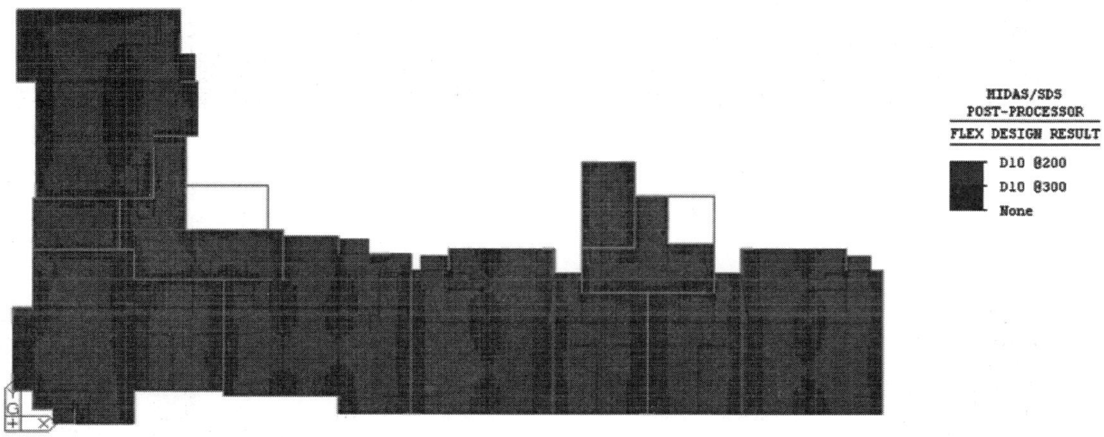

ALL Combination : Bottom-Rebar(Mxx)

[그림 5.3.15] 슬래브 배근을 고려한 배근도(x방향)

유한요소해석에 의한 연직하중 조합별 y방향 슬래브 상부 및 하부 배근도는 다음과 같다.

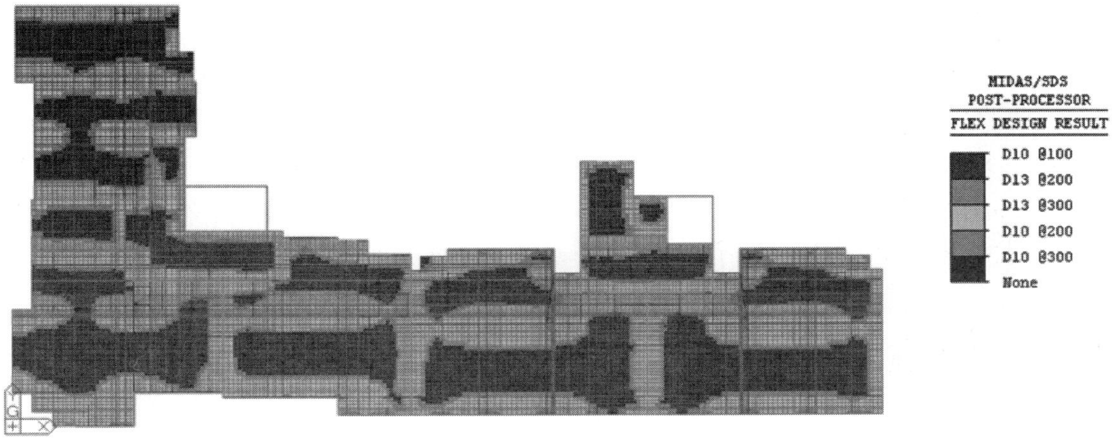

ALL Combination : Top-Rebar(Myy)

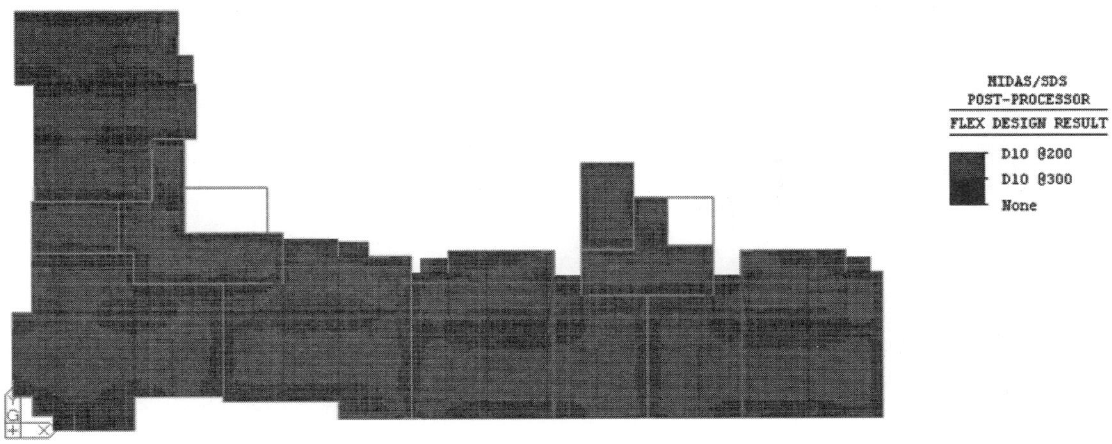

ALL Combination : Bottom-Rebar(Myy)

[그림 5.3.16] 슬래브 배근을 고려한 배근도(y방향)

(2) 전단력

슬래브 전단력 검토는 일방향 전단과 2방향 전단으로 나뉘는데, 벽식 공동주택의 경우 슬래브의 전단력은 그렇게 문제가 되지 않는다. 앞서 언급한 대로 슬래브 두께는 층간소음 기준에 의해 선정되므로 수직재의 지점 간격이 넓지 않으면 전단력에 지배되지 않는 것이 일반적이다.
그러나 기둥 형식으로 계획되는 경우는 슬래브가 얇으며 장경간으로 계획되어 슬래브의 2방향 전단(뚫림전단)에 대한 검토가 필수적이다. 무량판구조(Flat plate system)일 경우 슬래브가 장경간으로 계획되는 경우가 많고 수직부재는 기둥 형식으로 계획되므로 슬래브 전단을 검토할 때 주의가 필요하다. 추가적으로 슬래브 2방향 전단을 검토할 때 보수적인 판단을 위해서 소요전단력을 기둥 축력으로 검토할 수도 있다. 더불어 무량판구조의 경우 전단에 취약한 경우가 많으므로 불균형휨모멘트에 의한 슬래브 전단도 검토가 필요하며 중력 및 횡력에 의한 불균형휨모멘트를 고려하여 슬래브 2방향 전단을 검토할 때 함께 고려되어야 한다.

이외 별도로 구조해석을 할 때에는 횡력에 대하여 슬래브 면외강성을 고려할 경우, 중간모멘트 골조에서는 기둥의 위험단면에서 계수 중력하중에 의한 2방향 전단력이 $0.4\Phi V_c$ 이하가 되어야 한다는 제한에 유의하여 구조검토가 이루어져야 한다.(KDS 14 20 80 4.3.6 보가 없는 2방향 슬래브)

5.3.4 기초 해석 결과

기초판은 계수하중과 그에 의해 발생되는 반력에 저항하도록 설계하여야 한다. 말뚝 기초에서 말뚝의 개수와 배열은 기초판에 의해 지반 또는 말뚝에 전달되는 힘과 휨모멘트 그리고 토질역학의 원리에 의하여 계산된 지반 또는 말뚝의 허용지지력을 사용하여 산정하여야 한다. 이때 말뚝의 지지력은 하중계수가 곱해지지 않은 사용하중(Service Load)을 적용하여 검토하며, 기초판의 전단력, 휨모멘트 등은 하중계수를 곱하여 강도를 검토한다.

이 예제의 기초시스템은 말뚝 기초를 적용하였으며 제원은 PHC ϕ600에 허용지지력 1,700 kN/EA이다. 기초판의 응력과 말뚝의 허용지지력 검토는 해석 프로그램을 통해 산정 및 확인하였다.

〈표 5.3.13〉 말뚝 반력

하중조합	말뚝 반력(kN)		x방향(kN · m/m)		y방향(kN · m/m)	
	최대	최소	최대 정모멘트	최소 부모멘트	최대 정모멘트	최소 부모멘트
사용하중의 최소·최대값 (ENV_SER)*	1,672.8	511.2	–	–	–	–
계수하중의 최소·최대값 (ENV_STR)**	–	–	796.5	855.5	1,085.1	838.1

* : Envelope Serviceability의 약자이며, 모든 사용하중조합에 대한 최대·최소 부재력

** : Envelope Strength의 약자이며, 모든 계수하중조합에 대한 최대·최소 부재력

사용하중 조합별 기초의 최대, 최소 반력은 다음과 같다. 허용지지력을 만족하는 것으로 확인되었다.

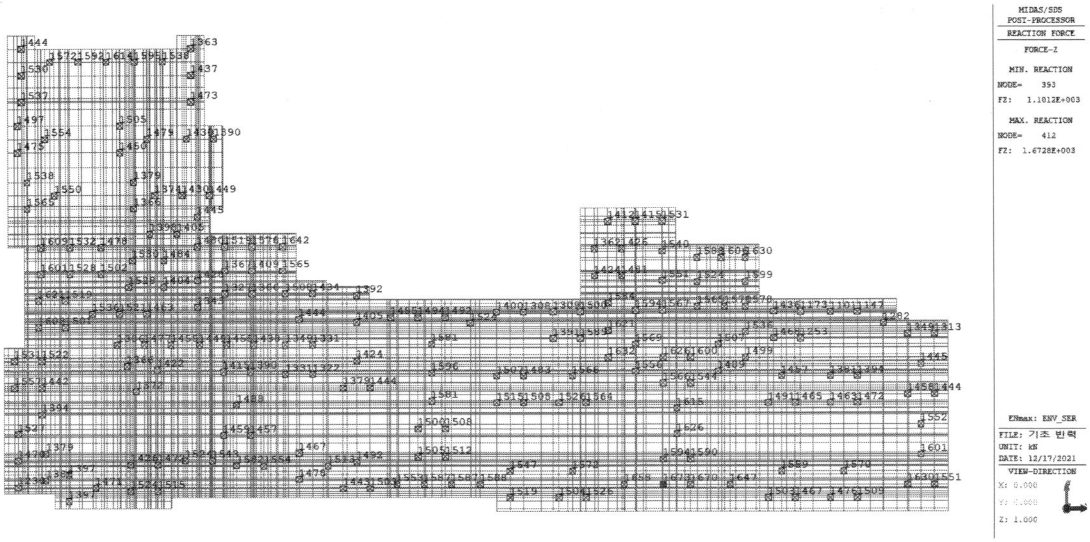

ENV_SER 최대 반력

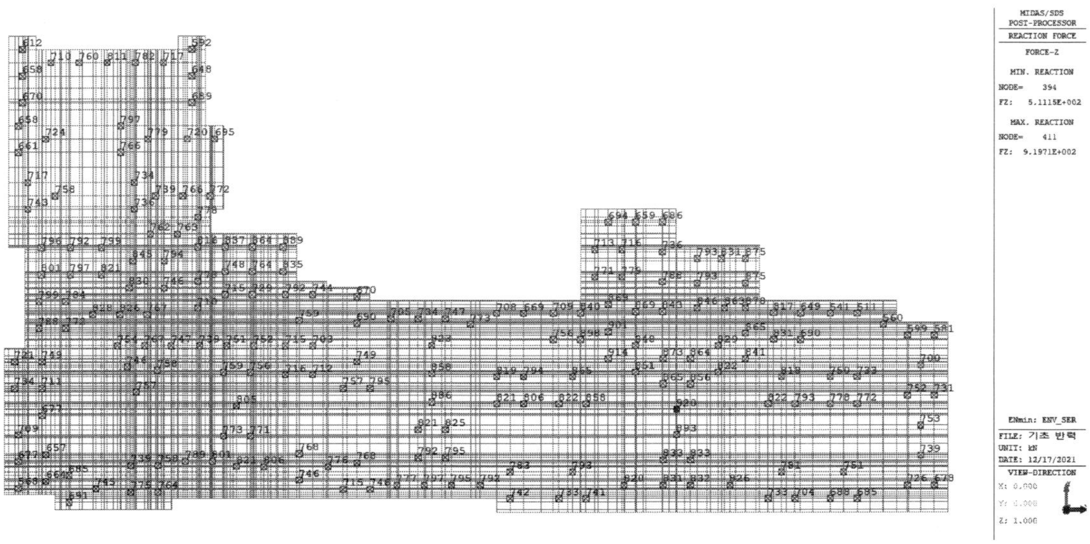

ENV_SER 최소 반력

[그림 5.3.17] 파일 반력도

계수하중 조합별 각 방향 기초판의 휨모멘트는 다음과 같다.

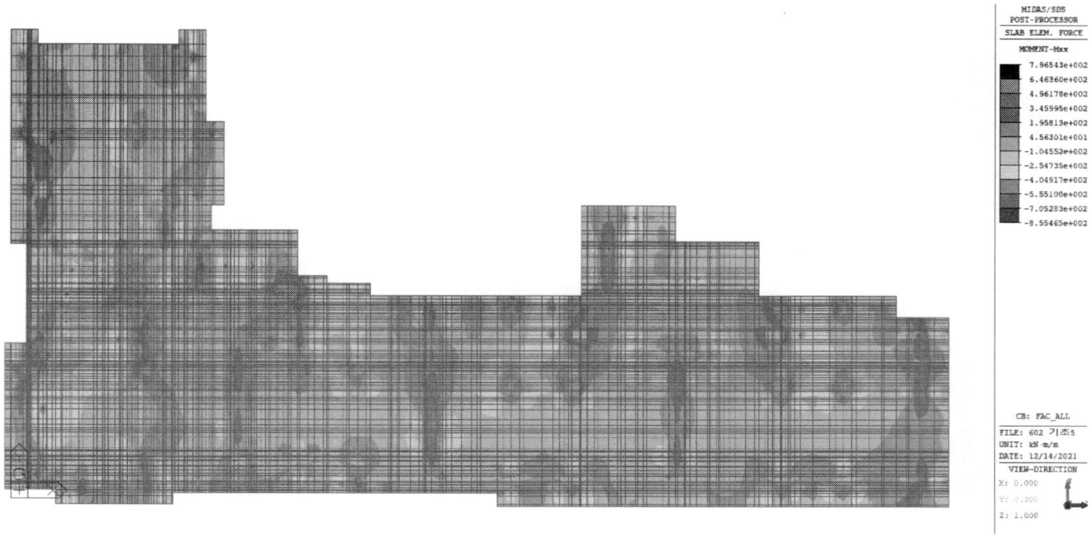

ENV_SRT Mx 휨모멘트

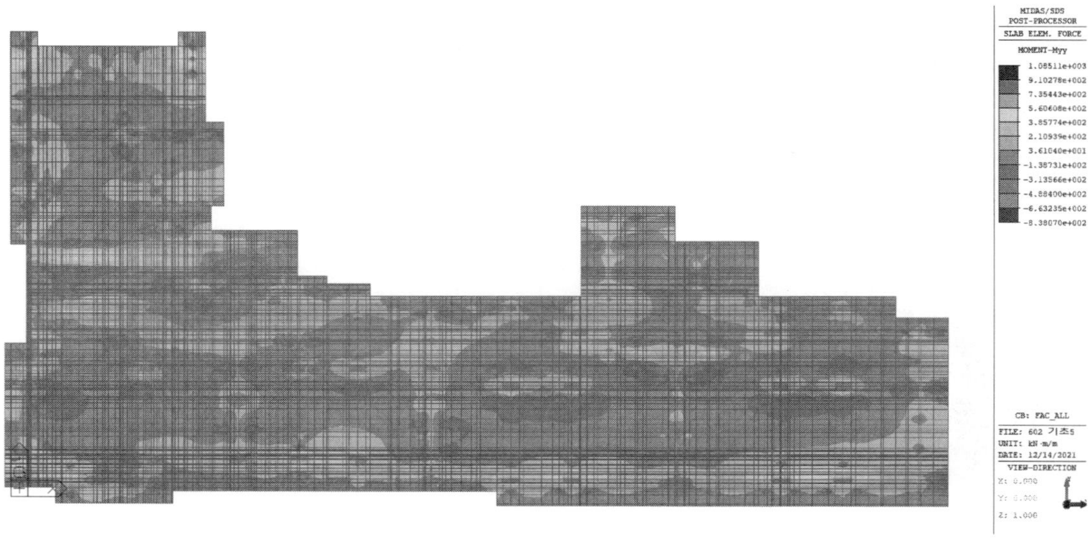

ENV_STR My 휨모멘트

[그림 5.3.18] 기초 휨모멘트

계수하중 조합별 x방향 기초판 상부 및 하부 기초 배근은 다음과 같다.

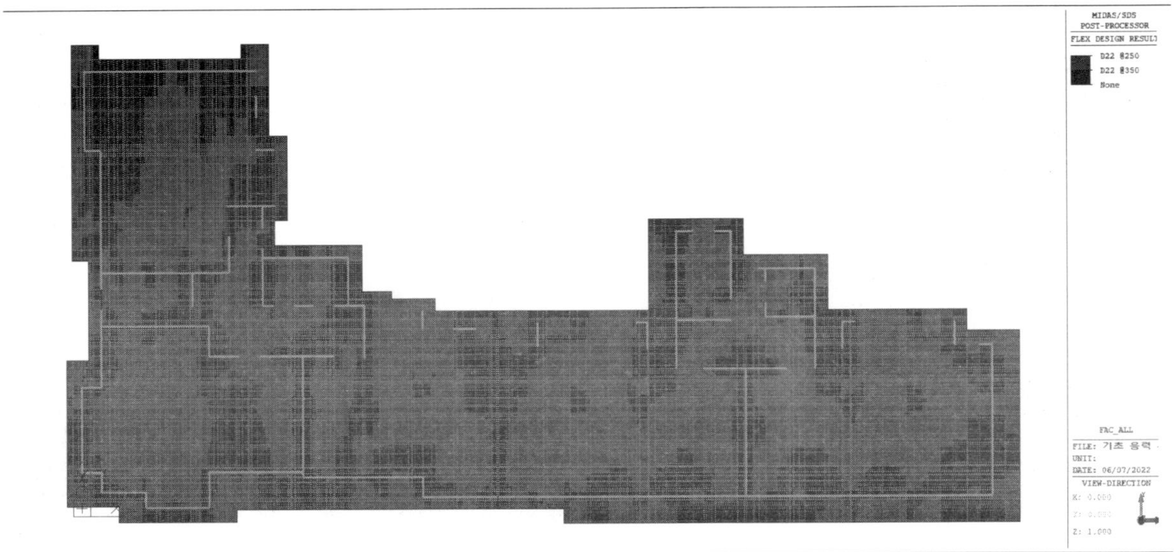

ENV_STR : Top-Rebar(Mx)

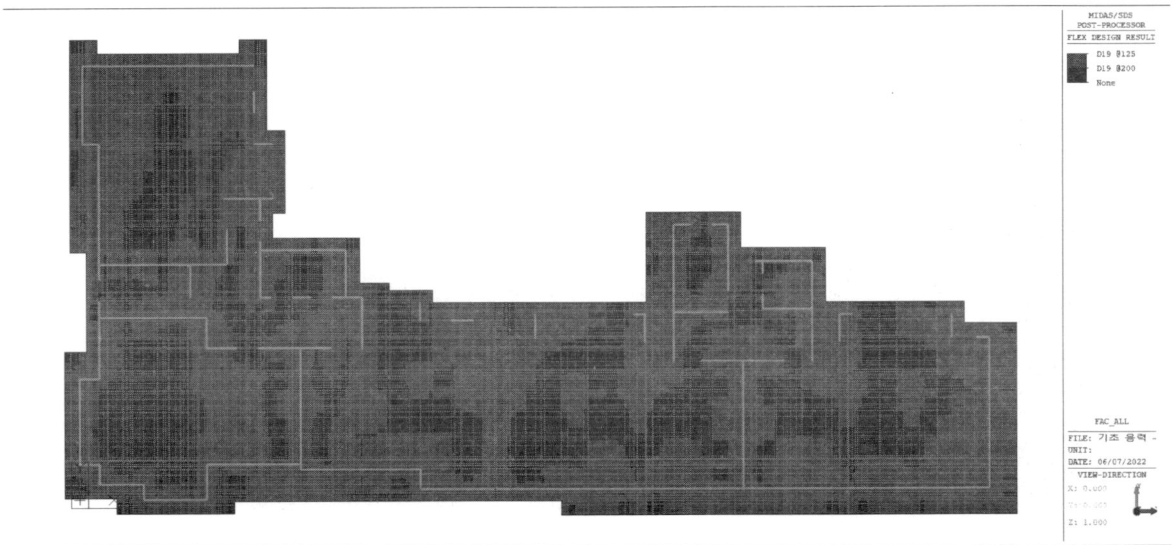

ENV_STR : Bottom-Rebar(Mx)

[그림 5.3.19] 기초판의 모멘트를 배근을 고려한 배근도(x방향)

계수하중 조합별 y방향 기초판 상부 및 하부 기초 배근은는 다음과 같다.

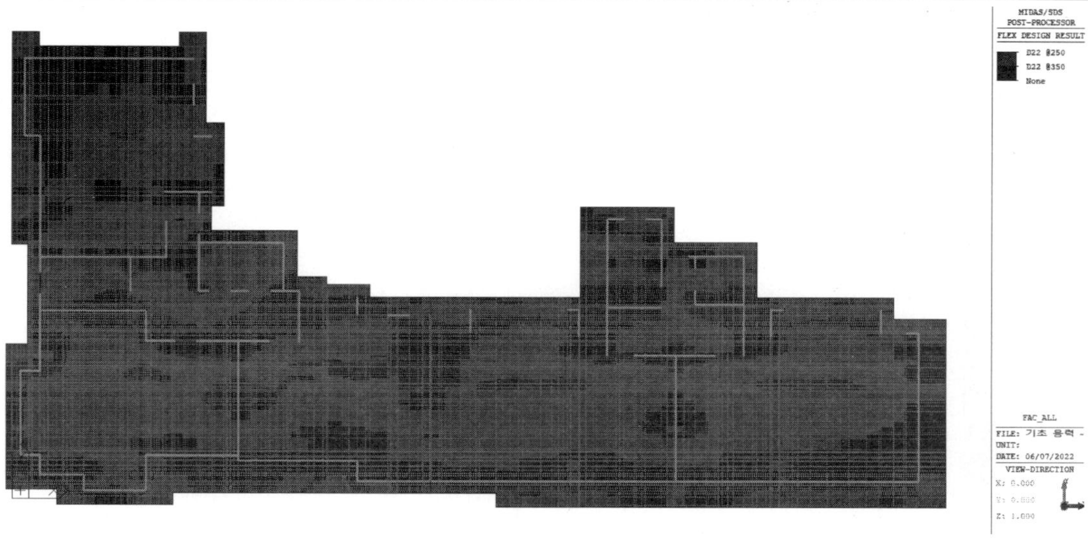

ENV_STR : Top-Rebar(My)

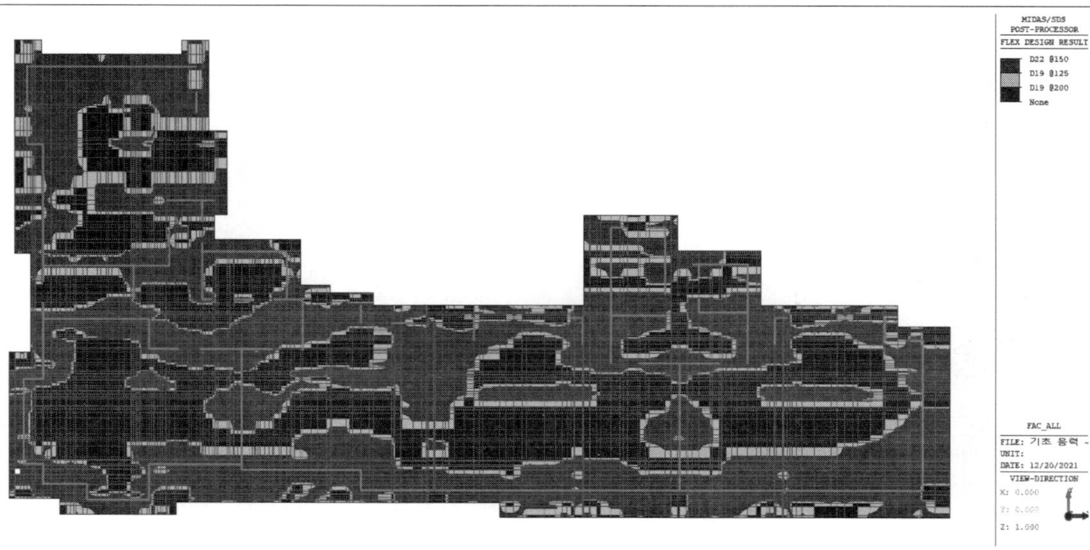

ENV_STR : Bottom-Rebar(My)

[그림 5.3.20] 기초판 모멘트를배근을 고려한 배근도(y방향)

해석 프로그램을 사용하여 개략적으로 2방향 전단에 대하여 검토한 결과는 아래와 같으며 기초 상세예제는 5.5.3에서 다루어진다. 또한 말뚝 기초의 변형 양상을 살펴보면 아래와 같으며 상부 축력에 의한 말뚝의 변형량에 대하여 제한값을 만족하는지 여부를 토목 및 기초기술사와 협의가 필요하다.

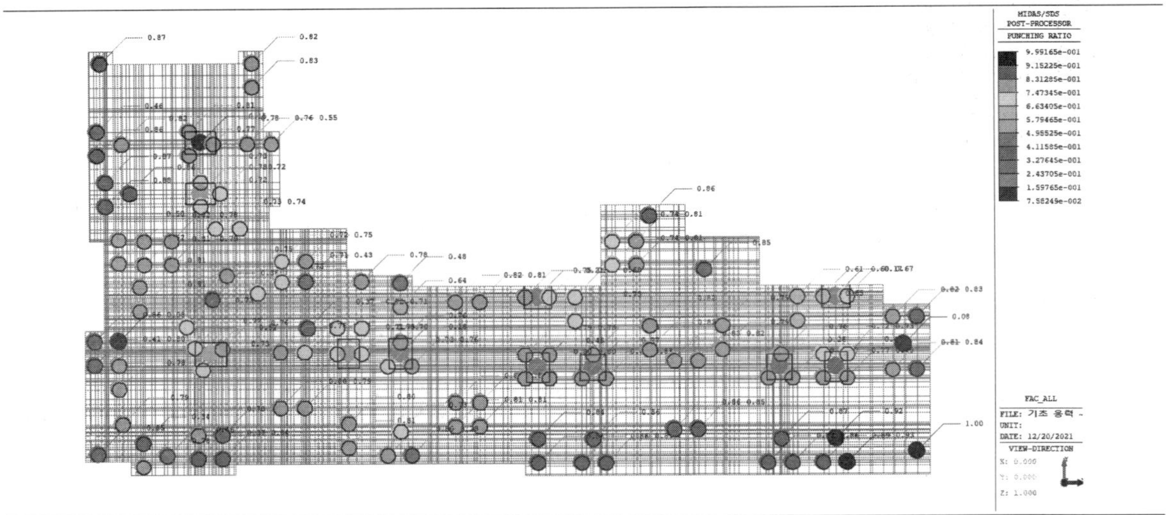

2면전단 검토 : 0.99 <1.00 – (OK)

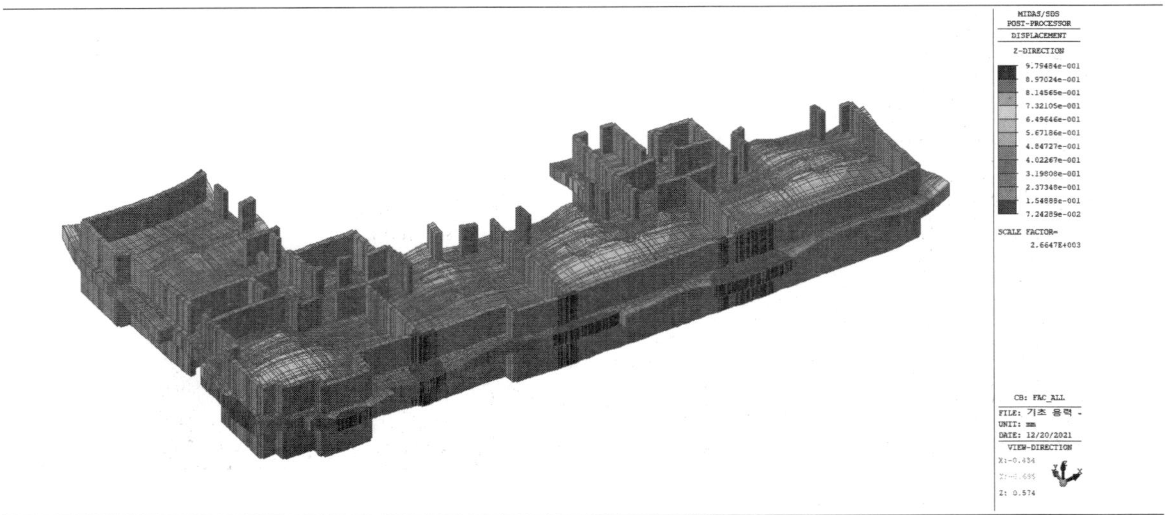

최대 변형 검토

[그림 5.3.21] 기초판 2면전단 및 최대 변형 검토

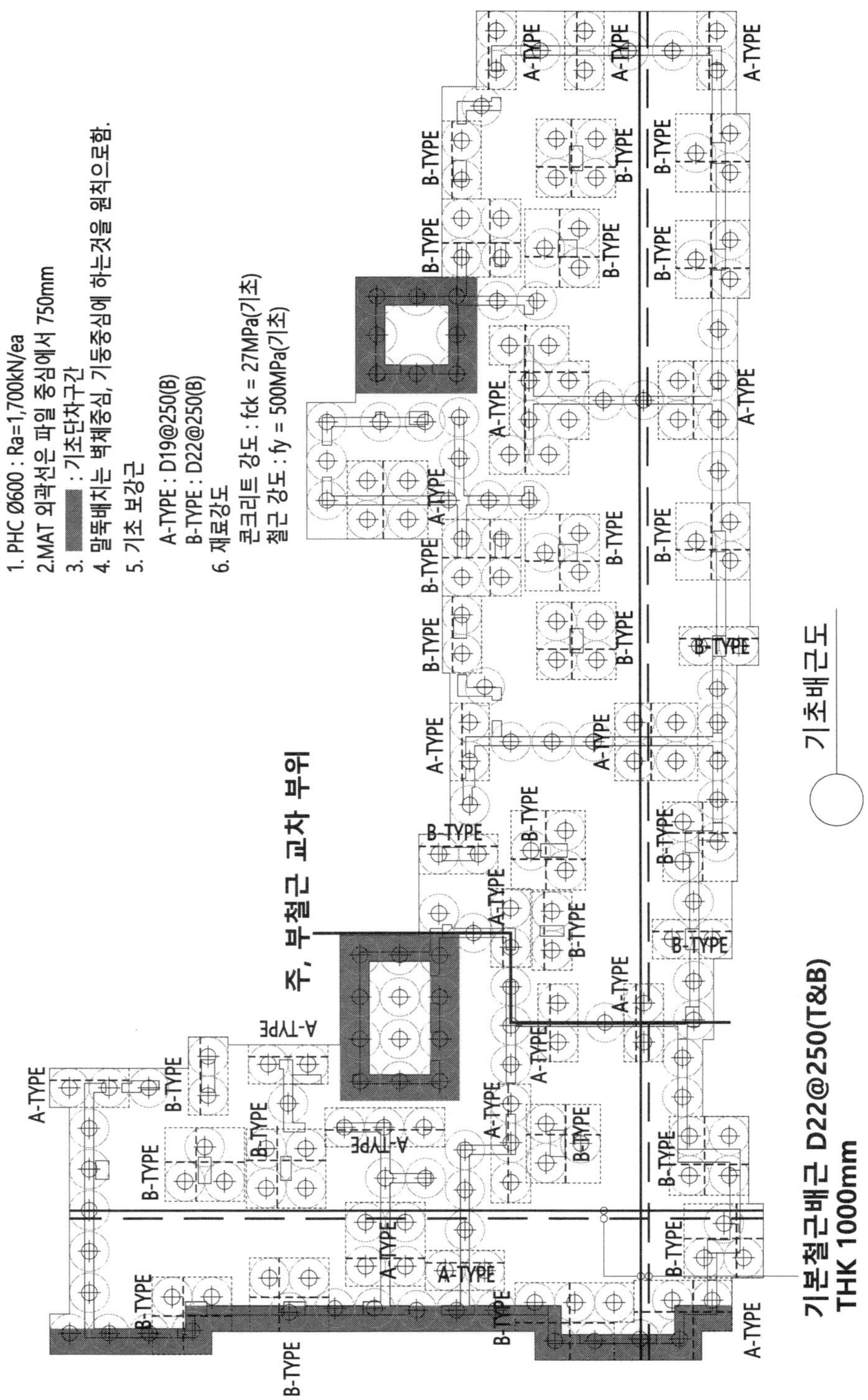

[그림 5.3.22] 기초배근도

5.4 추가 고려사항

5.4.1 부재 강성에 따른 구조물의 주기 검토

앞서 언급한 바와 같이 선형동적해석에 의해 지진하중을 산정하기 위해서는 구조물의 주기 산정이 중요하다. 그러므로 해석모델에 부재 강성을 어떻게 입력할 것인가는 지진하중을 결정짓는 중요한 요소이다.

해당 건물의 지배되는 횡하중에 대해서 검토하여 지진하중에 지배되었음을 확인하였으므로 실제 구조물을 해석 시는 유효강성을 적용하여 해석주기를 검토한다.

이와는 별도로 5.4절은 전체 구조물의 부재별 강성 기여도(슬래브, 테두리보, 연결보 등)를 살펴보기 위한 목적으로 작성되었으므로 해석모델의 단순화를 위해 보는 균열강성(0.5*Ig*)을 적용하고 슬래브는 임의로 0.15*Ig*를 적용하였다. 슬래브 유효강성은 구조설계자 간의 의견이 다양하므로 구조해석에 고려 시 주의가 필요하다. 이 결과에 따라 주기 변화를 살펴보면 구조설계자가 부재 유효강성을 어떻게 적용하느냐에 따라 지진하중에 변화가 생긴다는 것을 알 수 있다.

(1) 부재별 강성 기여도 평가

효율적인 구조설계를 위해 각 부재별 횡강성 기여도 평가를 먼저 실시한다. 횡강성에 기여하는 부재는 코어 부분의 연결보(Link beam), 평면 외주부의 테두리보(Perimeter beam), 슬래브의 면외강성, 기둥 및 벽체 등 수직재 로 나눌 수 있다. 효율적인 횡력저항요소란 구조부재는 최소화하면서 횡력에 저항할 수 있도록 계획하는 방법이다. 횡강성 기여도 평가는 각 부재요소를 분리하여 적용함으로써 확인할 수 있다. 예로 연결보의 강성기여도는 휨과 전단강성이 주된 응력이므로 연결보 단부를 핀접합으로 변경하여 주기 및 횡력의 변화를 살펴보는 것이다.

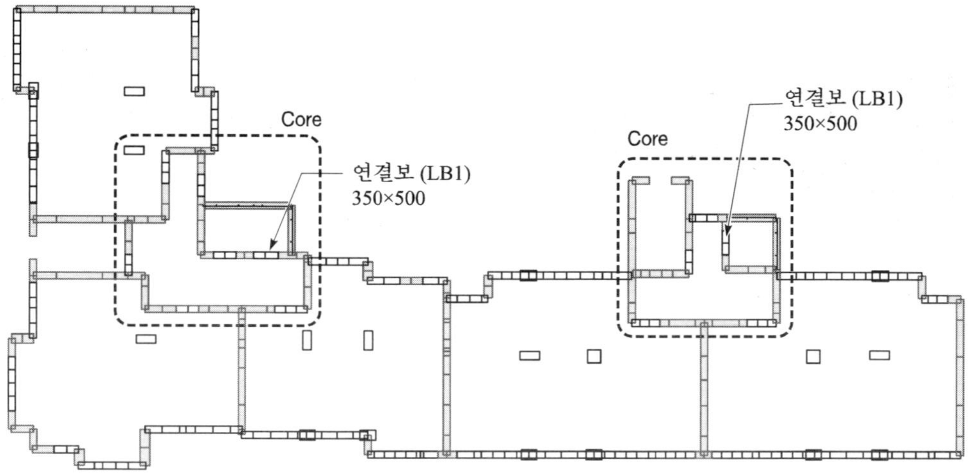

[그림 5.4.1] 구조평면도

각 부재요소의 기여도를 평가하기 위해 슬래브 강성을 반영한 경우, 슬래브 면외강성을 미반영한 경우, 연결보의 강성 반영 여부, 그리고 테두리보의 강성 반영여부에 따른 해석 모델을 네 가지로 분류하여 주기 및 동적지진하중을 크기를 비교하였다. 참고로 정적지진하중은 각 해석모델의 고유주기에 따른 주기 상한계수를 적용한 하중으로 표기하였다.

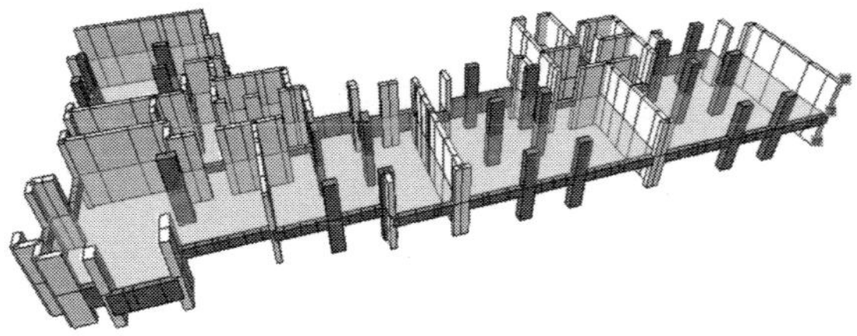

1) 보, 기둥, 벽체 유효강성 적용
2) 테두리보, 연결보 $0.5I_g$ 강성 고려

[그림 5.4.2] 모델1-슬래브 강성 고려(면외휨강성 15%)

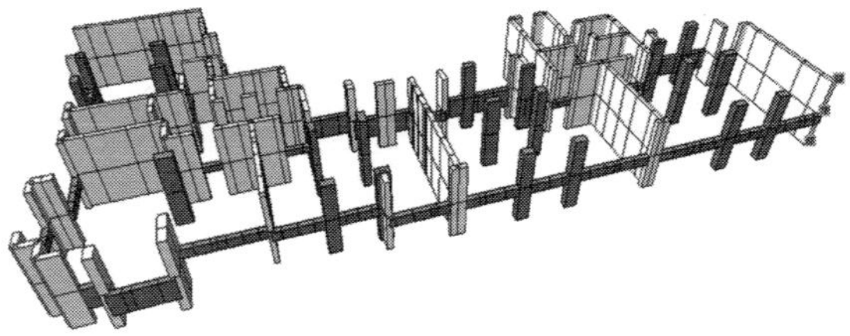

1) 보, 기둥, 벽체 유효강성 적용
2) 테두리보, 연결보 $0.5I_g$ 강성 고려

[그림 5.4.3] 모델2-슬래브 강성 미고려

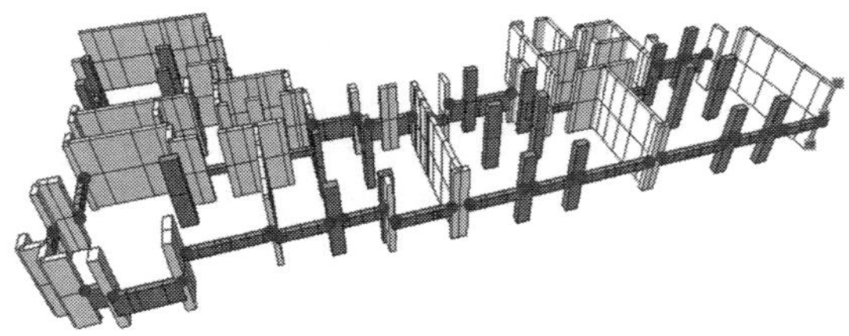

1) 보, 기둥, 벽체 유효강성 적용
2) 테두리보 힌지적용, 연결보 $0.5I_g$ 강성 고려

[그림 5.4.4] 모델3-테두리 보 강성 미고려

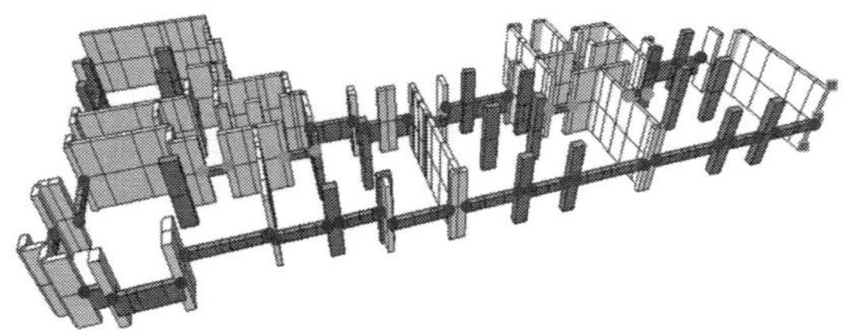

1) 보, 기둥, 벽체 유효강성 적용
2) 테두리보+연결보 힌지적용

[그림 5.4.5] 모델4-연결보 강성 미고려

〈표 5.4.1〉 구조요소의 강성 변화에 따른 주기 및 지진하중 비교

항목		주기(s)			동적 지진하중	정적 지진하중	동적 지진하중	정적 지진하중
번호	설명	1차 (y방향)	2차 (z방향)	3차 (x방향)	*Rx*	*Ex*	*Ry*	*Ey*
모델1	슬래브강성 고려 (면외방향 $0.15I_g$)	1.73	1.54	1.25	7,045	10,400	7,075	7,920
모델2	슬래브강성 미고려 (모델 1 기반)	1.97	1.64	1.35	6,730 (100 %)	9,620 (100 %)	6,770 (100 %)	7,920 (100 %)
모델3	테두리보 강성 미고려 (모델 2 기반)	2.37	2.01	1.56	6,230 (93 %)	8,330 (87 %)	5,850 (86 %)	7,920 (100 %)
모델4	연결보+테두리보 강성 미고려 (모델 3 기반)	3.72	3.11	2.07	5,680 (84 %)	7,920 (82 %)	5,130 (76 %)	7,920 (100 %)
비고		1) 모델1 : 모든 부재 횡강성 고려(연결보, 테두리보, 슬래브 면외강성) 2) 모델2~4 : 슬래브 면외강성 미고려						

슬래브 강성 유무에 따른 검토는 다음 '(2)슬래브 면외강성'에서 상세히 다루어지므로 슬래브 면외강성을 적용하지 않은 모델 2~4번을 먼저 비교한다. 모델 2번과 모델 4번으로 연결보의 횡강성 기여도를 판단할 수 있는데, 연결보는 코어 전단벽과 보가 함께 거동하므로 벽체가 개별로 거동하지 않고 연결된 벽체효과를 보이도록 계획하는 것을 말한다. 상기 구조평면도의 코어 부분에 연결보 350×500에 유효강성을 적용한 경우와 힌지접합을 적용한 경우를 비교하면 주기는 약 20 % 증가하고 밑면전단력은 7~14 % 감소한 것을 알 수 있다. 여기에 연결보를 핀으로 변경하여 모델 4번을 만들고 모델 2번과 비교하면, 주기는 80 % 이상 증가하고 밑면전단력은 방향별로 16~24 % 감소하는 것으로 나타났다. 이 결과에서는 슬래브 강성 유무보다는 연결보와 테두리보 강성 기여도가 더 큰 것으로 나타났다.

해당 예제 건물의 경우 기둥 간격이 조밀하여 슬래브 면외강성과 기둥의 골조효과가 크지 않은 것으로 판단되며 코어 두께가 22층에 비해 350 mm로 두꺼워 이를 연결보로 연결(Link)되는 것으로 구현할 경우 코어 커플링효과(Coupling)가 높은 것으로 판단된다. 또한 테두리보의 경우 외측의 기둥과 골조효과(Frame Effect)를 이룸으로써 연결보와 비슷한 수준의 밑면전단력 감소효과를 가져왔다. 구조물의 형태 및 부재 크기에 따라 위 결과는 상이하게 나타나므로 설계자가 이러한 점을 고려하여 구조계획을 수행할 필요가 있다.

연결보와 테두리보의 힌지접합 구현은 횡강성 기여도를 평가하기 위한 방법이므로 구조설계를 할 때 적용되는 방법이 아님을 유의하여야 한다. 테두리보 강성도 구조물의 고유치에 상당한 영향을 주게 되는데, 길이가 짧은 테두리보는 횡력에 의해 큰 휨모멘트를 받게 되어 조기에 균열이 발생할 수 있다는 점도 감안하여야 한다.

이와 같이 건물과 평면의 형태, 구조부재의 크기 등에 따라 구조물의 횡거동은 다르게 평가될 수 있으므로 설계자는 부재의 크기가 큰 경우임에도 비구조부재로 평가하여 강성을 임의로 저감시키는 경우와 같은 조치를 취하지 않아야 하며 상기 부재에 대한 적정한 평가가 수행되어야 한다.

(2) 슬래브 면외강성

횡강성 기여도를 판단하기 위해서는 부재의 크기, 강성 발휘 정도, 평면상의 배치 등이 중요하다. 일반적으로 수평부재의 두께는 수직부재 받침점 간격이나 보 간격으로 정해지는데, 공동주택의 경우 층간소음 규정에 의해 슬래브의 최소두께가 정해지며 벽식은 최소 210 mm을 적용해야 한다. 즉, 부재력에 의해 부재 크기가 정해진 것이 아니라 최소 규정에 의해 경간 대비 두꺼운 부재를 선택하게 된 것이다.

[그림 5.4.6]에서 보듯이 수직벽체는 250~350 mm이며 기둥 간격도 조밀한 편으로 구조물 주기를 평가할 때 슬래브 면외강성 적용 여부에 대하여 논란이 많은 것이 사실이다.

이 예제집에서 횡강성에 대한 정확한 방법을 제시하기 보다는 부재의 횡강성에 대하여 다양한 평가 결과를 제시하여 적절한 주기를 산정하기 위한 구조설계자의 기본적인 방향을 제시하고자 한다. 건물의 형태, 구성요소, 부재 구속정도에 따라 아래 해석결과는 차이가 있을 수 있으며 정답은 없지만 구조설계자가 구조물 주기를 산정할 때 어느 정도 적절한 범위에 대한 인식이 필요할 것으로 이다.

앞서 말한 바와 같이 각 부재에 유효강성을 적용하고 슬래브 면외강성 여부에 따라 주기와 밑면전단력(동적지진하중)의 크기를 비교하였다. 모델 a는 슬래브 면외강성을 적용하지 않은 경우, 모델 b는 슬래브 면외휨강성을 15 % 적용한 경우이다. 슬래브 면외휨강성의 영향은 수직부재 배치 간격 및 수평부재의 면외강성비에 기반하며 슬래브 면외강성을 크게 볼수록 주기는 더욱 짧게 나타난다. 하지만 슬래브 강성을 높일수록 슬래브는 횡력에 대한 기여도가 높아지며 이로 인해 발생하는 슬래브 면외 응력을 보고 추가 배근을 실시하여야 한다. 그러므로 적정한 슬래브 강성을 반영하고자 15 % 정도를 반영하여 대안검토를 실시하였다.

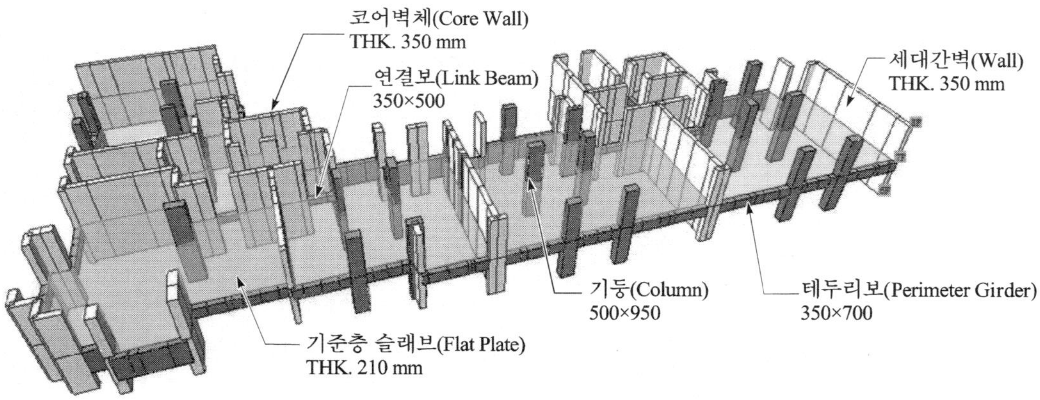

[그림 5.4.6] 횡력요소

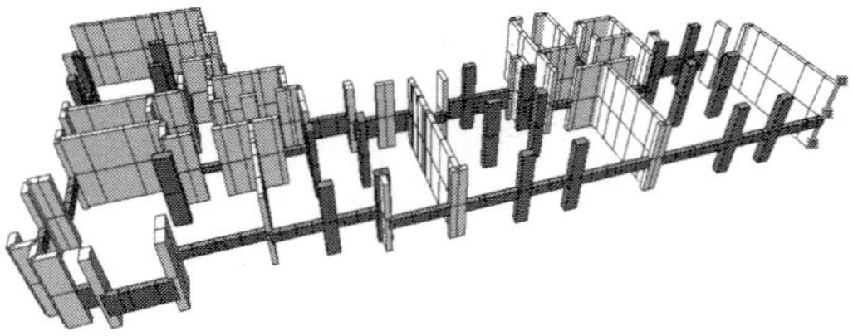

[그림 5.4.7] 모델 a-슬래브 강성 미고려
* 보, 기둥, 벽체 유효강성 적용

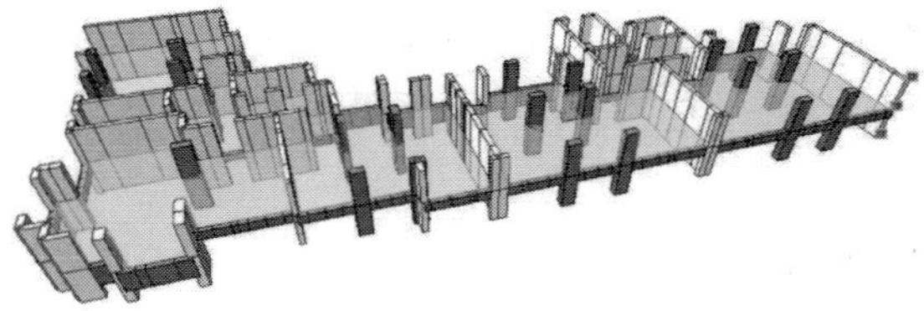

[그림 5.4.8] 모델 b-슬래브 강성 고려(면외휨강성 15%)
* 보, 기둥, 벽체 유효강성 적용

슬래브 면외강성에 따른 주기변화를 살펴보면, 〈표 5.4.2〉에서와 같이 슬래브 강성을 고려할 때 1차 주기가 1.96초에서 1.73초로 약 88 % 수준으로 짧아졌으며, 2, 3차 주기는 92~93 %로 슬래브 강성 미반영과 유사한 수준으로 나타났다. 그리고 슬래브 강성을 반영할 때 주기가 짧아짐에 따라 동적지진하중이 5%정도 증가하는 것으로 나타났다. 예제 건물이 22층의 벽식 형태임을 감안할 때 2초 전후의 주기는 적절한 해석결과로 판단된다. 슬래브 효과에 의해 감소된 주기 대비 지진하중의 증가효과는 그리 크지는 않은 것을 볼 수 있다.

〈표 5.4.2〉 슬래브 강성 여부에 따른 비교

항목		주기(s)			동적지진하중	정적지진하중	동적지진하중	정적지진하중
번호	설 명	1차	2차	3차	*Rx*	*Ex*	*Ry*	*Ey*
모델a	슬래브강성 미고려 기본 모델	1.97 (y방향)	1.64 (z방향)	1.35 (x방향)	6,730 (100 %)	9,620 (100 %)	6,770 (100 %)	7,920 (100 %)
모델b	슬래브강성 고려 (면외방향 $0.15I_g$)	1.73 (y방향)	1.54 (z방향)	1.25 (x방향)	7,045 (105 %)	10,400 (105 %)	7,075 (105 %)	7,920 (100 %)
비고								

추가적으로 두 모델의 벽체 부재력을 살펴보고자 축력도, 모멘트도, 전단력도를 나타내면 아래와 같으며 슬래브 면외강성을 고려할 때 골조연결효과로 수직재 부재력이 감소하는 것을 알 수 있다. 그리하여 벽체 배근은 다소 감소할 수 있으나 슬래브에 추가되는 배근의 확인이 필요하다.

해당 예제는 중층(22층)의 벽식구조이며 횡력이 크지 않은 지역에 위치하여 연결보나 테두리보 강성을 적용하지 않아도 층간변위를 만족하는 것으로 나타났다. 그러나 건물 층수가 높아지고 횡력이 커짐에 따라 횡력 저항요소가 효율적으로 거동하도록 하는 구조계획이 필요하게 되는데 이 때 코어를 연결하는 연결보나 테두리보의 강성을 필요로 하게 된다. 이 같이 해당 건물에 따라 구조계획이 달라질 수 있으므로 건물규모와 하중을 고려한 구조요소의 계획이 요구된다.

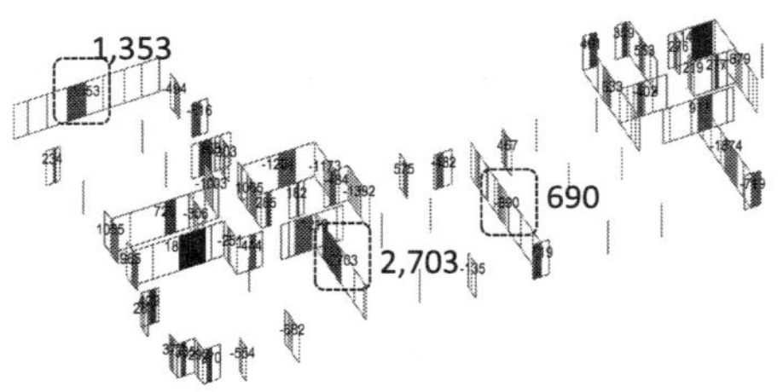

벽체 축력도(AFD)

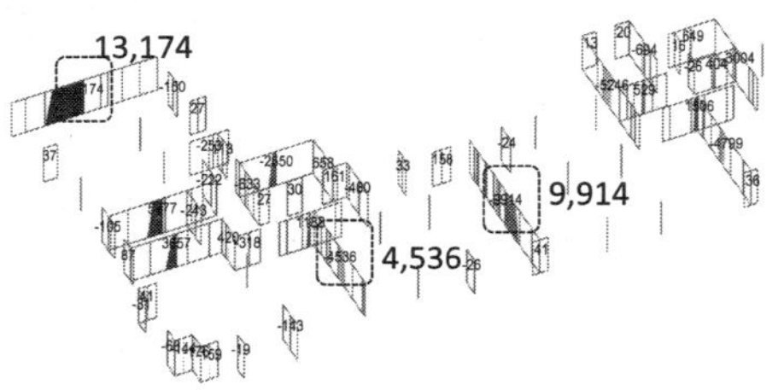

벽체 모멘트도(BMD)

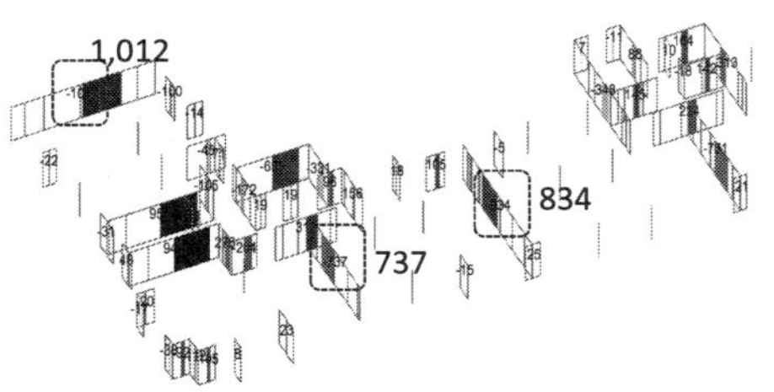

벽체 전단력도(SFD)

[그림 5.4.9] 모델a-슬래브 강성 미고려

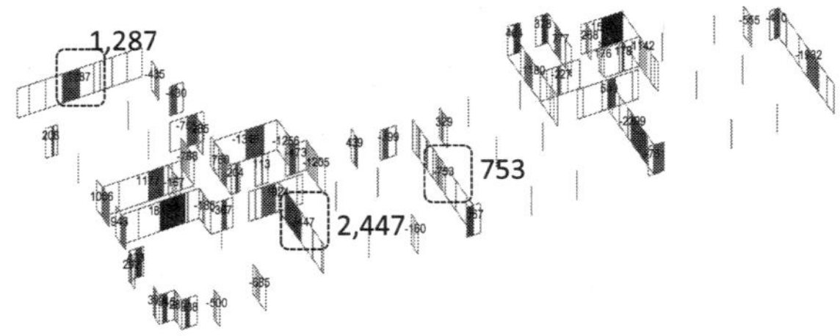

벽체 모멘트도(AFD)

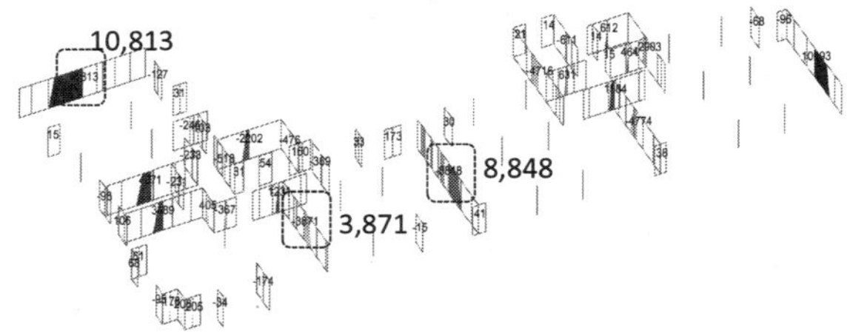

벽체 모멘트도(BMD)

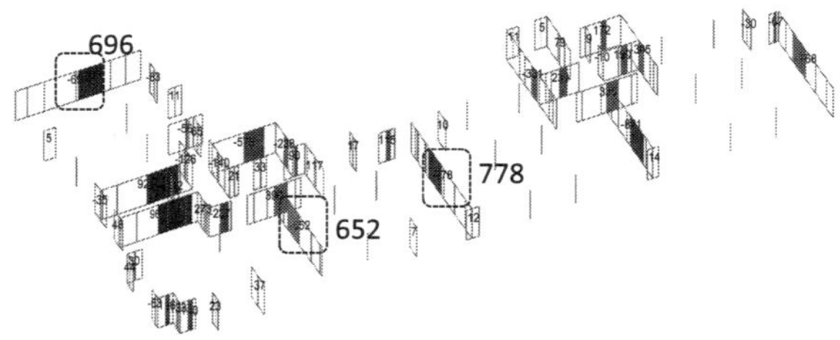

벽체 전단력도(SFD)

[그림 5.4.10] 모델b-슬래브 강성 고려

슬래브 면외강성 비율에 따라 주기 및 밑면전단력의 변화가 다를 수 있으나 슬래브에 횡력에 의한 추가 배근을 고려하여야 하고 너무 큰 강성을 반영한다면 실제 건물의 주기를 모사하지 못할 것이므로 면외 강성을 산정할 때 이점을 유의하여야 한다.

더불어 구조설계 기본 원칙에서 편심코어나 평면상 회전이 1, 2차 주기가 되지 않도록 구조계획하는 것이 중요하다. 그러나 이 건물과 같이 L형 평면을 가짐으로 인해 기본적으로 평면 회전성분이 주기에 나타나는 경우가 실무에서는 종종 찾아 볼 수 있다. 되도록 회전 성분이 주요 주기가 되지 않도록 계획하는 것이 중요하지만 건물의 형태 상 도저히 이를 피하지 못한다면 건축구조기준에서 제시하는 내진설계 범주에 따른 비틀림 비정형에 대한 검토를 수행하는 것이 적절할 것으로 판단된다.

(3) 코어와 슬래브 접합부

이 예제는 앞서 설명하였듯이 내력벽시스템으로 정의하여 각 위치에 전단벽이 중력과 횡력을 저항하도록 한다. 그러나 건물골조시스템의 경우 중력하중은 골조가 지지하고 전단벽 또는 가새가 횡력을 지지하도록 계획하는데 횡하중을 주로 저항하는 전단벽과 평면(슬래브)의 접합면이 협소한 경우 각 층에서 발생하는 지진력을 슬래브의 면적으로 전단벽에 저항 가능한지 검토가 필요하다. 즉, 강막(Rigid Diaphragm)으로 계획되어 각 층에서 발생하는 지진하중이 슬래브 면내하중으로 작용할 경우 이에 따른 벽체의 지압, 전단력 등이 충분히 전달될 수 있는지 검토가 필요하며 만족하지 못할 경우 건축과 협의하여 층지진력 전달에 문제가 없도록 건축계획 보완이 요구된다.

5.5 부재설계

예제5.1) 다음 그림과 같은 모듈의 2방향 슬래브 장기처짐을 검토하라.

횡하중은 전단벽에 의해 지지됨.
슬래브 두께=210 mm
슬래브 유효깊이=170 mm
슬래브 폭=5,900 mm
슬래브 길이=5,190 mm
$f_{ck}=30$ MPa(일반콘크리트)
$f_y=400$ MPa
설계하중: 거실(조적벽체 하중 포함)
D: 8.5 kPa, L: 2.0 kPa
활하중 지속률: 50 %
슬래브 중앙부 상부 주철근비=0.3 %
하부 주철근비=0.3 %
존속기간 5년 이상

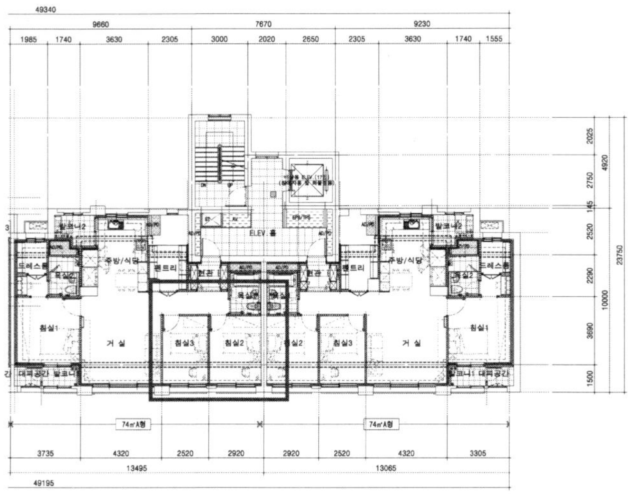

[예제그림 5.1.1] 검토위치

풀이)

(1) 2방향 슬래브의 최소 두께는 KDS 14 20 30:2021의 표 4.2-3에 제시되어 있다. 사용하중에 대한 처짐을 계산하지 않을 때, 최소 두께를 만족해야 한다.

〈예제표 5.1.1〉 내부에 보가 없는 슬래브의 최소두께

설계기준 항복강도 f_y(MPa)	지판이 없는 경우			지판이 있는 경우		
	외부 슬래브		내부 슬래브	외부 슬래브		내부 슬래브
	테두리보가 없는 경우	테두리보가 있는 경우		테두리보가 없는 경우	테두리보가 있는 경우	
300	$l_n/32$	$l_n/35$	$l_n/35$	$l_n/35$	$l_n/39$	$l_n/39$
350	$l_n/31$	$l_n/34$	$l_n/34$	$l_n/34$	$l_n/37.5$	$l_n/37.5$
400	$l_n/30$	$l_n/33$	$l_n/33$	$l_n/33$	$l_n/36$	$l_n/36$
500	$l_n/28$	$l_n/31$	$l_n/31$	$l_n/31$	$l_n/33$	$l_n/33$
600	$l_n/26$	$l_n/29$	$l_n/29$	$l_n/29$	$l_n/31$	$l_n/31$

이때, l_n은 2방향 슬래브의 긴 변의 순경간이다.

내부에 보가 없는 슬래브의 최소두께

$$h_{\min} = l_n/33 = \frac{5{,}900}{33} = 178\ \mathrm{mm} \le\ 210\ \mathrm{mm} \quad \langle 적합 \rangle$$

($f_y = 400$ MPa, KDS 14 20 30, 표 4.2-3; 이 예제에서는 계산의 편의상 순 경간대신 경간을 사용)

(2) 장기처짐은 건조수축과 크리프에 의해서 발생되며, 시간이 경과할수록 콘크리트내 수분의 감소, 수화율 증가에 따라서 장기처짐이 증가한다. 따라서 장기처짐의 크기는 온도, 습도, 콘크리트의 양생조건, 하중의 지속시간, 지속하중의 크기, 그리고 압축철근량에 의해 영향을 받는다고 알려져 있다. 특히 압축철근은 콘크리트압축대의 유효압축력을 감소시켜서 크리프에 의한 길이축소를 감소시키므로 장기처짐이 감소된다.

현행 구조설계기준의 콘크리트구조 사용성 설계기준(KDS 14 20 30:2021)에서는 장기처짐량 계산을 위해 아래와 같은 Branson(1971) 실험결과에 근거하여 개발한 식을 제시하고 있다.

$$\lambda_\Delta = \frac{\xi}{1+50\rho'}$$

이때, ρ'는 단순 및 연속경간인 경우 보 중앙에서, 캔틸레버인 경우 받침점에서 구한 압축철근비이고, ξ는 시간경과계수로 아래 〈표 5.1.2〉와 같다. 계산된 추가 장기처짐계수(λ_Δ)는 지속하중(사용하중)에 의해 발생한 순간처짐에 곱하여 슬래브의 존치시간에 따른 장기처짐을 계산할 수 있다. 이때 계산된 장기처짐은 시간경과에 따라 추가적으로 발생한 처짐으로, 지속하중에 의해 발생한 순간처짐과 합하여 총 처짐량을 계산할 수 있다.

〈예제표 5.1.2〉

하중가력 기간	3개월	6개월	12개월	5년 이상
시간경과계수(ξ)	1.0	1.2	1.4	2.0

KDS 14 20 30:2021에서는 장기처짐 계수 계산식은 1방향 구조의 처짐 검토 절차에서만 제시되어 있고, 2방향 구조에서는 장기처짐 계산 절차가 제시되어 있지 않다. 하지만 해당 장기처짐 계수 계산식은 ACI 318-19에서도 동일하게 제시하고 있고, ACI 318-19, R24.2.4.1에서 2방향 슬래브의 장기처짐에 대한 데이터가 충분하지 않기 때문에 장기처짐계수를 사용한 2방향 구조의 추가적인 장기처짐 계산은 시간경과계수(ξ)의 사용이 요구된다고 제시하고 있다.

따라서, KDS 14 20 30:2021에서는 2방향 슬래브에 대한 장기처짐 계산식을 직접적으로 제시하고 있지는 않지만, KDS와 유사한 설계방식을 채택하는 ACI 318의 제안사항에 따라 2방향 슬래브도 1방향 슬래브와 동일한 절차를 통해 장기처짐을 검토할 수 있다.

장기처짐의 예측 방법에는 여러 가지가 있지만, 가장 단순한 방법은 장기처짐에 대한 하중조합을 구성하여 유한요소 해석을 통해 장기처짐을 예측하는 방법이다. 따라서 이 예제에서도 하중조합을 이용한 장기처짐 계산법을 사용하였다. 장기처짐 검토를 위한 하중조합은 앞서 언급된 장기처짐계수를 활용하여 구성할 수 있으며, 총 처짐량은 순간처짐과 추가장기처짐으로 계산되므로 아래와 같이 표현할 수 있다.

장기처짐 하중조합 : $(1+\lambda_{\Delta})\times(\text{사용하중})+(\text{추가 하중})$

이때, λ_{Δ}는 장기처짐계수이다.

사용하중의 경우 이 예제에서는 활하중 지속률을 50 %로 가정하였으므로 사용하중은 $D+0.5L$을 사용한다. 장기처짐에 대한 계산 기준이 건축구조설계기준 등에 명확하게 제시되어 있지 않기 때문에, 일반적으로 보수적인 장기처짐 산정을 위해 시공 중 발생할 수 있는 하중이나 공간 사용 중 발생할 수 있는 하중을 추가하중으로 고려한다. 이 예제는 시공하중이 크게 문제되지 않는 경우에 한정되므로, 보수적인 장기처짐 검토를 위하여 설계 활하중의 100 %만을 추가하중으로 고려하였다.

그러나 고층건물의 경우, 새로 타설하는 바닥 콘크리트 하중을 시공이 완료되지 않은 하부층 슬래브에서 지지해야 하므로, 콘크리트 타설 당시 하부층 바닥 콘크리트의 강도, 하부 동바리 지지층수 등이 중요한 변수가 된다. 바닥판의 두께가 두꺼울수록 시공하중이 커지게 되는데, 경우에 따라서는 설계하중보다 시공하중이 큰 경우도 발생할 수 있으므로 각별한 주의가 필요하다.

마지막으로 존속기간 5년에 대한 장기처짐계수(λ_Δ)는 아래와 같이 계산할 수 있다.

$$\lambda_\Delta = \frac{\xi}{1+50\rho'} = \frac{2.0}{1+50\times 0.003} = 1.74$$

여기서, $\xi = 2.0$(존속기간 5년)이다. 이 예제에서는 압축철근비 0.003이 수식에 대입되었으나, 실무에서는 압축철근의 효과를 무시하여 보수적으로 0을 대입하기도 한다.

따라서 장기처짐 계산을 위한 하중조합은 아래와 같이 구성할 수 있다.

장기처짐 하중조합 : $(1+1.74)\times(D+0.5L)+L$

이때, D는 구조체 자중과 부가고정하중(Superimposed dead load)를 합친 고정하중이며, L은 활하중이다.

위의 장기처짐 하중조합을 적용하여 유한요소해석을 통해 계산된 슬래브의 처짐 분포도와 최대 처짐값은 아래 그림과 같다. 유한요소해석을 통하여 슬래브의 균열을 확인하려면 사용하중에 의한 모멘트가 균열모멘트보다 클 때, 발생되는 균열에 의한 슬래브의 유효강성이 적용되고 있는지 확인이 필요하다. 해당 예제는 슬래브의 균열이 발생하지 않는 것으로 가정하여 슬래브 강성 저감을 실시하지 않은 결과이다(유효강성 적용이 가능한 판해석 프로그램을 활용하는 것이 좋다) 이때 계산된 처짐은 사용하중에 의해 발생하는 순간처짐과 시간에 의해 발생하는 장기처짐을 모두 합한 총 처짐량을 나타낸다.

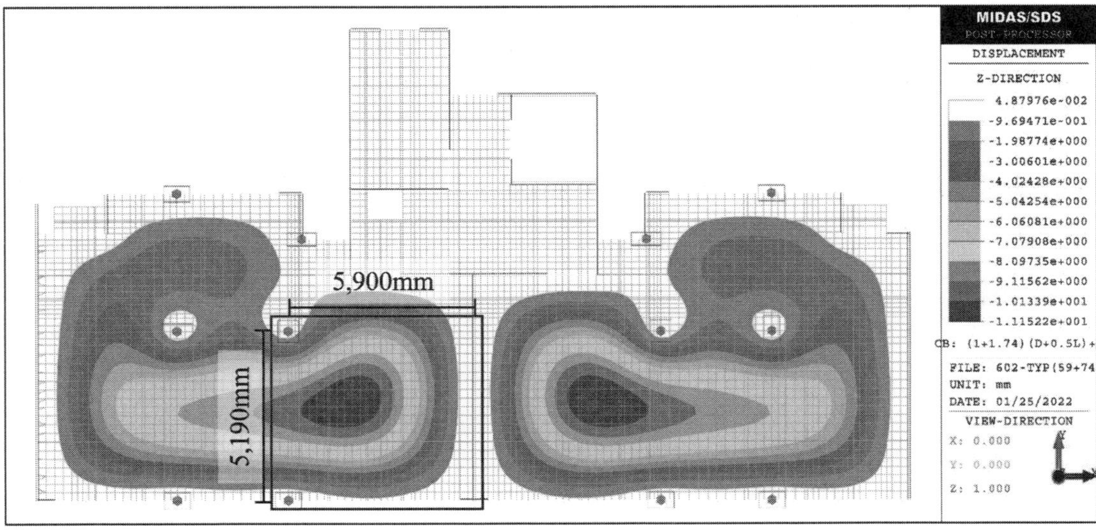

[예제그림 5.1.2] 슬래브 처짐 해석 결과

존속기간 5년에 대한 장기처짐을 계산하기 위한 장기처짐계수는 아래와 같이 계산할 수 있다.

$$\lambda_{\Delta} = \frac{\xi}{1+50\rho'} = \frac{2.0}{1+50\times0.003} = 1.74$$

여기서, $\xi = 2.0$(존속기간 5년)

계산된 추가 장기처짐은 아래와 같다.

$$\Delta_{cp} + \Delta_{sh} + (\Delta_i)_l = 11.2\ \mathrm{mm}$$

총 처짐은 KDS 14 20 30:2021의 표 4.2-2 최대 허용처짐 기준을 바탕으로 검토한다.

〈예제표 5.1.3〉 최대 허용처짐

부재의 형태	고려하여야 할 처짐	처짐 한계
과도한 처짐에 의해 손상되기 쉬운 비구조 요소를 지지 또는 부착하지 않은 평지붕구조	활하중 L에 의한 순간처짐	$\frac{l}{180}$
과도한 처짐에 의해 손상되기 쉬운 비구조 요소를 지지 또는 부착하지 않은 바닥구조	활하중 L에 의한 순간처짐	$\frac{l}{360}$
과도한 처짐에 의해 손상되기 쉬운 비구조 요소를 지지 또는 부착한 지붕 또는 바닥구조	전체 처짐 중에서 비구조 요소가 부착된 후에 발생하는 처짐부분(모든 지속하중에 의한 장기처짐과 추가적인 활하중에 의한 순간처짐의 합)	$\frac{l}{480}$
과도한 처짐에 의해 손상될 염려가 없는 비구조 요소를 지지 또는 부착한 지붕 또는 바닥구조		$\frac{l}{240}$

과도한 처짐에 의해 손상되기 쉬운 비구조 요소를 지지 또는 부착한 지붕 또는 바닥구조

$$\Delta_{cp} + \Delta_{sh} + (\Delta_i)_l \le \frac{l}{480} = \frac{5,900}{480} = 12.3\ \mathrm{mm}\ >\ 11.2\ \mathrm{mm}\ \langle \text{적합} \rangle$$

더불어 활하중 L에 의한 순간처짐($L/360$)의 만족여부를 검토하여야 한다. 그러나 대부분의 경우가 앞의 수식($L/480$)에 지배될 것으로 보인다.

참고로, KDS 설계기준에서 2방향 슬래브의 경우 경간(l)의 정의가 명확하지 않다. 위 식에서와 같이 긴 변의 경간이 적용되기도 하지만, 층간소음 등 사용성 측면에서 민감한 건물의 경우 짧은 변의 경간 값(5,190 mm)이 보수적으로 적용되거나 더 엄밀한 처짐 한계가 적용되기도 한다.

예제5.2) 다음 그림에 있는 플랫 플레이트의 내부기둥과 인접한 슬래브의 2방향 전단과 불균형 휨모멘트에 대한 안전성을 검토하라.

〈검토 조건〉

기둥 크기 = 950×500 mm

황하중은 전단벽에 의해 지지됨.

슬래브 두께 = 210 mm

슬래브 유효깊이 = 170 mm

$f_{ck} = 30\ \text{MPa}$(일반콘크리트)

$f_y = 400\ \text{MPa}$(D13 이하)

$V_u = 300\ \text{kN}$

$M_{ux} = 120\ \text{kN·m}$(기둥 약축)

$M_{uy} = 60\ \text{kN·m}$(기둥 강축)

슬래브 단부 상부 주철근비 = 0.6 %

하부 주철근비 = 0.3 %

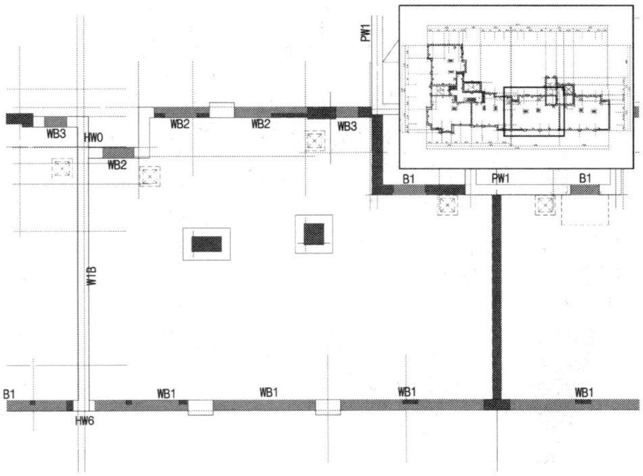

[예제그림 5.2.1] 해석 대상 플랫플레이트

플랫플레이트는 보와 지판이 없는 슬래브가 직접 기둥에 지지되는 구조형식을 말하며 이 같은 경우 얇은 슬래브에 기둥이 접합되어 2방향 전단(뚫림전단)에 취약한 경우가 많으므로 휨강도와 함께 전단을 검토하여 부재 크기를 선정하는 것이 필요하다.

상기 예제는 외벽에 테두리벽체가 있어 명확한 플랫플레이트로 판단하기는 어려우나 2방향 전단 검토를 위해 내부 기둥을 선정하여 불균형휨모멘트를 포함한 2방향 전단 검토를 수행한다.

슬래브의 소요전단강도(V_u)는 중력하중에 의해 슬래브에서 발생하는 계수전단력이며 보수적으로 계산할 때는 한 층 기둥의 축력으로 개략 검토 가능하다. 슬래브의 불균형휨모멘트(M_{ux}, M_{uy})는 중력하중조합과 횡하중 조합에 의해 발생할 수 있다. 중력하중에 의한 불균형휨모멘트는 인접기둥 간격의 상이, 활하중 등의 불균형 재하 등으로 슬래브에 불균형한 휨모멘트가 발생하며 이 휨모멘트가 기둥으로 전달되어 기둥 강성으로 저항하도록 설계되어야 한다. 즉, 외부기둥 또는 모서리 기둥일 때 중력하중에 의한 불균형휨모멘트는 항상 존재하게 된다. 횡하중에 의한 불균형휨모멘트는 횡하중 조합에서 기둥의 발생하는 휨모멘트나 테두리 보 등에 의한 휨모멘트 차로 정의할 수 있으며 상세해석을 수행한 경우 슬래브 각 면에서 발생하는 면내 휨모멘트 차로 확인할 수 있다.

해당 예제는 내부 기둥에 해당하므로 불균형휨모멘트는 그리 크게 발생하지 않으며 주로 중력하중에 의한 불균형휨모멘트로 가정한다.

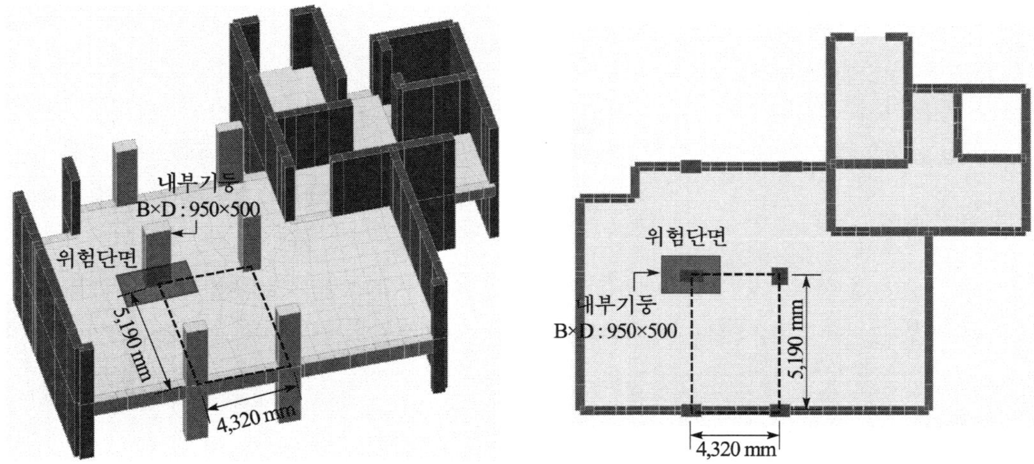

[예제그림 5.2.2] 슬래브-기둥 접합부 검토 위치

풀이)

이 설계예제는 검토대상 공동주택 내부기둥의 2방향 전단과 불균형 모멘트에 대해 안전성을 확인하는 것이다. 이를 위해서 1. 2방향 전단검토, 2. 불균형휨모멘트 검토(강축, 약축, 강축-약축 동시 작용)에 대해 우선적으로 검토를 수행하였다. 또한 무량판 공동주택 내진설계에서 이슈가 되고 있는 3.무량판 접합부 내진설계와 관련된 사항도 추가적으로 기술하였다. 자세한 내용은 다음과 같다.

(1) 2방향 전단강도 검토

2방향 전단강도 검토는 기본적으로 접합부의 2면전단 위험단면에서 소요전단강도보다 설계전단강도가 큰 것을 다음과 같이 확인하는 것이다.

$\phi V_c > V_u (= 300\ \mathrm{kN})$

슬래브-기둥 접합부의 위험단면은 기둥에서 $d/2$ 만큼 떨어진 거리에 위치하며 2방향 공칭전단강도 (V_c)는 다음과 같이 계산한다.

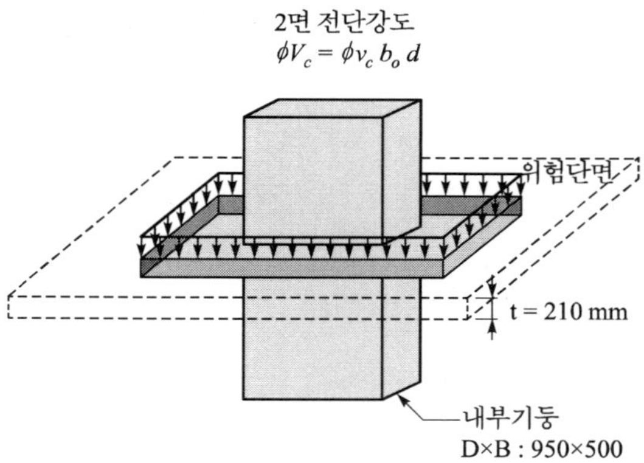

[예제그림 5.2.3] 2방향 전단

$V_c = v_c \times b_o \times d$

$v_c = \lambda k_s k_{b_o} f_{te} \cot\psi \left(\dfrac{c_u}{d} \right)$

여기서, 위험단면의 둘레길이 $b_o = (0.95 \times 2) + (0.5 \times 2) + (0.17 \times 4) = 3.58\ \text{m}$

경량콘크리트 계수 $\lambda = 1$(일반콘크리트)

슬래브의 두께계수 $k_s = (300/d)^{0.25} = (300/170)^{0.25} = 1.15 \geq 1.1$이므로 1.1

위험단면 둘레길이의 영향계수 $k_{b_o} = 4/\sqrt{\alpha_s(b_o/d)} \leq 1.25$

$= 4/\sqrt{1.0(3{,}580/170)} = 0.87 \leq 1.25$이므로 0.87

$\alpha_s = 1.0$(내부기둥)

압축대의 콘크리트 인장강도 $f_{te} = 0.2\sqrt{f_{ck}} = 0.2\sqrt{30} = 1.095\ \text{MPa}$

위험단면의 압축대에 작용하는 평균압축응력 $f_{cc} = (2/3) f_{ck} = (2/3) \times 30 = 20\ \text{MPa}$

슬래브 휨 압축대의 균열각도 $\cot\psi = \dfrac{\sqrt{f_{te}(f_{te} + f_{cc})}}{f_{te}} = \dfrac{\sqrt{1.095(1.095 + 20)}}{1.095} = 4.389$

슬래브 위험단면 압축대 깊이의 평균값

$c_u = d\left(25\sqrt{\dfrac{\rho}{f_{ck}}} - 300\left(\dfrac{\rho}{f_{ck}}\right)\right) = 170\left(25\sqrt{\dfrac{0.006}{30}} - 300\left(\dfrac{0.006}{30}\right)\right) = 49.9\ \text{mm}$

따라서, $v_c = 1 \times 1.1 \times 0.87 \times 1.095 \times 4.389 \times \left(\dfrac{49.9}{170}\right) = 1.35\ \text{MPa}$

$V_c = v_c \times b_o \times d = 1.35 \times 3{,}580 \times 170 \times 10^{-3} = 821.6\ \text{kN}$

$\phi V_c = 0.75 \times 821.6\ \text{kN} = 616.2\ \text{kN} > V_u = 300\ \text{kN}$ 〈2면전단 저항 적합〉

(2) 슬래브와 내부 기둥 접합부의 불균형휨모멘트 전달을 위한 안전성 검토

현행 설계기준(콘크리트구조설계기준 2019)에서는 슬래브와 기둥 사이의 불균형휨모멘트 전달을 위한 설계방법이 변경되었다. [예제그림 5.2.4]와 같이 접합부에 재하되는 불균형휨모멘트는 접합부 위험단면(기둥면에서 d/2 떨어진 영역, [예제그림 5.2.4]에 보인 3가지 요인으로 저항한다.

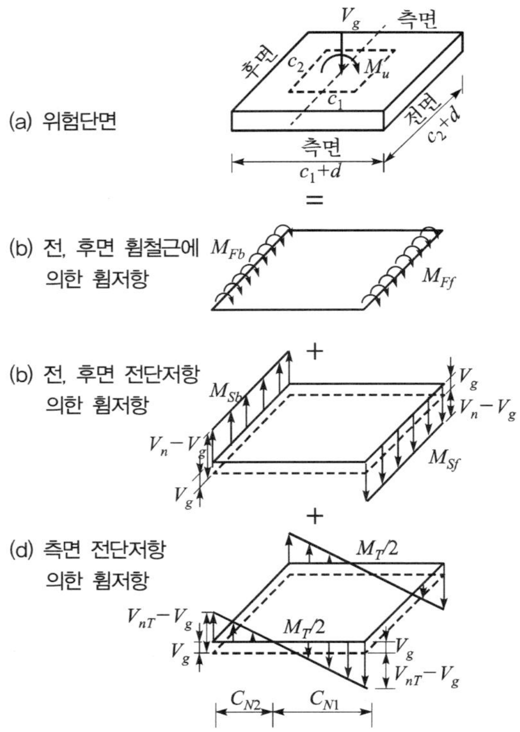

[예제그림 5.2.4] 접합부의 불균형휨모멘트 전달

첫 번째 저항요인은 [예제그림 5.2.4]의 (b)와 같이 위험단면 전후면의 슬래브 휨철근에 의한 불균형휨모멘트 저항($M_F = M_{Ff} + M_{Fb}$)이다. 두 번째 요인은 [예제그림 5.2.4]의 (c)와 같이 전후면 전단저항에 의한 휨모멘트 저항(M_S)이며 마지막 저항요인은 [예제그림 5.2.4]의 (d)와 같이 측면 전단저항에 의한 (비틀림)모멘트 저항(M_T)이다.

따라서 현행 설계기준에서는 슬래브–기둥 접합부의 설계불균형휨강도를 다음과 같이 정의한다.

설계불균형휨강도	$\phi M_n = \phi_f M_F + \phi_v M_S + \phi_v M_T$
여기서, 전후면 슬래브의 휨강도	$M_F = M_{Ff} + M_{Fb}$
전후면의 편심전단강도	$M_S = M_{Sf} + M_{Sb} = \left[(v_n - v_g)(c_2 + d)d\right](c_1 + d) \geq 0$
측면의 편심전단강도	$M_T = \dfrac{4}{3}(v_{nT} - v_g)\left(\dfrac{c_1 + d}{2}\right)^2 d \geq 0$

상기와 같이 정의된 설계불균형휨강도(ϕM_n)가 접합부에 재하된 소요불균형휨강도(M_u)보다 크도록 접합부를 설계해야 한다($\phi M_n \geq M_u$).

이 예제에서는 기둥의 강축으로 60 kN·m, 약축으로 120 kN·m 소요 불균형휨강도가 재하되고 있는 상황이다($M_{uy} = 60$ kN·m(기둥 강축), $M_{ux} = 120$ kN·m(기둥 약축)). 따라서 강축과 약축 각각의 불균형휨모멘트에 대해 검토하고 상기휨모멘트가 동시에 작용할 경우에 대해서도 검토해 보도록 하겠다.

가. 강축에 대한 불균형휨모멘트 검토

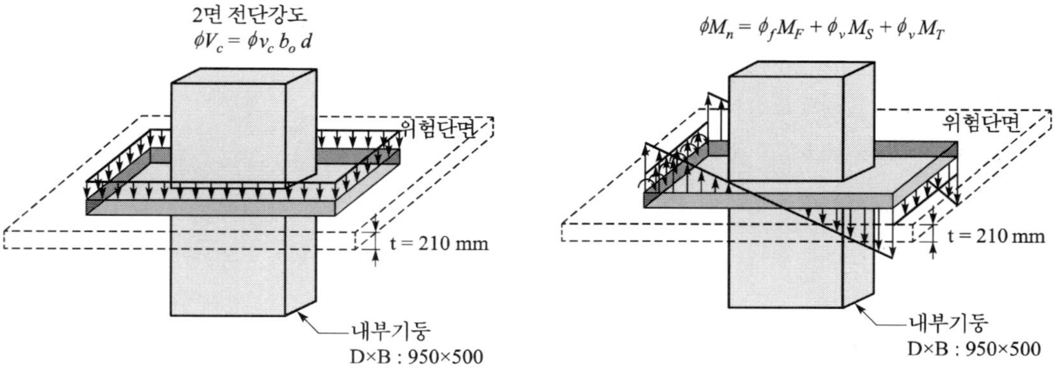

[예제그림 5.2.5] 강축 2방향 전단 및 불균형휨모멘트

- 전후면의 휨강도 산정(슬래브 휨철근에 의한 휨저항)

$$M_{Ff} = A_{st} f_y jd \approx [0.006 \times (500+170) \times 170 \times 400 \times 0.9 \times 170] \times 10^{-6} = 41.82 \text{ kN}\cdot\text{m}$$

(전면에서는 상부철근이 위험단면에서 휨철근으로 저항)

$$M_{Fb} = A_{st} f_y jd \approx [0.003 \times (500+170) \times 170 \times 400 \times 0.9 \times 170] \times 10^{-6} = 20.91 \text{ kN}\cdot\text{m}$$

(후면에서는 하부철근이 위험단면에서 휨철근으로 저항)

$$M_F = M_{Ff} + M_{Fb} = 41.82 + 20.91 = 62.73 \text{ kN}\cdot\text{m}$$

- 전후면의 편심전단에 의한 휨강도 산정

$$M_S = M_{Sf} + M_{Sb} = [(v_n - v_g)(c_2 + d)d](c_1 + d) \geq 0$$

$$= [(1.35 - 0.49) \times (500+170) \times 170] \times (950+170) \times 10^{-6} = 109.71 \text{ kN}\cdot\text{m} \geq 0$$

여기서, $v_n = v_c + v_p + 0.4 v_s = 1.35 \text{ MPa} + 0 + 0 \leq 0.58 f_{ck} c_u / d = 5.12 \text{ MPa}$

$v_n = 1.35 \text{ MPa}$

여기서, $v_g = \dfrac{V_u}{b_o \times d} = \dfrac{300 \times 10^3}{3.58 \times 0.17 \times 10^6} = 0.49 \text{ MPa}$

- 측면의 편심전단에 의한 휨강도 산정

$$M_T = \frac{4}{3}(v_{nT} - v_g)\left(\frac{c_1 + d}{2}\right)^2 d \geq 0$$

$$= \frac{4}{3} \times (3.45 - 0.49) \times \left(\frac{950+170}{2}\right)^2 \times 170 \times 10^{-6} = 210.4 \text{ kN}\cdot\text{m} \geq 0$$이다.

여기서, $v_{nT} = 0.63\lambda\sqrt{f_{ck}} + v_p + v_s \le 0.25 f_{ck}$

$= 0.63 \times 1.0 \times \sqrt{30} + 0 + 0 \le 0.25 \times 30 = 7.5\ \mathrm{MPa}$

$= 3.45\mathrm{MPa} \le 0.25 \times 27 = 7.5\mathrm{MPa}$ 이므로 3.45 MPa

- 접합부의 설계불균형휨강도

$\phi M_n = \phi_f M_F + \phi_v M_S + \phi_v M_T$

$= 0.85 \times 62.73 + 0.75 \times 109.71 + 0.75 \times 210.4 = 293.4\ \mathrm{kN \cdot m}$ 이다.

$\therefore\ \phi M_n = 293.4\ \mathrm{kN \cdot m} > M_u = 60\ \mathrm{kN \cdot m}$ 〈강축 불균형휨멘트 저항 적합〉

나. 약축에 대한 불균형휨모멘트 검토

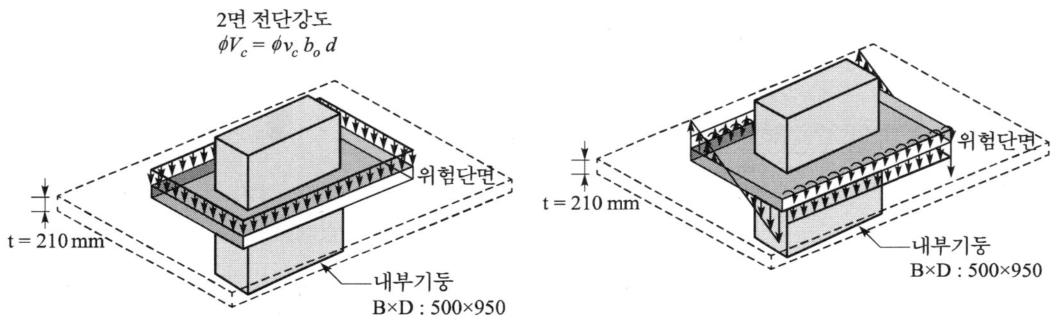

[예제그림 5.2.6] 약축 2방향 전단 및 불균형휨모멘트

강축과 마찬가지로 약축으로 재하되는 접합부의 불균형휨모멘트를 검토하면 다음과 같다.

- 전후면의 휨강도 산정(슬래브 휨철근에 의한 휨저항)

$M_{Ff} = A_{st} f_y jd \approx [0.006 \times (950 + 170) \times 170 \times 400 \times 0.9 \times 170] \times 10^{-6} = 69.91\ \mathrm{kN \cdot m}$

$M_{Fb} = A_{st} f_y jd \approx [0.003 \times (950 + 170) \times 170 \times 400 \times 0.9 \times 170] \times 10^{-6} = 34.96\ \mathrm{kN \cdot m}$

$M_F = M_{Ff} + M_{Fb} = 69.91 + 34.96 = 104.87\ \mathrm{kN \cdot m}$

- 전후면의 편심전단에 의한 휨강도 산정

$M_S = M_{Sf} + M_{Sb} = [(v_n - v_g)(c_2 + d)d](c_1 + d) \ge 0$

$= [(1.35 - 0.49) \times (950 + 170) \times 170] \times (500 + 170) \times 10^{-6} = 109.71\ \mathrm{kN \cdot m} \ge 0$ 이다.

여기서, $v_n = v_c + v_p + 0.4 v_s = 1.35\ \mathrm{MPa} + 0 + 0 \le 0.58 f_{ck} c_u / d = 5.12\ \mathrm{MPa}$

$v_n = 1.35\ \mathrm{MPa}$

여기서, $v_g = \dfrac{V_u}{b_o \times d} = \dfrac{300 \times 10^3}{3.58 \times 0.17 \times 10^6} = 0.49\ \mathrm{MPa}$

- 측면의 편심전단에 의한 휨강도 산정

$$M_T = \frac{4}{3}(v_{nT} - v_g)\left(\frac{c_1 + d}{2}\right)^2 d \geq 0$$

$$= \frac{4}{3} \times (3.45 - 0.49) \times \left(\frac{500 + 170}{2}\right)^2 \times 170 = 75.29\ \mathrm{kN \cdot m} \geq 0 \text{이다.}$$

여기서, $v_{nT} = 0.63\lambda\sqrt{f_{ck}} + v_p + v_s \leq 0.25 f_{ck}$

$$= 0.63 \times 1.0 \times \sqrt{30} + 0 + 0 \leq 0.25 \times 30 = 7.5\ \mathrm{MPa}$$

$$= 3.45\ \mathrm{MPa} \leq 0.25 \times 30 = 7.5\ \mathrm{MPa}$$ 이므로 3.45 MPa

- 접합부의 설계불균형휨강도

$$\phi M_n = \phi_f M_F + \phi_v M_S + \phi_v M_T$$

$$= 0.85 \times 104.87 + 0.75 \times 109.71 + 0.75 \times 75.29 = 227.89\ \mathrm{kN \cdot m} \text{이다.}$$

$\therefore\ \phi M_n = 227.89\ \mathrm{kN \cdot m} > M_u = 120\ \mathrm{kN \cdot m}$ 〈약축 불균형휨모멘트 저항 적합〉

다. 양방향 불균형모멘트에 대한 접합부 저항 성능 검토

이 예제에서는 기둥 약축과 강축의 2방향으로 불균형휨모멘트가 재하되고 있다($M_{uy} = 60\ \mathrm{kN \cdot m}$(기둥 강축), $M_{ux} = 120\ \mathrm{kN \cdot m}$(기둥 약축)). 일반적으로 건축물의 슬래브-기둥 접합부에서는 양방향의 불균형휨모멘트가 재하된다. 이러한 경우, 현행설계기준(콘크리트구조설계기준, 2019)에서는 다음의 상관관계식을 만족할 경우, 양방향 휨모멘트에 대해 안전한 것으로 판단한다.

$$\frac{M_{ux} - \phi_f M_{Fx}}{\phi_v M_{vx}} + \frac{M_{uy} - \phi_f M_{Fy}}{\phi_v M_{vy}} \leq 1$$

여기서, $M_v = M_S + M_T$이며 좌변이 음수가 나와도 상관없다. 또한 이 예제에서 기호에 해당하는 계산값은 앞 절에서 모두 산정되었다.

$$\Rightarrow \quad \frac{120 - (0.85 \times 104.87)}{0.75 \times 185} + \frac{60 - (0.85 \times 62.73)}{0.75 \times 320.11} = 0.25 \leq 1$$

〈양방향의 불균형휨모멘트에 대해 저항 적합〉

불균형휨모멘트에 대한 저항성능이 부족한 경우, 슬래브 위험단면에서의 슬래브 휨철근 추가배치를 통한 휨저항 성능을 증가시키거나 2면전단성능 증가를 통해 편심전단에 의한 휨저항성능을 증가시켜 안전성을 확보해야 한다.

(3) 내진설계 시 추가 고려사항

가. 슬래브–기둥 접합부가 "지진력에 저항하지 않는 골조"의 일부인 경우

이 건축물은 지진력저항시스템을 내력벽시스템으로 선정하였기 때문에 원칙적으로 철근콘크리트 구조벽체와 이와 관련된 부재들이 지진하중에 대해 저항해야 한다. 따라서 슬래브–기둥 시스템은 지진하중에 대해 저항하지 않는 것으로 판단해야 한다. 콘크리트구조 설계기준의 17장(또는 KDS 14 20 80 콘크리트 내진설계기준)에는 "지진력에 저항하지 않는 골조 부재"의 내진설계방법과 상세를 규정하고 있다. 상기 규정은 주로 지진력에 저항하지 않는 골조부재가 지진이 발생할 때 중력하중 재하성능을 유지하면서 변형적합성을 확보할 수 있게 규정된 조항이다. 하지만 국내 콘크리트구조 설계기준(또는 KDS의 콘크리트 내진설계기준)에서는 주로 기둥부재와 보부재에 대한 설계방법과 상세규정을 자세히 기술하며 슬래브–기둥 접합부에 대한 조항은 없기 때문에 슬래브–기둥 접합부의 내진적합성 검토에 혼란이 있는 것이 사실이다.

한편, ACI 318–19에서도 18.14장에서 "지진력에 저항하지 않는 골조 부재"의 내진설계방법과 상세를 규정하고 있다. 다만 ACI 318–19에서는 국내 기준과는 다르게 18.14.5장에 지진력에 저항하지 않는 슬래브–기둥 접합부의 내진검토사항을 상세하게 제시하고 있다. 상기 검토사항 중에 가장 중요한 것은 지진력에 저항하지 않는 슬래브–기둥 접합부에 대해 다음 사항을 검토하는 것이다.

ACI 318.14.5.1(a)

$\Delta_x / h_{sx} \geq 0.035 - (1/20)(v_{uv}/\phi v_c)$

→ 접합부 전단보강 실시(반대의 경우 전단보강이 필요 없음) (3.1.1)

여기서 Δ_x / h_{sx} = 지진에 의한 층간변형각, $v_{uv}/\phi v_c$ = 2면 전단 소요강도와 설계강도 비

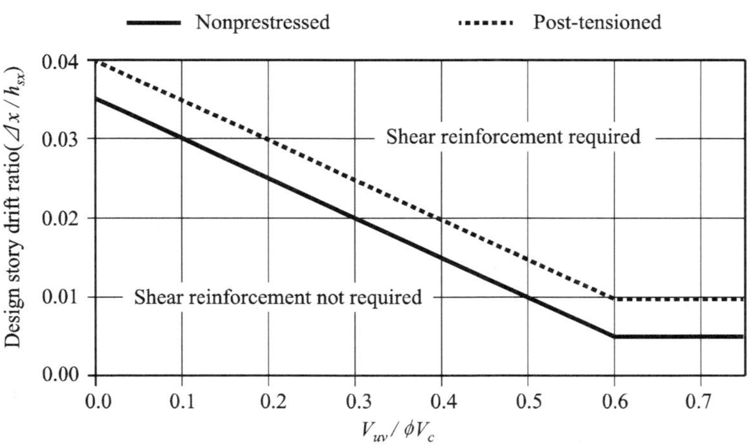

[예제그림 5.2.7] 슬래브 기둥 접합부의 층간변형과 2면소요강도와의 관계

ACI에서 상기와 같은 조항을 둔 이유는 슬래브-기둥 접합부의 변형성능(층간변형 성능)은 이면전단 소요강도에 큰 영향을 받는다는 연구결과에 따른 것이다. 즉 접합부에 이면전단 소요강도가 크고 접합부에 지진에 의해 발생하는 층간변형각이 큰 경우에는 접합부 전단보강을 실시하여 변형성능을 확보할 수 있게 한 조항이라고 할 수 있다.

위 그림은 ACI 318.14.5.1에 제시된 그림으로 기존의 무량판 접합부 실험연구와 해석연구들을 분석 정리한 자료인데, 무량판 접합부의 변형성능(또는 층간변형각, Δ_x/h_{sx})은 2면전단 설계강도대비 재하된 소요강도의 비($v_{uv}/\phi v_c$) 와 반비례함을 알 수 있다. 따라서 위 그림의 실선 아래에 위치한 경우, 즉 이면전단 소요강도가 작고 층간변형각이 작은 경우에는 전단보강이 필요없고, 반대로 실선 위에 위치한 경우, 즉 2면전단 소요강도가 크고 층간변형각이 큰 경우에는 전단보강을 통해 연성능력을 확보해야 함을 의미한다.

이 예제 건물의 경우 앞서 제시된 표 5.3.9에 의하면 지진에 의한 최대 층간변위비Δ_x/h_{sx}가 대략 0.003이다. 또한 예제조건으로 제시된 2면전단 소요강도 300 kN이 지진하중조합에 의한 부재력이라고 가정한다면, 2면전단 소요강도와 설계강도 비는 $(v_{uv}/\phi v_c) = (V_u/\phi V_c) = 300/616.2 = 0.49$ 이다($\phi V_c = 616.2\,\text{kN}$ 은 (1)절에서 계산.) 이를 ACI 318.14.5.1(a)에 정의된 식 (3.1.1)에 대입하면 다음과 같은 결과를 얻을 수 있다.

$$\Delta_x/h_{sx} = 0.003 < 0.035 - (1/20)(v_{uv}/\phi v_c) = 0.035 - 1/20(0.49) = 0.0105$$

→ 전단보강이 필요 없음

즉 이 예제 건물에서는 요구되는 변형량(층간변위)이 작기 때문에 전단보강 없이도 충분히 변형적합성을 만족한다고 할 수 있다. 반대로 위 식의 부등호 관계가 반대로 나타날 경우에는 전단보강을 통해서 변형능력을 확보해 주어야 한다.

나. 슬래브-기둥 접합부가 “중간모멘트 골조”의 일부인 경우

이 예제와는 다르게 횡력저항성능 추가확보 등을 목적으로 슬래브를 지진력저항시스템의 주요부재로 활용하여 중간모멘트 골조의 일부로 설계할 수 있다. 이 경우 슬래브-기둥 접합부가 “중간모멘트 골조”의 일부가 되어 콘크리트구조 설계기준의 17장(또는 KDS 14 20 80 콘크리트 내진설계기준)의 “중간모멘트 골조 요구사항”을 만족해야 한다. 상기 중간모멘트 골조의 요구사항에는 슬래브-기둥 접합부에 대한 내진상세와 요구조건이 기술되어 있는데, 다음 조항의 적용에 있어 실무자들의 혼선이 있다고 판단된다.

콘크리트 구조기준 17장 4.3.6(8) (또는 KDS 14 20 80 콘크리트 내진설계기준 4.3.6(8))
"(8) 기둥의 위험단면에서 계수중력하중에 의한 2방향 전단력은 $0.4\phi V_c$ 이하가 되어야 한다."

상기 조항의 이론적인 배경도 위 [예제그림 5.2.7]이나 식 (3.1.1)에서 찾아볼 수 있다. 상기 그림이나 식 (3.1.1)에 의하면, 대략적으로 국내외 설계기준의 층간변형각 Δ_x/h_{sx} 제한기준인 0.015를 대입하였을 때, 이면전단 설계강도대비 재하된 소요강도의 비$(v_{uv}/\phi v_c)$가 0.4 즉 40 %로 정해지기 때문이다.
$(\Delta_x/h_{sx}(=0.015) = 0.035 - (1/20)(v_{uv}/\phi v_c) = 0.035 - 1/20(0.40))$

따라서 상기 조항의 적용에 있어 설계대상인 슬래브-기둥 접합부의 계수중력하중이 $0.4\phi V_c$ 이하이면 설계를 완료하면 된다. 하지만 국내기준에서는 슬래브-기둥 접합부의 계수중력하중이 $0.4\phi V_c$ 이상인 경우에 대해서는 조치사항에 대한 기술이 없기 때문에 혼란이 있다고 할 수 있다. 하지만 이 기준의 이론적 배경이 되는 [예제그림 5.2.7]을 참고해보면, 전단보강을 통해 연성능력의 확보가 가능하기 때문에 기준에 제시하는 전단보강을 통해 상기조항을 합리적으로 해석하면 될 것으로 판단된다.

또한, 국내 설계기준의 모델기준이 되는 ACI 318-19 설계기준에서는 이에 대한 보다 적극적인 해석을 볼 수 있다. 실제 ACI 318-19 18.4.5.8 (중간모멘트에 사용되는 슬래브-기둥 접합부 요구사항)에서도 계수중력하중이 $0.4\phi V_c$ 이하가 되도록 요구하나 앞서 기술된 ACI 318-19 18.14.5 (지진력에 저항하지 않는 골조 사용되는 슬래브-기둥 접합부 요구사항)을 만족할 경우 상기 조항을 적용하지 않을 수 있도록 하고 있다. 즉, ACI 318-19에서는 식 (3.1.1)의 적용을 통해 보다 합리적으로 중간모멘트 골조에 해당하는 슬래브-기둥 접합부의 연성능력 확보를 추구한다고 볼 수 있다.

따라서 이 예제의 슬래브 기둥접합부가 중간모멘트 골조의 일부로 사용될 경우, 우리나라 설계기준을 적용할 경우 $(v_{uv}/\phi v_c) = (V_u/\phi V_c) = 300/616.2 = 0.49 > 0.4$이기 때문에 기준에 제시하는 전단보강을 해주어야 할 것이다. 다만, 보다 적극적으로 ACI 318-19 설계기준을 적용할 경우, 식 (3.1.1)의 적용을 통해 전단보강이 필수적이지 않음을 증명할 수 있다.

예제5.3) 다음 그림에 있는 말뚝 기초판의 1방향 전단과 2방향 전단에 대한 안전성을 검토하시오.

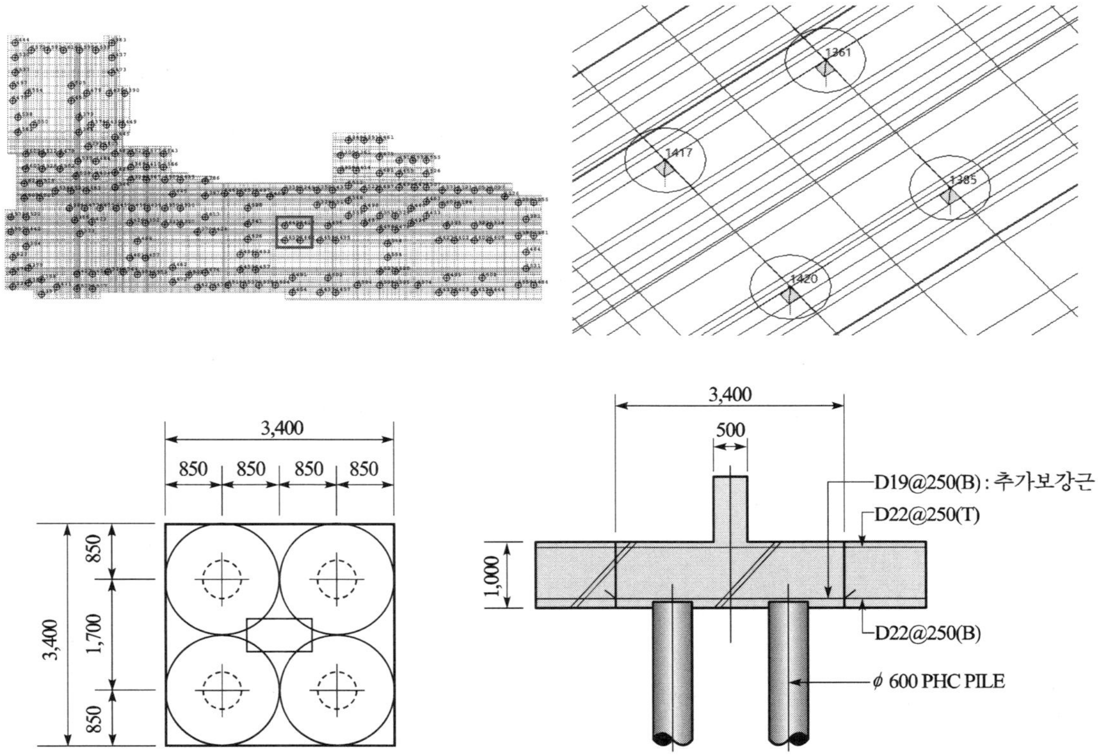

[예제그림 5.3.1] 말뚝 기초 설계조건

〈설계조건〉

기둥 크기=500×950 mm

기초판 두께=1,000 mm(온통기초)

기초 기본 배근 : D22@250(T&B)

기둥 하부 추가 배근 : D19@250(B), D22@250(B)

말뚝 : PHC PILE ϕ600 개당 허용지지력 1,700 kN/EA

$f_{ck} = 27\,\text{MPa}$

$f_y = 500\,\text{MPa}$(D16 이상)

$P_u = -4,025$ kN

$M_u(x) = -57.1$ kN·m

$M_u(y) = -65.8$ kN·m

풀이)

이 설계예제는 검토 대상 공동주택 말뚝기초 기초판의 안전성을 확인하는 것이다. 이를 위해서 기초판의 1방향 및 2방향전단력, 말뚝의 2방향전단력 검토를 수행하였다. 실제 기초판은 온통기초(매트기초)로서 유한요소해석을 통해 기초판의 전단력을 산출하여야 하나, 본 예제는 전단력 산출을 단순화 하기 위해 기초판의 크기를 3.4 m×3.4 m로 가정하였다. 상세한 검토 내용은 다음과 같다.

(1) 1방향전단력 검토

기초판의 유효깊이(d)를 850 mm로 가정했을 때, 기둥의 단면 형태가 직사각형이므로 아래 그림과 같이 기둥에서 기초판의 유효깊이만큼 떨어진 두 가지 경우의 전단위험단면을 예측해 볼 수 있다. 이 때, 우측의 경우 말뚝의 중심이 전단위험단면에서 말뚝 직경의 1/2 이상 내측에 있으므로, 말뚝에 의한 반력은 전단력으로 작용하지 않는 것으로 보아야 하며, 따라서 좌측의 경우에서만 1방향전단력에 대하여 검토한다.

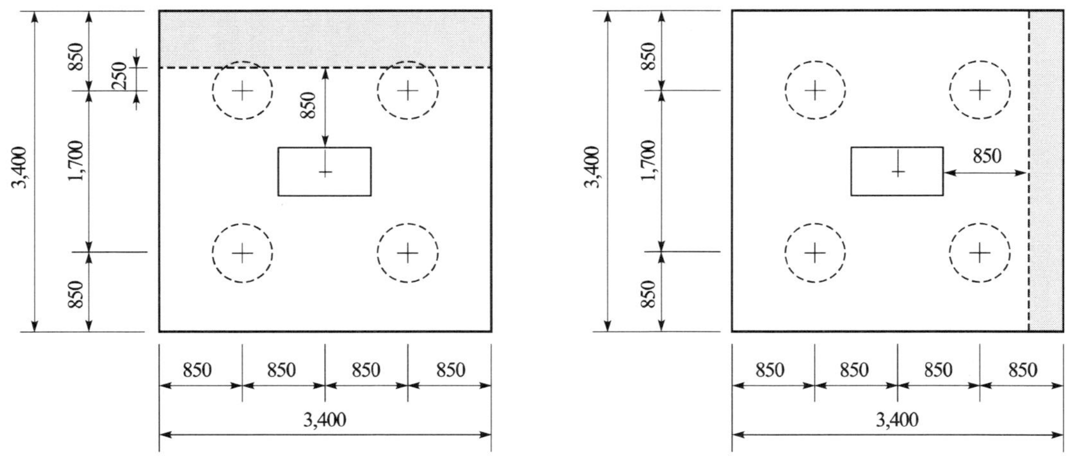

[예제그림 5.3.2] 1방향전단 위험단면(단위 : mm)

$V_u \le \phi V_n$

하중조건에서 주어진 기둥의 반력 중 전단위험단면에 포함된 말뚝에 의한 반력을 유발하는 것은 P_u 및 $M_u(x)$이므로, 다음과 같이 조합하여 말뚝 당 작용하는 계수하중을 계산한다.

$P_u / 4 + M_u(x) / 0.85 \text{ m} = 4{,}025 \text{ kN} / 4 + 57.1 \text{ kN.m} / 0.85 \text{ m} = 1{,}073.4 \text{ kN}$

한편, 말뚝의 중심과 전단위험단면의 거리(l)는 내측으로 250 mm이므로, 콘크리트구조 설계기준(KDS 14 20 70 4.2.2.2(4))에 의한 말뚝의 전단력 작용 기여분은 다음과 같이 계산한다. 또한 해당 말뚝기초는 D영역(D-region)이므로 설계기준(KDS 14 20 24)에 의한 스트럿-타이 모델(Strut-Tie Model)로도 설계 할 수 있다.

$$0.5 - l/d_p = 0.5 - 250/600 = 0.083$$

전단위험단면에 포함된 말뚝 개수는 2개이므로,

$$V_u = 2 \times 1{,}073.4\ \text{kN} \times 0.083 = 178.2\ \text{kN}$$

설계전단강도(ϕV_c)는 다음과 같이 계산한다.

$$\phi V_c = \phi \frac{1}{6} \sqrt{f_{ck}}\, b_w d = 0.75 \times \frac{1}{6} \times \sqrt{27} \times 3{,}400 \times 850 \times 10^{-3} = 1{,}877.1\ \text{kN}$$

설계전단강도(ϕV_c)가 계수전단력(V_u)보다 크므로 안전하다.

(2) 2방향전단력 검토

말뚝의 중심과 전단위험단면의 거리(l)는 외측으로 175 mm이므로, 콘크리트구조 설계기준(KDS 14 20 70 4.2.2.2(4))에 의한 말뚝의 전단력 작용 기여분은 다음과 같이 계산한다.

$$0.5 + l/d_p = 0.5 + 175/600 = 0.792$$

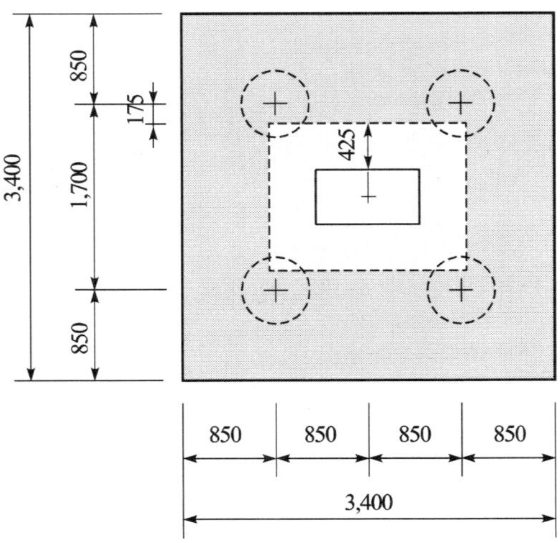

[예제그림 5.3.3] 2방향전단 위험단면(단위 : mm)

말뚝 당 작용하는 계수하중을 다음과 같이 계산한다.

$P_u\ /\ 4 = 4{,}025\ \text{kN}\ /\ 4 = 1{,}006.25\ \text{kN}$

4개의 말뚝이 전단위험단면에 포함되므로, 기초판의 2방향 계수전단력(V_u)은 다음과 같다.

$V_u = 4 \times 1{,}006.25 \times 0.792 = 3{,}187.8\ \text{kN}$

기초판의 2방향설계전단강도는 다음과 같이 계산한다.

$\phi V_c = \phi v_c b_o d = 0.75 \times 1.22 \times 6{,}300 \times 850 \times 10^{-3} = 4{,}899.8\ \text{kN}$

여기서, $v_c = \lambda k_s k_{bo} f_{te} \cot\psi \dfrac{c_u}{d} = 1.0 \times 0.77 \times 1.25 \times 1.04 \times 4.28 \times \dfrac{242.0}{850} = 1.22\ \text{MPa}$

$\lambda = 1.0$

$k_s = (300/d)^{0.25} = (300/850)^{0.25} = 0.77 < 1.1$, 따라서 $k_s = 0.77$

$k_{bo} = \dfrac{4}{\sqrt{\alpha_s (b_o/d)}} = \dfrac{4}{\sqrt{1 \times (6{,}300/850)}} = 1.47 > 1.25$, 따라서 $k_{bo} = 1.25$

$\alpha_s = 1.0$(내부기둥)

$b_o = 2 \times (500 + 950) + 4 \times 850 = 6{,}300\ \text{mm}$

$f_{te} = 0.2\sqrt{f_{ck}} = 0.2\sqrt{27} = 1.04\ \text{MPa}$

$\cot\psi = \dfrac{\sqrt{f_{te}(f_{te} + f_{cc})}}{f_{te}} = \dfrac{\sqrt{1.04 \times (1.04 + 18)}}{1.04} = 4.28\ \text{MPa}$

$f_{cc} = (2/3) f_{ck} = \dfrac{2}{3} \times 27 = 18\ \text{MPa}$

$c_u = \left[25\sqrt{\dfrac{\rho}{f_{ck}}} - 300\left(\dfrac{\rho}{f_{ck}}\right)\right] d = \left[25\sqrt{\dfrac{0.005}{27}} - 300\left(\dfrac{0.005}{27}\right)\right] \times 850 = 242.0\ \text{mm}$

설계전단강도(ϕV_c)가 계수전단력(V_u)보다 크므로 안전하다.

(3) 말뚝의 2방향전단력 검토

말뚝 주변에서도 2방향전단에 의하여 파괴될 수 있으므로 말뚝에 대한 2방향전단을 검토한다.

1개의 말뚝에 대한 2방향 계수전단력(V_u)은 다음과 같다.

$V_u = 1{,}006.25\,\text{kN}$

기초판의 2방향전단내력은 다음과 같이 계산한다.

$\phi V_c = \phi v_c b_o d = 0.75 \times 1.22 \times 4{,}555.3 \times 850 \times 10^{-3} = 3{,}542.9\,\text{kN}$

여기서, $v_c = \lambda k_s k_{bo} f_{te} \cot\psi \dfrac{c_u}{d} = 1.0 \times 0.77 \times 1.25 \times 1.04 \times 4.28 \times \dfrac{242.0}{850} = 1.22\,\text{MPa}$

$\lambda = 1.0$

$k_s = (300/d)^{0.25} = (300/850)^{0.25} = 0.77 < 1.1$, 따라서 $k_s = 0.80$

$k_{bo} = \dfrac{4}{\sqrt{\alpha_s (b_o / d)}} = \dfrac{4}{\sqrt{1.00 \times (4{,}555.3/850)}} = 1.73 > 1.25$, 따라서 $k_{bo} = 1.25$

$\alpha_s = 1.00$(내부기둥)

$b_o = \pi \times (600 + 850) = 4{,}555.3\,\text{mm}$

$f_{te} = 0.2\sqrt{f_{ck}} = 0.2\sqrt{27} = 1.04\,\text{MPa}$

$\cot\psi = \dfrac{\sqrt{f_{te}(f_{te} + f_{cc})}}{f_{te}} = \dfrac{\sqrt{1.04 \times (1.04 + 18)}}{1.04} = 4.28\,\text{MPa}$

$f_{cc} = (2/3) f_{ck} = \dfrac{2}{3} \times 27 = 18\,\text{MPa}$

$c_u = \left[25\sqrt{\dfrac{\rho}{f_{ck}}} - 300\left(\dfrac{\rho}{f_{ck}}\right)\right] d = \left[25\sqrt{\dfrac{0.005}{27}} - 300\left(\dfrac{0.005}{27}\right)\right] \times 850 = 242.0\,\text{mm}$

설계전단강도(ϕV_c)가 계수전단력(V_u)보다 크므로 안전하다.

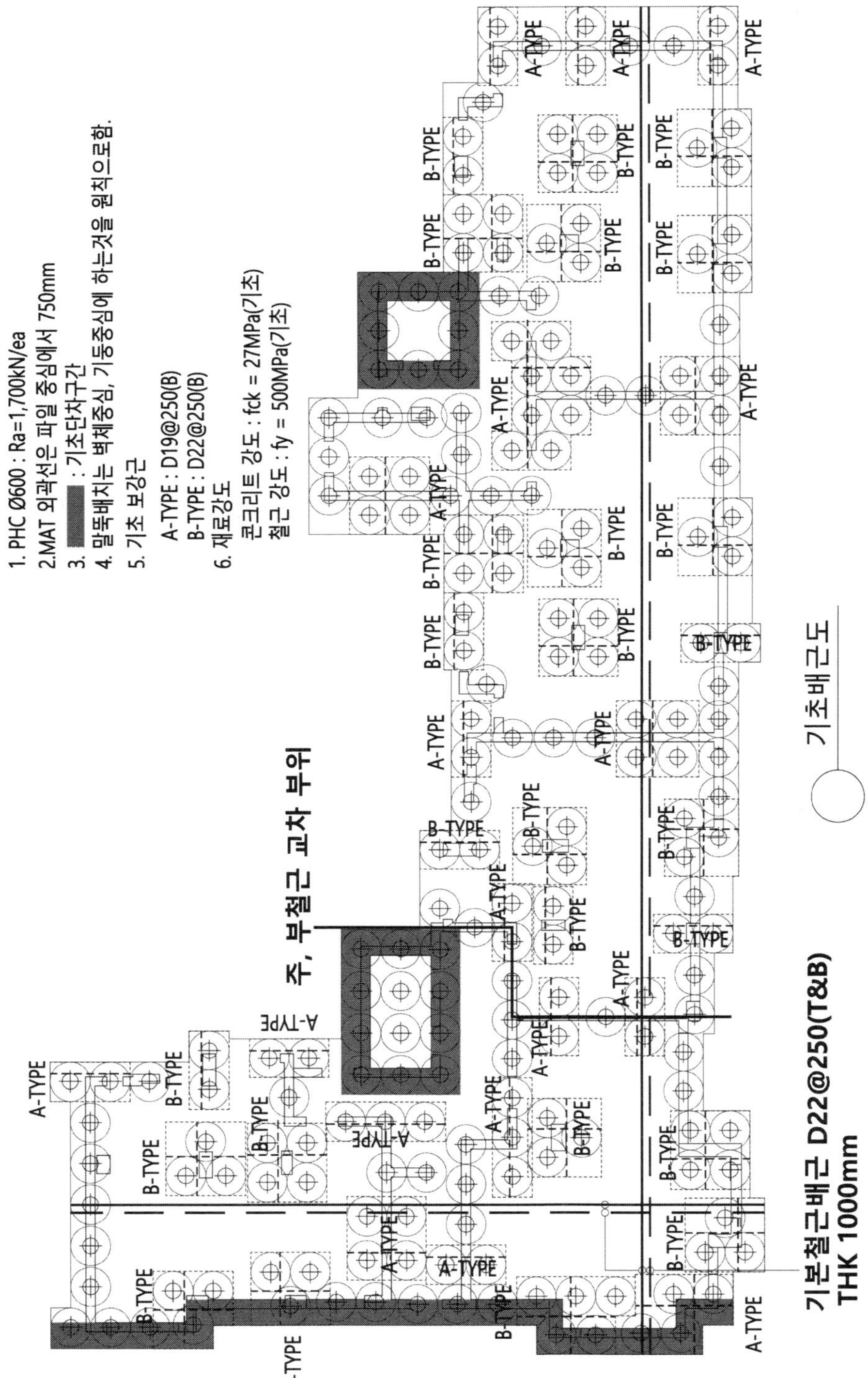

[예제그림 5.3.4] 기초 파일 배치 및 배근도

(제2판) 콘크리트 건축물 구조설계 예제집 정가 30,000원

관리주체 : (사)한국콘크리트학회
(사)한국건축구조기술사회

발행인 : 임해진
발행처 : 도서출판 구미서관

발행 : 2011년 1월 3일 초 판
2022년 12월 31일 제2판
2023년 6월 14일 제2판 2쇄
2025년 1월 15일 제2판 3쇄

등록 : 1979년 6월 29일 No.9–6호
주소 : 서울시 마포구 신촌로 2길 5–15 구미빌딩
전화 : 02–333–1101
팩스 : 02–335–2201
http://www.goomibook.com

ISBN 979–11–6257–242–9 (93540)